稻田周丛生物

吴永红 等 著

科学出版社

北京

内 容 简 介

稻田生态系统不仅支撑了全球一半以上人口的粮食供应,还为我们人类提供了多样的生态服务。在继承本研究组《中国稻田生态系统》等成果的基础上,本书重点阐述了稻田生态系统中的重要组分——周丛生物及其养分的调控,主要内容包括稻田周丛生物的研究方法、稻田周丛生物群落时空分布特征、稻田周丛生物对氮磷转化的调控功能、调控周丛生物促进养分高效利用与农业面源污染减排等。本书有助于读者全面认识稻田周丛生物及其对养分的调控功能与效应,可为稻田养分管理和农业面源污染防控提供思路及对策。

本书内容涉及土壤学、农学、环境科学、水生生物学、微生物生态学、生物地球化学等领域,可供相关研究人员使用,也适用于农学、生态学、环境科学等领域的技术推广人员,农业、生态环境部门的决策及管理人员阅读与参考。

图书在版编目(CIP)数据

稻田周丛生物 / 吴永红等著 . — 北京:科学出版社,2021.12
ISBN 978-7-03-070417-7

Ⅰ . ①稻… Ⅱ . ①吴… Ⅲ . ①稻田 – 水生生物 – 研究 Ⅳ . ① Q17

中国版本图书馆 CIP 数据核字(2021)第 220473 号

责任编辑:李 迪 付丽娜 / 责任校对:宁辉彩
责任印制:肖 兴 / 封面设计:无极书装

科 学 出 版 社 出版
北京东黄城根北街 16 号
邮政编码:100717
http://www.sciencep.com

北京九天鸿程印刷有限责任公司 印刷
科学出版社发行 各地新华书店经销

*

2021 年 12 月第 一 版 开本:787×1092 1/16
2021 年 12 月第一次印刷 印张:21 3/4
字数:515 000
定价:368.00 元
(如有印装质量问题,我社负责调换)

《稻田周丛生物》著者名单

主要著者　吴永红　夏永秋　李九玉　刘俊琢
　　　　　　　孙朋飞　沈健林

其他著者　（按姓氏拼音排序）

　　　　　　　蔡述杰　高孟宁　李宗明　陆海鹰
　　　　　　　陆文苑　佘冬立　孙　瑞　唐先进
　　　　　　　汪　瑜　王　凯　王思楚　吴辰熙
　　　　　　　徐　滢　赵婧宇　朱　燕

第一作者简介

吴永红，男，中国科学院南京土壤研究所研究员、博士生导师，中共中央组织部"万人计划"科技创新领军人才，科技部"创新人才推进计划"中青年科技领军人才。长期从事相界面过程与效应研究，研究目的在于减少养分损失，控制农业污染，回收稀缺资源，保护农业环境，促进绿色发展。先后主持国家杰出青年科学基金、国家优秀青年科学基金、973青年科学家项目、梅琳达·比尔盖茨基金会"探索大挑战"计划、国家自然科学基金国际合作项目、中国科学院"0到1"原始创新项目等。获得国际生物过程学会青年科学家奖、中国青年科技奖、中国土壤学会科学技术奖一等奖
（第一完成人）等荣誉称号或奖励。获授权发明专利14件，其中5件发明专利和1件实用新型专利已成功转让（或许可）。基于在微生物聚集体（周丛生物、自然生物膜）适应环境胁迫和回收磷资源等方面丰富的研究经历，曾两次（2018年、2020年）受学术期刊 *Trends in Biotechnology* 邀请，撰写综述性文章；鉴于在面源污染控制工程方面具有丰富的研究经历，曾3次（2012年、2014年、2017年）受学术期刊 *Bioresource Technology* 邀请，撰写系列综述性文章；应Elsevier出版社邀请，撰写英文专著1部（2016年）。

致谢基金资助

1. 国家杰出青年科学基金（项目编号：41825021）
2. 国家重点基础研究发展计划（973 计划）青年科学家项目（项目编号：2015CB158200）
3. 江苏省科技计划重点项目（重大科技示范类）（项目编号：BE2020731）
4. 中国科学院"0 到 1"原始创新项目（项目编号：ZDBS-LY-DQC024）
5. 梅琳达·比尔盖茨基金会"探索大挑战"计划（项目编号：Opp1083413）

序

我国是拥有超过 14 亿人口的发展中国家，约 65% 人口以稻米为主食。虽然近年我国粮食持续增产，但养分利用率低下，化肥依赖度过高。据农业农村部 2019 年监测，我国水稻氮肥的当季利用率仅为 30% ~ 35%，磷肥为 10% ~ 20%，而地处长江中下游的太湖地区化肥利用率更低。化肥的过量施用不仅造成巨大的经济损失，还引起土壤质量下降、大气污染、水体富营养化、生物多样性丧失等一系列环境问题。稻田养分利用率不高已成为我国未来水稻大面积高产高效生产的限制因子。

党的十九大报告指出："坚持人与自然和谐共生。建设生态文明是中华民族永续发展的千年大计。"这一要求也为转变农业发展方式，促进产业转型升级，全面推进农业供给侧结构性改革指明了行动方向。习近平总书记多次强调"推进农业绿色发展是农业发展观的一场深刻革命"。2017 年，中共中央办公厅、国务院办公厅印发的《关于创新体制机制推进农业绿色发展的意见》首次全面提出了农业绿色发展的总体目标，为农业绿色发展奠定了制度基础。2020 年中央农村工作会议再次强调要以绿色发展引领乡村生态振兴。

农业绿色发展的内涵就是更加注重资源节约，更加注重环境友好，更加注重生态保育，更加注重产量质量。为此，国内外很多学者开展了大量的通过田间管理措施来调控养分吸收利用的研究，取得了许多成果。然而，这些田间管理措施主要关注占养分份额较小的生物可利用态氮磷利用率的提高以及活化氮损失的减少。而在稻田中闭蓄态磷（Fe、Al、Ca 结合态磷）和有机态氮磷总量远超过生物可利用态氮磷总量。因此，需要探索新的途径，在提高生物可利用态氮磷利用率的同时，活化和转化闭蓄态磷与有机态氮磷，同步减少氮损失。新近研究发现稻田中广泛存在的周丛生物（又称自然生物膜）对氮磷生物有效性具有重要的调控作用。周丛生物是生长在淹水基质表面且在自然环境条件下形成的微生物聚集体及其交织的非生物物质（如铁锰氧化物）的集合体。相对于单一微生物群落，周丛生物具有多种特殊的"集体功能"，如具有多种酶促协同作用，对养分具有"缓存"和"缓释"功能，具有生态稳定性、可控性、安全性和普遍性的特点。但由于对其调控氮磷生物有效性机制的认识不足，目前鲜有将其应用于稻田养分管理。

自 2014 年起，中国科学院南京土壤研究所吴永红博士牵头对我国稻田周丛生物养分转化功能与调控机制进行了较为系统、全面的调查研究，建立了稻田周丛生物的研究方法，明确了稻田周丛生物生物相和非生物相组成以及时空分布特征，阐明了稻田周丛生物调控氮磷迁移转化的功能及其机制，探索了强化周丛生物功能的措施，研究了基于周丛生物提高稻田养分利用率和减少农业面源污染的对策。这些有别于传统稻田养分管理的研究结果可为进一步大幅度提高稻田养分生产力和稻田高产高效提供新方向，为进一步大幅度提高肥料生产力提供新思路，为稻田养分循环研究开辟新领域。

　　稻田土壤中氮磷的存储、释放、活化和转化既受微生物群落及活性的驱动，又受非生物物质如金属氧化物、有机质、矿物质的影响。稻田生态系统中微生物及其交织的非生物物质一般以周丛生物形式存在，表现出许多特殊的"集体功能"，如具有多种酶促协同作用，扮演养分"缓存器"和"缓释器"角色等。研究周丛生物在氮磷转化与调控中的作用，对于深化稻田氮磷在土 - 水界面间的关键循环过程的认识具有重要价值。

　　周丛生物调控养分循环过程，在我国传统水稻种植过程中能找到其"影子"，类似于传统水稻种植过程中的"耘耥"（用装有钉齿的耥耙在禾苗之间来回推拉）。在除草剂被大量使用之前，"耘耥"过程是一边将与周丛生物共生的杂草清除，一边将被周丛生物富集的氮磷释放出来，为分蘖期的水稻提供尽量多的有效态养分，调控水稻生长。该书关于稻田周丛生物调控养分的研究，也间接说明我国劳动人民很可能很早就了解到周丛生物具有调控养分的功能。

　　聊表数言，权且为序。值此书脱稿之际，期待同行特别是年轻的科研人员积极开拓一些诸如稻田周丛生物这样的非主流研究方向。只有不断探索，才能认识自然，解释自然，改造自然。

张佳宝

中国工程院院士

2021 年 8 月

前　言

　　粮食是人类最基本的生存资料，也是国民经济的基础，粮食的生产过程同样具备重要的生态价值。众多农业、生态、环境领域的学者为了提高粮食产量、保障粮食安全、减少农业生产对环境的影响，纷纷献计献策，极大地促进了农业的发展，尤其是对我国最重要的粮食作物——水稻的研究，更是众彩纷呈。然而在稻田生态系统中，周丛生物的研究虽然逐渐受到学者的广泛关注，但仍然没有形成较为完善的、系统的研究方法。故此，经过梳理、总结相关研究成果，我们编撰《稻田周丛生物》一书，以便读者深入了解稻田周丛生物，并提供一些研究方法的借鉴。

　　第一章详细介绍了稻田生态系统与周丛生物，首先介绍了稻田生态系统的概念与特点、我国的稻田生态系统的分布分区。稻田生态系统是稻田周丛生物生存和发挥作用的基本场所，认识稻田生态系统是学习稻田周丛生物的基础和重要一步。接下来，介绍了周丛生物的定义、组成以及结构，让读者对周丛生物有一个基本概念，然后介绍周丛生物生长所需要的基本环境因素对周丛生物的影响，最后简单介绍了周丛生物的功能及研究展望。本章的目的是让读者对稻田及其周丛生物生长的环境和功能有一个基本认知，方便后续能更为轻松地认识周丛生物。

　　第二章系统阐述了稻田周丛生物的研究方法，主要包括定位与模拟试验、样品的处理、周丛生物非生物相的表征和保存以及相关指标［总氮（TN）、总磷（TP）、叶绿素、群落结构等］的测定方法。本章汇总了周丛生物的常规研究方法和技术，以便为读者提供有效和标准的稻田周丛生物研究方法，方便读者对周丛生物的研究，且提供并展望了现代生物表征技术在周丛生物研究中的应用，这些技术有助于对稻田周丛生物的深入研究，读者可根据自身兴趣和研究方向对周丛生物进行进一步的丰富研究。

　　第三章介绍了稻田周丛生物群落时空分布特征，包括群落特征和非生物物质的含量等特征，周丛生物生物相和非生物相的时空分布特征，周丛生物生长的影响因素，以及水稻不同生长期周丛生物群落特征及其影响因素。这些内容可以帮助读者快速了解稻田周丛生物的基本情况。

　　第四章重点介绍了稻田周丛生物对氮转化的调控功能，主要包括周丛生物对氨挥发的影响，周丛生物储氮与氮拦截能力，周丛生物对氨挥发、反硝化的影响及其主控因素，以及土壤有机碳对周丛生物储氮的影响。本章内容有助于帮助读者理解稻田周丛生物影响氮转化的能力，认识周丛生物减少氮流失、减小氮污染的环境潜力。

　　第五章介绍了稻田周丛生物对磷的调控作用。从无机磷缓存缓释、磷去向与形态转化、捕获磷等角度研究、介绍了周丛生物是如何起到对磷的调控作用的。周丛生物不仅是磷的临时储存库，还能提高有效磷的浓度。本章内容有助于读者理解稻田周丛生物与磷循环的关系，进一步提升对周丛生物作为稻田中不可分割的一部分所起作用的认识。

第六章介绍了周丛生物群落结构优化构建及其对磷的捕获。首先从全国尺度上通过测定不同稻作区稻田周丛生物捕获磷含量，分析了周丛生物磷捕获能力沿采样点的地理分布及其影响因素，并通过共发生网络进一步探究了周丛生物微生物组成的关联性。接着通过设计比选出具有高效富集磷的聚磷菌与藻类共培养的人工周丛生物，测定分析了高效富集磷的周丛生物物种特征及周丛生物体系分泌物质的合成和代谢对周丛生物捕获磷含量的影响作用。该部分通过调控稻田周丛生物的结构来提升对磷的捕获能力，有助于读者提升对通过改造周丛生物来发挥某一作用的认识。

第七章介绍了丘陵区稻田周丛生物碳氮磷组成与微生物群落特征。我国丘陵山区面积大，蕴含丰富的自然资源，有着良好的生态环境，广泛分布于适合稻种的地区。该部分从周丛生物、田面水、土壤三个界面研究了周丛生物与碳、氮、磷之间的相关性，并分析了造成三个界面周丛生物群落结构差异性的原因。该部分有助于读者整体理解稻田周丛生物、土壤、田面水三者的关系，从而进一步认识周丛生物对稻田生态系统的影响。

第八章介绍了稻田周丛生物对胁迫环境的适应性。本章主要从 3 个不同性质的典型污染物（纳米银、TiO_2、雌酮）方向，介绍了这些物质对周丛生物的毒性影响和周丛生物对这些污染物的响应机制。传统的稻田污染物和新兴的材料都可能影响稻田生态系统与稻田周丛生物，稻田周丛生物复杂的群落结构和丰富的胞外聚合物（extracellular polymeric substance，EPS）往往能对这些物质有较好的适应能力，而稻田周丛生物能否进一步消除对稻田生态系统的不利影响，甚至提升对稻田生态系统的调控能力还需要进一步研究。这些内容有助于读者认识和研究周丛生物对胁迫环境的响应机制。

第九章介绍了稻田周丛生物对金属生物地球化学循环过程的影响。本章选取的研究对象是有一定迁移风险的 Mn、对作物有毒性累积效应的 Cu 和 Cd，以及不同形态有不同程度毒性的 As，分别介绍了稻田周丛生物对其的拦截、去除及其形态变化的影响。该部分有助于读者认识和理解稻田周丛生物对该类物质的去除效果，以及影响削弱的机制。

第十章介绍了稻田周丛生物群落优化及其功能强化。本章首先介绍了上转换材料如何改变周丛生物的群落结构和组成，从而提升对氮、磷的去除效果；然后介绍了四环素对周丛生物群落结构及其功能的影响。这些内容有利于读者认识和理解周丛生物作为一种功能性材料，是如何被改装、优化从而发挥其特定功能的。

第十一章介绍了盐碱地稻田周丛生物特征及其对氮磷的调控作用。盐碱地的农业开发一直是农业的一项重点，有利于节省土地资源、提升粮食产量，所以本章介绍盐碱地中稻田周丛生物的群落特征与功能，并研究周丛生物对氮磷的调控作用，为盐碱地稻田的开发利用提供了部分理论依据，有助于提升读者对盐碱地稻田生物的特性特点以及对氮磷调控过程的认识。

第十二章介绍了周丛生物对稻田温室气体排放的影响及调控措施。稻田周丛生物能够固定 CO_2，还可通过提供可利用碳源、改变稻田环境，增加水稻生长季 CH_4 排放。亚热带稻田周丛生物生物量大，固碳效率高，微生物死亡腐解后向土壤中释放的有机碳更充足，因此亚热带实验稻田中周丛生物引起的 CO_2 固定量和 CH_4 排放量最高。周丛生物对吲哚乙酸（IAA）的响应表现出浓度依赖性。向田面水中添加高浓度 IAA 对水稻生长没有产生显著影响，同时降低了 CH_4 排放量，说明通过调控周丛生物实现稻田温室气体减排具有可行性。

我国地大物博，土地资源总量大，但是稻田的类型和生产能力受到地形及气候影响，导致差异较大，而周丛生物广泛地存在于稻田的每一处，所以，正确地认识稻田周丛生物，并利用其功能来提高农作物的生产能力、降低稻田对环境产生的不利影响，这对农业和环境都非常重要。

正值碳达峰和碳中和的推进阶段，希望各位同仁能齐心合力，挖掘稻田周丛生物在农业和环境应用中的潜力，并助力稻田周丛生物发挥它的潜力！在田埂上、在汗水里，体会那一份艰辛；在秋风中、在稻田里，感受那一片金黄。

本书主要素材源自前文所述基金资助的项目结题和年度进展报告、作者2014～2021年指导的硕士和博士学位论文，包括杨嘉利、朱燕、颜丽英、汪瑜、赵婧宇、孙瑞、高孟宁、张付强、王思楚等。本书第二章是在读研究生徐滢、王凯、陆文苑、陈志浩、周晴晴、陶静、刘凌佳、罗华溢、相棣等根据作者课题组多年的研究实践，总结归纳而成。

全书由吴永红、汪瑜统稿，每一位作者都参与了修改和校稿。在此，衷心感谢各位老师、同学的辛勤付出和一丝不苟的工作态度。

由于稻田周丛生物是一个新鲜事物，以往鲜有学者关注，更无人开展系统性研究，难免还有很多不足之处，敬请各位专家、读者批评指出，促进我们进一步完善和提高。

吴永红

2021 年 10 月　南京

目　　录

第一章　稻田生态系统与周丛生物

第一节　稻田生态系统的概念与特点、分布分区

一、稻田生态系统的概念

稻田生态系统（图 1-1）是一个复合系统，由稻田环境系统、生物系统和人为调节控制系统三部分组成，具有多样性、开放性、不稳定性、敏感性、人工性和社会经济性等特点，服务功能复杂而特殊（方福平，2016；张卫建等，2007；赵天瑶，2015）。稻田生态系统属于人工湿地系统，是农田生态系统的重要组成部分。稻田生态系统以田块作为样本向外延伸，或与其他土壤相连，边界清晰，其种植面积大，分布广（陈清华，2013；徐琪等，1998）。

图 1-1　稻田生态系统

稻田生态系统在合理的稻作技术体系下，可以表现出巨大的社会、生态和经济综合功能，生态服务功能价值极高，在亚热带季风气候区，为人们的生产和生活提供了基本的物质条件。除了承载粮食生产及原材料供给，稻田生态系统还为人类社会提供了其他重要的生态服务功能，如温度调节、固碳、蓄洪等。此外，稻田生态系统也会带来负面效益，如排放 CO_2、N_2O、CH_4 等温室气体，水稻灌溉需要消耗大量水资源，农药、化肥和除草剂会对环境造成破坏（方福平，2016；聂佳燕，2012）。

总之，稻田生态系统是一个开放度很高的农田生态系统，其物质循环和能量转换的强度显著高于其他农田生态系统，特别是在土壤养分循环、水源涵养、小气候调节等方面，是人类农业生产活动的产物（刘利花，2015；谢宁宁，2008；徐琪等，1998）。

二、稻田生态系统的特点

与自然生态系统相比，人类干预在稻田生态系统中起着主要的作用，人类已经截断

了自然演替的过程，使其向着更多有利于人类自身净产出的目标发展。稻田生态系统应该具有以下特点（杨延伟，2011）。

（一）环境条件

农田建设是因地因土制宜的。沤田多是为改造低洼沼泽而建设的，在低山丘陵坡地自成土上多修筑梯田，而在三角洲与山河盆地的草甸土上则多建平田或洋田（熊毅和徐琪，1983）。

温度、光照、湿度和风速等外界环境条件对水稻结实率的高低有很大影响。在温度高、日照足、湿度和风速适宜的情况下，结实率高，空秕率低；反之，则空秕率增加，结实率降低（范洪良，1974）。

任何土壤生态系统离不开水分因素，水分既作为环境因素，又作为土壤生态系统的组成成分在稻田生态系统中起重要作用。水稻和其他谷类作物不同的主要环境特点是它对水的需求，水稻是唯一能在淹水条件下茁壮生长的栽培作物。在降水不均、分布不平衡的情况下，水分条件会限制作物的正常生长，对水稻播种、出苗和生长发育不利，造成作物产量低而不稳。稻田水循环由灌溉、排水、渗漏与蒸腾蒸发构成，在水循环的过程中，会有部分营养物质随之流动、被吸收（冯起等，1999；徐琪等，1998）。

（二）高生产力

水稻生育的各个发育时期对周围环境和条件的要求不同。合理的栽培技术和科学的耕作制度，可以最大限度地提供水稻生育所要求的各种条件，并提高水稻的产量和质量（周坤等，2015）。

稻田生态系统由于具有适合的水、光、热、营养物质等条件，成为地球上富有生产力的生态系统之一。与自然生态系统不同，稻田生态系统长期并且处处受到人类干预和社会经济条件的制约，但是只要充分发挥生产者、消费者和分解者的功能及维持它们之间的协调作用，就可以充分发挥生态系统的生产力（杜洪作等，1987；何勇田和熊先哲，1994）。

稻田共生生态系统，是在"不与人争粮，不与粮争地"基础上建立的一种使稻田生态系统实现良性循环的生态养殖模式，具有明显的增水、增收、增粮、增鱼和节地、节肥、节工、节支的"四增四节"效益（翟旭亮，2016）。

水产养殖和水稻种植相结合的稻田综合农业有效地稳定了粮食安全并维持了农业的可持续发展。这种养殖模式存在改进的空间，应根据不同的生态系统特性进一步优化稻小龙虾综合养殖，以提高能源利用率、稳定性和综合效益（Dong et al.，2021）。

稻田种养复合生态系统把水稻种植与动物养殖人为地组合在一起，在不增加空间、劳力、投入少量成本的前提下，除获得水稻增产外还可同时捕获水禽产品，大大提高了稻田的产出和效率，改善了我国农业产业结构，使畜产品的比例增加，符合我国的国情。同时它改变了传统稻田耕作方式，改善了稻田生产环境，促进了稻田生态系统的良性循环，对减少农药、化肥、除草剂、环境污染，生产无公害粮食和水产品，以及提高稻田的综合效益有着十分积极的意义（王华和黄璜，2002）。

（三）多样性

稻田生态系统是一个类似"湿地"的庞大人工复合生态系统，在农村，除稻田外还有沟渠、水塘、湿地等农业设施为野生动物的栖息提供必要的场所。稻田也是少数能供水鸟在湿地栖息的农业生态系统之一，同时也是水生生物的重要栖息地，构成了完整的生物链，保存了生物的多样性，维持了生态平衡，形成了自然和谐的生态环境（陈丹，2007；聂佳燕，2012；Walton et al.，2020）。

稻田生态系统的生物多样性保护功能主要是指稻为其他生物提供繁衍生息的场所，而且还为生物进化及生物多样性的产生与形成提供了条件。稻区生物多样性指该区域各种生命形式的资源的总和，包括遗传多样性、物种多样性、生态系统多样性及与此相关的各种生态过程。当生物种群结构完善时，从某种意义上说明稻田生态系统是健康的（聂佳燕，2012；杨延伟，2011）。

（四）脆弱性与依赖性

稻田植物区系主要是由一个或少数几个作物种群及田间杂草组成的，再加上大量使用杀虫剂和除草剂，稻田生态系统中生物多样性较低，营养结构简单，自我调节能力很小（谢宁宁，2008）。

所以，稻田生态系统对人类管理活动的依赖性很大，当稻田生态系统离开人类的合理干预，其就会向着不利于人类的方向发展，因此，人们可以通过经济、技术和政策等科学的管理使稻田生态系统向着有利于人类的方向发展，向着健康的水平发展（谢宁宁，2008；杨延伟，2011）。

（五）开放性

稻田生态系统属于开放性的生态系统，通过水稻等农副产品的形式向外界输出大量能量，同时人类又通过人畜力、肥料等辅助能向系统补充能量，使得稻田生态系统具有独特的、开放式的物质循环和能量流动过程。稻田生态系统不断与外界进行物质交换，大幅度增加农田物质循环量，促进了粮食产量的提高（傅庆林和孟赐福，1994；谢宁宁，2008）。

稻田生态系统的开放性使其受社会经济系统的影响较为剧烈。例如，农药、化肥的大量使用及人类不合理的灌溉方式与耕作方法，对稻田生产力和周围生态环境造成一些负面影响。城市化进程加快和城市垃圾的任意排放，造成稻田面积缩小、农村生态环境恶化等（陈丹，2007）。

三、稻作的地理分布

我国是世界上最大的稻米生产国之一，稻米也是热带和亚热带人口稠密区大部分居民的主要食物。我国稻作分布，南起海南，北至黑龙江，东自台湾，西达新疆，种稻北界超过世界任何国家。从水源看，秦岭—淮河以南，雨量充沛，河流纵横，湖泊星罗棋布，是我国主要产稻地区，面积约占全国稻田的 95%；其中，珠江三角洲、四川平原、洞庭湖、鄱阳湖地区、长江下游三角洲和巢湖地区等土壤肥沃、灌排方便，是我国稻米产销集中的地方，号称"米粮仓"。当然，近年来，由于兴修水利，加强农田基本建设，秦岭—淮河以北的东北、淮北、黄河的河套等稻区也在不断扩大。从海拔 2600m 左右的云贵高原，直到东南沿海的涂田都有稻作。云南、贵州等省的坝地平原，浙江、福建等省的滨海平原，台湾地区的西部平原也是稻作较集中的地区。秦岭—淮河以北地区，稻作分布零散，河北的渤海湾地区、山西的汾河谷地、陕西的渭水平原、内蒙古的后套平原、宁夏的银川平原、甘肃的河西走廊、新疆的塔里木和准噶尔盆地、东北的辽河下游和松花江流域都有水稻栽培。我国稻作地域分布的特点：东南部地区分布多而集中，东北部少雨分散，西北部零星稀少，西南部垂直分布（段斌莉和林强，2010；中国农业科学院，1986）。

中国栽培稻的分布很广泛，长江、淮河以南的湖南、湖北、安徽、浙江、江苏、江西、广东、广西、福建、台湾、海南、四川、重庆、云南等地是水稻生产主要地区，河南、河北、天津、山东、山西晋城、宁夏银川、吉林、黑龙江等地也有成规模的稻作地区。日本、越南、缅甸、老挝、柬埔寨、朝鲜半岛、马来西亚、菲律宾等东南亚、南亚地区也盛产水稻。欧洲南部地中海沿岸、美国东南部、中美洲、大洋洲和非洲部分地区也有稻作历史（刘芝凤，2014）。

有研究者对未来气候变化情景下我国水稻适宜种植面积分布的变化做了预测，根据 2021～2100 年的气候和水文因素调查了种植区的重心迁移。结果表明，在代表性浓度路径（representative concentration pathway，RCP）为 2.6 的条件下，除青藏高原外，我国水稻适宜种植区分布在全国各地。另外，由于中国北方气候变暖的加剧和 RCP 8.5 气候变暖趋势的加快，RCP 8.5 下适宜种植水稻的区域向北移动，并由西北向华北扩展。这种情况下应进一步研究适合种植水稻的地区的分布，以设计适当的适应战略，保持农业的稳定发展，应对未来的气候变化（Zhang et al.，2017）。

（一）旱稻的分布

旱稻也称陆稻，是一种特殊生态类型的栽培稻，通常是在旱地直播，一生无需水层，整个生育期靠自然降雨或在干旱发生时辅以适时灌水即可。新型旱稻品种的出现，改变了传统的水稻种植模式，丰富了栽培方法，为农业的发展提供了进一步的保障。在全球人口增加、水资源短缺、温室气体排放量升高的情况下，发展旱稻生产对保障粮食安全具有战略意义（汪香生等，2020；殷会德等，2020；张灿军等，2005）。

我国的旱稻品种分为三大部分：一是东北品种，典型的有白大肚、公陆系列、金线系列，这些品种多属粳型，米质优良，产量潜力高而稳，抗旱性稍差；二是华北品种，典型的有抚宁旱稻、紫皮旱稻等，这些品种也多属粳型，与东北品种比较相似；三是南方品种，典型的有沭阳籼稻、黎川山禾、崖州粘等籼型品种，这些品种抗旱性强，适应性广，但丰产性差，米质稍差，广泛分布在我国 20 多个省（市）（薛全义等，2002）。

旱稻在全世界的种植面积大约为 1900 万 hm^2，占栽培稻种植总面积的 12.7%。其中，亚洲的旱稻主要集中在南亚和东南亚，种植面积约为 1216 万 hm^2，占 64%；南美洲主要分布在巴西、哥伦比亚和智利，种植面积 475 万 hm^2，大约占全世界种植面积的 25%；非洲主要分布在西非，种植面积 209 万 hm^2，约占全世界的 11%；美国南部和墨西哥湾沿岸也有少量旱稻种植。目前世界范围内旱稻栽植面积较大的两个国家分别是印度和巴西（陈富忠等，2007；范晓芳，2020；黄雪萍等，2010）。

新中国成立前，旱稻作为杂粮在我国有广泛种植，但由于旱作技术水平不高，传统旱稻的产量较低，品质较差。新中国成立后，传统旱稻栽培的面积较小，只主要分布在一些少雨干旱地区。随着世界和我国的旱作生产技术水平的进一步提高，我国传统旱稻的种植栽培面积正在进一步扩大，目前栽植面积已达到 180 万 hm^2 左右，主要种植在位于云南、贵州、广西、湖南等省份的山区和半山区，以及位于河南、河北、山西、陕西、辽宁、吉林等省份的少雨干旱地区（范晓芳，2020；江巨鳌和邬克彬，2004）。

由于大部分适宜水稻栽培的土地都已种上了水稻，因此今后在世界上可能通过栽种旱稻去扩展稻作。这种扩展，在非洲一些地区，以及在巴西中西部稠密的美洲热带草原（萨瓦纳群落）和在南美洲的亚马孙流域都会比在亚洲的任何地区更易实现。适应旱稻栽培的范围很广，从实行烧荒轮垦的马来西亚、菲律宾、西非和秘鲁到高度机械化的拉丁美洲的部分地区都可种植。大多数的旱稻品种属高秆、易倒伏、分蘖力弱的类型。这些旱稻或是专门为了适应旱地栽培而培育出来的，或是在缺水条件下根据植株的长势选育出来的（国际稻作研究所，1981）。

（二）水稻的分布

我国是广种水稻的国家，水稻土的地理分布普遍。南自热带的海南岛三亚，北抵寒温带的黑龙江省呼玛县，东起台湾地区，西到新疆的伊犁河谷和喀什地区。在这个辽阔的范围内，由接近海平面的沼泽地到海拔 2000m 以上的滇北高原和青藏高原东南部的河谷地带都有水稻土分布。分布趋势是从热带、亚热带向暖温带和温带减少，从东南海滨平原向云贵高原减少。但由于我国南北热、水、土组合特征和历史发展的差异，水稻土的分布又具有相对集中的特点。在秦岭—淮河一线以南，水稻土多而集中，约占全国水稻土总面积的 93%。其中尤以长江中下游平原、四川盆地、珠江三角洲和台湾西部平原最集中。该线以北水稻土虽然只占全国水稻土总面积的 7%，但具有大分散小集中的特点，多呈条带状、斑点状散布在沿河河滩地和低阶地，冲积平原低地，山麓交接洼地，以及内陆盆地中的河滩地及扇缘泉水地，如松辽平原、三江平原、银川平原、京津唐、河南沿黄地区和山东鲁南地区等（李庆逵等，1991；周立三，1993）。

水稻土的形成与水稻的栽培密不可分，因而它的分布与水稻的分布基本一致。世界水稻栽培面积仅次于小麦，但是总产量仍居第一位。水稻广泛栽培于北纬 55° 至南纬 35° 之间的半干旱带、温带、暖温带、亚热带和热带地区。从海拔 2000m 的克什米尔高原到海平面下的印度喀拉拉邦（以至保有 150 ～ 200cm 深水层）均可栽培水稻。但 90% 集中在高温多雨、人口稠密的亚洲南部和东南部的热带季风区及热带雨林区（朱鹤健，1985）。

近年来中国水稻的种植面积有所缩减。2018 年开始中国水稻播种面积明显下降，2019 年稻谷播种面积为 2969.4 万 hm^2，同比下降 1.6%。同时，水稻在中国粮食播种面积中的占比从 2013 年的 26.5% 降至 2019 年的 25.6%。水稻种植面积的下降是在中国耕地面积下降这个大背景下发生的。同时，水稻种植面积的下降还与种植业结构调整有关。

从生产上分析，生产力受经济发展程度制约，东部大于中部，中部大于西部。从水稻面积上来看，东部有所下降，中部略有上升，西部有下降趋势。从水稻单位面积产量上来看，东部最高，其次是中部，最后是西部（刘爽，2020；刘婷婷等，2021）。

世界上 122 个国家种植水稻，常年种植面积 1.40 亿～1.57 亿 hm²，约占谷物种植面积的 23%，稻谷总产量 7 亿 t 左右，约占谷物总产量的 29%。世界水稻栽培面积以亚洲为最大，主要分布于东亚、南亚和东南亚等降水丰富的地区。其次是南美洲和非洲，有小面积分布，其他各洲面积更少（梁艳艳，2020；刘爽，2020；朱鹤健，1985）。

种植面积以亚洲最大，其次是非洲、美洲；最多的国家是印度、中国。2006～2008年，世界水稻平均种植面积 15 481 万 hm²，比 2003～2005 年增加 373 万 hm²，增幅 2.47%。其中，亚洲为 13 893 万 hm²，占 89.74%；非洲 849 万 hm²，占 5.48%；美洲 677 万 hm²，占 4.37%；欧洲 60 万 hm²，占 0.39%；大洋洲约为 1 万 hm²，占 0.01%。种植面积最大的 10 个国家依次是印度、中国、印度尼西亚、孟加拉国、泰国、越南、缅甸、菲律宾、巴西和巴基斯坦。与 2003～2005 年相比，水稻面积最大的 10 个国家次序没有发生变化，除越南和巴西平均水稻种植面积下降外，其余各国均有不同程度增加。其中，巴基斯坦水稻面积增加 5.78%，增幅最大；越南和巴西分别减少 1.2% 和 5.8%（周锡跃等，2010）。

四、稻作的区域划分

水稻种植区域划分的主要依据有两个方面，一个是种植水稻的自然生态条件的相对一致性。水稻属喜温好湿的短日照作物，分析不同地区热量、水分、日照、安全生长期、海拔、土壤等生态环境条件和生产条件、稻作特点，是划分水稻种植区域的重要前提。另一个是种植水稻的社会、经济、技术条件的相对一致性，主要分析人口、土地、基本生产条件和稻作特点对水稻种植与布局的影响。

根据水稻种植区域的自然生态因素和社会、经济、技术条件的分析比较，中国稻区可以划分为 6 个稻作区和 16 个稻作亚区。南方 3 个稻作区的水稻播种面积占我国水稻总播种面积的 94% 左右，稻作区内具有明显的地域性差异，可以清楚地看出存在 9 个稻作亚区；北方 3 个稻作区的水稻播种面积虽仅占全国播种面积的 6% 左右，但稻作区跨度很大，可以清楚地看出存在 7 个明显不同的稻作亚区。当然，再深入分析，还可以看出稻作亚区内依然存在明显的地域差异。例如，长江中下游亚区内，沿江、滨湖平原与丘陵山地就存在明显的差异（梅方权等，1988；徐林峰，2019）。

水稻生产布局是在一定的自然条件和社会条件下形成的。水稻是中国最主要的粮食作物，南自海南，北至黑龙江，东起台湾，西抵新疆，都有水稻种植。依据各地区不同的自然、社会条件，考虑水稻种植制度和品种差异，并结合国家行政区划设置，以不分割省、市、区为原则，可以将全国划分为 6 个稻区：华南双季稻稻作区、华中双季稻稻作区、西南高原单双季稻稻作区、华北单季稻稻作区、东北早熟单季稻稻作区和西北干燥区单季稻稻作区（梅方权等，1988；陈文佳，2011；汪勇等，2017；李晓光等，2019）。华南双季稻在全国范围内分布最广，华中双季稻在我国南方形成了最大的稻作区，西南地区和滇东地区主要种植西南高原单双季稻，东北早熟单季稻主要在长城以北和辽东半岛，大兴安岭以西、青藏高原以北形成了特殊的西北干燥区单季稻稻作区（阮朝荣，2020；汤智，2020；万紫薇等，2020）。

第二节 周丛生物

一、周丛生物的定义

周丛生物是指生长在淹水基质上的微生物聚集体及其交织的非生物物质（如铁锰氧化物）的集合体，又名自然生物膜，广泛分布于水生生态系统（图1-2），尤其是浅水生态系统（Wu，2016）。从光、水、温度和养分的要求来看，稻田可以为周丛生物的形成和生长提供适宜的环境（Kasai，1999）。稻田与其他浅水生态系统的主要区别在于人类活动的影响，如大量使用化肥、秸秆还田和施用生物炭，这些人类活动不可避免地影响着稻田周丛生物（图1-3）的群落组成、生长和功能（Lu et al.，2017）。

图1-2 不同环境中的周丛生物

图1-3 稻田周丛生物照片

周丛生物的形成过程分为三个不同的阶段，即附着、成熟和分散（Monroe，2007）。具体可以概括为 10 个过程：①存在清洁的可用于聚居的固体表面；②一种有机分子膜快速形成；③聚结的细胞松散地附着；④聚居的细菌牢固地附着；⑤微生物群落形成，产生胞外聚合物；⑥群落向上和向下扩展，形成规则和不规则的结构；⑦周丛生物成熟，新的菌种进入周丛生物并生长，有机和无机碎片结合其中，溶液梯度形成，导致周丛生物空间的异相结构；⑧周丛生物中的细菌可能被噬细菌的原生动物捕食；⑨成熟的周丛生物可以脱落，使这种循环交替重复进行；⑩形成了一种顶极群落（董德明等，2002；Mai et al.，2020）。以上 10 个过程的循环往复形成了周丛生物强大而复杂的生理功能。

从环境微生物角度看，周丛生物不可逆地附着到一种活性或非活性物质的表面，且在自然水环境中，绝大部分矿物颗粒表面覆盖着有机外壳，这些有机外壳由腐殖酸类物质和周丛生物组成，它们将强烈地改变矿物颗粒的吸附行为，这种表面吸附作用在水环境污染物的迁移转化过程中起着决定性作用（董德明等，2002）。从环境化学角度看，自然水体周丛生物主要由金属氧化物（铁氧化物、锰氧化物和铝氧化物等）、有机质和少量矿物质等组成，其中，金属氧化物影响重金属固相吸附作用已有报道（李鱼，2004）。周丛生物不但对周围环境的特征有显著影响，而且可以通过吸附、富集和降解转化等作用影响水中污染物的环境行为（董德明等，2019）。周丛生物作为一个功能化的微生物群落有机体，是水生态系统的重要组成部分，作为水-固环境界面在河流自净过程中发挥着重要的作用（李明和李忠和，2018）。通常对于周丛生物的研究主要集中在周丛生物对富营养化水体的净化作用方面（王金花等，2013）。周丛生物所具有的独特的环境响应和卓越的水体污染物质去除能力，使其在水环境生物监测及水质净化方面得到广泛的关注。

二、周丛生物的组成

周丛生物由金属氧化物（铁氧化物、锰氧化物和铝氧化物）、有机质和少量矿物质等组成（陆海鹰等，2014），其是以藻类及微生物为主的微生态系统，且生物类型广泛、种属繁多、食物链长且较为复杂。也正是由于周丛生物的这一组成，其才能广泛被应用于环境修复各个领域。目前普遍认为水层与周丛生物之间营养、能量、氧的传递平衡性决定该微生态系统的稳定性及功能多样性。此外，周丛生物的特殊物质及结构组成，使其对水体中物质的聚集、合成、转化和降解有着重要的作用。

（一）无机矿物质

铁氧化物、锰氧化物、铝氧化物是周丛生物上主要的矿物质组成，对周丛生物富集痕量金属的贡献很大。水环境中，铁、锰的水合氧化物广泛存在于其他各种矿物基质（如黏土、碳酸盐、铝硅酸盐等）和微生物的表面，形成表层附着物，它们虽然在整个周丛生物基质中所占质量比很小，但决定着整个周丛生物的地球化学反应活性（郭军权和吴永红，2019），所以在对周丛生物的研究中，矿物质组成是不可忽视的影响因素。特别的是，不同水体中生成的天然水合铁氧化物的状态和特征往往不同，而且天然水体中的水合铁氧化物通常还包含大量的其他各种元素（如磷、钙、硅等），因此这些铁氧化物的迁移和吸附特征也往往不同，不能一概而论。例如，在天然水环境中，水合锰氧化物的生成一般被认为是微生物控制的过程，而且通过生物作用氧化生成的锰氧化物的表面活性明显比非生物来源的锰氧化物的表面吸附活性高（杨帆，2005）。

矿物质对周丛生物的作用具体表现为以下几方面：①作为周丛生物生长基质，在稻田生态系统中，周丛生物黏附的载体主要为土壤矿物质，因为矿物质能为微生物提供一个相对稳定的环境，有利于胞外聚合物黏连；②作为微生物呼吸的电子源或汇，微生物以变价金属矿物作为电子供体或受体，不仅改变了金属的价态，也影响着矿物质在土壤或沉积物中的溶解等；③为细胞提供微量元素，微生物可以通过许多途径从矿物质中获得微量营养素，例如，微生物代谢产物如有机酸、铁转运蛋白和氰化物等可促进金属离子的溶解释放；④促进细胞之间相互作用，近来研究发现，土壤和沉积物中广泛分布的（半）导体氧化铁，如黄铁矿、磁铁矿和赤铁矿，可以作为电活性微生物之间的天然电子传介体，从而实现空间上分隔的氧化和还原过程的耦合。微生物能以各种方式与矿物质产生相互作用，影响着周丛生物的形成和功能，进而对自然界中许多元素（如氮、铁、硫等）的生物地球化学过程产生重要影响（Kato et al.，2010；Ng et al.，2016）。

（二）微生物等有机质

周丛生物由不同类型的微生物（如细菌、病毒、真菌）组成，以聚合物基质包裹的层状形式存在。

细菌是周丛生物的主体，其产生的胞外聚合物为周丛生物结构的形成奠定了基础（Besemer，2015）。周丛生物上细菌的种类取决于其生长速率和周丛生物所处的环境，诸如水中营养状况、附着生长状况、细菌在周丛生物中所处的位置和温度等环境条件。

真菌是具有明显细胞核而没有叶绿素的真核生物，大多数具有丝状结构。真菌可利用的有机物范围很广，特别是多碳有机物，有些真菌甚至可以降解木质素等难降解有机物；藻类是受阳光照射下的周丛生物中的主要成分，如在明渠和溪流的岩石上就经常发现有藻类，普通生物滤池表层滤料的周丛生物中及附着生长污水稳定塘的填料上亦有大量的藻类；原生动物是动物界中最低等的单细胞动物，在成熟的周丛生物中它们不断捕食周丛生物表面的细菌，因而在保持周丛生物细菌处于活性物理状态方面起着积极作用；后生动物是由多个细胞组成的多细胞动物，周丛生物中经常出现的后生动物有轮虫类、线虫类、寡毛类和昆虫及其幼虫类。

（三）胞外聚合物

微生物及其分泌的胞外聚合物（extracellular polymeric substance，EPS）是自然水体周丛生物的主要组成部分（Saikia，2011），对周丛生物的形成、结构和功能特性具有重要意义。EPS 是一种由细菌等微生物分泌的有机高分子混合物，主要由蛋白质、多糖、腐殖酸、核酸及脂类等大分子构成。几项研究指出，蛋白质、脂类和多糖的组成分别为 2%～63%、1%～22% 和 10%～57%（Becker and Wolfgang，2007；Ledger and Hildrew，1998；Montgomery and Gerking，1980）；腐殖酸类物质主要分布在污泥絮体的外部，在体内含量极少，核酸主要来源于细胞死亡裂解后释放的包内物质（王冬等，2019）。周丛生物中 EPS 的含量和组成并不相同，这归因于许多因素，如微生物的种类、周丛生物的年龄、周围环境条件、提取方法和所使用的分析工具等（Mayer et al.，1999），如表 1-1 所示。

表 1-1　影响胞外聚合物产生的因素

影响因素	状况
群体感应	群体感应是一种细胞间通信过程，细菌可以分泌和感应信号分子，然后根据群体密度调节基因表达，影响 EPS 产生的主要信号分子有：自诱导物（AI-2）、N-乙酰基高丝氨酸内酯（AHL）、可扩散信号因子（DSF）等（丁养城，2015）
底物	EPS 的产量与微生物生长和底物消耗有关。当底物与微生物比率在一定范围内增加时，EPS 产量也会增加，而且底物类型也会影响 EPS 的产量（Li and Yang，2007）
运行条件	有机负荷的变化也会影响 EPS 的产生。研究发现，进水负荷的变化会增强抵抗胁迫的能力，促使细胞分泌较多的 EPS，对絮状污泥凝聚起到黏附作用，并加快颗粒污泥的形成（李亚峰等，2018）
温度	温度的变化既会影响微生物分泌 EPS，也会影响 EPS 的成分及内部结构。有研究发现，EPS 总量随着温度的升高而降低，在低温条件下 EPS 易积累，且低温时 EPS 中多糖含量多于高温时（刘振超，2015）

根据 EPS 在细胞外分布位置的不同，可细分为结合型 EPS（bound extracellular polymeric substance，BEPS，包括鞘、囊聚合物、凝胶体、松散结合聚合物和附着的有机材料）和可溶性 EPS（soluble extracellular polymeric substance，SEPS，包括可溶性大分子、胶体和黏液）（Laspidou and Rittmann，2002；Nielsen et al.，1996）。BEPS 包括微生物产生的结合态聚合物和裂解、水解产物等（宋悦等，2017）。SEPS 在溶液中处于游离状态，主要包括微生物沥出物、附着在其表面的水解产物和细胞裂解产生的有机物。EPS 可以通过影响传质、表面电荷、絮凝能力、沉降能力、脱水能力、黏附能力和周丛生物的形成来影响周丛生物的各种物理化学特性（Sheng et al.，2010）。

周丛生物中 EPS 所占比例较高，说明附生周丛生物可作为制备生物絮凝剂的良好来源。传统的生物絮凝剂制备侧重于提取培养的单个微生物分泌的 EPS。然而，这些微生物中 EPS 含量相对较小，决定了单菌株培养中 EPS 的产量有限。这些低 EPS 产率意味着生物絮凝剂制备成本的提高，对生物絮凝剂的广泛应用造成了经济上的制约。相比之下，微生物聚集体中的 EPS（如附生周丛生物）含量丰富（Sun et al.，2018），这就有利于提高 EPS 的产量，为制备生物絮凝剂提供大量来源。

（四）生物聚生体

周丛生物上的各部分构造了一个小型生态系统（图 1-4），当细菌在对有机物质进行同化作用时，浮游植物的生长是竞争不过细菌的，因为对浮游植物来说，营养水体中的营养物质太分散。但是在高等水生植物上生长的附植藻类，在竞争营养时与细菌处在相同的有利地位。这是因为高等植物分泌的营养物质为附植藻类在小生境内提供了足够的营养。高等水生植物影响着附植藻类的种类组成、种群演替、生产力等。但当高等植物生长过密时，会遮挡光线，影响浮游藻类和附植藻类的光合作用。

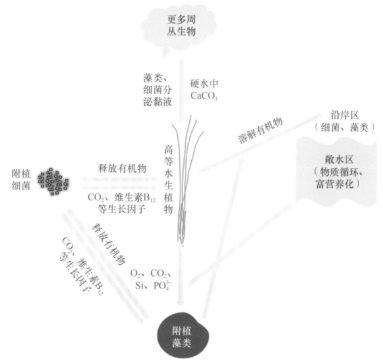

图 1-4　高等水生植物、附植藻类、附植细菌三者在水体中的物质循环

周丛生物的组成比单一物种更复杂，微生物可以附着在基质上并共生共存，通常被 EPS 包围（Brileya et al.，2014），它能够通过形成一个相当大的网状结构来聚集微生物（Liu et al.，2017）。此外，周丛生物的生物多样性非常高，促进了不同物种之间复杂的相互作用，形成了具有自然功能的稳定微生物群落（Lindemann et al.，2016）。周丛生物中含有多种代谢类型的各种微生物可以保护整个聚生体（Schuster and Markx，2014），使其比单一物种更能抵抗不利环境。

周丛生物中的微藻和细菌之间共生关系相对普遍。微藻为细菌的生长提供有机物（如碳水化合物、蛋白质）和栖息地（Unnithan et al.，2014），而细菌消耗 O_2 以降低光合氧张力并释放 CO_2 用于微藻的生长（Gonçalves et al.，2017）。这些微生物可以通过代谢物的交换建立共生关系，从而整体提高生物质生产力和养分去除效率（Mendes and Vermelho，2013）。微生物共生的另一个典型例子是产甲烷菌，尽管它在热力学上是不利的（Gonzalez-Gil et al.，2001），但高浓度的碳源以及自养和异养微生物的聚生体使其成为可能。

此外，周丛生物中也存在竞争和拮抗作用（Wu et al.，2017）。例如，小球藻素显示出对金黄色葡萄球菌和枯草芽孢杆菌的抗菌活性（Pratt et al.，1944）。同样，细菌可以分泌具有杀藻特性的代谢物（Natrah et al.，2014）。共生和拮抗在周丛生物中往往并存，正是这种微生物的同养聚生体，使周丛生物更具功能性。

三、周丛生物的结构

周丛生物结构是细菌、细胞团、胞外多糖和颗粒的空间排列（图 1-5），它们通过影响周丛生物的运输阻力而显著地决定着周丛生物的活性。人们提出了各种概念和数学模型来描述周丛生物的结构与功能（Monds and O'toole，2009；Rittmann and Manem，1992）。例如，将周丛生物系统划分为特定的隔室：基质、周丛生物、大块液体和可能的顶部空间。周丛生物室进一步细分为基膜和表面膜（De Beer and Stoodley，2006）。共聚焦扫描激光显微镜的显微观察表明，周丛生物不是平坦的，微生物的分布也不均匀。相反，周丛生物具有复杂的结构，包含通道、空洞、孔隙和细丝，细胞呈簇状或层状排列（De Beer and Stoodley，2006；Lu et al.，2014）。空洞的存在对周丛生物内的传质（平流）以及基质和产物与水相（有效交换表面）的交换有相当大的影响（De Beer and Stoodley，2006）。

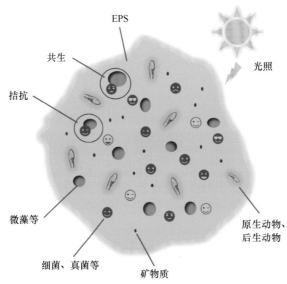

图 1-5 周丛生物组成和结构示意图

由于周丛生物适应的栖息地和表面广泛多样，其形态结构在不同的类群之间是不同的。周丛生物的大小从直径约千分之一毫米的单个细胞到长达数十厘米的大型藻类（枝角藻）不等。其形状从简单的不活动的单细胞到活动的多细胞的丝状结构各不相同。非活动形式的单细胞藻类、集落藻类和丝状藻类通过特殊适应的细胞及黏性分泌物附着在底物上。一些分类群（如 *Stigeoclonium*）在形态上有不同的基细胞和丝状细胞。基细胞形成横跨底物表面的宽广的水平伸展细胞，丝状结构从基细胞垂直发育而来。对于单细胞蓝藻和绿藻来说，黏性分泌物可以是无定形的，也可以为硅藻组织成特殊的垫、柄或管（Azim，2009）。

总体来说，周丛生物的结构特征可以从层级排列的角度来看，其基本成分是细胞和胞外多糖。周丛生物的结构排列不仅在空间上而且在时间上也是复杂的，还可以结合在一起形成二级结构，如离散的细胞团（可以呈现各种形式和尺寸）和基膜。最后，基膜、细胞团和团之间孔隙区域的排列提供了整体的周丛生物结构。水动力条件（流速和剪应力）和电化学条件（Lewandowski and Walser，1991；Stoodley et al.，1997，1999；Van Loosdrecht et al.，1995）等许多其他因素也可以影响周丛生物的结构特征。

第三节　周丛生物生长的影响因素

周丛生物的生长依赖于许多生物和非生物因素，非生物因素可进一步分为水文因素、物理因素和化学因素（Wu，2016）。

一、非生物因素

（一）基质

基质在周丛生物发展的特征和模式中扮演着非常不同的角色，稻田周丛生物生长的基质通常是植物（周丛生物）、沉积物和淤泥等。

周丛生物的组成和丰度会受到基质的物理与化学性质的影响。基质不仅提供物理表面，它的化学和物理特性可以在微环境水平上影响周丛生物（Bergey，2005；Burkholder，1996；Murdock and Dodds，2007）。浸没在水中的物理表面总是提供比水本身更丰富的微生境（Burkholder，1996）。非生物基质的化学成分对周丛生物群落结构和生物量积累速率影响不大（Bergey，2008），而非生物基质的物理特征，包括微地形和方位，对周丛生物群落及其结构有很大影响（Bergey，2005；Murdock and Dodds，2007）。虽然底物类型可以影响生长，但研究认为对周丛生物的分类特征影响不大（Rodrigues and Bicudo，2001）。

随着时间的推移，周丛生物可以通过形成一层厚达 1cm 的胶状垫层来改变基质的地形，从而改变基质的形状和结构（Biggs，1996），并减少地形对周丛生物发育的影响。

（二）pH

虽然 pH 是影响周丛生物生长和结构的重要非生物因素之一，但在天然水体中，关于 pH 对周丛生物的影响研究较少。

研究认为周丛生物的多样性和分布受到氢离子浓度的影响（Planas，1996）。pH 的影响在人类活动更强烈的湖泊、河道和地表水等接受自然营养输入的地区更为深远（Turner et al.，1987，1991），如 pH 降低会降低河流生态系统中的总体物种丰富度（Turner et al.，1991），而增加来自双星藻科（Zygnemataceae）的某些丝状藻类的丰度（Müller，1980；Turner et al.，1995a，1995b）。周丛藻类被认为是在较低 pH 条件下生长的水生微生物群之一（Van Dam and Mertens，1995）。

pH 的增加导致藻类群落碱化（Hörnström，2002；Hultberg and Andersson，1982）。随着 pH 从酸性增加到中性，形成水华的丝状绿藻，特别是 *Mougeotia*（绿藻门，Zygnemataceae）不再特别占优势（Fairchild and Sherman，1992；Hultberg and Andersson，1982；Jackson et al.，1990）。在较高 pH 条件下，周丛生物生物量的增加是由于营养物质的增加，如在酸性湖泊中施加石灰提高 pH 后，磷等营养物的数量增加，导致藻类生物量增加（Olem，1991）。总而言之，pH 是周丛生物群落发育的一个重要因素，但也受碱化前后水体营养水平的影响。

（三）光照

光照对水环境中叶绿素 a（Chla）的积累有显著影响。光照越多，无机物转化为有机生物质的转化率越高，光的可用性和强度的变化可能会对周丛生物的结构、生理、生长产生深远的影响（Petersen et al.，2003）。研究发现，光照的季节性变化对藻类的生长速率没有影响（Bothwell，1988），细胞中碳的比例与光直接相关，而磷与光成反比。增加光照强度可以降低 N/C 和 P/C 及 Chla/C（Hessen et al.，2002）。

在周丛生物发育的初期，幼年的周丛生物由细菌和 EPS 组成。如果不受干扰长达 3 周，它显示出更多的类群和生物量，有机碳、Chla 和 EPS 的产生之间存在实质性的关系。在光线有限的条件下生长的周丛生物缺乏这种耦合，以硅藻为主，硅藻在低光照下比绿藻更有效（Barranguet et al.，2005）。藻类的光合作用机制具有适应不同光照条件的能力，在弱光条件下的光适应过程中，由于光合作用机制中蛋白质含量的增加，对氮的需求增加（Raven，1984）。由于这一过程中的氮素限制，Chla 的产生速率也受到抑制（Prézelin and Matlick，1983）。

强光和紫外线辐射可能会对周丛生物的生长产生不利影响。数据表明，更高的光照水平可能会通过氧化损伤导致浮游植物中多不饱和脂肪酸浓度降低（Guschina and Harwood，2009）。更高可用性的光照也提高了短链多不饱和脂肪酸的水平，但减少了几种长链、高度不饱和脂肪酸的数量（Cashman et al.，2013）。

（四）温度

水温升高可改变水生群落的新陈代谢速率，进而可能影响群落结构、物种分布、种间关系、生物多样性（Castella et al.，2001；Mouritsen et al.，2005；Mouthon and Daufresne，2006），以及碳矿化、初级生产和反硝化等过程（Acuña et al.，2008；Demars et al.，2011）。温度的短期升高增加了周丛生物的呼吸速率，如果长期持续升高，将会出现更高的累积生物量和更高的 Chla 产生率。由于温度波动，周丛生物的行为、结构、功能和密度的变化取决于周丛生物中酶的活性，较高的温度通常比较低的温度产生更持久的变化，这是因为在较低的温度下酶活性会降低（Wu，2016）。温度下降，藻类群落对 N 的吸收也会减少（Reay et al.，1999），从而影响生物地球化学氮循环。温度波动也可能对周丛生物的色素浓度产生影响（Larras et al.，2013）。色素含量根据温度的变化和物种的不同而增加或减少（Chalifour and Juneau，2011）。

（五）营养盐

养分的有效性，尤其是氮和磷的有效性，对周丛生物的生物量和生产力起着重要的作用。一般来说，养分供应的增加导致周丛生物分类组成的改变以及密度和厚度的增加（Fermino et al.，2011；Ferragut and Bicudo，2010，2012）。在大多数研究中，营养盐和光照的影响是同时研究的，这可能是由于周丛生物的生长速率和最终的养分消耗率依赖于光照。

（六）有机质

有机质的多少直接关系到周丛生物的生长速度。溶解有机物（dissolved organic

matter，DOM）可以作为营养物质的来源，促进藻类（Tuchman，1996）和异养细菌的生长（Bernhardt and Likens，2002）。在极高的 DOM 条件下，由于更高的养分吸收速率，从而降低了周丛生物的 C/N 和 C/P，因此光合作用速率更高（Frost et al.，2002）。有机质不仅直接影响水生群落，还通过与其他因素的相互作用间接加剧其影响，如较高的 DOM 可以增加周丛生物中的 C/P、N/P 和藻类生物量，这可能会引起食物网的变化。在较高的 DOM 浓度下，藻类和细菌细胞对碳的吸收速率也会增加，导致产生更多的 EPS（Frost et al.，2007）。而在营养限制条件下，EPS 的分解速率被抑制（Cebrián and Duarte，1995），其积累速率提高。

（七）扰动

扰动是指周丛生物生态中不可预测的事件，包括干燥、缺氧、冻结、渗透势的快速变化、急性污染物暴露、底物移动以及水力、热量和光照的迅速增加。周丛生物对扰动的反应通常分为两个阶段：对扰动开始的反应和对扰动停止的反应（Wu，2016）。周丛生物对扰动开始的反应与敏感性或抗性有关（如周丛生物生物量的损失以及代谢和分类组成的变化）。高度敏感的周丛生物生长形式包括形成链状的硅藻、单列细丝和松散附着的蓝藻垫层。高度抗性的形式包括葡匐的硅藻和叶绿素的基细胞和根状突起（Benenati et al.，2000；Biggs et al.，1998；Grimm and Fisher，1989；Passy，2007）。周丛生物对水力扰动的敏感性一般随着扰动间隔的增加而增加，对停止扰动的反应与恢复和恢复能力有关，其群落从水动力扰动中恢复，主要通过重新定殖或从宿存细胞再生。

二、生物因素

食草和竞争是影响周丛生物最常见的生物因子。动物（昆虫幼虫、小龙虾和某些鱼类）对周丛生物的大量捕食会导致周丛生物生物量减少、初级生产力的改变和/或分类组成和群落结构的改变（Christofoletti et al.，2011；Hill et al.，1992；Hill and Knight，1988；Hillebrand，2008；Walton et al.，1995）。然而，适度食草可以促进克隆植被的再生，并通过以下方式刺激生长速度：①改善周丛生物群落内的光可获得性；②提高来自水和食草动物摄食活动的养分可获得性（Azim，2009）。

生物之间的紧密堆积和周丛生物群落内差异明显的资源梯度为种间与种内竞争创造了适宜的条件。化感作用是一种竞争形式，一些生物体产生的化学物质抑制其他生物体的定殖和生长。种间化感作用已经在底栖蓝藻、轮藻和周丛生物中被记录（Jüttner and Wu，2000；Smith and Doan，1999；Wu et al.，2010a），养分吸收速率可以超过养分输入或再矿化的速率，并在封闭系统中导致养分枯竭和竞争。这些条件有利于促进低半饱和常熟、高养分储存的状态实现，也有利于养分向细胞物质的有效转化（Borchardt，1996）。

第四节　稻田周丛生物的功能概述

一、指示功能

周丛生物被用作指示生物已有几十年的历史，自 1908 年就有报道（Hill et al.，2000a）。

周丛生物中藻类群落结构受许多环境变量的影响，包括底物、温度、光照、营养（Fairchild and Sherman，1992；Horner and Welch，1981；Hudon and Bourget，1983；Steinaman and Mcintire，1986）和水质特征等。硅藻、蓝藻等常被用作生物指标来评价水质。

硅藻指标分为三个基本类别：①基于指示物种概念的指标（Hill et al.，2000b）；②基于原始环境比受污染环境培育更高生物多样性概念的指标（Hill et al.，2000b）；③基于几个指数的多指标体系。根据方法的不同，在不同的研究中使用不同的度量标准。物种丰富度、物种优势度、酸性硅藻、富营养性硅藻、移动硅藻、叶绿素、生物量和磷酸酶都被用来监测水质（Hill et al.，2003）。

Aboal（1989）确定蓝藻是河流生态系统中的优势物种之一，后来又确定它们是受富营养化干扰的水生态系统中的优势物种（Pizzolon et al.，1999）以及大肠菌群水平较高的城市废水中的优势物种（Vis et al.，1998）。造成这种差异的原因在于蓝藻的生物多样性，其丰度在不同的环境中有所不同。其中一些物种在清洁水环境中占主导地位，而另一些物种的优势程度则因污染物类型和污染指数的不同而不同。

根据 Douterelo 等（2004）的说法，在营养物浓度较高和污染水平较高的地区（通常在污染源下游），物种丰富度和多样性都有所下降，其中颤藻是优势物种。在营养浓度相对较低的上游地区，念珠菌占主导地位。在矿区，表层硅藻的低丰度和多样性意味着应激状态及高金属污染（Nunes et al.，2003）。在高金属浓度下，在硅藻瓣膜中可观察到一些形态异常（Nunes et al.，2003）。

二、修复功能

（一）去除过量氮磷

氮、磷是两种非常重要的元素，在各种物质中广泛存在，尤其是在化肥等物质中。生物体想要正常生长，就离不开氮元素和磷元素，河水中各种动植物的生长也需要大量的氮磷，但是氮元素和磷元素含量过高反而会抑制动植物的生长。我国当前河水的氮磷污染非常严重（苏丽萍，2017），根据 2010 年第一次全国污染源普查公报，农业面源污染已经成为我国地表水总氮、总磷等污染物的首要污染源（李胜男，2019）。近十年来，国内外学者对自然水体周丛生物的生态功能与环境作用进行了广泛的研究，研究发现周丛生物对水体中的氮、磷具有较强的去除作用（李明等，2018）。微藻能够将无机氮和无机磷同化至非常低的浓度（如总氮和总磷的浓度分别低于 0.5mg/L、0.03mg/L），而细菌能够通过氮的同化、厌氧氨氧化、硝化和反硝化作用，以及磷的定期和过量摄入来去除营养物质。在大多数光照条件下，观察到有机生物量和磷含量之间高度显著关联，包括在高光合光子通量密度时，磷浓度随着叶绿素 a 浓度的增大而增大。最大磷去除率达到 112mg/（$m^2 \cdot d$）。通过能量过滤透射电子显微镜进行的元素分析显示了磷的亚细胞定位，证实了在强光条件下生长的周丛生物中光营养微生物的积累（Guzzon et al.，2008）。目前已经开发了几种使用微藻－细菌联合体（如周丛生物）的光生物反应器，并将其用于去除地表水（如河流、湖泊）和富含营养的废水中的营养（Shang et al.，2015）。

周丛生物去氮原理包括：硝化与反硝化、吸收、氨挥发与吹脱。①硝化与反硝化：含氮物质（如蛋白质、氨基酸、尿素和脂类等）经微生物降解释放出氨氮，氨氮通过好氧硝化作用转变为硝态氮（包括硝酸盐和亚硝酸盐），硝态氮通过厌氧反硝化作用转变成氮气的过程。②吸收：除反硝化方式脱氮以外，光合作用也可将含氮物质，如氨氮、硝酸盐、亚硝酸盐、尿素和氨基酸等吸收，转变为生物量，将氮截留在藻类生物量中，从而降低水体中氮浓度。③氨挥发与吹脱：周丛生物主要以藻类为优势物种，藻类的光合作用导致水体 pH 升高，进而促进铵离子（NH_4^+）转化为气态 NH_3 挥发（吴国平等，2019；Engström et al.，2005；Winkler and Straka，2019），如表 1-2 所示。

表 1-2　周丛生物去除水中氮的影响因素

影响因素	状况
溶解氧含量	在旋转式周丛生物反应器中用厌氧氨氧化工艺处理高氮污水时，发现低浓度溶解氧引起的抑制作用可以恢复。有氧存在时，厌氧氨氧化活性完全被抑制，但此抑制作用可逆，当氧气浓度低于 2μmol/L 时，活性便可以恢复（吴国平等，2019）
pH	当 pH 为 7.5 ~ 8.0 时，很容易实现短程硝化。当 pH > 6.8 时，不会影响系统中亚硝酸盐积累的稳定性，厌氧氨氧化速率提高；pH 由 8.0 升至 9.5 时，厌氧氨氧化速率下降；最适 pH 为 7.5 ~ 8.0。厌氧氨氧化的适宜 pH 为 6.7 ~ 8.3，当 pH=8.0 时，达到最大反应速率（陈曦等，2006；郭海娟等，2006）
水温	温度是影响微生物生存的重要环境因素，6 ~ 43℃ 条件有利于厌氧氨氧化反应的进行（杨洋等，2006）
反应基质浓度	当氨氮和亚硝态氮浓度超过一定值时，就可能抑制厌氧氨氧化菌活性，影响厌氧氨氧化反应的进行（吴国平等，2019）

周丛生物去磷原理包括：吸收降解、吸附、共沉淀。①吸收降解：周丛生物中微生物的生长代谢需要营养元素磷，因此，吸收作用是周丛生物除磷的重要原理之一。②吸附：一些研究认为吸附是微生物聚合体去除水体污染物如氮磷、重金属、有机物和硫化物等的主要机制。③共沉淀：指一种沉淀从水溶液中析出时，引起某些可溶性物质一起沉淀的现象，从而达到去除效果（表 1-3）。诸多学者研究周丛生物对河流中磷的去除，认为周丛生物表面的碳酸钙和磷共沉淀，是周丛生物除磷的主要机制（吴国平等，2019；Jarvie et al.，2002；Mccormick et al.，2006）。

表 1-3　周丛生物去除水中磷的影响因素（吴国平等，2019；Fortin et al.，2007）

影响因素	状况
光照	最大周丛生物干重和细胞磷浓度受流速与温度的影响不显著，但随特征光强的增加而增加，证明了高光强条件下周丛生物可富集磷
周丛生物类型	Scinto 等研究了佛罗里达地区一个贫营养水体 3 种类型周丛生物对磷的吸收动力学特征，相较于丝状周丛生物和附泥周丛生物，自然附植周丛生物的磷去除效率较高，而前两者的磷去除效率之间不存在显著差异
水流速度	在自然水体中，高流速使周丛生物易于形成单层结构，造成周丛生物孔隙和通道少，而低流速使周丛生物形成复杂结构，孔隙和通道多且结构复杂，易于吸附磷
水质硬度	水质硬度主要指溶于水中钙、镁盐等盐类的总含量，是影响周丛生物吸附位点的一个重要因素。研究表明水体中钙、镁离子会影响周丛生物细胞及 EPS 的吸附性能

（二）降解有机污染物

在降解有机化合物方面，由于周丛生物是由光合和非光合微生物组成的复杂共生系统，浮游植物群落中的许多物种会降解一系列有机化合物（Azim，2009）。

Wu 等（2010a）发现在所谓的潜在适应期内，周丛生物可以快速去除铜绿微囊藻毒素——微囊藻毒素 -RR（microcystin-RR，MCRR）的主要原因是吸附，但其中生物降解起着关键作用。河流生态系统中生物被膜能够吸收和代谢除草剂阿特拉津和双氯芬、有机磷杀虫剂二嗪农、表面活性剂及苯胺，天然河流中周丛生物显示出较高的降解甲氨基和呋喃丹的能力，能够在受农药污染的环境中生长，并可能在农药的降解或吸收中发挥重要作用。通常，这些有机化合物的代谢降解与微生物中的氧化酶有关。例如，在降解氯代芳香族化合物的需氧细菌 *Cuparaividus necator* JMP134（罗尔斯通氏菌 JMP 134）中，降解途径是在由 *tcpRXABCYD* 基因簇编码的一系列酶的存在下发生的（Sanchez and Gonzalez，2007）。最新研究还发现周丛生物在多种碳源存在下对一系列塑料的生物降解有巨大潜力（Shabbir et al.，2020）。此外，周丛生物对于抗生素、生物杀虫剂及杀菌剂表现出明显的抗性作用。周丛生物中 EPS 不能阻止抗生素扩散和接触到底部的细胞，但能抑制具有化学反应性的生物杀虫剂如氯和过氧化物，吸附带电性的抗生素，如妥布霉素、庆大霉素，对较深层细胞起到了保护作用（李鱼，2004）。

（三）富集重金属

许多重金属是植物和动物生长所必需的元素，如人生长必需的铜、锌、锰元素，但铜、锌、锰元素在高水平下对人体会产生毒害作用。近半个世纪以来，人类活动呈指数级增长，导致重金属排放量相应增加，特别是进入自然水道，对生态安全构成严重威胁。用于处理污染物质的原位生物修复技术已被广泛应用于处理自然水生态系统，包括重金属污染水体。已经开发了许多技术来去除天然水道和废水中的重金属，如化学沉淀、离子交换、吸附、膜过滤、混凝和絮凝、浮选和生物同化。在这些技术中，吸附和膜过滤是最有效的措施。但由于膜过滤成本高、渗透通量低，限制了其大规模应用。

自然水体中周丛生物因具有较大的比表面积和吸附活性，对重金属有显著的吸附和富集作用（Duong et al.，2010）。但对于周丛生物吸附重金属的机制人们还知之甚少。周丛生物中藻类、真菌和细菌等是易于吸附或富集金属离子的有机质（李鱼，2004），多数的研究认为周丛生物中的无机物即铁氧化物、锰氧化物对重金属的吸附起着主要作用，但实际上占周丛生物干重 80% ～ 90% 的有机组分也对重金属有一定的吸附作用，只是目前这方面的研究还相对较少。大量实验室模拟和野外调查研究发现周丛生物对水体中的多种痕量重金属（钴、镍、铜、铅、镉和铬等）具有富集作用（郭爱桐，2015）。Winkler 和 Straka（2019）发现在野外条件下，Cr（Ⅲ）和 Pb（Ⅱ）影响热带周丛生物群落中 Cd（Ⅱ）的积累及毒性。在降雨事件中，观察到浓度和形态在小溪中的动态变化。分析表明，尽管存在较高浓度的 Zn（Ⅱ）和 Mn（Ⅱ），但水生植物中 Cd（Ⅱ）的含量紧随水中 Cd（Ⅱ）的浓度变化（Winkler and Straka，2019）。

周丛生物通过三种主要机制来积累重金属：EPS 中的吸附、细胞表面吸附和细胞内吸收（或吸附）。通过测量细胞内金属总含量已经评估了通过吸附和吸收而吸收的周围植物中的金属（Serra et al.，2009）。进一步的研究表明，无活性 / 死亡的微生物生物量还通过各种物理化学机制被动地结合了金属离子（Chien et al.，2013；Wang and Chen，2009）。以胶体状或表面附着物形式出现的金属氧化物对有毒重金属有很强的吸附作用，在水环境中对有毒重金属的分布和迁移起着主要作用（李鱼，2004）。生存于水土界面的周丛生物，由于其自身独特的群落组成、结构和物理构造等，经过长期的驯化，可能会形成一套抵抗重金属毒害的防御系统。周丛生物去除重金属机制如表 1-4 所示。

表 1-4　周丛生物去除重金属机制

重金属去除产所		重金属去除机制
周丛生物的第一道屏障	EPS	EPS 中的大分子有机物具有良好的链状或网状结构，不仅可以通过网捕、卷扫作用将水中的悬浮物抓获并裹挟在胶体表面，还可以通过络合作用或通过 EPS 中带负电的官能团提供大量的吸附位点产生静电反应，从而去除 Cu^{2+}、Pb^{2+}、Ni^{2+}、Cd^{2+} 等金属离子
周丛生物的第二道防线	细胞壁、细胞膜或细胞质膜	细胞表面大量的官能团，同样能与多种重金属离子络合，从而通过沉淀、络合、吸附等阻碍重金属进入细胞
周丛生物的第三道关卡	细胞内部的防卫系统	重金属可以与细胞内的重金属载体发生配位结合，固定环境中的重金属，降低游离态重金属离子的浓度。还可以通过"区域化作用"分布在细胞内的不同部位，将有毒金属离子封闭或转变成为低毒的形式

（四）应对生态毒性

由于大规模使用偶氮染料，对水生动植物群和人类产生不利影响，可使用周丛生物去除偶氮染料。研究表明，周丛生物能够完全去除较高浓度废水中的甲基橙、结晶紫，去除量高达 500mg/L，而该去除过程是通过一种包括生物吸附和生物降解过程的协同机制来实现的（Shabbir et al.，2017，2018）。

水生生态系统中微生物群落对纳米材料毒性的反应在很大程度上也是未知的，尤其是在群落动态和功能之间的关系方面。Liu 等（2019）选择周丛生物作为物种丰富的微生物群落的模型，阐明它们在暴露于二氧化钛纳米颗粒（TiO_2 NP）时的反应，评估了长期暴露于 TiO_2 NP 后功能与群落动态之间的关系：在暴露于 TiO_2 NP（5mg/L）5 天后，周丛生物在去除污染物方面表现出可持续的功能，并且在防御 TiO_2 NP 的毒性干扰方面具有很强的可塑性，包括光合作用和碳代谢多样性。周丛生物具有持续的污染物去除功能是由于改变了自身的组成，蓝藻、鞘氨醇杆菌和螺旋体是新的优势类群，并改变了碳底物的利用模式，以维持较强的光合作用和较高的代谢率。

目前的污水处理生物措施以单一的微生物群落为主，只能对低浓度的废水进行脱色处理，在考虑到微生物群落的多样性和周丛生物群落的多样性之后，对微生物群落和周丛生物群落的多样性进行研究。例如，在周丛生物存在下，结晶紫转化为无毒的脂肪族化合物。植物毒性和微生物毒性试验表明，结晶紫的生物降解不会产生任何有毒的次生代谢物，产生的废水符合农业灌溉标准。这些结果为了解周丛生物或类似微生物聚集体应对毒性环境而做出的响应过程提供了一个清晰的案例，并表明了周丛生物作为一种绿色材料净化高浓度结晶紫污染的水的潜力（Shabbir et al.，2018）。

三、调控作用

（一）调控养分循环

1963 年，Wetzel 在他的革命性综述论文中强调了周丛生物作为水生生态系统初级生产者的重要性。从本质上讲，周丛生物是由光自养藻类、异养和化学自养细菌、真菌、原生动物、后生动物和病毒组成的太阳能生物地球化学反应器（Larned，2010），它们通过影响初级生产、食物链、有机物和养分循环，在自然水生生态系统中发挥重要作用（Battin et al.，2003；Saikia，2011）。

研究表明，周丛生物不但是重要的初级生产者（Liboriussen and Jeppesen，2003；Vadeboncoeur et al.，2001），而且是较高营养级的能量和食物来源（Saikia et al.，2013；Saikia，2011；Saikia and Das，2009），影响营养物质循环（Wetzel，1963）及营养物质在水体和水体之间的转移（Saikia et al.，2013；Saikia，2011；Saikia and Das，2009）。与浮游生物相比，周丛生物通过调节营养条件，维持稳定的营养资源流动，作为营养保持工具和过量营养的去除剂，对水生生态系统的营养循环做出了更大的贡献（Saikia，2011）。

周丛生物通常是一个汇，有时是 C、N 和 P 等水中养分的来源。周丛生物可以通过大量的营养吸收来富集水中的养分（特别是磷）。磷吸收是指生物体内磷以聚磷酸盐的形式储存，聚磷酸盐可以酸溶性或酸不溶性聚磷酸盐的形式存在（Saikia，2011）。据报道，周丛生物的磷含量为 1 ～ 2mg P/g 干重，相当于环境水平均磷含量的 30 000 ～ 60 000 倍（Mccormick et al.，2006）。这一结果表明，周丛生物可能是磷的一个重要的短期汇。同时，在汇集 C、N、P 等营养成分的周丛生物内部，不断发生着各种转化反应，促进了养分循环。

周丛生物由多种营养物质组成，如 EPS、多不饱和脂肪酸、甾醇、氨基酸、维生素和色素（Thompson et al.，2002）。因此，在一定条件下，它可以为水生生态系统的营养循环提供多糖、蛋白质、核酸和其他聚合物的来源。周丛生物在其生长阶段可以去除周围水体中的可溶性营养物质，获取的营养物质可能通过腐烂、冲刷等方式而又释放回水中（Saikia，2011）。

（二）改善土壤界面环境

研究表明，在稻田生态系统中，周丛生物在土壤－水界面上起着重要的作用。周丛生物可以改善土壤微生物的相对丰度和群落结构，降低土壤盐分和 pH，提高土壤有机质和酶活性，为植物的生长提供适宜的环境（Zhu et al.，2021）。此外，它还可以稳定土壤结构，为土壤提供丰富的"食物"来源，并提供更适宜的生长温度和湿度（Belnap et al.，2003）。因此，周丛生物可以作为一种新兴的生物技术工具来改善水稻生态系统环境（Lu et al.，2018），促进农业增产。

一个典型的例子是周丛生物对于盐碱地环境的改善作用。稻田盐分和养分的循环发生在土壤－水界面上，而周丛生物在这一循环中起着重要的作用。根据 Zhu 等（2021）的研究结果，周丛生物可以吸收土壤中多余的盐分，降低土壤 pH，使稻田生态系统处于相对稳定的状态，更适合作物生长。Lu 等（2018）的研究也表明，周丛生物可以在盐化土壤表面上生长良好，并大大降低表层土壤（0 ～ 20cm）的盐分，且蓝藻的存在降低了土壤中可交换的钠和电导率，表明蓝藻可能对钠的去除有影响。

周丛生物对盐分的抗性可能是由于其中的耐盐放线菌分泌的胞外多糖可以螯合一些钠离子等阳离子（Zhu et al.，2021）。实际上，胞外多糖存在的意义重大，它不仅可以去除过量的盐分，正如前文所述，也能去除重金属和微囊藻毒素等污染物（Meylan et al.，2003；Wu et al.，2010b）。周丛生物的生长降低了土壤 pH，这可能是土壤淋溶增加和有机酸释放到土壤中的结果。

周丛生物具有多种功能的一个原因是它富含蓝藻及其他固氮和碳同化微生物，为稻田生态系统提供了生长所需的化合物和养分。此外，周丛生物还能积累有害物质（如过量盐分）和病原菌。因此，周丛生物在改善稻田生态系统环境条件方面具有很大的潜力，利用前景广阔。

四、反应器功能

周丛生物最重要的实际应用是在生物废水处理中，许多新兴技术在生物反应器中使用周丛生物进行生物降解和生物修复（Liong，2011）。

Feng 等（2017）将生物吸附剂吸附单元与周丛生物光反应器相结合，构建了吸附－周丛生物复合反应器（hybrid adsorption-periphyton reactor，HAPR）并进行了应用。HAPR 对亚甲基蓝染料的去除率为 99.95%（从 200mg/L 降至 0.1mg/L 以下），是一种新颖、环保、高效、有发展前景的染料净化方法。脱色原理包括 EPS 在周丛生物表面的吸附过程和降解过程（图 1-6）。

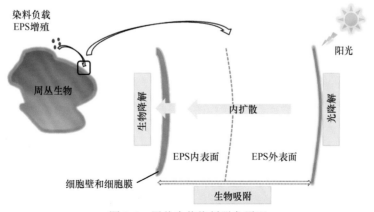

图 1-6　周丛生物染料脱色原理

Liu 等（2018）利用一种周丛生物去除铜，并将其固定在纤维上，研制出一种新型生物反应器，将纤维基质应用于周丛生物反应器中，可以大大提高系统的阳离子交换容量。该研究表明，将周丛生物固定在纤维上用于新型生物反应器的开发是从废水中捕集高浓度铜的一种可行的方法。

Zhu 等（2018a）使用锥形瓶建立了一个由反硝化菌、电子供体和电子介体组成的简单原位系统，在 TiO_2 纳米颗粒的存在下，利用水体中普遍存在的周丛生物来促进硝酸盐的原位还原。周丛生物和 TiO_2 纳米颗粒系统的硝酸盐去除率显著高于对照（仅有周丛生物和 TiO_2 纳米颗粒）。研究还发现，由于 TiO_2 纳米颗粒的存在，周丛生物中 EPS 含量显著增加，尤其是腐殖酸和蛋白质的含量显著增加。

第五节　稻田周丛生物的生态环境风险

一、周丛生物过量生长

水生植物沉水部分的一层周丛生物会减少光和碳的供应，并可能增强二者对养分的竞争（Jones et al.，1999）。许多研究（Díaz-Olarte et al.，2007；Jones and Sayer，2003）已经证明了一些条件下周丛生物对植物生长的抑制作用，即周丛生物对水生植物的负面影响。类似地，在稻田生态系统中，由于周丛生物由包括生产者、消费者和分解者在内的多种物种组成，其可作为高营养水平的能量和食物来源，稻田中周丛生物本身也需要摄取营养和获取生长空间，其生长繁殖可能与水稻竞争养分和空间（Larned，2010）。

周丛生物含有种类繁多的藻类、蓝藻、异养微生物及生长在溪床和河床上的岩屑。部分蓝藻可能是有毒的，而藻类的过度生长、死亡和腐烂可能会耗尽氧气，堵塞潜水带，改变 pH（O'neil et al.，2012）。这些变化可能会削弱鱼类和底栖动物的繁殖能力，甚至杀死它们，也会污染饮用水，降低小溪和河流的景观与娱乐属性（Carpenter，2008）。这些不利影响通常被称为富营养化，损害水生生物多样性和生态系统功能，在全球范围内每年需花费数十亿美元来进行补救（Dodds et al.，2009；Pretty et al.，2003）。McDowell 等（2020）的研究认为，在众多淡水生态系统中，周丛生物中藻类的生长与严重的富营养化有关，可能会损害数十亿人水的供应和使用。预测全球 31% 的陆地可能会出现周丛生物的过量生长，其中 76% 是由磷富集引起的，影响范围以北美洲、南美洲和欧洲的农业用地为主，涵盖了 17 亿人口；由氮富集导致的不利影响主要是北非的部分地区以及中东和印度的部分地区，2.8 亿人受此影响。

因此，在发挥周丛生物在改善环境和调控养分等方面的重要作用的同时，也需要在更精细的空间尺度上精准控制氮磷使用，控制其过量生长，避免生态环境的损坏和作物的减产。

二、砷的释放

虽然砷在稻田生态系统中普遍存在，但由于在氧化条件下，其生物有效性有限，因为毒性较低的砷酸盐 [As（V）] 是氧化土壤中砷的主要形式，并固定在铁（Fe）和锰（Mn）的氧化物表面（Hashimoto and Kanke，2018；Maguffin et al.，2020）。然而当一部分被淹时，As（V）和 Fe（III）还原菌将促进 As 释放到土壤孔隙水中（Lu et al.，2020；Yi et al.，2019）。释放到土壤孔隙水中的亚砷酸盐 [As（III）] 往往会保持生物有效性，因为与 As（Ⅴ）相比，As（Ⅲ）在氧化铁表面的吸附强度较小。

近年来的培养实验已证明，周丛生物在将 As（Ⅴ）还原为 As（Ⅲ）并将 As（Ⅲ）和有机砷释放到生长培养基中之前，会积累 As（Ⅴ）并将其合并到其细胞中（Lopez et al.，2018）。稻田周丛生物的确可以促进砷的解毒过程（Guo et al.，2021），但同时也发现稻田周丛生物增加了砷的释放，土壤－水界面的甲基化砷含量增加。周丛生物的存在增加了表层土壤中可溶性有机碳（dissolved organic carbon，DOC）的含量，这可能是导致砷的移动性增加的原因之一（Guo et al.，2021），因为表层土壤中周丛生物对 DOC 和 As 解吸的增加会增加土壤－水界面上 As 的浓度。

目前，关于周丛生物对稻田中砷的迁移转化和砷的生物地球化学循环机制仍不十分清楚。在利用周丛生物从稻田中捕获重金属时，也应考虑周丛生物在土壤－水界面对于砷释放的生态风险。

三、甲基汞积累

甲基汞（methyl mercury，MeHg）是一种通过食物链生物积累的强效神经毒素，对人类和动物具有高毒性（Clayden et al.，2013）。近年来，越来越多的研究关注周丛生物不仅是因为其产生甲基汞，与沉积物相比周丛生物的汞甲基化潜力更高（Hamelin et al.，2015），同时周丛生物也是甲基汞进入食物链的关键途径，特别是在热带和温带湿地（Planas et al.，2004）。

Xiang 等（2021）研究认为，周丛生物是一个独特的微型群落，有助于甲基汞的产生和随后在食物网中的生物积累。一方面，周丛生物中的藻类和细菌可以直接从周围环境中吸收汞，为汞的甲基化提供充足的基质。另一方面，与土壤和絮凝物相比，周丛生物由外向内氧化还原电位梯度明显（Lázaro et al.，2018），有机物含量丰富，使汞更容易甲基化（Leclerc et al.，2015）。此外，光养生物渗出的 EPS 作为黏合剂，使细胞黏附并维持周丛生物结构的稳定性（Xiao and Zheng，2016），这可能会促进甲基汞的产生，因为附着的甲基化剂比游离的甲基化剂表现出更高的汞甲基化潜力（Lin and Jay，2007）。由于周丛生物普遍存在，可以作为水生环境中的食物网的基础，如 Xiang 等（2021）计算得出在佛罗里达州的沼泽地中，雨季约有 10%（或 1.35kg）来自周丛生物的甲基汞被传递给食蚊鱼进而进入食物网，占食蚊鱼总汞储量的 73%。

这些研究揭示了周丛生物对湿地生态系统中甲基汞分布和甲基汞生物积累的重要性，还需要进一步研究周丛生物对河道、湖泊、稻田等生态系统中汞分布的动态影响过程，以更全面地了解周丛生物对汞循环的影响和生态风险。

第六节 稻田周丛生物研究展望

一、未知的功能与应用

周丛生物是一个具有复杂结构和组成的微生态系统，研究人员对它的认识越来越深入，但依然有更多的功能等待被发现。周丛生物在稻田生态系统中监测、调节与管理养分和盐分的应用可能是未来研究的热点,同时还有一些前沿和实际的问题等待被解决。第一,处理新型污染物。随着化学工业的快速发展和化学品的广泛使用,稻田等生态系统中的新型污染物逐渐受到重视,如持久性有机污染物,它们给生态系统的健康带来严重隐患,且难以被常规技术手段去除。目前研究较多的是周丛生物对于农药的去除(Rooney et al.,2020),但生态系统中的抗生素易通过食物链富集,滴滴涕等历史上使用的持久性有机污染物在稻田中尚广泛存在,周丛生物对它们的降解作用有待被探究。第二,多污染物的联合去除和对碳氮磷等养分的综合调控。现有的研究集中于周丛生物对一种污染物的去除作用,而稻田中常是多种污染物并存,且可能存在相互关系(如 Cd、Cu、As 的迁移,抗生素的多重污染),碳氮磷等养分也需要通盘考虑。第三,更广泛的适应范围。除了探究一般环境中周丛生物的重要作用,在高营养、贫营养、高盐分、高污染等极端环境下往往具有更为迫切的修复需求,对此,一些研究关注了周丛生物对富营养化(Lu et al.,2016;Ma et al.,2019)和高盐分(Zhu et al.,2021)的响应,但周丛生物在极端环境中的生长和修复作用仍然缺乏系统的研究。第四,结合其他学科和技术。当前主要关注于从微生物培养和利用的角度研究稻田周丛生物,缺乏与其他学科和技术的关联。将周丛生物与化学、物理等学科技术联合可能会取得新的成效,如将周丛生物与光催化结合去除硝酸盐(Zhu et al.,2018a,2018b)。而且,周丛生物在稻田中的功能和应用不仅是微生物与环境问题,还涉及农业管理和经济效益等方面,有待跨学科的研究。第五,反应器与应用。周丛生物反应器已有较多的研究,但距离实际应用尚远。多数研究中采用模拟废水,对实际环境的修复借鉴作用有限,且反应器规模大多较小,只是初步的探究,远未达到实际应用的程度。建立绿色适用的反应体系是一个很有前景的课题。

二、作用机制

周丛生物纷繁复杂的组成是其强大功能的基础,但同时也给其作用机制的分析带来困难。第一,不同的稻田周丛生物组成存在差异,各组成成分的功能和作用尚没有被清晰地阐述,如特定物种的功能,哪些微生物对稻田生产和环境至关重要,微生物之间的相互关系是如何建立联系的,是否可以分离培养功能菌株,整体和特定菌株的功能如何平衡等。第二,调控稻田周丛生物的组成、结构和生长仍然是一个挑战。稻田中的周丛生物可能太少而无法充分发挥其积极作用,需要在掌握其组成、结构、生长习性和影响因素的基础上,专注稻田周丛生物生长和组成的调节方法,使其更好地发挥功能作用。第三,作用机制的探索。在对于周丛生物发挥功能的作用机制的研究中,常见的是关于微生物群落组成、功能基因丰度、反应参数和反应动力学等方面,生物与环境间的电子传递、能量转化过程,通道蛋白、酶、微生物之间的联系机制,以及基因组学和代谢组学等微观机制方面具有广阔的研究空间。进一步的研究有赖于新技术、新方法的应用,如元转录组学可以揭示微生物物种对不同环境因素(包括有机体相互作用)的特定反应,尤其是单个物种在基因产物水平上的特定反应(Gubelit and Grossart,2020)。第四,定量化研究。周丛生物作为生产者、分解者等角色的贡献可以通过大尺度的原位监测、细致的实验室培养分析和建立合适的相关模型相结合来定量评估,用以明确周丛生物的农业和生态价值。

三、利用与生态风险的平衡

利用周丛生物并非高枕无忧，尽管它有很多的功能作用和应用潜力，但也需要平衡潜在的生态风险。过多的周丛生物会改变水化学、水力条件、栖息地可用性和食物网动态（Larned，2010），从而影响水生生态系统（Wu et al.，2014）和农田（Mcdowell et al.，2020）的平衡。在利用周丛生物捕获重金属时也发现了砷的释放（Guo et al.，2021）、汞的甲基化（Xiang et al.，2021）等不利影响，目前尚不清楚部分情况下农业增产是否可以抵消稻田周丛生物带来的生态风险。因此，需要在掌握周丛生物生长习性的基础上，预测其生长趋势和潜在影响，从而在更大的研究尺度上将风险最小化，取得最大化的农业和生态效益。

总之，周丛生物是一个微生态系统，不同微生物群落在周丛生物内达到动态平衡，不同微生物群落之间通过协同与竞争形成充分利用营养元素的体系。未来的研究应从周丛生物的组成、结构和功能三大方面全面剖析周丛生物对环境的积极影响，加深对周丛生物的进一步认识，深挖周丛生物在净化水质、治理面源污染和促进农业增产等方面的应用潜力，并探索一种低成本、具有更高环境适应性、广泛应用和环境友好的生态修复技术。

参 考 文 献

陈丹 . 2007. 南方季节性缺水灌区灌溉水价与农民承受能力研究 . 南京 : 河海大学博士学位论文 .

陈富忠，曹启章，李恒蓉，等 . 2007. 旱稻发展趋势及丹粳系列旱稻品种的选育 . 辽宁农业职业技术学院学报，9(2): 12-14.

陈清华 . 2013. 四湖地区稻田生态系统服务功能的经济价值评价 . 荆州 : 长江大学硕士学位论文 .

陈文佳 . 2011. 中国水稻生产空间布局变迁及影响因素分析 . 杭州 : 浙江大学硕士学位论文 .

陈曦，崔莉凤，杜兵，等 . 2006. 温度和 pH 值对厌氧氨氧化微生物活性的影响分析 . 北京工商大学学报 (自然科学版), (3): 5-8.

丁养城 . 2015. 厌氧颗粒污泥群感作用及调控研究 . 杭州 : 浙江工商大学硕士学位论文 .

董德明，李鱼，花修艺，等 . 2002. 自然水体中周丛生物的主要化学组分与水体中相关化学物质的关系 . 高等学校化学学报 , (8): 1507-1509.

董德明，张影，花修艺，等 . 2019. 溶解有机质对光照自然水体周丛生物体系中 H_2O_2 生成的影响 . 高等学校化学学报，40(4): 800-808.

杜洪作，朱自均，杨安贵，等 . 1987. 稻田生态系统潜在生产力的探讨 . 西南农业大学学报 , (1): 9-14.

段斌莉，林强 . 2010. 中国稻作的起源及分布 . 福建农业科技，(5): 9-10.

范洪良 . 1974. 水稻基础知识　第三讲　水稻的生长发育和对环境条件的要求 . 上海农业科技，(12): 29-30, 34.

范晓芳 . 2020. 播期及覆膜处理对不同品种旱稻产量和品质的影响 . 石河子 : 石河子大学硕士学位论文 .

方福平 . 2016. 我国稻田生态服务价值的影响因素与生态补偿机制研究 . 武汉 : 华中农业大学博士学位论文 .

冯起，徐中民，程国栋 . 1999. 中国旱地的特点和旱地农业研究进展 . 世界科技研究与发展，21(2): 54-59.

傅庆林，孟赐福 . 1994. 中国亚热带主要稻作制农田生态系统的养分平衡 . 生态学杂志，13(3): 53-56, 34.

郭爱桐 . 2015. 光照对自然水体周丛生物吸附 Cu 影响的初步研究 . 科学技术与工程，15(19): 202-206.

郭海娟，马放，沈耀良 . 2006. DO 和 pH 值在短程硝化中的作用 . 环境污染治理技术与设备，7(1): 37-40, 63.

郭军权，吴永红 . 2019. 基于周丛生物的"生态沟渠 - 人工湿地"处理高负荷农业面源污水影响研究 . 陕西农业科学，65(12): 34-37, 50.

国际稻作研究所 . 1981. 陆稻的研究 . 华南农学院水稻援外班，译 . 北京：农业出版社 .

何勇田，熊先哲 . 1994. 试论湿地生态系统的特点 . 农业环境科学学报，13(6): 275-278.

黄雪萍，方康书，方江林 . 2010. 节水抗旱稻生产现状分析及发展策略 . 安徽农学通报，16(19): 75-77.

江巨鳌，邬克彬 . 2004. 旱稻生产现状分析及发展策略 . 作物研究，18(1): 48-51.

李明，李忠和 . 2018. 自然水体周丛生物中微生物群落结构与组成分析 . 科学技术与工程，18(15): 345-348.

李明，梅迎春，李忠和 . 2018. 自然水体周丛生物中真菌结构与组成特征 . 科学技术与工程，18(23): 339-342.

李庆逵，姚贤良，龚子同，等 . 1991. 中国水稻土 . 北京：科学出版社 .

李胜男 . 2019. 藻类在农业面源污染防控中的应用 . 农业环境科学学报，38(5): 970-979.

李晓光，张宝鑫，杨洪杰 . 2019. 京西稻历史发展及其文化展示探析与实践 . 农学学报，103(9): 81-86.

李亚峰，苏雷，刁可心，等 . 2018. 进水负荷交替变化对好氧污泥颗粒化的促进 . 水处理技术，44(1): 96-101.

李鱼 . 2004. 自然水体周丛生物及其在水环境中的作用 . 环境科学动态，(4): 16-19.

梁艳艳 . 2020. 稻田施用农药地表水暴露评估场景体系构建与应用 . 南京：南京信息工程大学硕士学位论文 .

刘利花 . 2015. 苏南地区稻田保护的激励机制研究 . 北京：中国农业科学院博士学位论文 .

刘爽 . 2020. 浅析世界及我国水稻生产状况 . 新农业，929(20): 16-18.

刘婷婷，刘锦绣，王秀丽，等 . 2021. 沿黄稻区水稻种植变化及影响因素分析——以河南省原阳县为例 . 科技和产业，21(4): 109-113.

刘振超 . 2015. 胞外聚合物对活性污泥沉降性能影响机制研究 . 青岛：青岛理工大学硕士学位论文 .

刘芝凤 . 2014. 中国稻作文化概论 . 北京：人民出版社 .

陆海鹰，陈建贞，李运东，等 . 2014. 磷在"沉积物 - 周丛生物 - 上覆水"三相体系中的迁移转化 . 湖泊科学，26(4): 497-504.

梅方权，吴宪章，姚长溪，等 . 1988. 中国水稻种植区划 . 中国水稻科学，2(3): 97-110.

聂佳燕 . 2012. 湖南稻田生态系统多功能性价值研究 . 长沙：湖南农业大学硕士学位论文 .

阮朝荣 . 2020. 水稻栽培现状与高产栽培技术 . 乡村科技，244(4): 102-103.

宋悦，魏亮亮，赵庆良，等 . 2017. 活性污泥胞外聚合物的组成与结构特点及环境行为 . 环境保护科学，43(2): 35-40.

苏丽萍 . 2017. 地表水的氮磷污染及检测方法分析 . 环境与发展，29(4): 124-125.

汤智 . 2020. 中国大米市场价格时空特征与影响因素分析 . 南京：南京信息工程大学硕士学位论文 .

田立权 . 2017. 弹射式耳勺型水稻芽种播种装置机理分析与试验研究 . 哈尔滨：东北农业大学博士学位论文 .

万紫薇，熊海波，陈丽娟，等 . 2020. 滇西北高寒稻作区水稻产量的影响因素研究进展 . 湖南农业科学，415(4): 122-124.

汪香生，邓小刚，邹宏桃．2020．旱稻的优势及主要栽培技术研究．种子科技，38(14): 21-23．

汪勇，李向阳，胡德禹，等．2017．云贵稻区农药"减施增效"策略研究与实践．中国植保导刊，37(2): 69-76．

王冬，王少坡，周瑶，等．2019．胞外聚合物在污水处理过程中的功能及其控制策略．工业水处理，39(10): 14-19．

王华，黄璜．2002．湿地稻田养鱼、鸭复合生态系统生态经济效益分析．中国农学通报，18(1): 71-75．

王金花，吴永红，冯彦房，等．2013．高浓度氮磷对自然生物膜群落功能和结构的影响．生态环境学报，22(7): 1236-1243．

吴国平，高孟宁，唐骏，等．2019．自然生物膜对面源污水中氮磷去除的研究进展．生态与农村环境学报，35(7): 817-825．

谢宁宁．2008．武汉市稻田生态系统服务功能评价．哈尔滨：东北林业大学硕士学位论文．

熊毅，徐琪．1983．稻田的类型及其特点．土壤，27(2): 3-8．

徐林峰．2019．江苏省常规粳稻品种主要农艺性状和抗病性演化分析．杭州：浙江农林大学硕士学位论文．

徐琪，杨林章，董元华．1998．中国稻田生态系统．北京：中国农业出版社．

薛全义，荆宇，华玉凡．2002．略论我国旱稻的生产及发展．中国稻米，(4): 5-7．

杨帆．2005．自然水体周丛生物上主要组分生长规律及吸附特性．长春：吉林大学博士学位论文．

杨延伟．2011．姜堰市水稻田生态系统服务功能价值评估研究．扬州：扬州大学硕士学位论文．

杨洋，左剑恶，沈平，等．2006．温度、pH 值和有机物对厌氧氨氧化污泥活性的影响．环境科学，27(4): 691-695．

殷会德，米铁柱，刘佳音，等．2020．旱稻研究现状及发展前景．中国稻米，26(4): 22-24．

翟旭亮．2016．稻鳅共作：稻田综合种养技术．农家科技，(4): 38-39．

张灿军，姚宇卿，王育红，等．2005．旱稻抗旱性鉴定方法与指标研究：Ⅰ鉴定方法与评价指标．干旱地区农业研究，23(3): 33-36．

张卫建，丁艳锋，王龙俊，等．2007．稻田生态系统在保障环太湖环境健康与经济持续增长中的重要作用．科技导报，25(17): 24-29．

赵天瑶．2015．稻田生态系统公益功能的经济评价研究．荆州：长江大学硕士学位论文．

周坤，张明阳，叶志峰．2015．水稻生长发育对环境条件的要求．科学与财富，(17): 183-184．

周立三．1993．中国农业区划的理论与实践．合肥：中国科学技术大学出版社．

周锡跃，徐春春，李凤博，等．2010．世界水稻产业发展现状、趋势及对我国的启示．农业现代化研究，31(5): 525-528．

朱鹤健．1985．水稻土．北京：农业出版社．

Aboal M. 1989. Epilithic algal communities from River Segura Basin, Southeastern Spain. Archiv fur Hydrobiologie, 116(1): 113-124.

Acuña V, Wolf A, Uehlinger U, et al. 2008. Temperature dependence of stream benthic respiration in an Alpine river network under global warming. Freshwater Biology, 53(10): 2076-2088.

Azim M E. 2009. Photosynthetic periphyton and surfaces. In: Likens G E. Encyclopedia of Inland Waters. Oxford: Academic Press: 184-191.

Barranguet C, Veuger B, Van Beusekom S A M, et al. 2005. Divergent composition of algal-bacterial biofilms developing under various external factors. European Journal of Phycology, 40(1): 1-8.

Battin T J, Kaplan L A, Newbold J D, et al. 2003. Contributions of microbial biofilms to ecosystem processes in stream mesocosms. Nature, 426(6965): 439-442.

Becker, Wolfgang E. 2007. Micro-algae as a source of protein. Biotechnology Advances, 25(2): 207-210.

Belnap J, Prasse R, Harper K T. 2003. Influence of biological soil crusts on soil environments and vascular plants. *In*: Belnap G, Lange O L. Biological Soil Crusts: Structure, Function, and Management. Berlin: Springer: 281-300.

Benenati E P, Shannon J P, Blinn D W, et al. 2000. Reservoir-river linkages: Lake Powell and the Colorado River, Arizona. Journal of the North American Benthological Society, 19(4): 742-755.

Bergey E A. 2005. How protective are refuges? Quantifying algal protection in rock crevices. Freshwater Biology, 50(7): 1163-1177.

Bergey E A. 2008. Does rock chemistry affect periphyton accrual in streams? Hydrobiologia, 614(1): 141-150.

Bernhardt E S, Likens G E. 2002. Dissolved organic carbon enrichment alters nitrogen dynamics in a forest stream. Ecology, 83(6): 1689-1700.

Besemer K. 2015. Biodiversity, community structure and function of biofilms in stream ecosystems. Research in Microbiology, 166(10): 774-781.

Biggs B J F. 1996. Patterns in benthic algae of streams. Algal Ecology: Freshwater Benthic Ecosystems, 31-56.

Biggs B J F, Goring D G, Nikora V I. 1998. Subsidy and stress responses of stream periphyton to gradients in water velocity as a function of community growth form. Journal of Phycology, 34(4): 598-607.

Borchardt M A. 1996. Chapter 7. Nutrients. *In*: Stevenson R J, Bothwell M L, Lowe R L. Algal Ecology: Freshwater Benthic Ecosystems. New York: Academic Press: 187-227.

Bothwell M L. 1988. Growth rate responses of lotic periphytic diatoms to experimental phosphorus enrichment: the influence of temperature and light. Canadian Journal of Fisheries and Aquatic Sciences, 45(2): 261-270.

Brileya K A, Camilleri L B, Zane G M, et al. 2014. Biofilm growth mode promotes maximum carrying capacity and community stability during product inhibition syntrophy. Frontiers in Microbiology, 5: 693.

Burkholder J M. 1996. Chapter 9. Interactions of bethic algae with their substrata. *In*: Stevenson R J, Bothwell M L, Lowe R L. Algal Ecology: Freshwater Benthic Ecosystems. New York: Academic Press: 253-297.

Carpenter S R. 2008. Phosphorus control is critical to mitigating eutrophication. Proceedings of the National Academy of Sciences of the United States of America, 105(32): 11039.

Cashman M J, Wehr J D, Truhn K. 2013. Elevated light and nutrients alter the nutritional quality of stream periphyton. Freshwater Biology, 58(7): 1447-1457.

Castella E, Adalsteinsson H, Brittain J E, et al. 2001. Macrobenthic invertebrate richness and composition along a latitudinal gradient of European glacier-fed streams. Freshwater Biology, 46(12): 1811-1831.

Cebrián J, Duarte C M. 1995. Plant growth-rate dependence of detrital carbon storage in ecosystems. Science, 268(5217): 1606-1608.

Chalifour A, Juneau P. 2011. Temperature-dependent sensitivity of growth and photosynthesis of *Scenedesmus obliquus*, *Navicula pelliculosa* and two strains of *Microcystis aeruginosa* to the herbicide atrazine. Aquatic Toxicology, 103(1-2): 9-17.

Chien C C, Lin B C, Wu C H. 2013. Biofilm formation and heavy metal resistance by an environmental *Pseudomonas* sp. Biochemical Engineering Journal, 78: 132-137.

Christofoletti R A, Almeida T V V, Ciotti A M. 2011. Environmental and grazing influence on spatial variability of intertidal biofilm on subtropical rocky shores. Marine Ecology Progress Series, 424: 15-23.

Clayden M G, Kidd K A, Wyn B, et al. 2013. Mercury biomagnification through food webs is affected by physical and chemical characteristics of lakes. Environmental Science & Technology, 47(21): 12047-12053.

De Beer D, Stoodley P. 2006. Microbial biofilms. Prokaryotes, 1: 904-937.

Demars B O L, Manson J R, Ólafsson J S, et al. 2011. Temperature and the metabolic balance of streams. Freshwater Biology, 56(6): 1106-1121.

Díaz-Olarte J, Valoyes-Valois V, Guisande C, et al. 2007. Periphyton and phytoplankton associated with the tropical carnivorous plant *Utricularia foliosa*. Aquatic Botany, 87(4): 285-291.

Dodds W K, Bouska W W, Eitzmann J L, et al. 2009. Eutrophication of U.S. freshwaters: Analysis of potential economic damages. Environmental Science & Technology, 43(1): 12-19.

Dong S P, Gao Y F, Gao Y P, et al. 2021. Evaluation of the trophic structure and energy flow of a rice-crayfish integrated farming ecosystem based on the Ecopath model. Aquaculture, 539(2): 736626.

Douterelo I, Perona E, Mateo P. 2004. Use of cyanobacteria to assess water quality in running waters. Environmental Pollution, 127(3): 377-384.

Duong T T, Morin S, Coste M, et al. 2010. Experimental toxicity and bioaccumulation of cadmium in freshwater periphytic diatoms in relation with biofilm maturity. Science of the Total Environment, 408(3): 552-562.

Engström P, Dalsgaard T, Hulth S, et al. 2005. Anaerobic ammonium oxidation by nitrite (anammox): Implications for N_2 production in coastal marine sediments. Geochimica et Cosmochimica Acta, 69(8): 2057-2065.

Fairchild G W, Sherman J W. 1992. Linkage between epilithic algal growth and water column nutrients in softwater lakes. Canadian Journal of Fisheries and Aquatic Sciences, 49(8): 1641-1649.

Feng Y F, Xue L H, Duan J J, et al. 2017. Purification of dye-stuff contained wastewater by a hybrid adsorption-periphyton reactor (HAPR): performance and mechanisms. Scientific Reports, 7(1): 1-10.

Fermino F S, De Bicudo C E M, Bicudo D C. 2011. Seasonal influence of nitrogen and phosphorus enrichment on the floristic composition of the algal periphytic community in a shallow tropical, mesotrophic reservoir (São Paulo, Brazil). Oecologia Australis, 15(3): 476-493.

Ferragut C, Bicudo D C. 2012. Effect of N and P enrichment on periphytic algal community succession in a tropical oligotrophic reservoir. Limnology, 13(1): 131-141.

Ferragut C, De Campos Bicudo D. 2010. Periphytic algal community adaptive strategies in N and P enriched experiments in a tropical oligotrophic reservoir. Hydrobiologia, 646(1): 295-309.

Fortin C, Denison F H, Garnier-Laplace J. 2007. Metal-phytoplankton interactions: Modeling the effect of competing ions (H^+, Ca^{2+}, and Mg^{2+}) on uranium uptake. Environmental Toxicology and Chemistry, 26(2): 242-248.

Frost P C, Cherrier C T, Larson J H, et al. 2007. Effects of dissolved organic matter and ultraviolet radiation on the accrual, stoichiometry and algal taxonomy of stream periphyton. Freshwater Biology, 52(2): 319-330.

Frost P C, Stelzer R S, Lamberti G A, et al. 2002. Ecological stoichiometry of trophic interactions in the benthos: Understanding the role of C : N : P ratios in lentic and lotic habitats. Journal of the North American

Benthological Society, 21(4): 515-528.

Gonçalves A L, Pires J C M, Simões M. 2017. A review on the use of microalgal consortia for wastewater treatment. Algal Research, 24: 403-415.

Gonzalez-Gil G, Lens P, Van Aelst A, et al. 2001. Cluster structure of anaerobic aggregates of an expanded granular sludge bed reactor. Applied and Environmental Microbiology, 67(8): 3683-3692.

Grimm N B, Fisher S G. 1989. Stability of periphyton and macroinvertebrates to disturbance by flash floods in a desert stream. Journal of the North American Benthological Society, 8(4): 293-307.

Gubelit Y I, Grossart H P. 2020. New methods, new concepts: What can be applied to freshwater periphyton? Frontiers in Microbiology, 11: 1275.

Guo T, Gustave W, Lu H, et al. 2021. Periphyton enhances arsenic release and methylation at the soil-water interface of paddy soils. Journal of Hazardous Materials, 409(7): 124946.

Guschina I A, Harwood J L. 2009. Algal lipids and effect of the environment on their biochemistry. *In*: Arts M T, Brett M T, Kainz M J. Lipids in Aquatic Ecosystems, Vol. 9780387893662. New York: Springer: 1-24.

Guzzon A, Bohn A, Diociaiuti M, et al. 2008. Cultured phototrophic biofilms for phosphorus removal in wastewater treatment. Water Research, 42(16): 4357-4367.

Hamelin S, Planas D, Amyot M. 2015. Mercury methylation and demethylation by periphyton biofilms and their host in a fluvial wetland of the St. Lawrence River (QC, Canada). Science of the Total Environment, 512-513: 464-471.

Hashimoto Y, Kanke Y. 2018. Redox changes in speciation and solubility of arsenic in paddy soils as affected by sulfur concentrations. Environmental Pollution, 238: 617-623.

Hessen D O, Færøvig P J, Andersen T. 2002. Light, nutrients, and P: C ratios in algae: Grazer performance related to food quality and quantity. Ecology, 83(7): 1886-1898.

Hill B H, Herlihy A T, Kaufmann P R, et al. 2000b. Use of periphyton assemblage data as an index of biotic integrity. Journal of the North American Benthological Society, 19(1): 50-67.

Hill B H, Herlihy A T, Kaufmann P R, et al. 2003. Assessment of streams of the eastern United States using a periphyton index of biotic integrity. Ecological Indicators, 2(4): 325-338.

Hill B H, Willingham W T, Parrish L P, et al. 2000a. Periphyton community responses to elevated metal concentrations in a Rocky Mountain stream. Hydrobiologia, 428(1): 161-169.

Hill W R, Boston H L, Steinman A D. 1992. Grazers and nutrients simultaneously limit lotic primary productivity. Canadian Journal of Fisheries and Aquatic Sciences, 49(3): 504-512.

Hill W R, Knight A W. 1988. Concurrent grazing effects of two stream insects on periphyton. Limnology and Oceanography, 33(1): 15-26.

Hillebrand H. 2008. Grazing regulates the spatial variability of periphyton biomass. Ecology, 89(1): 165-173.

Horner R R, Welch E B. 1981. Stream periphyton development in relation to current velocity and nutrients. Canadian Journal of Fisheries and Aquatic Sciences, 38(4): 449-457.

Hörnström E. 2002. Phytoplankton in 63 limed lakes in comparison with the distribution in 500 untreated lakes with varying pH. Hydrobiologia, 470(1): 115-126.

Hudon C, Bourget E. 1983. The effect of light on the vertical structure of epibenthic diatom communities. Botanica Marina, 26(7): 317-330.

Hultberg H, Andersson I B. 1982. Liming of acidified lakes: Induced long-term changes. Water, Air, and Soil

Pollution, 18(1-3): 311-331.

Jackson M B, Vandermeer E M, Lester N, et al. 1990. Effects of neutralization and early reacidification on filamentous algae and macrophytes in Bowland Lake. Canadian Journal of Fisheries and Aquatic Sciences, 47(2): 432-439.

Jarvie H P, Neal C, Warwick A, et al. 2002. Phosphorus uptake into algal biofilms in a lowland chalk river. Science of the Total Environment, 282-283: 353-373.

Jones J I, Sayer C D. 2003. Does the fish-invertebrate-periphyton cascade precipitate plant loss in shallow lakes? Ecology, 84(8): 2155-2167.

Jones J I, Young J O, Haynes G M, et al. 1999. Do submerged aquatic plants influence their periphyton to enhance the growth and reproduction of invertebrate mutualists? Oecologia, 120(3): 463-474.

Jüttner F, Wu J T. 2000. Evidence of allelochemical activity in subtropical cyanobacterial biofilms of Taiwan. Archiv fur Hydrobiologie, 147(4): 505-517.

Kasai F. 1999. Shifts in herbicide tolerance in paddy field periphyton following herbicide application. Chemosphere, 38(4): 919-931.

Kato S, Nakamura R, Kai F, et al. 2010. Respiratory interactions of soil bacteria with (semi) conductive iron-oxide minerals. Environmental Microbiology, 12(12): 3114-3123.

Larned S T. 2010. A prospectus for periphyton: recent and future ecological research. Journal of the North American Benthological Society, 29(1): 182-206.

Larras F, Lambert A S, Pesce S, et al. 2013. The effect of temperature and a herbicide mixture on freshwater periphytic algae. Ecotoxicology and Environmental Safety, 98: 162-170.

Laspidou C S, Rittmann B E. 2002. A unified theory for extracellular polymeric substances, soluble microbial products, and active and inert biomass. Water Research, 36(11): 2711-2720.

Lázaro W L, Díez S, Da Silva C J, et al. 2018. Seasonal changes in peryphytic microbial metabolism determining mercury methylation in a tropical wetland. Science of the Total Environment, 627: 1345-1352.

Leclerc M, Planas D, Amyot M. 2015. Relationship between extracellular low-molecular-weight thiols and mercury species in natural lake periphytic biofilms. Environmental Science & Technology, 49(13): 7709-7716.

Ledger M E, Hildrew A G. 1998. Temporal and spatial variation in the epilithic biofilm of an acid stream. Freshwater Biology, 40(4): 655-670.

Lewandowski Z, Walser G. 1991. Influence of hydrodynamics on biofilm accumulation. Environmental Engineering. ASCE: pp. 619-624.

Li X Y, Yang S F. 2007. Influence of loosely bound extracellular polymeric substances (EPS) on the flocculation, sedimentation and dewaterability of activated sludge. Water Research, 41(5): 1022-1030.

Liboriussen L, Jeppesen E. 2003. Temporal dynamics in epipelic, pelagic and epiphytic algal production in a clear and a turbid shallow lake. Freshwater Biology, 48(3): 418-431.

Lin C C, Jay J A. 2007. Mercury methylation by planktonic and biofilm cultures of desulfovibrio desulfuricans. Environmental Science & Technology, 41(19): 6691-6697.

Lindemann S R, Bernstein H C, Song H S, et al. 2016. Engineering microbial consortia for controllable outputs. The ISME Journal, 10(9): 2077-2084.

Liong M T. 2011. Bioprocess Sciences and Technology. New York: Nova Science Publishers: 1-510.

Liu J Z, Tang J, Wan J, et al. 2019. Functional sustainability of periphytic biofilms in organic matter and Cu(2+) removal during prolonged exposure to TiO_2 nanoparticles. Journal of Hazardous Materials, 370: 4-12.

Liu J Z, Wang F, Wu W, et al. 2018. Biosorption of high-concentration Cu(II) by periphytic biofilms and the development of a fiber periphyton bioreactor (FPBR). Bioresource Technology, 248(Pt B): 127-134.

Liu J Z, Wu Y H, Wu C X, et al. 2017. Advanced nutrient removal from surface water by a consortium of attached microalgae and bacteria: A review. Bioresource Technology, 241: 1127-1137.

Lopez A R, Silva S C, Webb S M, et al. 2018. Periphyton and abiotic factors influencing arsenic speciation in aquatic environments. Environmental Toxicology and Chemistry, 37(3): 903-913.

Lu H Y, Dong Y, Feng Y Y, et al. 2020. Paddy periphyton reduced cadmium accumulation in rice (*Oryza sativa*) by removing and immobilizing cadmium from the water-soil interface. Environmental Pollution, 261: 114103.

Lu H Y, Feng Y F, Wang J H, et al. 2016. Responses of periphyton morphology, structure, and function to extreme nutrient loading. Environmental Pollution, 214: 878-884.

Lu H Y, Liu J Z, Kerr P G, et al. 2017. The effect of periphyton on seed germination and seedling growth of rice (*Oryza sativa*) in paddy area. Science of the Total Environment, 578: 74-80.

Lu H Y, Qi W C, Liu J, et al. 2018. Paddy periphyton: Potential roles for salt and nutrient management in degraded mudflats from coastal reclamation. Land Degradation & Development, 29(9): 2932-2941.

Lu H Y, Yang L Z, Zhang S Q, et al. 2014. The behavior of organic phosphorus under non-point source wastewater in the presence of phototrophic periphyton. PLoS ONE, 9(1): e85910.

Ma D Y, Chen S, Lu J, et al. 2019. Study of the effect of periphyton nutrient removal on eutrophic lake water quality. Ecological Engineering, 130(4): 122-130.

Maguffin S C, Abu-Ali L, Tappero R V, et al. 2020. Influence of manganese abundances on iron and arsenic solubility in rice paddy soils. Geochimica et Cosmochimica Acta, 276(10): 50-69.

Mai Y Z, Peng S Y, Lai Z N. 2020. Structural and functional diversity of biofilm bacterial communities along the Pearl River Estuary, South China. Regional Studies in Marine Science, 33.

Mayer C, Moritz R, Kirschner C, et al. 1999. The role of intermolecular interactions: studies on model systems for bacterial biofilms. International Journal of Biological Macromolecules, 26(1): 3-16.

Mccormick P V, Shuford R B E, Chimney M J. 2006. Periphyton as a potential phosphorus sink in the Everglades Nutrient Removal Project. Ecological Engineering, 27(4): 279-289.

Mcdowell R W, Noble A, Pletnyakov P, et al. 2020. Global mapping of freshwater nutrient enrichment and periphyton growth potential. Scientific Reports, 10(1): 3568.

Mendes L B B, Vermelho A B. 2013. Allelopathy as a potential strategy to improve microalgae cultivation. Biotechnology for Biofuels, 6(1): 1-14.

Meylan S, Behra R, Sigg L. 2003. Accumulation of copper and zinc in periphyton in response to dynamic variations of metal speciation in freshwater. Environmental Science & Technology, 37(22): 5204-5212.

Monds R D, O'Toole G A. 2009. The developmental model of microbial biofilms: ten years of a paradigm up for review. Trends in Microbiology, 17(2): 73-87.

Monroe D. 2007. Looking for chinks in the armor of bacterial biofilms. PLoS Biology, 5(11): 2458-2461.

Montgomery W L, Gerking S D. 1980. Marine macroalgae as foods for fishes: an evaluation of potential food quality. Environmental Biology of Fishes, 5(2): 143-153.

Mouritsen K N, Tompkins D M, Poulin R. 2005. Climate warming may cause a parasite-induced collapse in coastal amphipod populations. Oecologia, 146(3): 476-483.

Mouthon J, Daufresne M. 2006. Effects of the 2003 heatwave and climatic warming on mollusc communities of the Saône: A large lowland river and of its two main tributaries (France). Global Change Biology, 12(3): 441-449.

Müller P. 1980. Effects of artificial acidification on the growth of periphyton. Canadian Journal of Fisheries and Aquatic Sciences, 37(3): 355-363.

Murdock J N, Dodds W K. 2007. Linking benthic algal biomass to stream substratum topography. Journal of Phycology, 43(3): 449-460.

Natrah F M I, Bossier P, Sorgeloos P, et al. 2014. Significance of microalgal-bacterial interactions for aquaculture. Reviews in Aquaculture, 6(1): 48-61.

Ng D H P, Kumar A, Cao B. 2016. Microorganisms meet solid minerals: interactions and biotechnological applications. Applied Microbiology and Biotechnology, 100(16): 6935-6946.

Nielsen P H, Frølund B, Keiding K. 1996. Changes in the composition of extracellular polymeric substances in activated sludge during anaerobic storage. Applied Microbiology and Biotechnology, 44(6): 823-830.

Nunes M L, Ferreira Da Silva E, De Almeida S F P. 2003. Assessment of water quality in the Caima and Mau River basins (Portugal) using geochemical and biological Indices. Water, Air, and Soil Pollution, 149(1-4): 227-250.

O'Neil J M, Davis T W, Burford M A, et al. 2012. The rise of harmful Cyanobacteria blooms: The potential roles of eutrophication and climate change. Harmful Algae, 14: 313-334.

Olem H. 1991. Liming Acidic Surface Waters. Boca Raton: Lewis Publications.

Passy S I. 2007. Diatom ecological guilds display distinct and predictable behavior along nutrient and disturbance gradients in running waters. Aquatic Botany, 86(2): 171-178.

Petersen J C, Femmer S R, Geological S. 2003. Periphyton Communities in Streams of the Ozarks Plateaus and Their Relations to Selected Environmental Factors. Water-Resources Investigations Report.

Pizzolon L, Tracanna B, Prósperi C, et al. 1999. Cyanobacterial blooms in Argentinean inland waters. Lakes and Reservoirs: Research and Management, 4(3-4): 101-105.

Planas D, Desrosiers M, Hamelin S. 2004. Mercury methylation in periphyton biofilms. Materials Geoenvironment, 51(2): 1309-1311.

Planas D. 1996. Acidification effects. Algal Ecology: Freshwater Benthic Ecosystems, 497-530.

Pratt R, Daniels T, Eiler J J, et al. 1944. Chlorellin, an antibacterial substance from *Chlorella*. Science, 99(2574): 351-352.

Pretty J N, Mason C F, Nedwell D B, et al. 2003. Environmental costs of freshwater eutrophication in England and Wales. Environmental Science & Technology, 37(2): 201-208.

Prézelin B B, Matlick H A. 1983. Nutrient-dependent low-light adaptation in the dinoflagellate *Gonyaulax polyedra*. Marine Biology, 74(2): 141-150.

Raven J A. 1984. A cost benefit analysis of photon absorption by photosynthetic unicells. New Phytologist, 98(4): 593-625.

Reay D S, Nedwell D B, Priddle J, et al. 1999. Temperature dependence of inorganic nitrogen uptake:

Reduced affinity for nitrate at suboptimal temperatures in both algae and bacteria. Applied and Environmental Microbiology, 65(6): 2577-2584.

Rittmann B E, Manem J A. 1992. Development and experimental evaluation of a steady-state, multispecies biofilm model. Biotechnology and Bioengineering, 39(9): 914-922.

Rodrigues L, Bicudo D C. 2001. Similarity among periphyton algal communities in a lentic-lotic gradient of the upper Paraná river floodplain, Brazil. Revista Brasileira de Botânica, 24(3): 235-248.

Rooney R C, Davy C, Gilbert J, et al. 2020. Periphyton bioconcentrates pesticides downstream of catchment dominated by agricultural land use. Science of the Total Environment, 702: 134472.

Saikia S K, Das D N. 2009. Potentiality of periphyton-based aquaculture technology in rice-fish environment. Journal of Scientific Research, 1(3): 624-634.

Saikia S K. 2011. Review on periphyton as mediator of nutrient transfer in aquatic ecosystems. Ecologia Balkanica, 3(2): 65-78.

Saikia S, Nandi S, Majumder S. 2013. A review on the role of nutrients in development and organization of periphyton. Journal of Research in Biology, 3(1): 780-788.

Sanchez M A, Gonzalez B. 2007. Genetic characterization of 2, 4, 6-trichlorophenol degradation in *Cupriavidus necator* JMP134. Applied and Environmental Microbiology, 73(9): 2769-2776.

Schuster J J, Markx G H. 2014. Biofilm architecture. Productive Biofilms, 146: 77-96.

Serra A, Corcoll N, Guasch H. 2009. Copper accumulation and toxicity in fluvial periphyton: the influence of exposure history. Chemosphere, 74(5): 633-641.

Shabbir S, Faheem M, Ali N, et al. 2017. Periphyton biofilms: A novel and natural biological system for the effective removal of sulphonated azo dye methyl orange by synergistic mechanism. Chemosphere, 167: 236-246.

Shabbir S, Faheem M, Ali N, et al. 2020. Periphytic biofilm: An innovative approach for biodegradation of microplastics. Science of the Total Environment, 717: 137064.

Shabbir S, Faheem M, Wu Y. 2018. Decolorization of high concentration crystal violet by periphyton bioreactors and potential of effluent reuse for agricultural purposes. Journal of Cleaner Production, 170: 425-436.

Shangguan H D, Liu J Z, Zhu Y Y, et al. 2015. Start-up of a spiral periphyton bioreactor (SPR) for removal of COD and the characteristics of the associated microbial community. Bioresource Technology, 193: 456-462.

Sheng G P, Yu H Q, Li X Y. 2010. Extracellular polymeric substances (EPS) of microbial aggregates in biological wastewater treatment systems: a review. Biotechnology Advances, 28(6): 882-894.

Smith G D, Doan N T. 1999. Cyanobacterial metabolites with bioactivity against photosynthesis in Cyanobacteria, algae and higher plants. Journal of Applied Phycology, 11(4): 337-344.

Steinaman A D, Mcintire C D. 1986. Effects of current velocity and light energy on the structure fo periphyton assemblage in laboratory streams. Journal of Phycology, 22(3): 352-361.

Stoodley P, Debeer D, Lappin-Scott H M. 1997. Influence of electric fields and pH on biofilm structure as related to the bioelectric effect. Antimicrobial Agents and Chemotherapy, 41(9): 1876.

Stoodley P, Lewandowski Z, Boyle J D, et al. 1999. Structural deformation of bacterial biofilms caused by short-term fluctuations in fluid shear: An *in situ* investigation of biofilm rheology. Biotechnology and Bioengineering, 65(1): 83-92.

Sun P, Zhang J, Esquivel-Elizondo S, et al. 2018. Uncovering the flocculating potential of extracellular polymeric substances produced by periphytic biofilms. Bioresource Technology, 248(Pt B): 56-60.

Thompson F L, Abreu P C, Wasielesky W. 2002. Importance of biofilm for water quality and nourishment in intensive shrimp culture. Aquaculture, 203(3-4): 263-278.

Tuchman N C. 1996. The role of heterotrophy in algae. Algal Ecology: Freshwater Benthic Ecosystems, 299-319.

Turner M A, Howell E T, Summerby M, et al. 1991. Changes in epilithon and epiphyton associated with experimental acidification of a lake to pH 5. Limnology and Oceanography, 36(7): 1390-1405.

Turner M A, Jackson M B, Findlay D L, et al. 1987. Early responses of periphyton to experimental lake acidification. Canadian Journal of Fisheries and Aquatic Sciences, 44(1): 135-149.

Turner M A, Robinson G G C, Townsend B E, et al. 1995a. Ecological effects of blooms of filamentous green algae in the littoral zone of an acid lake. Canadian Journal of Fisheries and Aquatic Sciences, 52(10): 2264-2275.

Turner M A, Schindler D W, Findlay D L, et al. 1995b. Disruption of littoral algal associations by experimental lake acidification. Canadian Journal of Fisheries and Aquatic Sciences, 52(10): 2238-2250.

Unnithan V V, Unc A, Smith G B. 2014. Mini-review: A priori considerations for bacteria-algae interactions in algal biofuel systems receiving municipal wastewaters. Algal Research, 4: 35-40.

Vadeboncoeur Y, Lodge D M, Carpenter S R. 2001. Whole-lake fertilization effects on distribution of primary production between benthic and pelagic habitats. Ecology, 82(4): 1065-1077.

Van Dam H, Mertens A. 1995. Long-term changes of diatoms and chemistry in headwater streams polluted by atmospheric deposition of sulphur and nitrogen compounds. Freshwater Biology, 34(3): 579-600.

Van Loosdrecht M, Eikelboom D, Gjaltema A, et al. 1995. Biofilm structures. Water Science and Technology, 32(8): 35-43.

Vis C, Hudon C, Cattaneo A, et al. 1998. Periphyton as an indicator of water quality in the St Lawrence River (Quebec, Canada). Environmental Pollution, 101(1): 13-24.

Walton R E, Sayer C D, Bennion H, et al. 2020. Open-canopy ponds benefit diurnal pollinator communities in an agricultural landscape: implications for farmland pond management. Insect Conservation and Diversity, 14(3): 307-324.

Walton S P, Welch E B, Horner R R. 1995. Stream periphyton response to grazing and changes in phosphorus concentration. Hydrobiologia, 302(1): 31-46.

Wang J, Chen C. 2009. Biosorbents for heavy metals removal and their future. Biotechnology Advances, 27(2): 195-226.

Wetzel R G. 1963. Primary productivity of periphyton. Nature, 197(4871): 1026-1027.

Winkler M K, Straka L. 2019. New directions in biological nitrogen removal and recovery from wastewater. Current Opinion in Biotechnology, 57: 50-55.

Wu Y H. 2016. Periphyton: Functions and Application in Environmental Remediation. New York: Elsevier.

Wu Y H, He J Z, Yang L Z. 2010b. Evaluating adsorption and biodegradation mechanisms during the removal of microcystin-RR by periphyton. Environmental Science & Technology, 44(16): 6319-6324.

Wu Y H, Tang J, Liu J Z, et al. 2017. Sustained high nutrient supply as an allelopathic trigger between periphytic biofilm and microcystis aeruginosa. Environmental Science & Technology, 51(17): 9614-9623.

Wu Y H, Xia L, Yu Z, et al. 2014. *In situ* bioremediation of surface waters by periphytons. Bioresource

Technology, 151: 367-372.

Wu Y H, Zhang S, Zhao H, et al. 2010a. Environmentally benign periphyton bioreactors for controlling cyanobacterial growth. Bioresource Technology, 101(24): 9681-9687.

Xiang Y P, Liu G L, Yin Y G, et al. 2021. Periphyton as an important source of methylmercury in Everglades water and food web. Journal of Hazardous Materials, 410: 124551.

Xiao R, Zheng Y. 2016. Overview of microalgal extracellular polymeric substances (EPS) and their applications. Biotechnology Advances, 34(7): 1225-1244.

Yi X Y, Yang Y P, Yuan H Y, et al. 2019. Coupling metabolisms of arsenic and iron with humic substances through microorganisms in paddy soil. Journal of Hazardous Materials, 373: 591-599.

Zhang Y J, Wang Y F, Niu H S. 2017. Spatio-temporal variations in the areas suitable for the cultivation of rice and maize in China under future climate scenarios. Science of the Total Environment, 601-602: 518-531.

Zhu N Y, Tang J, Tang C L, et al. 2018b. Combined CdS nanoparticles-assisted photocatalysis and periphytic biological processes for nitrate removal. Chemical Engineering Journal, 353: 237-245.

Zhu N Y, Wu Y H, Tang J, et al. 2018a. A new concept of promoting nitrate reduction in surface waters: Simultaneous supplement of denitrifiers, electron donor pool, and electron mediators. Environmental Science & Technology, 52(15): 8617-8626.

Zhu Y, Shao T Y, Zhou Y J, et al. 2021. Periphyton improves soil conditions and offers a suitable environment for rice growth in coastal saline alkali soil. Land Degradation & Development, 32(2): 2775-2788.

第二章　稻田周丛生物的研究方法

第一节　定位与模拟试验研究

稻田周丛生物生长在稻田淹水固定表面（如土壤、水稻淹水茎叶部位、淹水的秸秆等）的表层，其中生长在土壤表层的周丛生物生物量最大、分布最广，也直接影响养分从土壤向田面水和水稻根系的形态转化、输送过程和养分的生物有效性，因此，本章主要阐述生长在淹水土壤表面的周丛生物定位与模拟试验研究方法。

稻田生态系统稳定性的形成是一个长期的过程，包括同季和不同代际稻田周丛生物从先锋群落的附着，到稳定的周丛生物微型生态系统形成，以及周丛生物系统的凋亡，是一个长时间的动态过程，因此，要研究稻田周丛生物的组成、结构和功能，从中揭示其规律性，利用其规律性人为地调控周丛生物服务于生产实践，最有效的手段是进行定位研究和模拟研究。

长期定位试验是指在固定地点连续进行调查、观测和研究的方法。土壤长期定位试验是研究施肥、气候、作物及耕作措施对土壤生态系统长期影响的主要手段，能系统地反映土壤肥力和肥效的长期变化规律，反映气候年际间变化对肥效的影响，能对土壤中养分的平衡、作物对肥料的反应、施肥对土壤肥力的影响、轮作施肥制度的建立等合理施肥问题进行长期、系统、历史的定位研究，并做出科学评价。目前，国内外还没有专门针对稻田周丛生物开展的长期定位观测与研究试验，但综合性的农业观测与研究试验比较多，稻田周丛生物的相关内容可以纳入其中。英国洛桑试验站 1843～1856 年安排的 8 个长期定位试验，至今仍在观测与研究，为世界长期定位试验研究提供了典范，促进了世界农学和生态学的发展，对持续农业管理及资源与环境保护非常有意义。

国内外长期定位试验的年限划分（徐琪等，2006）如下。

1）短期试验：一般一季作物或 2～3 年的试验。

2）中期试验：持续时间 5～10 年的试验。

3）长期试验：一般认为超过 10 年至几十年的试验。

4）超长期试验：百年以上的定位试验。

周丛生物模拟试验研究，主要目的是定量验证某个或某些因素影响下周丛生物对稻田生物地球化学循环、稻田生态系统或农业生产力的影响。模拟试验的方法包括原位模拟试验和异位模拟试验。

原位模拟试验即在稻田土壤或水稻淹水茎部表层附着生长的周丛生物，或利用人工载体（如塑料、玻璃、石头、秸秆、竹片等）表面附着生长的周丛生物进行试验研究。原位模拟试验的优点在于可以最大限度地模拟稻田的状态，反映稻田的特征。周丛生物原位模拟试验与其他原位试验一样，存在的主要问题就是难以定量控制各个环境因素，可重复性不太强，但这恰恰说明原位试验可以更好地反映稻田的真实环境。

异位模拟试验即将周丛生物从稻田中移出开展的试验。一般采用盆栽和模拟水池开展试验，从稻田采集土壤和田面水，模拟稻田的自然环境构建水稻栽种系统。由于土壤和田面水均采自稻田，自然在模拟系统中附着生长的周丛生物组成与稻田中的周丛生物优势组成基本一致。但是，其难点在于筛选合适的培养环境和配制最佳的培养基，使得模拟系统中的周丛生物更接近野外环境。因此，需要开展周丛生物的定向培养。

为模拟自然环境下生长的周丛生物，试验以田面水、WC 培养液、改性农业固废为载体，模拟自然条件下的培养。其中 WC 培养液成分如表 2-1 所示。培养器皿为定制的透明有机玻璃槽，槽的表面盖一层透气膜以防蚊虫和杂质落入，同时保证有足够的水分和光照，定期观察和记录周丛生物生长情况。

表 2-1　WC 培养液成分

序号	组分	用量（mL/L）	母液浓度（g/L）	最终浓度（mmol/L）
1	$NaNO_3$	1	85.1	1
2	$CaCl_2 \cdot 2H_2O$	1	36.76	0.25
3	$MgSO_4 \cdot 7H_2O$	1	36.97	0.15
4	$NaHCO_3$	1	12.6	0.15
5	$NaSiO_3 \cdot 9H_2O$	1	28.42	0.1
6	K_2HPO_4	1	8.71	0.05
7	H_3BO_3	1	24	0.39
8	WC 微量元素溶液	1	※	
9	VB_{12} 溶液	1	※	
10	硫胺素溶液	1	※	
11	生物素溶液	1	※	

※ 其中 WC 微量元素溶液母液配方为：$Na_2EDTA \cdot 2H_2O$ 4.36g、$FeCl_3 \cdot 6H_2O$ 3.15g、$CuSO_4 \cdot 5H_2O$ 2.5g、$ZnSO_4 \cdot 7H_2O$ 22g、$CoCl_2 \cdot 6H_2O$ 10g、$MnCl_2 \cdot 4H_2O$ 180g、Na_3VO_4 18g、$Na_2MoO_4 \cdot 2H_2O$ 6.3g、蒸馏水 1L；VB_{12} 溶液母液、硫胺素溶液母液和生物素溶液母液分别为 27mg VB_{12}、67mg 硫胺素和 2400mg 生物素分别溶于 200mL HEPES 缓冲液（2.4g/200mL dH_2O，pH 7.8）

第二节　周丛生物的采集、处理与储存

当我们需要对某一稻田进行周丛生物性状（物理、化学、生物和放射性性状）研究时，因为不可能对整个稻田的全部周丛生物进行分析，通常从田间采取周丛生物样品。因此，所采周丛生物样品的各种性质应能最大限度地反映其所代表的稻田周丛生物的实际情况。因此采样技术是研究周丛生物的关键。另外，在周丛生物采样、处理、储存直到进行室内分析的过程中，应该避免任何可能改变周丛生物性质的因素存在。

一、周丛生物的采集

为了研究周丛生物的性质，包括测定周丛生物体内营养元素的分布、pH、有机质、微生物多样性，以及一些生物化学性质等，根据实验目的需不定期对稻田中的周丛生物进行采样。

（一）样品采集方法

在稻田中，使用镊子或刮刀等工具从水下浸没的土壤表面剥离周丛生物，并移至聚乙烯采样袋内。从田间运至实验室的期间须将样品袋放置在冰上保存。

采集方法分为单点采集和混合采集。单点采集即每个样品只采一个点；混合采集即每个样品由若干个相邻近的样点的样品混合而成。

混合采集应注意以下几方面。

1）每个样点取周丛生物的容积应尽量保持一致，事先估计应采数量以估计每点采集量。

2）每个采样区，采样点不能太少。

3）周丛生物混合后不应对研究目的有任何影响。

（二）采样具体计划的制订

1. 制订采样计划的要点

1）选择的采样区应对全区有代表性。

2）周丛生物所研究性状的分布程度。

3）采样点配置：单点采样还是混合采样。

4）选定具体采样点和间距。

2. 决定是单点采样还是混合采样的考虑

单点采样主要是为了了解某种性状或物质在一定区域中的分布情况，而混合采样则是为了了解一定区域中它们的平均水平或含量。周丛生物分析大多数情况选择混合采样，大面积区域的混合样一般至少由 10 个单点样混合而成。

（三）采样时间和采样频率

稻田周丛生物的某些性状可因水稻生长阶段不同、季节不同而有变化。在不少情况下采样时间均以放在水稻移栽后 20 天或分蘖期为宜。当只需采一次样时，则应根据需要和目的确定采样时间。进行稻田长期定位试验时，为了便于比较，每年的采样时间应予以固定。

需要长期采样的区域，采样时间间隔取决于研究目的。对于以监控区域内周丛生物性状演变为目的的研究，在试验初期（2～5 年）采样频率要高一些，后期间隔可长一些。同时，采样频率还取决于分析项目，营养元素（如氮、磷、钾等）试验初期应每年采样一次。

二、周丛生物样品的处理与储存

一般来说，周丛生物样品运至实验室后，应进行液氮处理并依据不同目的储存在 $-20\,^{\circ}\mathrm{C}$ 或 $-80\,^{\circ}\mathrm{C}$ 的冷冻冰箱中。周丛生物储存的最基本要求是，在储存时间内生物样品性质不应发生大的改变。

（一）以下条件下样品需要储存

1）从田间采样到进行分析之前这段时间需要储存在冰上。

2）指标分析完毕，样品需要储存 3 个月左右，以防需要重新分析验证。

3）一些长期观测周丛生物样品需要长期储存。

4）一些重要的周丛生物试验样品需要储存较长时间。

（二）样品储存容器

一般常用聚乙烯袋进行储存，因为聚乙烯性质稳定，价较廉。但聚乙烯容器不适用于存放有机物污染的周丛生物，对于此类试验的周丛生物样品建议采用带有螺纹盖的玻璃瓶。

第三节　周丛生物总氮的测定方法

一、方法选择的依据

目前测定总氮的方法有多种，但普遍采用的是硒粉－硫酸铜－硫酸钾－硫酸消煮法，又称凯氏定氮法，主要是用硫酸钾、硫酸铜和硒粉作催化剂，加入浓硫酸，在高温处理下将土壤中的有机含氮化合物转变为 NH_4^+。

凯氏定氮法最广泛应用于全氮的测定，由于分析者分析的要求和目的需要，方法得到不断改进。当难提取性固定态铵的含量高时，凯氏定氮法的测定值偏低。在这种情况下需用 HF-HCl 法破坏黏土矿物，从而较准确地测定出包括固定态铵在内的全氮。一般的凯氏定氮法也不包括 NO_2-N 和 NO_3^--N。如果分析 NO_3^--N 含量高的土壤，必须测定包括 NO_2^- 和 NO_3^- 的全氮，在方法中就必须加入将 NO_2^- 和 NO_3^- 还原成 NH_4^+ 的步骤。还原方法有多种，常见的有三种修正凯氏定氮法：水杨酸法、高锰酸钾－还原性铁法及 Zn-CrK$(SO_4)_2$ 法。其中常用的有水杨酸法、高锰酸钾－还原性铁法，因这两种方法回收率较高，而深受分析者的喜爱。

选择适当的凯氏定氮法需根据分析的需要和实验室的条件，选择内容包括硫酸或过氧化氢溶液，大量法或半微量法，共存的 NO_2^- 和 NO_3^-，以及用电极或蒸馏法滴定或自动测定等。因大量法目前用得很少，在这里不做介绍。现介绍常用的凯氏定氮法。该法测得的 N 不包括 NO_2-N 和 NO_3-N，因 NO_3^- 在消煮过程中易挥发损失不会还原为 NH_4^+。如周丛生物中含有显著数量的 NO_2-N 和 NO_3^--N 时，则须改用其他改进法测定。

二、分析原理

周丛生物中的含氮化合物，利用浓硫酸及少量的混合催化剂，在强热高温处理下分解，使氮素转变成为 NH_4^+[主要形成 $NH_4SO_4^{-1}$ 及 $(NH_4)_2SO_4$]，但原有周丛生物中的 NO_3^--N 并没有变成 NH_4^+，其量极微。当加入 NaOH 呈强碱性，pH 超过 10 时，NH_4^+ 则全部变成 NH_3 而逸出，经蒸馏用硼酸液吸收，再用酸标准溶液滴定（溴甲酚绿和甲基红作混合指示剂，其终点为桃红色），由酸标准液的消耗量计算出氨量。

三、仪器及设备

凯氏瓶（50mL），半微量定氮蒸馏器，半微量滴定管（10mL）。

四、试剂

1）混合催化剂：硫酸钾（K_2SO_4）100g、硫酸铜（$CuSO_4 \cdot 5H_2O$）10g及硒（Se）1g，分别研磨成粉，再混合均匀。

2）浓硫酸 [H_2SO_4，ρ=1.84g/cm^3，化学纯]。

3）氢氧化钠溶液 [c（NaOH）=10mol/L]：400g氢氧化钠放入1L的烧杯中，加入500mL无CO_2的蒸馏水溶解。冷却后，用无CO_2的蒸馏水配成1L，充分混匀（储用期间避免与大气CO_2接触），存于塑料瓶中。

4）混合指示剂：溶解0.099g的溴甲酚绿和0.066g的甲基红于100mL的乙醇 [ω=（CH_3CH_2OH）=95%] 中。

5）硼酸指示剂溶液 [ρ（H_3BO_3）=20g/L]：溶解20g硼酸于950mL的热蒸馏水中，冷却后加入20mL的混合指示剂，充分混匀后，小心滴加氢氧化钠溶液 [c（NaOH）=0.1mol/L] 或硫酸溶液，标定后稀释5倍。

五、操作步骤

1. 周丛生物样品的消煮

称取风干的周丛生物样品（0.25mm）约1.0g（含N约1mg），放入干燥的50mL凯氏瓶中，加入1.1g混合催化剂（试剂1），注入3mL浓硫酸（试剂2），摇匀，盖上小漏斗，放在电炉上，开始用小火徐徐加热，待泡沫消失，再提高温度（注意防止作用过猛），然后微沸消煮，当消煮液呈灰白色时可加高温度，待完全变成灰白稍带绿色后，再继续消煮1h。消煮时的温度以硫酸在瓶内回流的高度约在瓶颈上部的1/3处为好。消煮完毕前，需仔细观察消煮液中及瓶壁是否还存在黑色碳粒，如有，应适当延长消煮时间，待碳粒全部消失为止，取下凯氏瓶，冷却。

2. 氮的测定

小心将凯氏瓶中全部消煮液转入半微量定氮蒸馏器的蒸馏室中，并用少量水洗涤凯氏瓶4～5次，每次3～5mL，总用量不超过20mL（如样品含氮量较高，也将消煮液定容到一定体积，吸取一部分溶液进行蒸馏）。另备有标线的三角瓶，内加硼酸指示剂溶液（试剂5）5mL，将三角瓶置于冷凝器的承接管下，管口插入硼酸溶液中。然后向蒸馏室中加入氢氧化钠溶液（试剂3）20mL，立即关闭蒸馏室。以6～8mL/min的控制速度进行蒸汽蒸馏，待馏出液达30～40mL时，停止蒸馏。用少量水冲洗冷凝管下端，取下三角瓶，用硫酸标准溶液滴定至紫红色。同时进行空白试验，以校正试剂盒滴定误差。

3. 结果计算

$$\omega(N)=\frac{(V-V_0)\times c\times M\times 10^{-3}}{m}\times 100$$

式中，$\omega(N)$ 为周丛生物总氮质量分数（%）；

c 为硫酸（$1/2H_2SO_4$）标准溶液的浓度（mol/L）；

V 为周丛生物测定时消耗的 H_2SO_4 标准溶液体积（mL）；

V_0 为空白测定时消耗的 H_2SO_4 标准溶液体积（mL）；

M 为氮的摩尔质量［$M(N)=14g/mol$］；

m 为周丛生物质量（g）；

10^{-3} 为将 mL 换算成 L 的系数；

100 为换算成百分数含量。

两次平行测定结果允许差为 0.005%。

第四节　周丛生物总磷的测定方法

一、方法选择的依据

本部分采用酸溶－钼锑抗比色法测定周丛生物的总磷。利用硫酸－高氯酸消煮法进行周丛生物中总磷的提取，这种方法简单方便，也有一定的精度。采用钼蓝比色法进行提取液的磷的测定，方法简便，显色稳定，干扰离子的允许含量较大。

二、方法的原理

在高温条件下，周丛生物中含磷的矿物及有机磷化合物与磷酸和高氯酸作用后完全分解，全部转化为正磷酸盐而进入溶液。

三、主要仪器

分光光度计或酶标仪、2kVA 方电炉、3kVA 调压变压器。

四、试剂

1）浓硫酸（H_2SO_4，$\rho=1.84g/cm^3$，分析纯）。

2）高氯酸［$HClO_4$，$\omega(HClO_4)=70\%\sim 72\%$，分析纯］。

3）钼锑贮存溶液：将浓硫酸（H_2SO_4，分析纯）153mL 缓慢倒入约 400mL 蒸馏水中，同时搅拌，放置冷却。另称 10g 钼酸铵（［$(NH_4)_6Mo_7O_{24}\cdot 4H_2O$，分析纯］）溶于约 60℃的 300mL 蒸馏水中，冷却。将配好的硫酸溶液缓缓倒入钼酸铵溶液中，同时搅拌。随后加入酒石酸锑钾［$\rho(KSbOC_4H_4O_6$，$1/2H_2O)=5g/L$ 分析纯］溶液 100mL，最后用蒸馏水稀释至 1000mL，避光贮存。

4）钼锑抗显色剂：将 1.50g 抗坏血酸（$C_6H_8O_6$，左旋，旋光度 +21°～ +22°，分析纯）加入 100mL 钼锑贮存液中。此液须随配随用，有效期一天。

5）磷标准贮存溶液：将 0.4390g 磷酸二氢钾（KH_2PO_4，分析纯，105℃烘 2h）溶于 200mL 蒸馏水中，加入 5mL 浓硫酸，转入 1L 容量瓶中，蒸馏水定容。此为磷标准贮存溶液 [$\rho(P)$=5mg/L]，可以长期保存。

6）磷标准溶液：取磷标准贮存溶液准确稀释 20 倍，即磷标准溶液 [$\rho(P)$=5mg/L]，此溶液不宜久存。

五、操作步骤

1. 待测液的制备

称取通过 100 目筛（0.149mm）的烘干周丛生物样品 1.00g 置于 50mL 三角瓶中，以少量水湿润，加入浓硫酸（试剂 1）8mL，振动后（最好放置过夜）再加入高氯酸（试剂 2）10 滴，摇匀，瓶口放一小漏斗，置于电炉上加热消煮至瓶内液体开始转白后，继续消煮 20min，全部消煮时间为 45～60min，将冷却后的消煮液用水小心地洗入 100mL 容量瓶中，冲洗时用水应少量多次。轻轻摇动容量瓶，待完全冷却后，用水定容，用干燥漏斗和无磷滤纸将溶液滤入干燥的 100mL 三角瓶中，同时做试剂空白试验。

2. 磷的测定

吸取上述待测液 2～10mL 于 50mL 的容量瓶中，用水稀释至约 30mL，加入二硝基酚指示剂 2 滴，用碳酸钠溶液 [$c(1/2Na_2CO_3)$=4mol/L] 或氢氧化钠溶液 [$c(NaOH)$=2mol/L] 及稀硫酸溶液 [$c(H_2SO_4)$=0.5mol/L] 调节至溶液刚呈微黄色，然后加入钼锑抗显色剂（试剂 4）5mL，摇匀，用水定容。在室温高于 15℃的条件下放置 30min 后，在分光光度计/酶标仪上用波长 700nm 比色，以空白试验溶液为参比液调零点，读取吸收值，在工作曲线上查出显色液中磷的 mg/L 数。颜色在 8h 内保持稳定。

3. 工作曲线的绘制

分别吸取磷标准溶液（试剂 6）0mL、1mL、2mL、3mL、4mL、5mL、6mL 于 50mL 容量瓶中，加蒸馏水稀释至约 30mL，加入钼锑抗显色剂 5mL，摇匀，定容，即得 0mg/L、0.1mg/L、0.2mg/L、0.3mg/L、0.4mg/L、0.5mg/L、0.6mg/L 标准系列溶液，与待测溶液同时比色，读取吸收值。以吸收值为纵坐标，P mg/L 数为横坐标，绘制工作曲线。

六、结果计算

$$\omega(P)=\frac{\rho\times V\times ts\times 10^{-6}}{m}\times 100$$

式中，$\omega(P)$ 为周丛生物总磷质量分数（%）；

　　ρ 为从工作曲线上查出的显色液中磷的浓度（mg/L）；

　　V 为显色液体积（mL）；

　　ts 为分数倍数；

　　10^{-6} 为将 mg 换算成 g 及将 mL 换算成 L 的系数；

m 为烘干周丛生物质量（g）；

100 为换算成百分数含量。

两次平行测定结果允许差为 0.005%。

第五节　周丛生物生物量的测定方法

一、概述

　　研究周丛生物生物量，定量研究周丛生物在生态系统能量流动、物质循环中的作用，对进一步研究周丛生物在不同气候带的分布、保护土壤和水体健康、促进农业生态系统的可持续发展和探究周丛生物对海洋设施的危害及防治措施有重要意义。

　　周丛生物生物量的测定方法分为直接测量和间接测量，直接测量包括称重、测量周丛生物厚度等，间接测量有测定微生物的活性和测量周丛生物的某一指标（表 2-2）。

表 2-2　周丛生物生物量的测定（Characklis et al.，1982；Wu，2016）

方法	表征方式
直接测量周丛生物质量	周丛生物厚度
	周丛生物质量
间接测量周丛生物质量：测定某一组分	多糖
	总有机碳
	化学需氧量（COD）
	蛋白质
间接测量周丛生物质量：微生物活性	活细胞计数
	表观荧光显微镜
	ATP 法
	底物酯多糖去除率
间接测量周丛生物质量：传递性能	摩擦阻力
	换热阻力

二、直接测量周丛生物生物量

　　通常利用管式反应器系统测定周丛生物生物量，如通过测定周丛生物的体积和附着面积，测定周丛生物的厚度；或利用同一光强下不同厚度周丛生物的透光性差异显示环形反应器中的周丛生物厚度（La Motta，1974）；有研究者采用干重、总磷和总氮来表征周丛生物的生物量：取面积为 25cm^2 的周丛生物置于坩埚中用于测定干重（DW），坩埚中的样品在 105℃下干燥 5h 后称量，取样品悬浮液按照《水和废水监测分析方法（第四版）》中的方法测定总氮（TN）和总磷（TP），研究载体对周丛生物生物量和群落的影响（伍良雨等，2019）。

　　有研究者用显微计数法测量周丛生物的生物量：将野外采集到的周丛生物样品装入

50mL 采样管中，用 15% 的鲁哥氏液固定，避光静置 24h 后浓缩至 5mL，在显微镜下计数并判断周丛生物的群落组成，来研究河流周丛生物生物量的时空分布并建立基于周丛藻类的水质评价指标（李斌斌等，2018）。

三、间接测量周丛生物生物量

在实验室和野外条件下，直接测量周丛生物生物量很难实现，可以通过测量特定的周丛生物组分、微生物活性间接测定周丛生物生物量。相较于直接测量，间接测量灵敏度高，可以提供有关周丛生物组成的信息，提供周丛生物过程的化学计量信息。例如，荧光标记 ATP 法、叶绿素 a 含量法、磷脂脂肪酸法（PLFA 法），对研究确定周丛生物中生物的生理状态、采用周丛生物反应器处理废水至关重要。

（一）荧光标记 ATP 法测量周丛生物生物量

由于三磷酸腺苷（ATP）只存在于活着的生物体中，细胞死亡检测不到 ATP 残留。研究周丛生物厚度与单位面积 ATP 含量的关系，发现在周丛生物厚度低于 320μm 时，周丛生物厚度随着单位面积 ATP 含量的增加呈线性关系，当周丛生物厚度超过 320μm 后，ATP 含量的增加不再影响周丛生物厚度（Zhang et al.，2019）。

也有研究者认为可以通过测量饮用水管壁上的 ATP 含量来指示管壁上的微生物数量进而快速监测水质。ATP 是所有活细胞中激活能量的主要载体，因此 ATP 水平可以作为评价微生物活性的一个参数。ATP 含量的测定是基于酶催化的生化反应：细胞 ATP 通过细胞裂解被提取，然后与萤光素酶和荧光素反应，发射的光使用发光计以相对光单位（RLU）进行量化，活体微生物具有相对恒定的 ATP 值并稳定在一定范围，可根据测量结果之间的比例关系转换为 ATP 含量来指示细菌等微生物的活性（Zhang et al.，2019）。

Bethan 等 2017 年基于分选流式细胞术（SFCM）和灵敏生化技术提出了高灵敏度的生物荧光标记法用于测量细胞中 NAD(H) 和三磷酸腺苷（ATP）的含量，从而来表征周丛生物初级生产力和生长速度的预测因子：采用连续三轮超声破碎和低体积缓冲液冷冻 / 解冻的方法有效裂解提取 ATP、NAD(H)，通过向 100μL Cell Titer-Glo$^®$ 2.0（Promega Corporation，Fitchburg，Wisconsin）中加入 100μL 裂解物来测定 ATP 含量。这种试剂包含荧光素、一种稳定的专有萤光素酶（Ultra-Glo^{TM} 重组萤光素酶），以及使用生物发光反应测量 ATP 所需的其他试剂，使用 Tropix TR717 微板发光计（PerkinElmer，Waltham，Massachusetts）测量发光。使用白色 96 孔板中的 NAD/NADH-Glo^{TM} 分析试剂盒（Promega）测定 NAD(H)。Bethan 等（2017）以聚球藻、假单胞菌和石斑藻为例，在实验室和野外条件下分别证实了三个周丛生物种群单位体积 ATP 含量与细胞个数之间的强相关性，以及 ATP 与周丛生物生长速率之间缺乏相关性，排除了在藻、菌生长过程中细胞数量对 ATP 含量的影响，认为野外测量周丛生物 ATP 的值可以准确评估周丛生物的生物量。

（二）建立周丛生物生物量模型

用模型拟合周丛生物的生物量及其中微生物之间的网络关系是现阶段的研究热点，

目前已建立的模型主要有经验模型和物理过程模型。经验模型使用实验和大量数据拟合找出最优的周丛生物生物量与各影响因素之间的关系，如美国环境保护署在 2009 年提出的水生系统仿真模型（AQUTOX）中，对河流中周丛生物进行建模，模型考虑营养状况、水体类型、周丛生物冲刷的临界力、最适温度、脱落率等因素来模拟、预测周丛生物生物量（Park and Clough，2014）。

计算公式如下：

$$\frac{dBiomass_{phyto}}{dt}=Loading + Photosynthesis–Respiration–Excretion$$

$$–Mortality–Predation\pm Sinking\pm Floating–Washout$$

$$+Washin\pm TurbDiff + Diffusion + \frac{Slough}{3}$$

式中，$dBiomass_{phyto}$ 为周丛生物生物量随时间的变化 $[g/(m^3 \cdot d)$ 或 $g/(m^2 \cdot d)]$；

Loading 为藻类的边界条件负荷 $[g/(m^3 \cdot d)$ 或 $g/(m^2 \cdot d)]$；

Photosynthesis 为光合作用速率 $[g/(m^3 \cdot d)$ 或 $g/(m^2 \cdot d)]$；

Respiration 为呼吸损失 $[g/(m^3 \cdot d)$ 或 $g/(m^2 \cdot d)]$；

Excretion 为排泄或光呼吸 $[g/(m^3 \cdot d)$ 或 $g/(m^2 \cdot d)]$；

Mortality 为非捕食性死亡率 $[g/(m^3 \cdot d)$ 或 $g/(m^2 \cdot d)]$；

Predation 为食草性增加生物量 $[g/(m^3 \cdot d)$ 或 $g/(m^2 \cdot d)]$；

Washout 为因向下游输送造成的损失 $[g/(m^3 \cdot d)]$；

Washin 为上游段的沉积量 $[g/(m^3 \cdot d)]$；

Sinking 为层间下沉和沉入海底的损失或收益 $[g/(m^3 \cdot d)]$；

Floating 为表层浮游植物漂浮造成的损失或收益；

TurbDiff 为湍流扩散 $[g/(m^3 \cdot d)]$；

Diffusion 为在两段之间的传输链上扩散时产生的收益增量或损失 $[g/(m^3 \cdot d)]$；

Slough 为冲刷增加的周丛生物，周丛生物与浮游植物紧密联系在一起，藻类叶绿素 a 反映了附生植物脱落的结果：假设有 1/3 的附生植物脱落时变为周丛生物；dt 为时间（d）。

Greg 等（2016）使用碳、吸收和荧光透光解析模型将从海洋颜色测量中获得的固有光学特性合并到浮游植物生长率（μ）和浮游植物净初级生产力（net primary production，NPP）的精确模型中，模型将海洋初级生产力解析为三个功能特征：吸收的能量、吸收的能量传递到光合作用反应中心的比例和吸收的能量转化为生物质碳的效率，通过光合作用过程建立模型，预测海洋中浮游植物的生物量，并将模型参数化以预测不同地区的海洋光学特性与浮游植物生长的关系，计算光谱质量随深度的变化：

$$E_k(z) = E_k(z) \times \int_{400nm}^{700nm} E(t,z,\lambda)d\lambda \times \int_{400nm}^{700nm} a_\varphi(\lambda)d\lambda \div \int_{400nm}^{700nm} E(t,z,\lambda) \times a_\varphi(\lambda)d\lambda$$

式中，$E_k(z)$ 为光饱和度参数 $[mol\ photons/(m^2 \cdot d)]$；

$E(t,z,\lambda)$ 为时间 t、深度 z 和波长 λ 处辐照度 $[mol\ photons/(m^2 \cdot d \cdot nm)]$；

$a_\varphi(\lambda)$ 为浮游植物在 λ nm 处的吸收系数（m^{-1}）；

$d\lambda$ 表示 λ 的微分。

（三）叶绿素 a 含量法测量周丛生物生物量

Ryther 等（1957）将叶绿素 a 用作光合作用的指标，并将光饱和时的光合作用与周丛生物的叶绿素含量相关联，根据水中的叶绿素含量、日总辐射量和水中可见光的消光系数，建立叶绿素和辐射量、消光系数的关系，估算马萨诸塞州沿海水域周丛生物产量；有研究者基于 AQUTOX 模型对西安市水体进行生态模拟，发现在原有水体和增加底栖动物的情况下，水体中叶绿素 a 含量与藻类生长相似程度很高（龚子艺等，2018），这为用叶绿素 a 指示周丛生物生物量提供了可能。

Boyce 等（2010）用叶绿素含量作为指示浮游植物生物量的指标，使用通用加性模型（GAM）找出影响浮游植物叶绿素变化的因素，研究了近一个世纪以来海洋浮游植物的变化趋势及其影响因素，发现高纬度地区浮游植物叶绿素含量下降地区占比最大（78%～80%），东太平洋、印度洋北部和东部局部地区浮游植物叶绿素含量不断增加；随着与陆地的距离增加，浮游植物叶绿素含量下降速度加快。

目前最常用的是分光光度法和荧光光谱法。

1. 分光光度法测定叶绿素 a

基本原理：叶绿素 a 的最大吸收峰位于 663nm，在一定浓度范围内，其吸光度与其浓度符合朗伯－比尔定律，可根据吸光度－浓度之间的线性关系，计算叶绿素 a 的浓度。叶绿素 b、叶绿素 c 和提取液浊度的干扰可通过分别在 645nm、630nm 和 750nm 处测得的吸光度校正。采集后的周丛生物采用过滤法富集，用有机溶剂提取其中的叶绿素。

根据所用提取液的不同，叶绿素 a 的分光光度法测定可分为丙酮法、甲醇法和乙醇法等。我国一直沿用丙酮法。近年来，国际上从萃取效果和安全保障等方面考虑，已逐渐改用乙醇法。

测定方法及要点如下。

（1）丙酮法

该方法适合于藻类繁殖比较旺盛的水样和表面附着的藻类。

1）样品的制备及叶绿素的提取：离心或过滤浓缩水样，用质量分数为 90% 的丙酮溶液提取其中的叶绿素。

将一定量的水样用乙酸纤维滤膜过滤，将收集有周丛生物的滤膜于冰箱内低温干燥 6～8h 后放入组织研磨器，加入少量碳酸镁粉末及 2～3mL 质量分数为 90% 的丙酮溶液，充分研磨，提取叶绿素 a，离心，取上清液。重复提取 1～2 次，离心所得上清液合并于容量瓶，用质量分数为 90% 的丙酮溶液定容（5mL 或 10mL）。

2）测定：取上清液于 1cm 比色皿中，以质量分数为 90% 的丙酮溶液为参比，分别读取 750nm、663nm、645nm 和 630nm 处的吸光度。

3）计算：叶绿素 a 的质量浓度按如下公式计算

$$Ch(叶绿素\ a)(mg/m^3) = \frac{[11.64 \times (A_{663} - A_{750}) - 2.16(A_{645} - A_{750}) + 0.10 \times (A_{630} - A_{750})] \times V_1}{V_0}$$

式中，V_0 为水样体积（L）；

　　A 为吸光度；

　　V_1 为离心并合并后上清液定容的体积（mL）。

（2）乙醇法

其测定原理与丙酮法相同，不同的是以体积分数为 90% 的热乙醇溶液提取样品中的叶绿素，方法要点如下。

1）样品制备：过滤一定体积（V_0）的水样，将滤膜向内对折，于 –20℃ 的冰箱中至少保存一昼夜。

2）叶绿素提取：从冰箱中取出样品，立即加入约 4mL 体积分数为 90% 的热乙醇溶液，80 ~ 85℃ 水浴保温 2min 后于室温下避光萃取 4 ~ 6h，玻璃纤维滤膜过滤，收集滤液并定容至 10mL（V_1）。

3）测定：以体积分数为 90% 的热乙醇溶液为参比，分别测定样品在 665nm 和 750nm 处的吸光度 A_{665} 和 A_{750}，然后在样品中加入 1mol/L 的盐酸酸化，混匀，1min 后重新测定前面两个波长处的吸光度 A'_{665}、A'_{750}。

4）计算：样品中的叶绿素 a 质量浓度按下式进行计算

$$Ch(叶绿素\ a)(mg/m^3) = \frac{27.9V_1 \times [(A_{665}-A_{750})-(A'_{665}-A'_{750})]}{V_0}$$

2. 荧光光谱法测定叶绿素 a

方法原理：当丙酮提取液用 436nm 的紫外线照射时，叶绿素 a 可发射 670nm 的荧光，在一定浓度范围内，发射荧光的强度与其浓度呈正比，因此，可通过测定样品丙酮提取液在 436nm 紫外线照射时产生的荧光强度，定量测定叶绿素 a 的含量。

该方法灵敏度比分光光度法高约两个数量级，适合于藻类比较少的贫营养化湖泊或外海中叶绿素 a 的测定。但是分析过程中易受其他色素或色素衍生物的干扰，并且不利于野外快速测定。

（四）磷脂脂肪酸法测量周丛生物生物量

磷脂是几乎所有微生物细胞膜的重要组成部分，在自然生理条件下含量相对恒定，约占细胞干重的 5%（Madigan et al.，1999）。Vestal 等（1989）研究发现不同的微生物具有不同种类和数量的磷脂脂肪酸（phospholipid fatty acid，PLFA），一些脂肪酸还可能只特异性地存在于某种（类）微生物的细胞膜中，PLFA 适合于微生物群落的动态监测，可以作为微生物生物量和群落结构变化的生物标记分子。在适宜的条件下，自然界微生物群落中细菌细胞的磷脂含量和微生物量有相对稳定的比例关系（Vestal et al.，1989），故可根据这一点来确定细菌的生物量。微生物总的生物量可以由极性磷脂水解后的磷酸盐估算，也可以由总的 PLFA 量估算（陈振翔等，2005）。利用 PLFA 估算生物量时，涉及一个 PLFA 量和生物量之间"转换系数"的概念，该系数一般为 2×10^4 ~ 6×10^4 个细胞 / pmol PLFA。

第六节　周丛生物存在条件下稻田 CH_4、N_2O 和 CO_2 排放通量的测定方法

一、概述

温室气体的排放引起全球气候变暖，会造成冰川融化、海平面升高、极端天气现象频发、动植物栖息地破坏等众多恶劣的生态影响。CH_4、N_2O、CO_2 是大气中含量最高的三种温室气体。而稻田生态系统是大气 CH_4、N_2O、CO_2 的重要源和汇，与大气不断进行温室气体交换。稻田温室气体通量的测定对于准确评估大气温室气体源、汇至关重要。周丛生物是稻田土壤表面广泛存在的微生物聚集体，其中复杂的生物与非生物相会参与和影响稻田的 CH_4、N_2O 和 CO_2 排放通量。水稻移栽后到水稻分蘖完成前是稻田周丛生物存在的主要时间段，其间田间水分管理一般保持淹水或间歇灌溉。研究周丛生物存在条件下稻田的 CH_4、N_2O 和 CO_2 排放通量，成为稻田温室气体排放研究的热点之一。

稻田 CH_4、N_2O、CO_2 测量方法包括集气箱法、微气象学法、土壤浓度廓线法、稳定同位素法等。而集气箱/气相色谱法以其低成本、易操作、精度高、可同时实现多种气体测定的优点成为应用最为广泛的方法，下面对该方法进行详细介绍。

二、测定原理

利用集气箱将稻田上方一定的气体空间密封，使稻田无法与外部大气进行气体交换。通过气相色谱测定密闭过程中集气箱中 CH_4、N_2O 和 CO_2 的浓度变化，计算密闭时段内稻田的 CH_4、N_2O、CO_2 排放通量。

三、样品采集

样品采集要点具体如下。

1. 采样装置准备

集气装置由集气箱和底座两部分组成（图 2-1）。集气箱有黑箱和透明箱两种，黑箱可以通过遮光抑制箱内水稻和藻类等的光合作用。集气箱尺寸按照实验目的进行设计：高度以超过水稻植株且有部分盈余为宜；常见底面积为 50cm×50cm。集气箱内一般配有小风扇以混匀箱内气体，温度计用于测量箱内气温，气袋用于平衡内外气压，集气口用于采集气体。集气箱底座用于在稻田中固定集气箱，由插板和水槽组成，水槽一般宽 3～5cm，深 5cm。每个底座内可移栽 4～9 株水稻。

2. 底座安装

要测定周丛生物整个生长期的 CH_4、N_2O、CO_2 排放通量，需要在稻田淹水和水稻移栽前进行底座的安装。安装时，将集气箱底座埋入土中，使底座水槽的下沿与土面平齐。若仅在周丛生物生长过程中进行单次或者少次测量，也可在测定前再将底座临时埋入土中。

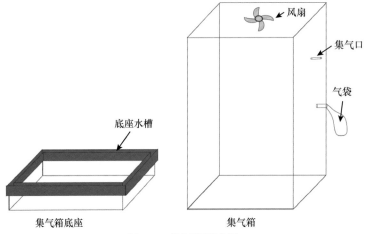

图 2-1　集气箱示意图

3. 底座灌水

采样前，在底座水槽中灌水，以便通过水封的方法使集气箱密闭。如果稻田处于淹水状态，底座水槽淹没在田面水中，则不需要特意灌水。

4. 安装集气箱

采样时，打开风扇，然后缓缓将集气箱安装在底座内，稍微晃动集气箱以检查其稳固性，密封集气口。

5. 采集样品

集气箱密闭后的第 0 分开始，每隔 15min 利用注射器从集气口抽取气体，然后注入气袋或者真空集气瓶中待测，同时记录箱内气温。由于温度与气体通量密切相关，而密封可能使集气箱内温度升高。为了保证箱内温度与大气温度相近，密封时间以不超过 1h 为宜。

6. 采样完成

采样完成后，打开集气口，将集气箱缓缓从底座中取出。

四、样品测定

样品中的 CH_4、N_2O 和 CO_2 浓度常用气相色谱仪进行检测。CH_4、CO_2 检测需配备火焰离子化检测器（FID），N_2O 检测需配备电子捕获检测器（ECD）。气体载气为高纯氩气或氮气，燃气为氢气，助燃气为干洁空气。

五、通量计算

稻田 CH_4、N_2O 和 CO_2 排放通量计算如下：

$$Flux = \frac{\Delta c}{\Delta t} \times \frac{M}{V_m} \times \frac{V}{S} \times \frac{273}{273+T} \tag{2-1}$$

其中，Flux 表示气体通量 $[\mu g/(m^2 \cdot h)]$；$\dfrac{\Delta c}{\Delta t}$ 表示气体浓度的变化速率（ppm/h），通过气体浓度与密闭时间的线性回归来计算；M 表示 CH_4、N_2O 或 CO_2 的气体摩尔质量（g/mol）；V_m 表示标准状态下的气体摩尔体积，即 22.4L/mol；V 表示集气箱中的气体体积（L）；S 表示集气箱底座内的稻田面积（m^2）；T 表示集气箱内的气温。

第七节　周丛生物微生物群落组成、结构测定方法

微生物群落的组成多样性一直是微生物生态学和环境科学领域研究的重点。目前，对于周丛生物微生物群落测定采用的方法大致包括以下四类（图 2-2）：①传统的微生物平板培养法；② Biolog® 微平板分析法；③磷脂脂肪酸法（PLFA 法）；④分子生物学技术法等。

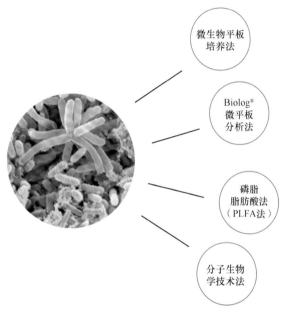

图 2-2　微生物群落研究方法

一、微生物平板培养法

微生物平板培养法是一种传统的实验方法，也是最早认识微生物群落结构和多样性的方法，一般分为稀释、接种、培养和计数等几个步骤。采用特有的培养基对周丛生物中可培养的微生物进行培养分离，然后通过各种微生物的理化特征、外观形态及其菌落数可计算测定微生物的数量及其类型。但由于所用的培养基及培养条件均具有选择性，能够纯培养的微生物数量只占微生物总数的 0.1% ~ 1%，因此很难全面提供有关微生物群落结构的信息。目前这种传统的平板培养法常作为一种辅助工具，结合现代生物技术能客观全面地反映微生物群落结构的真实信息。

二、Biolog® 微平板分析法

Biolog® 微平板分析法是由美国 BIOLOG 公司于 1989 年发展起来的，最初应用于纯种微生物鉴定。现在 Biolog® 技术作为一种工具广泛地应用于各类对微生物群落多样性的分析中。

实验原理：Biolog® 微平板是一种多底物的酶联反应平板，由一个对照孔（仅有指示剂）和 95 个反应孔组成，每个反应孔装有不同的单一碳源底物和氧化还原染料四氮唑蓝作为指示剂。将样品溶液接种到每一个微平板孔中，各孔中微生物利用碳源底物，经呼吸作用产生还原型烟酰胺腺嘌呤二核苷酸，引起四氮唑蓝发生氧化还原变色反应，根据反应孔中颜色变化的吸光值来指示微生物对 95 种不同碳源利用方式的差别，从而来判定微生物群落的功能代谢能力差异情况。

实验方法：称取 10g 烘干的新鲜周丛生物加到装有 90mL 无菌生理盐水（0.85% 的 NaCl 溶液）的锥形瓶中。摇床振荡 1min，冰浴 1min，如此重复 3 次。静置 2min，取上清液 5mL 加入 45mL 无菌生理盐水中，稍加振荡，重复上步得 1 : 1000 的稀释液。将稀释 1000 倍的菌液通过 8 通道移液器加到 Biolog Eco 微平板的 96 个孔中，每孔加 150μL，然后将接种好的 Biolog Eco 微平板在适宜温度下培养，分别于 24h、48h、72h、96h、120h、144h、168h 在 ELx808 酶标仪系统上读取数据，选取扫描波长为 590nm 的数据进行分析。

数据分析：Biolog Eco 微平板平均每孔颜色变化率（AWCD 值）表明微生物群落的碳源代谢强度，是检测微生物活性及功能多样性的一个重要指标。公式：AWCD=$\sum(C–R)/31$，式中，C 为 31 个孔每孔的吸光值；R 为对照孔吸光值。微生物 AWCD 值反映了微生物的总体活性，而多样性指数可详尽地反映微生物群落物种组成和个体数量的分布情况，反映微生物功能多样性的不同方面。较为常用的指数有 McIntosh 指数（U）、Simpson 优势度（D）、Shannon 物种丰富度（H）、Shannon 均匀度（E）和碳源利用丰富度（S）等。

1）McIntosh 指数，用来衡量群落均一性程度：$U = \sqrt{\sum n_i^2}$，式中，n_i 为第 i 孔的相对吸光值。

2）Simpson 优势度 $D=1-\sum P_i^2$，反映了群落中最常见的物种丰富度，评估微生物群落优势度。

3）Shannon 物种丰富度，反映物种丰富程度：$H=-\sum P_i \ln P_i$，式中，P_i 为第 i 孔的相对吸光值与整个平板相对吸光值总和的比率。

4）Shannon 均匀度 $E=H/H_{max}=H/\ln S$，式中，H 是 Shannon 指数；S 是有颜色变化的孔的数目。

5）碳源利用丰富度 $S=$ 被利用碳源的总数。

采用 Excel、SigmaPlot、SPSS17.0 软件进行方差分析、主成分分析，结果均为 3 次重复的平均值。

Biolog 方法用于环境微生物群落的研究具有灵敏度高、分辨力强，以及无需分离培养纯种微生物、测定简便等优点，可以通过对多种单一碳源利用的测定得到被测微生物群落的代谢特征指纹，分辨微生物群落的微小变化，也可最大限度地保留微生物群落原有的代谢特征。

三、磷脂脂肪酸法

磷脂脂肪酸（PLFA）是构成活体细胞膜的重要组成部分，其含量在自然条件下是相对恒定的。不同类群的微生物能通过不同生化途径形成不同的 PLFA，部分 PLFA 总是出现在同一类群的微生物中，而在其他类群的微生物中很少出现。

实验原理：细胞死亡后数分钟到数小时内细胞膜水解释放磷脂，PLFA 被降解可以代表微生物群落中"存活"的那部分群体。不同菌群的微生物生物量和群落组成各不相同，每种样品具有独特的 PLFA 谱图（包括 PLFA 总量、组成），即具有专一性；不同样品的谱图之间差别很大，具有多样性。PLFA 谱图的变化能够说明环境样品中微生物群落结构的变化。

实验方法：称取 10mg（湿重）去杂质的周丛生物于锥形瓶中，依次加磷酸盐缓冲液 7.2mL、氯仿 8mL、甲醇 16mL，振荡器振摇 60min，静置（避光）12h；再加入磷酸盐缓冲液 7.2mL、氯仿 8mL，振摇 30min，静置过夜；离心 3min（2500r/min）分离水相、氯仿相及固体相三相，移出氯仿相，并用 N_2 将其吹干；氯仿相过硅胶（6mL，500mg）层析柱，依次用氯仿、丙酮、甲醇洗涤层析柱，收集甲醇洗涤液，用 N_2 吹干；用 1mL 体积比为 1∶1 的甲醇和甲苯的混合溶液与 1mL 0.2mol/L 的 KOH 甲醇溶液溶解样品，并在 30～35℃ 的水浴中保温 15min，冷却至室温，再加入 2mL 体积比为 4∶1 的正己烷、氯仿混合溶液，用乙酸将溶液调至中性，加 2mL 纯水，振摇 5min，去水相，取底部正己烷相进行气相色谱测试，再利用 Sherlock MIS4.5 系统对 PLFA 图谱分析测定其成分及含量。

数据分析分为以下几方面。

1）微生物群落 PLFA 的结构分析：得到的脂肪酸可以分为直链饱和脂肪酸（SSFA）、支链饱和脂肪酸（BSFA）、单键不饱和脂肪酸（MUFA）、环丙烷脂肪酸（CFA）、羟基脂肪酸（OHFA）和多键不饱和脂肪酸（PUFA）6 种，按照所得脂肪酸的结构分成上述 6 种，并统计其相对含量及绝对含量。

2）周丛生物微生物 PLFA 的分布特性分析：将所获得的数据先进行单因子方差分析，后构建矩阵，并将数据进行中心化，以欧氏距离为聚类尺度，用组间连接法进行系统聚类。

3）PFLA 多样性分析：引入 Shannon-Wiener 多样性指数（H）、Pielou 均匀度（J）和 Simpson 优势度（D）进行分析。

Shannon-Wiener 多样性指数（H）计算公式：$H = -\sum P_i \ln P \ln P_i$，式中 $P_i = N_i/N$，P_i 为第 i 种特征磷脂脂肪酸占该试验中总特征磷脂脂肪酸个数的比例；N_i 为第 i 种磷脂脂肪酸含量；N 为该试验中总特征磷脂脂肪酸个数。

Pielou 均匀度（J）计算公式：$J = -\sum P_i \ln P / \ln S$，式中 S 为微生物中 PLFA 生物标记出现的频次（S），即丰富度。

Simpson 优势度（D）计算公式：$D = 1 - \sum P_i^2$，式中 P_i 为第 i 种特征磷脂脂肪酸占该试验中总特征磷脂脂肪酸个数的比例。

4）周丛生物 PLFA 主成分分析：对检测出的 PLFA 样本，先构建相关系数矩阵，后基于特征值抽取主成分，输出碎石图与载荷图，所用软件为 SPSS17.0。

四、分子生物学技术法

现代分子生物学技术的发展使生物领域的研究更加深入，并越来越成为探索生命科学规律的有力手段。最近几十年间，基于 PCR 技术〔随机扩增多态性 DNA（RAPD）、扩增片段长度多态性（AFLP）、限制性酶切片段长度多态性（RFLP）、单链构象多态性技术（SSCP）、温度梯度凝胶电泳（TGGE）、变性梯度凝胶电泳（DGGE）、核糖体间隔区分析（RISA）〕的分子生物学方法被广泛应用到微生物多样性的研究中。

实验原理：16S rRNA 是判断物种间进化关系的首要分子，通过比较 16S rRNA 基因的序列，可以确定新的分离菌株在进化上的地位。

实验方法：首先提取周丛生物微生物中的 DNA，根据实验目的设计 16S rDNA 引物对其进行聚合酶链反应（PCR）扩增。

数据分析：PCR 产物用 SSCP、TGGE、DGGE 等方法进行电泳分析，结合高通量测序进而评价微生物的多样性。

第八节　稻田周丛生物非生物相测定方法

野外稻田自然生长的周丛生物用勺子或专业采样器将周丛生物从表层土壤刮离；室内培养的周丛生物用消毒的小刀轻轻将周丛生物从载体剥离。收集好的周丛生物置于 4℃冰箱保存，备用。

一、阳离子交换量

阳离子交换量（cation exchange capacity，CEC）用来评估周丛生物吸附 / 交换金属离子的能力。参照以往的研究确定阳离子交换量的测定方法（Chamuah and Dey，1982）。根据周丛生物表面带负电的性质，用 0.1mol/L KCl 溶液反复处理周丛生物，使周丛生物成为 K^+ 饱和样。再用 1mol/L NH_4Cl 置换周丛生物表面的 K^+，根据置换液中 K^+ 的量计算周丛生物阳离子交换量。

称取 5g 鲜重周丛生物，加入 50mL 离心管中，再加 0.1mol/L KCl 20mL，充分混合均匀静置 10min，放入离心机（LD5-10A）中，离心 30min，转速 1500r/min，弃去 KCl 溶液。如此反复用 KCl 处理 3 次。再用 0.01mol/L KCl 20mL 重复操作处理周丛生物 3 次，收集最后一次处理上清液，使用火焰分光光度计（FP640）测定其 K^+ 摩尔质量 C_1。接着用 1mol/L NH_4Cl 25mL 重复上次操作 4 次，收集每次处理后的上清液并定容到 100mL，使用火焰分光光度计（FP640）测定其 K^+ 摩尔质量 C_2。

阳离子交换量数据结果按下列公式计算：

$$Q^+ = 100(C_2V_2 - C_1V_1)/m \qquad (2\text{-}2)$$

式中，Q^+ 为阳离子交换量（cmol/kg）；

C_1 为最后一次用 0.01mol/L KCl 溶液处理后上清液 K^+ 的浓度（mol/L）；

V_1 为 0.01mol/L KCl 溶液的用量（mL）；

C_2 为 1mol/L NH$_4$Cl 溶液处理后上清液 K$^+$ 的浓度（mol/L）；

V_2 为 100（mL）。

m 为周丛生物干重（g）。

二、总抗氧化能力

周丛生物总抗氧化能力（T-AOC）的测定根据 Li 等（2019）的方法进行。简要地说，使用 2,2′- 联氮基双 -（3- 乙基苯并噻唑啉 -6- 磺酸）二铵盐［2,2′-azino-bis (3-ethylbenzothiazoline-6-sulfonic acid) diammonium salt，ABTS］作为显色剂，通过荧光酶标仪（Multiskan GO，Thermo Scientific，美国）测定样品在 734nm 波长处的吸光度。抗氧化剂 Trolox 作为标准物质，样品蛋白质含量通过 Bradford 蛋白试剂盒（碧云天生物技术有限公司，南京，中国）进行定量。测得的 T-AOC 值即为周丛生物的抗氧化能力，单位为 mmol TE/g protein。周丛生物的最小叶绿素荧光（F_0），在 25min 暗适应后，通过叶绿素荧光仪（AquaPen-P Fluorometer，Photon Systems Instruments，捷克）测定。

三、胞外聚合物

根据 EPS 在细胞外的存在位置和其性质，可分为 3 种组分的 EPS：最内层的紧缚结合态 EPS（TE）、外层的松散结合态 EPS（LE），以及可以溶解在水溶液中的可溶性 EPS（SE）。这三种组分的 EPS 具有不同的组成和功能，并且会随着周丛生物群落组成和结构的变化而变化（唐骏，2018）。

将周丛生物转移到离心管中进行离心分离（5000g，4℃）10min，收获固体样品得到周丛生物样品，上清液则为 SE 溶液。为了分离结合态 EPS，采用对细胞损伤和 EPS 结构破坏均较小的物理分离方法。先进行 LE 的分离，将收获的周丛生物样品重新分散到 0.05%（质量分数）的 NaCl 溶液中到之前的体积，并进行超声（40W，20kHz）2min，之后将分散液进行离心分离（8000g，4℃）20min，得到的上清液为 LE 溶液。分离 LE 后剩余的周丛生物残余样品重新分散到 0.05%（质量分数）的 NaCl 溶液中到之前的体积，之后转移到灭菌的提取锥形瓶中。首先，取在 8% NaCl 溶液中浸泡过 8h 的阳离子交换树脂（CER，001×7，钠型），按 60g/g（质量比）加入提取锥形瓶中。之后，将锥形瓶恒温振荡 2h（400r/min，4℃），之后静置 5min 并去除阳离子交换树脂。将上清液离心分离 30min（12 000g，4℃），上清液即为 TE 溶液。

最后，将得到的所有 EPS 溶液用 0.45μm 乙酸纤维滤膜进行过滤，并用再生纤维透析袋（截留分子量 8000）在超纯水透析 24h（温度为 4℃，超纯水每 3h 进行更换），以去除 EPS 中的杂质。透析之后，将 EPS 溶液在真空冷冻干燥机（LyoQuest，Telstar，西班牙）进行冷冻干燥，从而得到干燥的 EPS 样品（唐骏，2018）。

四、周丛生物胞外聚合物中蛋白质的测定方法

周丛生物胞外聚合物的提取：周丛生物胞外聚合物产量用碱性法提取确定，在实验

结束后，用 0.9% 的 NaCl 溶液将收集的周丛生物洗涤 3 次，离心（10 000r/min，10min，4℃）去除上层液体；再使用 NaOH（2mol/L）溶液将周丛生物重新悬浮，并置于振荡培养箱中，控制温度为 25℃（Incu-Shaker LR USA，300r/min，1h）。振荡结束后再次离心（10 000r/min，10min，4℃），取上清液并用 0.45μm 滤膜过滤，即可获得 EPS。

周丛生物胞外聚合物中的蛋白质用考马斯亮蓝染色法测定（Blakesley et al.，1977）。具体方法如下：取考马斯亮蓝 G-250 100mg 溶于 50mL 95% 乙醇中，加入 100mL 85% 磷酸，加蒸馏水稀释至 1L，混合均匀后用滤纸过滤，最终试剂中含有 0.01%（w/v）考马斯亮蓝 G-250、4.7% 乙醇（w/v）、8.5%（w/v）磷酸。牛血清蛋白标准溶液配制：8.766g NaCl 溶于 1L 蒸馏水中，制成 0.15mol/L 的 NaCl 溶液。再取 0.01g 生物试剂级（BR 纯）的牛血清蛋白溶于 100mL 0.15mol/L 的 NaCl 溶液得到 100mg/L 的标准蛋白溶液（牛血清蛋白也可用酪蛋白代替，但是具体的氮含量需要进行换算）。标准曲线制作：分别取 0.0mL、0.1mL、0.2mL、0.3mL、0.4mL、0.5mL、0.6mL 标准蛋白溶液和 1mL、0.9mL、0.8mL、0.7mL、0.6mL、0.5mL、0.4mL 0.15mol/L 的 NaCl 溶液加入 7 个容量瓶中，再在其中每个加入 5mL 考马斯亮蓝溶液，稀释至 50mL，充分反应 1h 后使用 UV-vis2450 紫外 - 可见光分光光度计（日本，Shimadzu）在 595nm 处测量其吸光度。EPS 中蛋白质含量，取 0.5mL 样品按照标准曲线的制作方法进行测定。

五、周丛生物胞外聚合物中多糖的测定方法

周丛生物胞外聚合物中的多糖含量用蒽酮比色法测定（Frolund et al.，1996）。糖类可以在较高温度下与浓硫酸脱水生成羟甲基糖醛，再与蒽酮脱水缩合生成蓝绿色物质可用于定量测定。蒽酮试剂的配制方法如下：取 0.1g 蒽酮，溶于 100mL 80% 的浓硫酸中。葡萄糖标准溶液的配制：取无水葡萄糖 0.01g 溶于 100mL 蒸馏水中，制备成 100mg/L 葡萄糖标准溶液。标准曲线的制作：分别取 0.0mL、0.2mL、0.4mL、0.6mL、0.8mL、1.0mL 葡萄糖标准溶液，1.0mL、0.8mL、0.6mL、0.4mL、0.2mL、0.0mL 蒸馏水于 10mL 试管中。再在其中加入 5mL 蒽酮试剂，沸水浴加热 30min 后等待冷却至室温后，使用 UV-vis2450 紫外 - 可见光分光光度计（日本，Shimadzu）在 625nm 处测定其吸光度。EPS 中多糖含量按照多糖标准曲线的制作方法进行测定。

第九节 现代生物表征技术在周丛生物中的应用

一、概述

周丛生物的形成和生长过程，胞外聚合物的形态和归趋，以及底物（如营养元素和有毒物质）的迁移和转化，对于探究周丛生物的结构特征、功能特性以及在稻田水土界面中所发挥的作用至关重要。解决这些问题需要对周丛生物微观环境中的化学和生物化学过程进行深入分析。然而，高度水合的周丛生物、复杂的微生物物种和变化的环境使得表征变得困难。此外，周丛生物中的细菌通常是不可培养的，因此，体内表征技术对于未培养的微生物也是必需的。

最近研发出了许多灵敏、独特、快速的表征模式，以绘制形态结构和材料分布并探索周丛生物基质中的微观过程。这些方法可根据其分析性能和适用环境进行选择。不同的技术展示了不同的空间分辨率、时间分辨率和穿透深度，并且从不同技术层面显示了周丛生物微观过程中目标分析物的动态分布。

二、扫描电子显微镜

扫描电子显微镜（scanning electron microscope，SEM，简称扫描电镜）是一种介于透射电子显微镜和光学显微镜之间的一种观察手段。其利用聚焦的很窄的高能电子束来扫描样品，通过光束与物质间的相互作用，来激发各种物理信息，对这些信息进行收集、放大、再成像以达到对物质微观形貌表征的目的。新式的扫描电子显微镜的分辨率可以达到1nm；放大倍数可以达到30万倍及以上连续可调；景深大，视野大，成像立体效果好。此外，扫描电子显微镜和其他分析仪器相结合，可以在观察微观形貌的同时进行物质微区成分分析。

（一）扫描电子显微镜的原理

扫描电子显微镜是一种大型分析仪器，它广泛应用于观察各种固态物质表面超微结构的形态和组成。所谓扫描是指在图像上从左到右、从上到下依次对图像像元扫描的工作过程。在电子扫描中，把电子束从左到右方向的扫描运动称为行扫描或水平扫描，把电子束从上到下方向的扫描运动称为帧扫描或垂直扫描。两者的扫描速度完全不同，行扫描的速度比帧扫描的速度快，对于1000条线的扫描图像，速度比为1000。

电子显微镜是进入微观世界的工具。我们平常所说的微乎其微或微不足道的东西，在微观世界中，这个"微"也就不称其"微"，我们提出将纳米作为显微技术中的常用度量单位，即$1nm=10^{-6}mm$。

扫描电镜成像是按一定时间、空间顺序逐点形成并在镜体外显像管上显示。二次电子成像是使用扫描电镜所获得的各种图像中应用最广泛、分辨本领最高的一种图像。我们以二次电子成像为例来说明扫描电镜成像的原理。由电子枪发射的电子束最高可达30keV，经会聚透镜、物镜缩小和聚焦，在样品表面形成一个具有一定能量、强度、斑点直径的电子束。在扫描线圈的磁场作用下，入射电子束在样品表面上按照一定的空间和时间顺序做光栅式逐点扫描。由于入射电子与样品之间的相互作用，将从样品中激发出二次电子。由于二次电子收集极的作用，可将各个方向发射的二级电子汇集起来，再将加速极加速射到闪烁体上，转变成光信号，经过光导管到达光电倍增管，使光信号再转变成电信号。这个电信号又经视频放大器放大并将其输送至显像管的栅极，调制显像管的亮度。因而，在荧光屏上呈现一幅亮暗程度不同、反映样品表面形貌的二次电子像。

在扫描电镜中，入射电束在样品上的扫描和显像管中电子束在荧光屏上的扫描是用一个共同的扫描发生器控制的。这样就保证了入射电子束的扫描和显像管中电子束的扫描完全同步，保证了样品上的"物点"与荧光屏上的"像点"在时间和空间上一一对应，称其为"同步扫描"。一般扫描图像是由近100万个与物点一一对应的图像单元构成的，正因为如此，才使得扫描电镜除能显示一般的形貌外，还能将样品局部范围内的化学元素及光、电、磁等性质的差异以二维图像形式显示（图 2-3）。

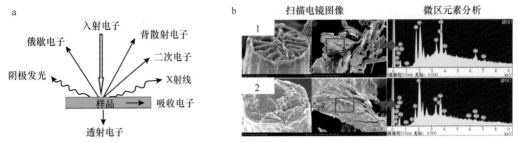

图 2-3　扫描电子显微镜工作原理（a）及其图像与对应的元素分析图（b）

（二）扫描电子显微镜的类型

不同类型的扫描电子显微镜存在性能上的差异。其电子枪种类可分为 3 种：场发射电子枪、钨灯丝和六硼化镧（LaB_6）灯丝。其中，场发射扫描电子显微镜根据光源性能可分为冷场发射扫描电子显微镜和热场发射扫描电子显微镜。冷场发射扫描电子显微镜对真空条件要求高，束流不稳定，发射体使用寿命短；需要定时对针尖进行清洗，仅局限于单一的图像观察，应用范围有限；而热场发射扫描电子显微镜不仅连续工作时间长，还能与多种附件搭配实现综合分析。

（三）扫描电子显微镜的优势

与其他显微镜相比，扫描电镜进行周丛生物样品分析具有以下优势。

1）对周丛生物试样的损伤和污染程度很小。

2）仪器分辨率较高，通过二次电子像能够观察试样表面 6nm 左右的细节，采用 LaB_6 电子枪，可以进一步提高到 3nm。

3）仪器放大倍数变化范围大，且能连续可调。因此可以根据需要选择大小不同的视场进行观察，同时在高放大倍数下也可获得一般透射电镜较难达到的高亮度的清晰图像。

4）观察周丛生物样品的景深大，视场大，图像富有立体感，可直接观察起伏较大的粗糙表面和试样凹凸不平的金属断口像等。

5）样品制备简单，只要将周丛生物样品冷冻干燥处理，就可直接放到扫描电镜中进行观察，更接近于物质的自然状态。

6）可以通过电子学方法有效地控制和改善图像质量，如亮度及反差自动保持、试样倾斜角度校正、图像旋转或通过 Y 调制改善图像反差的清晰度及图像各部分亮暗适中。采用双放大倍数装置或图像选择器，可在荧光屏上同时观察放大倍数不同的图像。

7）可进行周丛生物综合分析。装上波长色散 X 射线谱仪或能量色散 X 射线谱仪，使具有电子探针的功能，也能检测样品发出的反射电子、X 射线、阴极荧光、透射电子、俄歇电子等。把扫描电镜扩大应用到各种显微的和微区的分析方式，显示出了扫描电镜的多功能。另外，还可以在观察形貌图像的同时，对样品任选微区进行分析；装上半导体试样座附件，通过电势放大器可以直接观察晶体管或集成电路中的 PN 结和微观缺陷。

由于不少扫描电镜电子探针实现了电子计算机自动和半自动控制，因而大大提高了定量分析的速度。

（四）扫描电子显微镜在周丛生物中的应用

扫描电子显微镜是一种多功能的仪器，具有很多优越的性能，是用途最为广泛的一种仪器，它可以进行如下基本分析。

1）直接观察较大的周丛生物的原始表面。它能够直接观察直径 100mm、高 50mm，或更大尺寸的试样，对试样的形状没有任何限制，也能观察粗糙的表面，这便免除了制备样品的麻烦，而且能真实观察试样本身物质成分不同的衬度（背反射电子像）。

2）观察厚周丛生物样品。利用扫描电镜观察厚块试样时，能得到高的分辨率和最真实的形貌。扫描电子显微镜的分辨率介于光学显微镜和透射电子显微镜之间。但在对厚块试样的观察进行比较时，因为在透射电子显微镜中还要采用覆膜方法，而覆膜的分辨率通常只能达到 10nm，且观察的不是试样本身，因此，用扫描电子显微镜观察厚块试样更有利，更能得到真实的试样表面信息。

3）观察周丛生物各个区域的细节。试样在样品室中可动的范围非常大。其他方式显微镜的工作距离通常只有 2 ~ 3cm，故实际上只许可试样在两度空间内运动。但在扫描电子显微镜中则不同，由于工作距离大（可大于 20mm），焦深大（比透射电子显微镜大10 倍），样品室的空间也大，因此，可以让试样在三度空间内有 6 个自由度运动（即三度空间平移、三度空间旋转），且可动范围大，这给观察不规则形状试样的各个区域细节带来极大的方便。

4）在大视场、低放大倍数下观察样品。用扫描电子显微镜观察试样的视场大。在扫描电子显微镜中，能同时观察试样的视场范围（F），由下式来确定：

$$F=L/M$$

式中，F 为视场范围；

M 为观察时的放大倍数；

L 为显像管的荧光屏尺寸。

若扫描电镜采用 30cm（约 12 英寸）的显像管，放大倍数为 15 倍时，其视场范围可达 20mm。

5）进行从高倍到低倍的连续观察。放大倍数的可变范围很宽，且不用经常对焦。扫描电子显微镜的放大倍数范围很宽（从 5 万倍到 20 万倍连续可调），且一次聚焦好后即可从高倍到低倍、从低倍到高倍连续观察，不用重新聚焦，这对进行样品分析特别方便。

6）进行动态观察。在扫描电子显微镜中，成像的信息主要是电子信息。根据近代的电子工业技术水平，即使高速变化的电子信息，也能毫不困难地及时接收、处理和储存，故可进行一些动态过程的观察。如果在样品室内装有加热、冷却、弯曲、拉伸和离子刻蚀等方面的附件，则可以通过电视装置，观察相变、断裂等动态的变化过程。从试样表面形貌获得多方面资料。在扫描电子显微镜中，不仅可以利用入射电子和试样相互作用产生各种信息来成像，而且可以通过信号处理方法，获得多种图像的特殊显示方法，还可以从试样的表面形貌获得多方面资料。因为扫描电子像不是同时记录的，它是分解为近百万个逐次依此记录构成的，因而使得扫描电子显微镜除观察表面形貌外，还能进行成分和元素的分析，以及通过电子通道花样进行结晶学分析，选区尺寸可以从 10μm 到 2μm。

三、傅里叶变换红外光谱

傅里叶变换红外光谱（Fourier transform infrared spectroscopy，FTIR）是一种将傅里叶变换的数学处理，用计算机技术与红外光谱相结合的分析鉴定方法，主要由光学探测部分和计算机部分组成。当样品放在干涉仪光路中，由于吸收了某些频率的能量，所得的干涉图强度曲线相应地产生一些变化，通过数学的傅里叶变换技术，可将干涉图上每个频率转变为相应的光强，而得到整个红外光谱图，根据光谱图的不同特征，可鉴定周丛生物的官能团、测定化学结构、观察化学反应历程、区别同分异构体、分析物质的纯度等。

（一）傅里叶变换红外光谱的原理

傅里叶变换红外光谱仪主要由红外光源、分束器、干涉仪、样品池、探测器、计算机数据处理系统、记录系统等组成，利用迈克尔逊干涉仪获得入射光的干涉图，然后通过傅里叶数学变换,把时间域函数干涉图变换为频率域函数图（普通的红外光谱图）（图 2-4）。

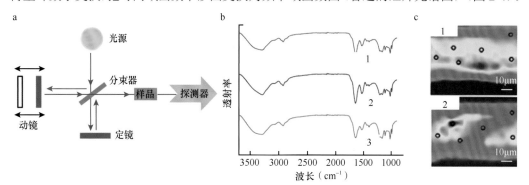

图 2-4　傅里叶变换红外光谱工作原理及其光谱图、光谱图像

a. 傅里叶变换红外光谱仪的工作原理；b. 周丛生物表面的傅里叶变换红外光谱；c. 周丛生物表面的二维傅里叶变换红外光谱图像

1）光源：傅里叶变换红外光谱仪为测定不同范围的光谱而设置有多个光源。通常用的是钨丝灯或碘钨灯（近红外）、硅碳棒（中红外）、高压汞灯及氧化钍灯（远红外）。

2）分束器：分束器是迈克尔逊干涉仪的关键元件。其作用是将入射光束分成反射和透射两部分，然后再使之复合，如果动镜使两束光具有一定的光程差，复合光束即可造成相长或相消干涉。

对分束器的要求是：应在波数 v 处使入射光束透射和反射各半，此时被调制的光束振幅最大。根据使用波段范围不同，在不同介质材料上加相应的表面涂层，即构成分束器。

3）探测器：傅里叶变换红外光谱仪所用的探测器与色散型红外分光光度计所用的探测器无本质的区别。常用的探测器有硫酸三甘肽（TGS）、铌酸钡锶、碲镉汞、锑化铟等。

4）数据处理系统：傅里叶变换红外光谱仪数据处理系统的核心是计算机，功能是控制仪器的操作，收集数据和处理数据。

　　具体原理：光源发出的光被分束器（类似半透半反镜）分为两束，一束经透射到达动镜，另一束经反射到达定镜。两束光分别经定镜和动镜反射再回到分束器，动镜以一恒定速度做直线运动，因而经分束器分束后的两束光形成光程差，产生干涉。干涉光在分束器会合后通过样品池，通过样品后含有样品信息的干涉光到达检测器，然后通过傅里叶变换对信号进行处理，最终得到透过率或吸光度随波数或波长变化的红外吸收光谱图。

　　（二）傅里叶变换红外光谱的类型

1. 按光学系统分类

　　光谱仪按照光学系统的不同可以分为色散型和干涉型，色散型光谱仪根据分光元件的不同，又可分为棱镜式和光栅式，干涉型红外光谱仪即傅里叶变换红外光谱仪。其中光栅式的优点是可以重复光谱响应，机械性能可靠，缺点是效率偏低，对偏振敏感；干涉型光谱仪的优点在于可以提供很高的光谱分辨率以及很高的光谱覆盖范围，同时其需要高精度的光学元件及机械元件作为支持。干涉型红外光谱仪凭借其高分辨率、高波数精度、高灵敏度等优点，迅速成为分析仪器中的研究热点。

2. 按使用场景分类

　　傅里叶变换红外光谱仪根据使用场景不同可分为专业型与多功能型。专业型傅里叶变换红外光谱仪包括大气环境傅里叶变换红外光谱仪、太空星载傅里叶变换红外光谱仪、化学分析傅里叶变换红外光谱仪、车载遥感傅里叶变换红外光谱仪等；多功能型傅里叶变换红外光谱仪可以实现多种物质的分析，通常用于实验室对相应样品进行分析。

　　（三）傅里叶变换红外光谱的优势

　　1）扫描速度快。傅里叶变换红外光谱仪的扫描速度比色散型仪器快数百倍，而且在任何测量时间内都能获得辐射源所有频率的全部信息，即所谓的"多路传输"。这一优点使它特别适合与气相色谱、高压液相色谱仪器联机使用，也可用于快速化学反应过程的跟踪及化学反应动力学的研究等。对于稳定的样品，在一次测量中一般采用多次扫描、累加求平均法得到干涉图，这就改善了信噪比。在相同的总测量时间和相同的分辨率条件下，傅里叶变换红外光谱仪的信噪比比色散型的要提高数十倍。这也是快速扫描带来的优点。

　　2）很高的分辨率。分辨率是红外光谱仪的主要性能指标之一，是指光谱仪对两个靠得很近的谱线的辨别能力。傅里叶变换红外光谱仪在整个光谱范围内可达 $0.1 \sim 0.005 cm^{-1}$。

　　3）波数精度高。波数是红外定性分析的关键参数，因此仪器的波数精度非常重要，通常可达到 $0.01 cm^{-1}$。

　　4）极高的灵敏度，可达 $10^{-9} \sim 10^{-12}g$，此优点使傅里叶变换红外光谱仪特别适合测量弱信号光谱。

　　5）光谱范围宽。傅里叶变换红外光谱仪只要能实现测量仪器的元器件（不同的分束器和光源等）的自动转换，就可以研究整个近红外、中红外和远红外 $10\,000 \sim 10 cm^{-1}$ 的光谱。这对测定无机化合物和金属有机化合物十分有利。

（四）傅里叶变换红外光谱在周丛生物中的应用

1. 周丛生物表面信息的研究

傅里叶变换红外光谱可通过分析周丛生物胞外聚合物中的官能团来研究表面结构信息的变化。

2. 周丛生物去除污染物的研究

傅里叶变换红外光谱可以通过分析污染物（如重金属、纳米材料和有机分子）吸附后周丛生物表面新的或改变的吸附峰，来对周丛生物中污染物的结合分布进行表征。与其他表征技术相比，它可以更容易地获得周丛生物的污染物吸附特性。因此，如果污染物的吸附过程不会产生新的吸收峰或吸收峰的变化，那么这种方法对于此研究将是无效的。

四、拉曼光谱

拉曼光谱（Raman spectrum）是一种散射光谱。拉曼光谱分析法是基于印度科学家C.V. 拉曼（Raman）所发现的拉曼散射效应，通过探测入射激光的非弹性散射（拉曼散射），提供有关分子振动、旋转和其他低频化学键模式的信息，并应用于分子结构研究的一种分析方法。拉曼光谱可以被用于确定周丛生物的形态和化学成分。

（一）拉曼光谱的原理

当激光照射在样品表面，其散射光的绝大部分是瑞利散射光，同时还有少量的各种波长的斯托克斯散射光和更少量的各种波长的反斯托克斯散射光，后两者被称为拉曼散射。这些散射光由反射镜等样品外光路系统收集后经入射狭缝照射在光栅上被色散，色散后不同波长的光依次通过出射狭缝进入光电探测器件，经信号放大处理后记录得到拉曼光谱数据（图2-5）。

（二）拉曼光谱的优势

拉曼光谱提供快速、简单、可重复且更重要的是无损伤的定性定量分析。其主要优势如下。

1）由于水的拉曼光谱很弱、谱图又很简单，故拉曼光谱可以在周丛生物接近自然状态、活性状态下来研究其中生物大分子的结构及其变化。

2）拉曼光谱一次可以同时覆盖 $50 \sim 4000 \text{cm}^{-1}$ 的区间，可对有机物及无机物进行分析。相反，若让红外光谱覆盖相同的区间则必须改变光栅、光束分离器、滤波器和检测器。

3）拉曼光谱谱峰清晰尖锐，更适合定量研究、数据库搜索以及运用差异分析进行定性研究。拉曼位移的大小、强度及拉曼峰形状是化学键、官能团稳定的重要依据。利用偏振特性，拉曼光谱还可以作为顺反式结构判断的依据。

4）因为激光束的直径在它的聚焦部位通常只有 $0.2 \sim 2\text{mm}$，常规拉曼光谱只需要少量的样品就可以得到。这是拉曼光谱相对常规红外光谱一个很大的优势。而且，拉曼显微镜物镜可将激光束进一步聚焦至 $20\mu\text{m}$ 甚至更小，可分析更小面积的样品。

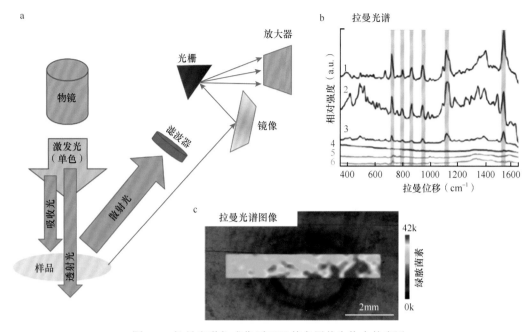

图 2-5　拉曼光谱仪成像原理及其在周丛生物中的应用

a. 拉曼光谱仪的工作原理；b. 周丛生物的拉曼光谱；c. 周丛生物的拉曼光谱图像（k 代表光吸收强弱）

5）共振拉曼效应可以用来有选择性地增强生物大分子特定发色基团的振动，这些发色基团的拉曼光强能被选择性地增强 1000 ～ 10 000 倍。

（三）拉曼光谱在周丛生物中的应用

拉曼光谱对于分子键合以及样品的结构非常敏感，因而每种分子或样品都会有其特有的光谱"指纹"。这些"指纹"可以用来进行化学鉴别、形态与相、内压力／应力以及组成成分等方面的研究和分析。当与拉曼成像系统相结合时，可以基于样品的多条拉曼光谱来生成拉曼成像。这些成像可以用于展示不同化学成分、相与形态以及分布。

拉曼光谱的灵敏度通常受到限制，但可以通过表面增强拉曼散射、尖端增强拉曼散射和共振拉曼散射来增强。其中表面增强拉曼散射技术是指当分析物接近或附着在纳米级贵金属结构上时，弱拉曼信号可以放大几个数量级。为了进一步提高表面增强拉曼散射的空间分辨率，尖端增强拉曼散射是基于拉曼光谱技术和基于表面增强拉曼散射效应的扫描探针显微镜的组合，可以以几纳米的分辨率检测周丛生物中相关化学成分的分布。拉曼散射通常与稳定同位素（如 ^2H、^{13}C 和 ^{15}N）探测标记的底物结合使用以研究底物的生物转化。例如，表面增强拉曼散射与 ^{15}N 稳定同位素探测相结合可以在单细胞水平上区分周丛生物中的氮转化，这可以应用于生物脱氮过程中的硝化、反硝化和厌氧氨氧化作用的研究。

另外，表面增强拉曼散射与共振拉曼散射的组合称为表面增强共振拉曼散射。表面增强共振拉曼散射可以分析周丛生物分泌的信号分子，如群体感应信号。具体地，表面增强共振拉曼散射利用连续可调的激光器来调节具有不同信号分子的激光波长进而来研究周丛生物中的群体感应强度。

五、激光扫描共聚焦显微镜

激光扫描共聚焦显微镜（confocal laser scanning microscope，CLSM）是一种利用计算机、激光和图像处理技术获得生物样品三维数据、目前最先进的分子细胞生物学分析方法。其使用荧光探针标签获取样品的荧光图像以及标记的特定成分。激光扫描共聚焦显微镜提供高灵敏度、光学切片和无损分析，主要应用于周丛生物的三维结构图绘制和定量细胞外蛋白质、多糖、脂类、核酸和其他分子的分布。

（一）激光扫描共聚焦显微镜的原理

激光扫描共聚焦显微镜以激光作为光源，激光器发出的激光通过照明针孔形成点光源，经过透镜、分光镜形成平行光后，再通过物镜聚焦在样品上，并对样品内聚焦平面上的每一点进行扫描（图 2-6）。

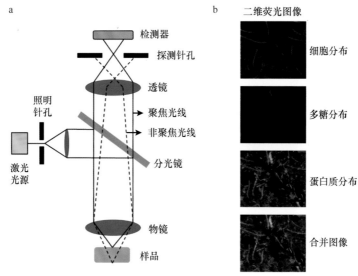

图 2-6　激光扫描共聚焦显微镜成像原理及其在周丛生物中的应用

a. 激光扫描共聚焦显微镜的工作原理；b. 周丛生物中细胞、多糖和蛋白质的激光扫描共聚焦荧光分布图像

样品被激光激发后的出射光波长比入射光长，可通过分光镜，经过透镜再次聚焦，到达探测针孔处，被后续的光电倍增管检测到，并在显示器上成像，得到所需的荧光图像，而非聚焦光线被探测针孔光栅阻挡，不能通过探测针孔，因而不能在显示器上显出荧光信号。这种双共轭成像方式称为共聚焦。因采用激光作为光源，故称为"激光扫描共聚焦显微镜"。

激光扫描共聚焦显微镜通过对样品 x-y 轴的逐点扫描，形成二维图像。如果在 z 轴上调节聚焦平面的位置，连续扫描多个不同位置的二维图像，则可获得一系列的光学切片图像。在相应软件的支持下，通过数字去卷积方法得到清晰的三维重建图像。正因为激光扫描共聚焦显微镜能沿着 z 轴方向在不同层面上获得该层的光学切片，所以可以得到样品各个横断面的一系列连续光学切片，实现样品"CT"功能。

（二）激光扫描共聚焦显微镜的优势

相比于其他显微镜，激光扫描共聚焦显微镜的主要优势有：①检测灵敏度更高，其采用了光电倍增技术，可将很微弱的荧光信号放大；②对周丛生物中生化分子的定位更精确，不仅可以定位到细胞水平，还可以定位到亚细胞水平和分子水平，这也是荧光标记的抗体被称为分子探针的原因；③对周丛生物的光漂白和荧光淬灭作用小。由于利用光源光束点扫描，检测过程快，时间短，计算机精确控制激发光强度，因此光漂白和荧光淬灭作用小。

（三）激光扫描共聚焦显微镜在周丛生物中的应用

1. 周丛生物中的定量荧光测定

激光扫描共聚焦显微镜可以从固定和荧光染色的标本以单波长、双波长或多波长模式，对单标记或多标记的周丛生物样品的共聚焦荧光进行数据采集和定量分析，同时还可以利用沿纵轴移动的标本进行多个光学切片的叠加，形成周丛生物中荧光标记结构的总体图像，以显示荧光在形态结构上的精确定位。

2. 周丛生物中生化成分的研究

激光扫描共聚焦显微镜能对周丛生物中胞外蛋白、多糖、脂类、核酸和其他分子进行定量、定性、定时及定位测定。

3. 周丛生物生理状态和形成过程的研究

激光扫描共聚焦显微镜可对周丛生物形状、面积、平均荧光强度等参数进行自动测定。该技术可应用于观察周丛生物形成和生长过程中的微观过程，并且可以确定周丛生物的生理状态以及应对不同实验处理/环境条件的生理效应。

4. 周丛生物中离子和 pH 动态分析

激光扫描共聚焦显微镜技术是测量若干种离子浓度并显示其分布的有效工具，对焦点信息的有效辨别使在亚细胞水平显示离子分布成为可能。利用荧光探针，激光扫描共聚焦显微镜可以测量周丛生物中 pH 和多种离子（Ca^{2+}、K^+、Na^+、Mg^{2+}）的浓度及变化。一般来说，电生理记录装置加摄像技术检测细胞内离子量变化的速度相对较快，但其图像本身的价值较低，而激光扫描共聚焦显微镜可以提供更好的亚细胞结构中离子浓度动态变化的图像。

5. 周丛生物三维图像的重建

传统的显微镜只能形成二维图像，激光扫描共聚焦显微镜通过对同一样品不同层面的实时扫描成像，进行图像叠加可构成样品的三维结构图像。它的优点是可以对样品的立体结构进行分析，能十分灵活、直观地进行形态学观察，并揭示亚细胞结构的空间关系。

6. 周丛生物与环境污染物相关的研究

激光扫描共聚焦显微镜的荧光探针可用于表征周丛生物基质中结合的环境污染物。

由于罗丹明（Rhodamine）具有荧光特性，其衍生物具有螺环 β- 内酰胺结构，这些材料被广泛用作重金属选择性荧光探针的荧光触发剂。使用罗丹明 B（Rhodamine B）为荧光报告剂，以内酰胺为荧光开启开关，可在胞外聚合物和细菌表面获得一些离子（如 Au^{3+}、Cd^{2+}、Cr^{3+}、CrO_4^{2-} 和 Cu^{2+}）的三维表征。这表明激光扫描共聚焦显微镜可以确定周丛生物中多种金属离子的结合特征。激光扫描共聚焦显微镜还可用于表征周丛生物中有机污染物和酶的分布。但是，需要为不同的目标污染物制备不同的荧光探针。

六、质谱成像

质谱成像（mass spectrometry imaging，MSI）是新兴发展起来的基于质谱检测技术的一种成像方法。与其他影像技术相比，质谱成像技术无需标记，是一种深入分子层面的成像技术，不局限于一种或者几种分子，可以对一些目标和非目标性分子同时进行成像分析。它不仅可同时反映多种分子在空间上分布的信息，还能够提供分子结构信息。

（一）质谱成像的原理

质谱仪按照预先设定的采集程序，利用激光或高能离子束等扫描样本，使其表面的分子或离子解吸离子化，再经质量分析器获得样本表面各像素点离子的质荷比和离子强度，借助质谱成像软件在各像素点的质谱数据中搜寻任意指定质荷比离子的质谱峰，结合其对应离子的信号强度及其在样本表面的位置，绘制出对应分子或离子在样本表面的二维分布图；继而采用上述软件对样本连续切片的二维分布图进行进一步数据处理，获得待测物在样本中的三维空间分布（图 2-7）。

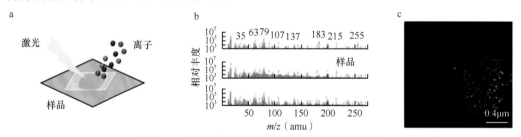

图 2-7　质谱成像原理及其在周丛生物中的应用

a. 质谱分析示意图；b. 周丛生物的质谱（m/z：质荷比）；c. 周丛生物中对应离子或分子的二维分布图

（二）质谱成像的分类

根据成像原理及其离子化技术的不同，质谱成像技术可以分为探针型和面阵型，其中面阵型对检测器硬件的要求高，尚未有商业化的面阵型质谱成像装置，目前主要是探针型质谱成像技术在发展。探针型质谱成像技术按照离子化方式进行分类，主要包括以下三大类型：需要在真空条件下进行离子化的二次离子质谱（SIMS）成像、基质辅助激光解吸电离（MALDI）质谱成像以及以解吸电喷雾电离为代表的常压敞开式离子化质谱成像技术等。

SIMS 技术的优势是不需要复杂的样品处理，具有很高的空间分辨率，可达到纳米级的空间分辨率，主要应用于样品表面的元素以及有机小分子的成像分析。MALDI-MSI

是目前最成熟、应用最为广泛的质谱成像技术，尤其适合于蛋白质、长链多肽等生物大分子的质谱成像分析。然而，在 MALDI-MSI 成像分析中需要添加基质辅助电离，基质的加入会导致小分子目标物的分析受到影响，而且需将样品引入高真空的封闭有限空间，操作不方便。纳米结构启动质谱是近几年发展的与 MALDI 类似的成像技术，它能以极高的灵敏度分析非常小的区域。

常压敞开式离子化质谱成像技术的特点是不需要真空环境，样品前处理方式及实验操作较为简便。它主要包括解吸电喷雾、等离子体探针、解吸大气压化学电离、空气动力辅助离子化和多种辅助方式的大气压激光解吸离子化方法等。

（三）质谱成像的优势

相比于其他成像技术，质谱成像的主要优势：①样品前处理简单，无需提取样品中的目标物，可直接对样品切片进行分析；②无需荧光或放射性同位素标记，可以面向所有目标分子及非目标分子同时进行成像；③不仅可以提供样本切片表面的分子结构和质谱信息，还可以体现各分子的空间分布情况；④空间分辨率高、质量分辨率高以及质量范围宽。质谱成像可以实现元素、小分子到多肽、蛋白质的检测。

（四）质谱成像在周丛生物中的应用

1）质谱成像是一种强大的化学绘图技术，其不需要荧光或同位素标记，并且可以灵敏地（ppm 至 ppt）同时表征数千个分子。此技术可以用于表征活体周丛生物中的元素和生化分子来深入分析周丛生物的形成与功能调节。质谱成像也可以对在不同环境条件下生长的周丛生物所分泌的众多代谢物进行分析。此外，质谱成像通过表征胞外蛋白和多糖来绘制周丛生物中胞外聚合物的实时动态。

2）质谱成像和荧光原位杂交的技术组合可以分析微生物群落动态与特定物种的代谢。

3）质谱成像对于探测周丛生物中环境污染物的生命周期非常有用。通过对代谢物进行表征可以阐明有机污染物的降解途径。最近，一种用于液体真空界面的分析系统问世，该系统可以通过质谱成像技术对周丛生物进行原位表征，以此对周丛生物中的环境污染物（如重金属）进行生物转化过程的表征。因此，这适用于污染物去除机制的原位研究，尤其是周丛生物中新出现的污染物。

参 考 文 献

陈振翔，于鑫，夏明芳，等. 2005. 磷脂脂肪酸分析方法在微生物生态学中的应用. 生态学杂志，24(7):
    828-832.

党雯，郜春花，张强，等. 2015. Biolog 法测定土壤微生物群落功能多样性预处理方法的筛选. 中国农
    学通报，31(2): 153-158.

龚子艺，贾一非，王沛永. 2018. 基于 Aquatox 的西北地区城市景观水体生态模拟及富营养化控制分
    析：以西安为例. 中国风景园林学会 2018 年会论文集: 371-378.

胡婵娟, 刘国华, 吴雅琼. 2011. 土壤微生物生物量及多样性测定方法评述. 生态环境学报, 20(6-7): 1161-1167.

李斌斌, 李锐, 谭巧, 等. 2018. 长江上游宜宾至江津段周丛藻类群落结构及水质评价. 西南大学学报 (自然科学版), 40(3): 10-17.

李国傲, 陈雪, 孙建伶, 等. 2017. 土壤有机碳含量测定方法评述及最新研究进展. 江苏农业科学, 45(5): 22-26.

李海宗. 2014. 湖泊表层沉积物中微生物群落结构多样性测定方法. 污染防治技术, 27(2): 48-50.

鲁如坤. 2000. 土壤农业化学分析方法. 北京: 中国农业科技出版社.

孙瑞, 孙朋飞, 吴永红. 2022. 不同稻田生态系统周丛生物对水稻种子萌发和幼苗生长的影响. 土壤学报, 59(1): 231-241.

唐骏. 2018. 周丛生物对典型金属氧化物纳米颗粒的抵抗和适应机制. 南京: 中国科学院南京土壤研究所博士学位论文.

伍良雨, 吴辰熙, 康杜. 2019. 载体对周丛生物生物量和群落的影响研究. 环境科学与技术, 42(1): 50-57.

张广斌, 马静, 徐华, 等. 2011. 稻田甲烷产生途径研究进展. 土壤, 43(1): 6-11.

张振超, 王金牛, 孙建, 等. 2019. 土壤温室气体测定方法研究进展. 应用与环境生物学报, 25(5): 1228-1243.

Bethan M J, Halsey K H, Behrenfeld M J. 2017. Novel incubation-free approaches to determine phytoplankton net primary productivity, growth, and biomass based on flow cytometry and quantification of ATP and NAD(H). Limnology and Oceanography: Methods, 15(11): 928-938.

Blakesley R W, Boezi J A. 1977. New staining technique for proteins in polyacrylamide gels using coomassie brilliant blue G250. Analytical Biochemistry, 82(2): 580-582.

Bodelón G, Montes-García V, Costas C, et al. 2017. Imaging bacterial interspecies chemical interactions by surface-enhanced Raman scattering. ACS Nano, 11(5): 4631-4640.

Boyce D G, Lewis M R, Worm B. 2010. Global phytoplankton decline over the past century. Nature, 466(7306): 591-596.

Chamuah G, Dey S. 1982. Determination of cation exchange capacity of woody plant roots using ammonium acetate extractant. Plant and Soil, 68(1): 135-138.

Characklis W G, Trulear M G, Bryers J D, et al. 1982. Dynamics of biofilm processes: methods. Water Research, 16(7): 1207-1216.

Cui L, Yang K, Li H Z, et al. 2018. Functional single-cell approach to probing nitrogen-fixing bacteria in soil communities by resonance Raman spectroscopy with $^{15}N_2$ labeling. Analytical Chemistry, 90(8): 5082-5089.

Desmond P, Best J P, Morgenroth E, et al. 2018. Linking composition of extracellular polymeric substances (EPS) to the physical structure and hydraulic resistance of membrane biofilms. Water Research, 132: 211-221.

Feuillie C, Formosa-Dague C, Hays L M C, et al. 2017. Molecular interactions and inhibition of the staphylococcal biofilm-forming protein SdrC. Proceedings of the National Academy of Sciences of the United States of America, 114(14): 3738.

Frolund B, Palmgren R, Keiding K, et al. 1996. Extraction of extracellular polymers from activated sludge using a cation exchange resin. Water Research, 30(8): 1749-1758.

Hamilton R D, Holm-Hanson O. 1967. Adenosine triphosphate content of marine bacteria. Limnology and Oceanography, 12: 319-324.

La Motta E J. 1974. Evaluation of diffusional resistances in substrate utilization by biological films. Ph.D. Thesis, University of North Carolina at Chapel Hill.

Li X, Chen S, Li J E, et al. 2019. Chemical composition and antioxidant activities of polysaccharides from Yingshan Cloud Mist Tea. Oxidative Medicine and Cellular Longevity, 2019: 1915967.

Liu J, Sun P, Sun R, et al. 2019. Carbon-nutrient stoichiometry drives phosphorus immobilization in phototrophic biofilms at the soil-water interface in paddy fields. Water Research, 167: 115-129.

Loutherback K, Chen L, Holman H Y N. 2015. Open-channel microfluidic membrane device for long-term FT-IR spectromicroscopy of live adherent cells. Analytical Chemistry, 87(9): 4601-4606.

Lu H Y, Liu J Z, Kerr P G, et al. 2017. The effect of periphyton on seed germination and seedling growth of rice (Oryza sativa) in paddy area. Science of the Total Environment, 578: 74-80.

Ma J, Ma E, Xu H, et al. 2009. Wheat straw management affects CH_4 and N_2O emissions from rice fields. Soil Biology and Biochemistry, 41(5): 1022-1028.

Madigan M T, Martinko J M, Parkerer J. 1999. Brock-Biology of Microorganisms. London: Prentice Hall: 53-55.

Malyan S K, Bhatia A, Kumar A, et al. 2016. Methane production, oxidation and mitigation: A mechanistic understanding and comprehensive evaluation of influencing factors. Science of the Total Environment, 572: 874-896.

Pan Y, Hu L, Zhao T. 2019. Applications of chemical imaging techniques in paleontology. National Science Review, 6(5): 1040-1053.

Pareek V, Tian H, Winograd N, et al. 2020. Metabolomics and mass spectrometry imaging reveal channeled de novo purine synthesis in cells. Science, 368(6488): 283.

Park R A, Clough J S. 2014. AQUATOX (RELEASE 3.1 plus) modeling environmental fate and ecological effects in aquatic ecosystems. U.S. Environmental Protection Agency Office of Water Office of Science and Technology Washington DC 20460.

Pennanen T, Frostegard A, Fritze H, et al. 1996. Phospholipid fatty acid composition and heavy metal tolerance of soil microbial communities along two heavy metal-polluted gradients in coniferous forests. Applied and Environmental Microbiology, 62(2): 420-428.

Ryther J H, Yentsch C S. 1957. The estimation of phytoplankton production in the ocean from chlorophyll and light data. Limnology and Oceanography, 2(3): 281-286.

Silsbe G M, Behrenfeld M J, Halsey K H, et al. 2016. The CAFE model: A net production model for global ocean phytoplankton. Global Biogeochemical Cycles, 30(12): 1756-1777.

Trulear M G. 1980. Dynamics of biofilm processes in an annular reactor. M.S. Thesis, Rice University Houston.

Vestal J R, White D C. 1989. Lipid analysis in microbial ecology: quantitative approaches to the study of microbial communities. BioScience, 39(8): 535-541.

Watanabe. 1984. Use of symbiotic and free-living blue-green algae in rice culture. Outlook on Agriculture, 13(4): 166-172.

White D C, Davis W M, Nickels J S, et al. 1979. Determination of the sedimentary microbial biomass by extractable lipid phosphate. Oecologia, 40(1): 51-62.

Wu Y. 2016. Periphyton: functions and application in environmental remediation.

Yang S I, George G N, Lawrence J R, et al. 2016. Multispecies biofilms transform selenium oxyanions into elemental selenium particles: studies using combined synchrotron X-ray fluorescence imaging and scanning transmission X-ray microscopy. Environmental Science & Technology, 50(19): 10343-10350.

Zhang G, Zhang X, Ma J, et al. 2010. Effect of drainage in the fallow season on reduction of CH$_4$ production and emission from permanently flooded rice fields. Nutrient Cycling in Agroecosystems, 89(1): 81-91.

Zhang K J, Pan R J, Zhang T Q, et al. 2019. A novel method: using an adenosine triphosphate (ATP) luminescence-based assay to rapidly assess the biological stability of drinking water. Applied Microbiology and Biotechnology, 103(11): 4269-4277.

Zhang P, Chen Y P, Qiu J H, et al. 2019. Imaging the microprocesses in biofilm matrices. Trends in Biotechnology, 37(2): 214-226.

Zhou M, Zhu B, Wang X, et al. 2017. Long-term field measurements of annual methane and nitrous oxide emissions from a Chinese subtropical wheat-rice rotation system. Soil Biology and Biochemistry, 115: 21-34.

第三章　稻田周丛生物群落时空分布特征

　　周丛生物是生长在淹水基质表面且在自然环境条件下形成的微生物聚集体及其交织的非生物物质（如铁氧化物、锰氧化物）的集合体，其广泛分布于河流、湖泊、稻田等水生/湿地生态系统中（Wu et al., 2016）。目前，微生物空间分布特征的研究主要集中在土壤微生物的分布模式上，而对存在于土水界面间周丛生物的研究较少。我国稻田生态系统沿纬度和经度形成了天然的温度与降水梯度，且环境类型与人为活动差异显著，因此是研究稻田周丛生物空间分布特征的理想平台。本章主要选择由南向北纬度梯度和长江中游至下游经度梯度下的典型稻田生态系统，结合江苏省句容市田间定点实验，沿经纬梯度和时间尺度采集周丛生物样品，利用高通量测序等技术研究周丛生物的时空分布及其群落特征，力图阐明我国稻田周丛生物群落的时空分异特征，为稻田生态系统微生物多样性保护、生态系统稳定及其生态功能发挥等提供科学依据。

第一节　周丛生物的空间分布与群落特征

　　微生物空间分布与群落特征的研究是揭示微生物多样性产生和维持机制的必要前提。然而，由于周丛生物复杂的多样性以及技术手段的限制，对于周丛生物群落特征的研究长期滞后于动植物。动植物学家通过大量研究提出动植物具有明显的空间分布特征，并提出很多假说和理论。例如，动植物群落的多样性随海拔增加而递减，随纬度增加而降低；气候因素，如温度、降雨、辐射强度等是驱动动植物分布的主要因素。周丛生物广泛存在于各种生态系统中，是一种重要的生物资源，其作为物质循环的重要纽带，参与了大量的生物地球化学循环过程。然而，由于技术条件的限制，我们对周丛生物的认识还远远不够。近年来，分子生物学技术和分析方法的快速发展，特别是高通量测序技术的发展和广泛应用，为深入研究周丛生物的空间分布特征奠定了坚实的理论和技术基础。

　　此外，相较于单一的微生物群落，周丛生物具有独特的群落特征，包括丰富的物种多样性和结构特征。丰富的物种多样性使周丛生物广泛地参与稻田中的物质循环过程。例如，利用微生物及酶活化和转化闭蓄态磷（Fe、Al、Ca 结合态磷）、有机态磷；以光合自养微生物为优势物种的周丛生物还可以从大气中固定氮元素。从结构上看，周丛生物由微生物细胞聚集构成，微生物细胞之间由胞外聚合物及矿质填充并存在大量的空洞和通道。这些空洞和通道为矿质吸附、络合、共沉降的养分提供固定空间，使得周丛生物具有固定养分的群落特征。例如，周丛生物在生长过程中能将铵、硝酸盐、尿素以及氨基酸等含氮化合物吸收，转变为生物量，将氮储存起来。因此，在稻田生态系统中研究周丛生物的群落特征对认识稻田养分循环过程和进一步高效管理养分具有重要的意义。

本节内容是利用高通量测序等技术研究稻田周丛生物原核生物和真核生物群落组成与特征。采样点的设计以南京为中心，以长江为 x 轴，以哈尔滨 - 广州为 y 轴，构成一个二维的采样范围。从南到北（纬度梯度）为：广东省台山市、福建省三明市、浙江省杭州市、江苏省常熟市、辽宁省丹东市和铁岭市、黑龙江省五常市和齐齐哈尔市，地跨 6 省 8 市（表 3-1）。沿长江从东到西（经度梯度）为：江苏省常熟市、浙江省杭州市、江西省鹰潭市、湖北省荆州市和武汉市、重庆市，地跨 5 省 6 市，采样点设计的目的是研究不同的经纬梯度下，稻田周丛生物的空间分布和群落特征。

表 3-1　采样点的基本信息

采样地点	坐标	年均温（℃）	降雨量（mm）
广州台山市都斛镇	22.01°N，112.90°E	22.30	2308.87
福建三明市尤溪县洪田村	26.17°N，118.15°E	19.20	1688.53
江西（鹰潭红壤生态实验站附近）	28.21°N，116.93°E	18.00	1750.50
重庆江津区李市镇	28.97°N，106.30°E	15.30	962.70
荆州市太湖桃花村农业示范点	30.36°N，112.11°E	16.60	1168.20
杭州市余杭区径山镇前溪村	30.36°N，119.91°E	16.20	1809.50
武汉市农业科学院	30.60°N，111.43°E	17.50	1269.00
常熟市辛庄镇东荡村	31.63°N，120.75°E	15.40	1630.40
丹东市东港经济开发区长山镇	39.90°N，124.01°E	9.74	921.43
铁岭五角湖村	42.28°N，123.76°E	7.30	921.43
五常市（哈尔滨与五常的交界）	44.86°N，127.55°E	3.50	502.80
齐齐哈尔查罕诺村	47.31°N，124.03°E	4.12	365.80

一、周丛生物的群落功能多样性

微生物功能多样性信息对于明确不同环境中微生物群落的作用具有重要意义，而微生物群落的定量描述一直是微生物领域面临的最艰巨的任务之一（Saunders and Hobbs，1992）。目前，以群落水平碳源利用类型为基础的 Biolog 氧化还原技术为研究微生物群落功能多样性提供了一种简单、快速的方法，并得到广泛应用。本研究采用 Biolog 生态测试板（Hayward，CA，USA）测定周丛生物微生物群落功能多样性。每块测试板有 96 个孔，分为 3 组，可以同时完成同一个处理的三个重复，每组 32 个孔，其中第一个孔不含有任何碳源，作为对照，其余 31 个孔中各含有一种单独的碳源和四氮唑蓝。微生物利用底物所发生的氧化还原电位能够对氧化还原染料四氮唑蓝进行染色，从而对其进行定性和定量检测。

周丛生物中微生物板孔平均颜色变化率（AWCD）分析：AWCD 即每孔平均吸光度变化，用来衡量微生物利用不同碳源的整体能力，是一种最常用的方法，通常经过对一系列读数时间的 AWCD 值变化趋势的差异研究来分析样品间微生物群落的不同。AWCD 值显示微生物群落对不同碳源代谢的总体情况，其变化速率反映了微生物的代谢活性。基于平均颜色显影变化下周丛生物利用不同碳源的新陈代谢强度，如图 3-1 所示，从南至北，8 个地方周丛生物的 AWCD 值变化趋势相似（图 3-1a），在 0 ~ 72h，它们对碳源的利用是呈几何方式快速增长的，这意味着周丛生物的增长进入了对数期，在 72h 时碳源的利用变化速率最大，96h 以后趋势逐渐减缓并趋于平稳，这表明周丛生物利用碳源能力呈不断增高到趋于平稳的模式。如图 3-1b 所示，位于长江沿线的 6 个采样区，周丛生物的 AWCD 值变化趋势类似，但达到平稳的时间不同，说明周丛生物对碳源利用的能力不同，且周丛生物的活性存在差异。从总体上看，除了达到平衡的时间存在差异，各个样点最终的 AWCD 值没有出现显著差异，说明经纬度的差异最终没有显著影响周丛生物的碳代谢能力。

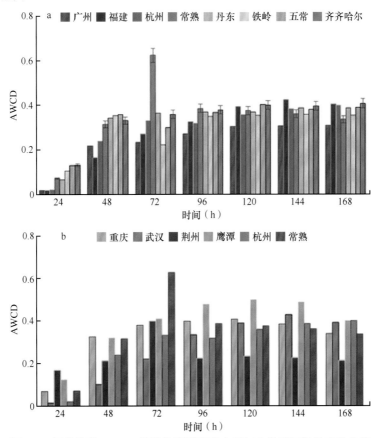

图 3-1　周丛生物 AWCD 值沿纬度梯度和自长江中游至下游的变化曲线

周丛生物微生物对不同碳源代谢能力的比较：Biolog-Eco 板具有 31 种碳源类型，可以分为六大类（4 种多聚物、10 种碳水化合物、7 种羧酸、6 种氨基酸、2 种胺类以及 2 种酚酸）。以 96h 的 AWCD 值来评价微生物群落对不同碳源的利用程度（图 3-2，图 3-3）。结果表明，在六大类碳源中，不同经纬度的周丛生物在第 96 小时表现出对碳源的利用差异。总体而言，从南至北（图 3-2），不同纬度的周丛生物均对氨基酸、羧酸和碳水化合物有较强利用能力，其次是多聚物，而对酚酸以及胺类碳源的利用能力较低。如图 3-2 所示，长江中游至下游的周丛生物对碳源的利用有很大的差别，对于羧酸、酚酸和碳水化合物，沿长江中游至下游呈"降低—增高—降低"的趋势，而对于多聚物、胺类和氨基酸，则呈"增高—降低—增高/平稳"的趋势。此外，鹰潭的周丛生物对六大碳源的利用能力较强。以上结果表明不同经纬梯度下，稻田周丛生物对不同碳源的利用能力表现出显著差异，这可能与其生长的外界环境相关。

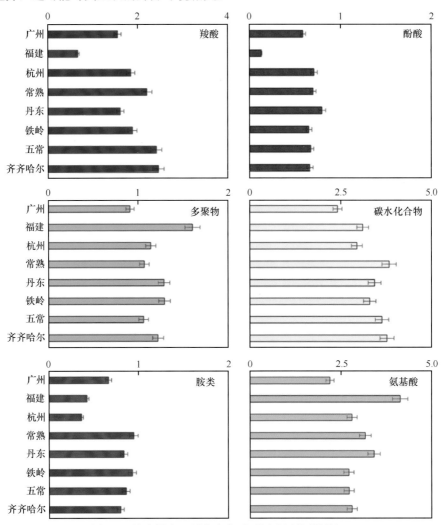

图 3-2　纬度梯度下周丛生物对不同碳源的利用情况

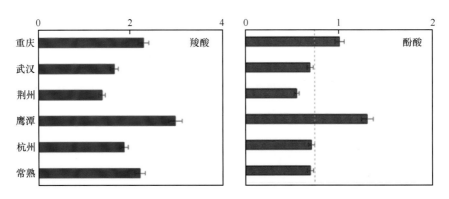

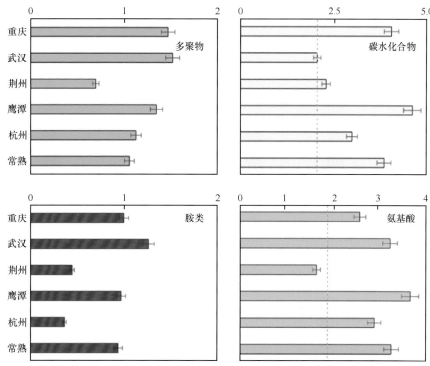

图 3-3　长江中游至下游周丛生物对不同碳源的利用情况

二、周丛生物的过氧化氢酶、硝酸还原酶和 ATP 酶的活性情况

周丛生物的过氧化氢酶（CAT）活性变化：过氧化氢是一种代谢过程中产生的废弃物，它能够对机体造成损害（Wiest and Houk，1995）。为了避免这种损害，过氧化氢必须被快速地转化为其他无害或毒性较小的物质。而过氧化氢酶就是常常被细胞用来催化过氧化氢分解的"工具"。通过过氧化氢酶的活性检测，可以反映出周丛生物对外界环境变化的应激性水平。从图 3-4a 可以看出，自南向北，CAT 的活性呈"南北高，中间低"的趋势，如广州和齐齐哈尔的平均 CAT 酶活是 800 000U/mg prot 和 700 000U/mg prot，而常熟的平均 CAT 酶活 1571.90U/mg prot。如图 3-4b 所示，长江中游至下游周丛生物 CAT 的活性呈波动性增加，在重庆、荆州和杭州，周丛生物的平均 CAT 酶活 23 164.89U/mg prot、24 438.55U/mg prot 和 33 757.50U/mg prot。以上结果表明不同经纬梯度下，周丛生物应对外界环境变化的能力存在显著差异。

周丛生物的硝酸还原酶（NR）活性变化：硝酸还原酶是一种氧化还原酶，可催化硝酸根离子还原成亚硝酸根离子，其可分为参与硝酸盐同化的同化型还原酶和催化以硝酸盐为活体氧化的最终电子受体的硝酸盐呼吸异化型（呼吸型）还原酶，它的存在与周丛生物进行硝化反应和反硝化反应的速率直接相关（王宝茹等，2021）。从图 3-5a 可以看出，自南向北，广州稻田周丛生物的硝酸还原酶活性最高，其他地方相对较低；而自长江中游至下游周丛生物硝酸还原酶活性呈递增趋势（图 3-5b），说明经度或者水分可能对周丛生物参与的硝化与反硝化作用影响较大。

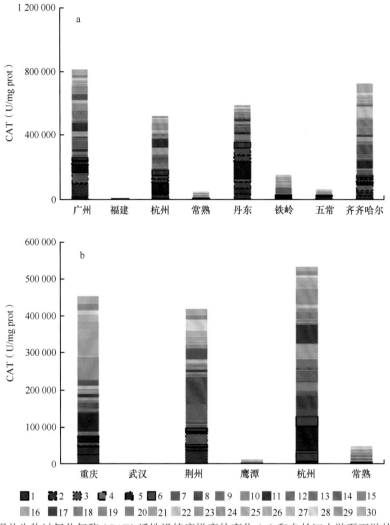

图 3-4　周丛生物过氧化氢酶（CAT）活性沿纬度梯度的变化（a）和自长江中游至下游的变化（b）

在每一个城市采集 30 个样品点，1～30 代表不同样品点

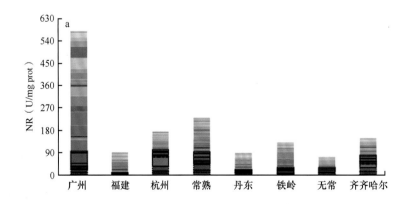

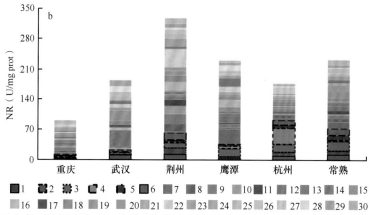

图 3-5　周丛生物硝酸还原酶（NR）活性沿纬度梯度的变化（a）和自长江中游至下游的变化（b）

在每一个城市采集 30 个样品点，1～30 代表不同样品点

周丛生物的 ATP 酶活性变化：ATP 酶又称为三磷酸腺苷酶，是一类能将三磷酸腺苷（ATP）催化水解为二磷酸腺苷（ADP）和磷酸根离子的酶，跨膜 ATP 酶可以为细胞输入许多新陈代谢所需的物质并输出毒物、代谢废物以及其他可能阻碍细胞进程的物质（陈亚华等，2000）。ATP 酶的存在对周丛生物的新陈代谢有重要作用。由图 3-6a 可以得出，自南向北，周丛生物 ATP 酶的活性呈增加趋势，由 4.24U/mg prot（广州）增长

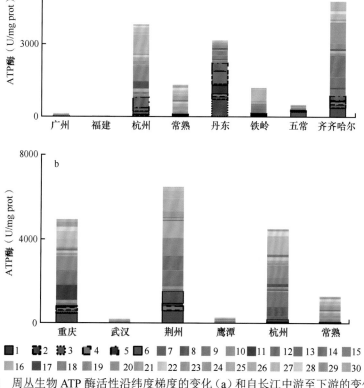

图 3-6　周丛生物 ATP 酶活性沿纬度梯度的变化（a）和自长江中游至下游的变化（b）

在每一个城市采集 30 个样品点，1～30 代表不同样品点

到 159.4U/mg prot（齐齐哈尔），大约增加 37 倍，这可能是由于北方土壤肥沃，所含的养分多，周丛生物的代谢速率快。而 ATP 酶的活性在长江中游至下游的最大值是荆州（3359.95U/mg prot），最小值是武汉（7.51U/mg prot）。

三、周丛生物胞外聚合物（EPS）的组成

胞外聚合物（EPS）是周丛生物最重要的外部组成，它包括蛋白质、总糖、核酸和脂质等，其中蛋白质和总糖是其主要的组成（Liu et al.，2017）。如图 3-7a 和 b 所示，自南向北，周丛生物胞外聚合物中的总糖和蛋白质含量呈递增趋势，特别是总糖从广州的 0.8μg/g 增长至齐齐哈尔的 2.2μg/g，而蛋白质也从广州的 4.8μg/g 增长至齐齐哈尔的 24.5μg/g。由图 3-7c 和 d 所示，长江中游至下游周丛生物中胞外聚合物的蛋白质和总糖含量没有明显变化趋势，这表明除水热条件外，其他环境因素也可能影响了胞外聚合物的组成和含量。

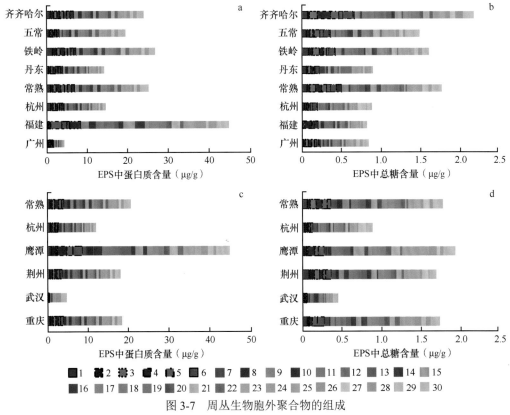

图 3-7　周丛生物胞外聚合物的组成

a. 沿纬度梯度蛋白质含量变化；b. 沿纬度梯度总糖含量变化；c. 自长江中游至下游蛋白质含量变化；
d. 自长江中游至下游总糖含量变化。在每一个城市采集 30 个样品点，1 ～ 30 代表不同样品点

四、周丛生物的矿物质组成

稻田是我国重要的农作生态系统，然而近几十年来稻田土壤重金属（Cd、Cr、Hg、Cu、As、Zn、Pb 等）污染呈加重趋势（刘永卓，2012；Yin et al.，2016）。稻田周丛生物能够通过分泌胞外聚合物改变环境条件而引发重金属微沉淀，或通过细胞表面吸附、螯

合等作用固化重金属，从而降低重金属毒性并提高周丛生物整体对重金属的耐受程度（陈家武等，2014；Yang et al.，2016）。因此，研究周丛生物的矿物质组成对于降低农田重金属污染具有重要的意义。

图 3-8 ～图 3-10 展示了不同经纬梯度下周丛生物的矿物质含量。如图 3-8a 所示，钙（Ca）和镁（Mg）两种金属元素普遍存在于稻田周丛生物中，且沿纬度梯度呈增长趋势，Ca 由 122.3mg/g 增加到 1145.2mg/g，Mg 由 32.3mg/g 增加到 194.8mg/g；而沿长江中游至下游，Ca 和 Mg 的含量呈递减趋势，尤其是下游地区 Mg 的含量极少。这些结果表明稻田周丛生物能够显著影响稻田中 Ca 和 Mg 的生物地球化学循环过程，同时其他因素（如环境中元素含量）可能影响了周丛生物与矿物质的相互作用。

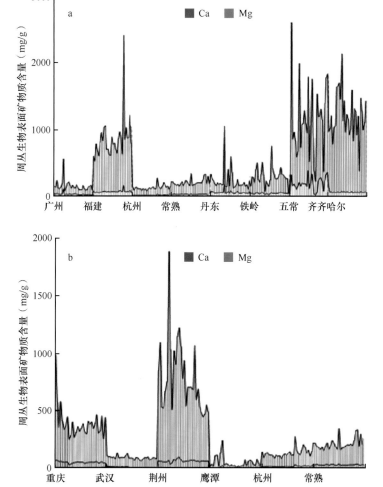

图 3-8　周丛生物中 Ca 与 Mg 的含量沿纬度梯度的变化（a）和自长江中游至下游的变化（b）

除了 Ca 和 Mg 这两种大量元素，周丛生物亦含有较多的微量元素，如 Fe 和 Mn，通过对比图 3-9a、b，可以发现周丛生物表面 Fe 和 Mn 的含量不随经纬度的变化而变化，Fe 的含量保持在 200mg/g 左右，Mn 的含量则保持在 20 ～ 100mg/g。如图 3-10 所示，虽然铅、锌、镉和铜等元素在环境中的含量较少，但周丛生物依然能够吸附少量的有毒重金属并固持在生物量中，这对于通过调控周丛生物群落特征及 EPS 产生减少有毒重金属进入水稻植株具有重要的理论和实践意义。

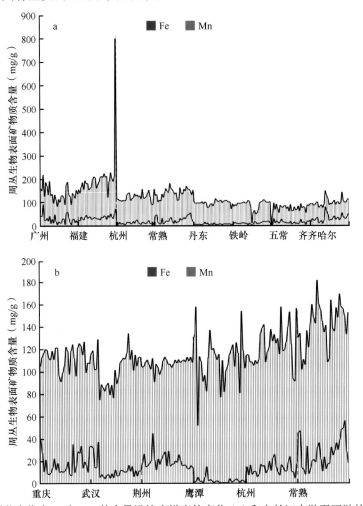

图 3-9　周丛生物中 Fe 与 Mn 的含量沿纬度梯度的变化（a）和自长江中游至下游的变化（b）

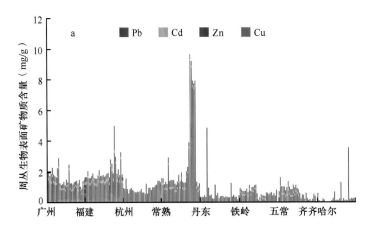

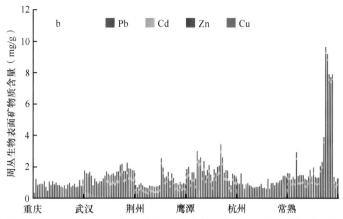

图 3-10　周丛生物中 Cu、Zn、Cd、Pb 的含量沿纬度梯度的变化（a）和自长江中游至下游的变化（b）

五、周丛生物的群落组成

周丛生物是稻田土水界面间生物存在的主要形式，其广泛地参与到稻田物质循环过程中，如碳循环、氮循环、磷循环等。周丛生物的生态功能主要是由丰富的物种决定的，而物种组成受到生物因素和非生物因素的影响。因此，探究不同经纬梯度下周丛生物的群落组成有助于进一步认识稻田的物质循环过程，并为微生物多样性保护和生态服务功能发挥提供科学依据。

本研究利用 16S 和 18S 高通量测序技术明确了不同经纬梯度下稻田周丛生物原核生物和真核生物的群落组成。如图 3-11 所示，周丛生物样品中变形菌（Proteobacteria）和拟杆菌（Bacteroidetes）是最丰富的原核生物类群。变形菌可以分泌由多糖和蛋白质组成的胞外聚合物，多糖可以通过结合土壤颗粒，提高周丛生物的群落稳定性；绿弯菌（Chloroflexi）、厚壁菌（Firmicutes）、酸杆菌（Acidobacteria）和放线菌（Actinobacteria）也普遍存在于周丛生物中。另外土壤中还含有一些古生菌，包括泉古菌门（Crenarchaeota）、

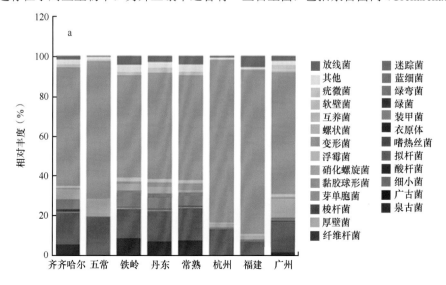

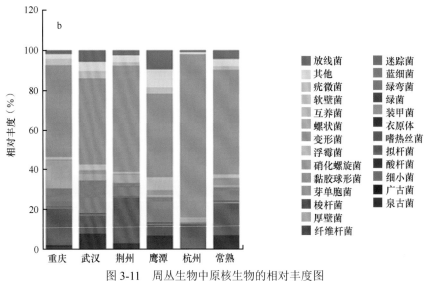

图 3-11　周丛生物中原核生物的相对丰度图

a. 沿纬度梯度的群落组成；b. 自长江中游至下游的群落组成

广古菌门（Euryarchaeota）和变形菌门（Proteobacteria）。以上结果表明不同经纬梯度下，稻田周丛生物中原核生物的群落丰富度存在差异，但优势类群相似。

　　如图 3-12 所示，周丛生物的真核生物类群包括后生动物中的腹毛动物（Gastrotricha）、缓步动物（Tardigrada）、轮虫（Rotifera）、线虫（Nematoda）等，其中轮虫和线虫在不同地点的分布差异很大，如图 3-12a 所示，真菌生物中双核亚界（Dikarya）、原生动物中纤毛虫（Ciliophora）、丝足虫（Cercozoa）、变形虫（Amoebozoa）、顶复动物（Apicomplexa）相对丰度较高，是周丛生物真核生物的主要组成。如图 3-12b 所示，重庆样本中轮虫丰富度较高，武汉样本中发现了较多的线虫，荆州的周丛生物组成中纤毛虫（Ciliophora）丰富度最高。以上表明不同经纬梯度下，周丛生物中真核生物群落的组成变化较大，原因是其可能受到多种因素的共同作用。

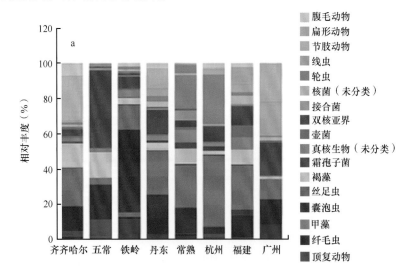

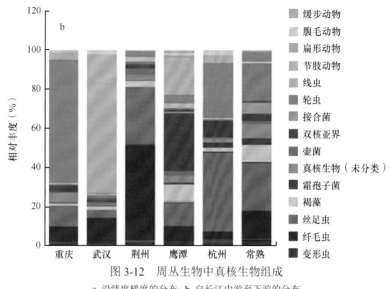

图 3-12　周丛生物中真核生物组成

a. 沿纬度梯度的分布；b. 自长江中游至下游的分布

第二节　不同水稻生长期周丛生物特征

稻田作为一种人工湿地生态系统，其周期性的灌溉、晒田以及施肥等措施，使其土水界面具有独特的氧化还原特征和养分梯度特征。这些因素在为周丛生物提供养分的同时，也改变了周丛生物的群落组成和特征（孙瑞等，2022）。微生物群落特征除了受到稻田理化特征的影响，还会随着水稻的生长和季节的更替发生改变（Shi et al.，2015）。在水稻生长的不同时期，稻田养分含量、光照和温度等外界环境存在显著差异，周丛生物的群落组成和特征随之发生改变（Dickman，1969）。科研人员利用高通量测序手段研究了不同生长期燕麦土壤的细菌群落结构，结果表明细菌群落的多样性会随着植物生长期的延长而降低。然而，目前关于水稻不同生长时期稻田周丛生物群落组成的研究仍鲜有报道。

此外，随着稻田周丛生物群落特征的变化，其生态功能也会发生改变。众所周知，微生物产生的酶是稻田中氮磷储存、活化和转化的重要介质与催化剂（Belnap and Lange，2003）。在生长初期，稻田环境条件（如养分、光照和温度等）适宜藻类等生物的生长，并将铵、硝酸盐、亚硝酸盐、尿素以及氨基酸等含氮化合物吸收，转变为生物量，将养分储存起来（Whitton，2002）。随着环境条件的改变，原来储存在生物内的养分也可以释放出来。因此，研究水稻不同生长期周丛生物群落特征的变化规律，将增强我们对稻田周丛生物的了解并有助于探索其对稻田生态系统功能的贡献。

本节的田间试验在江苏丘陵地区镇江农业科学研究所进行。试验站位于北纬31°58′41″、东经119°21′4″，地处太湖流域，属暖温带向北亚热带过渡的季风气候，年平均气温为15.4℃，年平均降水量为1389mm。土壤类型属于湖泊沉积物发育的潜育型水稻土。供试土壤（0～15cm）的 pH 为6.89，土壤有机碳含量25.2g/kg、总氮含量2.3g/kg、总磷含量0.6g/kg、总镁含量3.2g/kg、总铁含量2.7 g/kg、总钙含量2.1g/kg 和总锰含量0.28g/kg。

本研究利用单因素施肥试验定量测定了水稻不同生育期内周丛生物的群落组成和特征。试验设计如下。

试验小区设计为 5m×7m，用聚乙烯膜包裹泡沫板防止小区发生侧渗，并在小区间设置 3m×2m 的水稻保护行。于每年的 6 月下旬移栽稻秧，苗间距为 20cm×20cm。小区试验为常规施肥处理，重复 3 次。肥料使用尿素（N 46%）、过磷酸钙（P_2O_5 16%）和氯化钾（K_2O 60%），尿素常规使用量（100%）为 N 300kg/hm²、P_2O_5 90kg/hm² 和 K_2O 90kg/hm²。氮肥、磷肥和钾肥于稻秧移栽前作为基肥一次性混施入稻田中。田面水维持 2～5cm 深，水稻生育后期停止灌溉，每年 10 月初收获水稻。在水稻生长的第 2 天、第 20 天、第 40 天、第 70 天和第 120 天采样。

一、不同水稻生长期周丛生物生物量变化及影响因素

在整个水稻生育期，由于受到水稻生长、养分供应、光照、温度差异等的影响，周丛生物形态结构及其物种组成会发生显著的变化。首先，在稻田施肥后，施氮小区的土水界面间开始出现附着的周丛生物，这标志着周丛生物开始形成。稻田周丛生物的形成一般分为三个阶段：第一阶段，以细菌为主体的多种微生物定居于土壤表面并分泌胞外聚合物；第二阶段，以微藻为代表的真核生物开始聚集在胞外聚合物上；第三阶段，丝状绿藻开始生长，一些浮游植物和原生动物开始聚集并形成稳定的周丛生物。此后，丝状绿藻成为稻田周丛生物的优势种群，即使在水稻生育后期，水稻冠层覆盖浓密的情况下，丝状绿藻仍然处于支配地位。在水稻收获时，周丛生物在土壤表面形成灰褐色"结皮"。

在稻田生态系统中，周丛生物与水稻的生长有着直接的联系。一般而言，稻田周丛生物的生长和发展分为三个阶段：生长期、成熟期和衰亡期（图 3-13）。其中，生长期从秧苗移栽初期开始至分蘖期。如图 3-13 所示，稻田周丛生物的生物量干重由 143kg/hm² 增加到 693kg/hm²。此时水稻冠层稀疏，稻田表面的光照度相对较高，而且氮、磷、钾养分供应充足为周丛生物的大量繁殖提供了有利环境。该时期的稻田表面常有密集的气泡浮于田面，周丛生物中的优势物种为蓝细菌。在 40 天后，周丛生物逐渐在土水界面间

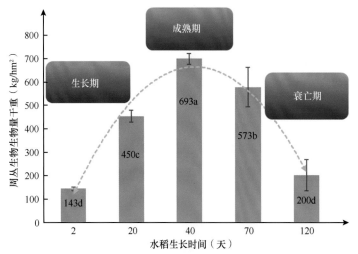

图 3-13 不同水稻生长期稻田周丛生物生物量干重的变化

不同小写字母表示统计差异显著（$P < 0.05$）

形成一层致密的"盖子"，其群落的耐受性和稳定性处于较高水平。从水稻抽穗期后，周丛生物走向衰亡期，周丛生物的生物量干重由 693kg/hm² 降低到 200kg/hm²，在水稻收获时，周丛生物在土壤表面形成一层主要由周丛生物组成的"结皮"。在整个水稻生育期内，周丛生物的生物量和结构组成处于动态变化中，造成这种变化的原因主要在于：①养分的流失和作物吸收作用减少了周丛生物生长的养分基质，决定了周丛生物从大量生长到最终消亡分解的过程；②由于水稻冠层覆盖逐渐增加，周丛生物接收的光照总量和强度显著降低。此外，水稻生长中后期水分含量的降低在很大程度上抑制了周丛生物的生长。

在上述研究基础上，我们分析了水稻生长期环境因子（pH、硝态氮、氨态氮、总氮、总磷等）对周丛生物生物量（以 Ft 值计算）的影响。如图 3-14 所示，周丛生物生物量与多种环境因素存在显著相关性［氨态氮（R^2=0.439，$P < 0.05$），硝态氮（R^2=0.766，$P < 0.05$），总磷（R^2=0.626，$P < 0.05$）和 pH（R^2=0.627，$P < 0.05$）］。

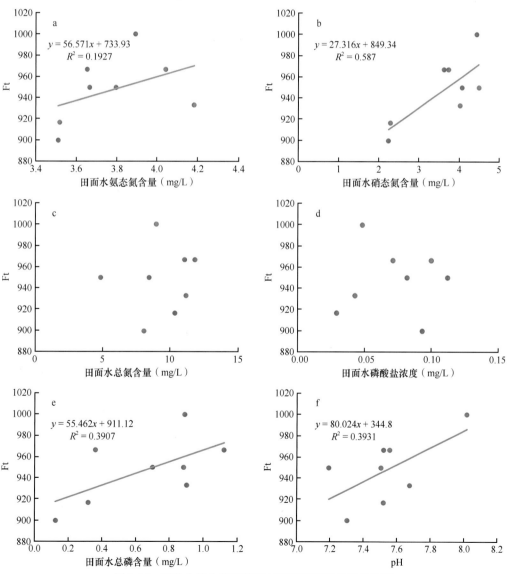

图 3-14 周丛生物生物量特征与环境因素间的相关分析

为了研究施肥对周丛生物生物量和周丛生物特征的贡献度，我们依据水稻发育的4个阶段［幼苗期（图a）、分蘖期（图b）、拔节期（图c）、抽穗期（图d）］，建立了如图 3-15 所示的结构方程模型（SEM），发现施肥显著影响了水体总氮（$R^2=0.26$，$P < 0.05$），也通过影响水体的 pH 显著改变水环境（$R^2=-0.19$，$P < 0.05$）。施肥通过直接方式影响周丛生物的生物量（$R^2=0.86$，$P < 0.001$），也可通过影响水体总氮间接影响周丛生物特征。各个时期，施肥对周丛生物生物量的贡献都达到极显著水平（$P < 0.001$），模型解释度分别达到 93%、91%、94%、97%，表明施肥是控制周丛生物生物量的关键因素。

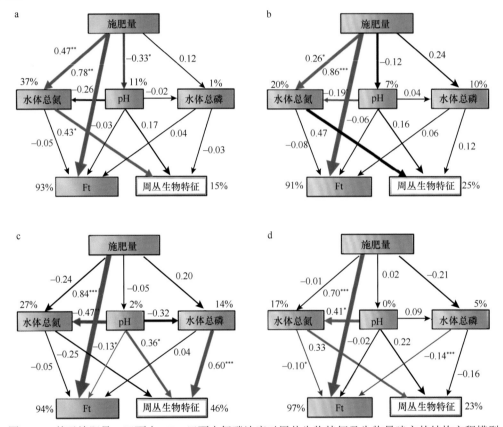

图 3-15　基于施肥量、田面水 pH、田面水氮磷浓度对周丛生物特征及生物量建立的结构方程模型

a. 幼苗期；b. 分蘖期；c. 拔节期；d. 抽穗期。蓝色箭头代表箭头宽度正比于 r 值，

$* P < 0.05$，$** P < 0.01$，$*** P < 0.001$

二、周丛生物的群落功能多样性

比较不同水稻生长期周丛生物对不同碳源代谢能力的差异。如图 3-16 所示，通过分析周丛生物对 Biolog-Eco 板提供的六大类碳源（多聚物、碳水化合物、羧酸、氨基酸、胺类和酚酸）的利用情况，发现在六大类碳源中，周丛生物对碳水化合物的利用最高，其次是羧酸和氨基酸，而对酚酸的利用最低。在水稻生长初期，周丛生物对碳水化合物、

氨基酸和羧酸的利用能力显著高于其他三种碳源；而在水稻生长中期，周丛生物对羧酸的利用最高，其次是碳水化合物；至生长末期，周丛生物对六大类碳源的利用高于其他阶段，尤其是对碳水化合物、羧酸和氨基酸的利用。以上结果表明，在水稻不同生长期周丛生物的碳代谢活性和对不同碳源的利用存在显著差异。造成这种差异的原因可能是周丛生物为了适应环境条件的改变自发产生的适应性行为。

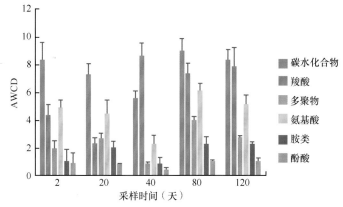

图 3-16　不同水稻生长期周丛生物对不同碳源的利用情况

三、周丛生物中过氧化氢酶、硝酸还原酶和 ATP 酶的活性情况

周丛生物中过氧化氢酶（CAT）的活性变化：如图 3-17 所示，在整个水稻生育期内，周丛生物 CAT 酶活先增加再降低的趋势；在生长初期，周丛生物的 CAT 酶活是 7966.96U/mg prot，而中期的 CAT 酶活增加到 31 742.41U/mg prot，到生长末期则降至 2167.39U/mg prot。CAT 酶活反映了周丛生物对外界环境变化的应激性水平，在初期，稻田中养分、光照、水分等外界环境十分适合周丛生物的定殖发育；而到中期，随着周丛生物生物量的增加，环境中养分、光照、水分等外界环境不能维持周丛生物大量的生长发育，其间周丛生物群落内部以及与外部间的生存竞争可能引起 CAT 酶活的增加；而到后期，随着周丛生物逐渐适应外界环境的变化，生物量逐渐降低，CAT 酶活维持在较低的水平。

周丛生物中硝酸还原酶（NR）的活性变化：如图 3-17 所示，整个水稻生育期内，周丛生物 NR 酶活性呈逐渐降低的趋势；水稻生长前期，周丛生物的 NR 酶活是 70.14U/mg prot，而中期的 NR 酶活为 27.98U/mg prot，生长末期则降至 9.66U/mg prot。NR 酶活与周丛生物参与硝化反应和反硝化反应的速率直接相关。在生长初期，尿素的施用极大地提高了稻田的氮素水平，同时也刺激了硝化作用和反硝化作用的发生，而微生物在硝化作用和反硝化作用过程中扮演了关键角色。研究表明，周丛生物作为一种微生物聚集体，其促进了稻田中反硝化作用的发生，同时，周丛生物通过光合作用释放的氧气促进了微环境中硝化作用的发生，这解释了水稻生长初期周丛生物较高的 NR 活性。在中后期，由于水稻对养分的大量吸收，稻田中氮素以有机氮为主，而周丛生物能够释放活化有机氮的酶，在为植株提供养分的同时也会促进少量的硝化作用和反硝化作用发生。

　　周丛生物中 ATP 酶的活性变化：如图 3-17 所示，整个水稻生育期内，周丛生物 ATP 酶的活性呈先增加后降低的趋势；水稻生长前期，周丛生物的 ATP 酶活性是 68.57U/mg prot，而中期的 ATP 酶活性增至 361.03U/mg prot，生长末期则降至 70.32U/mg prot。ATP 酶可以为细胞输入许多新陈代谢所需的物质并输出毒物、代谢废物以及其他可能阻碍细胞进程的物质。ATP 酶的存在对周丛生物的新陈代谢有重要作用。在初期，稻田周丛生物开始繁殖发育，ATP 酶逐渐增加；而到中期，随着周丛生物群落和结构趋向复杂，周丛生物的新陈代谢达到最高，ATP 酶活性最高；而到后期，随着周丛生物生物量逐渐降低，群落代谢降低，ATP 酶活性维持在较低水平。

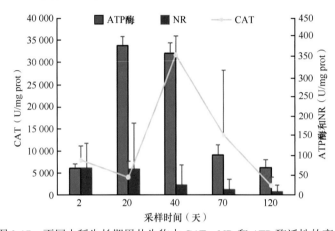

图 3-17　不同水稻生长期周丛生物中 CAT、NR 和 ATP 酶活性的变化

四、周丛生物胞外聚合物的组成

　　不同水稻生长期周丛生物胞外聚合物（EPS）的组成：EPS 是周丛生物最重要的外部组成，它包括蛋白质、糖类、核酸和脂质等，其中蛋白质和糖类是其主要的组成。如图 3-18 所示，周丛生物胞外聚合物中的蛋白质含量没有显著变化；而糖类从初期的 0.06μg/g 增长至 0.12μg/g，表明在不同水稻生长期周丛生物 EPS 的主要成分蛋白质的含量保持稳定，而多糖含量的显著变化可能与周丛生物维持自身群落结构稳定有关，有研究表明，胞外聚合物中的多糖对周丛生物连接附着基质有重要作用。

五、周丛生物的矿物质组成

　　图 3-19 展示了不同水稻生长期周丛生物矿物质含量。如图 3-19a 所示，在整个水稻生育期，周丛生物含有大量的钙（Ca）和镁（Mg）元素且含量稳定。研究表明周丛生物中存在很多需要钙的藻类，如绿藻等，这些藻类具有分泌沉积钙质的功能；Mg 是构成色素（叶绿素 a）的必需元素，稻田周丛生物是光合自养的微生物聚集体，Mg 对于周丛生物的生长繁殖具有重要意义。

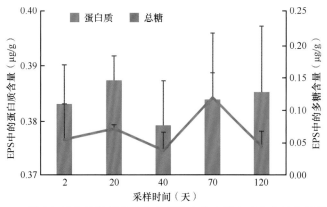

图 3-18　不同水稻生长期周丛生物胞外聚合物中蛋白质和多糖含量的变化

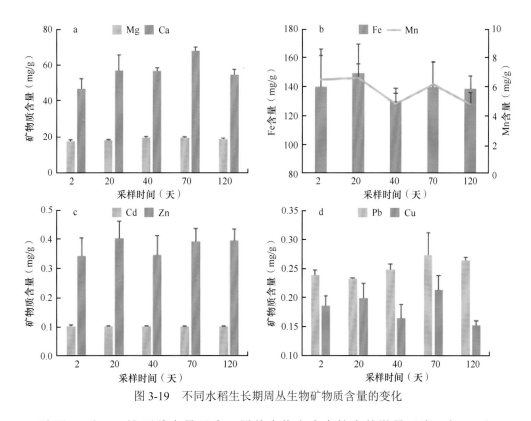

图 3-19　不同水稻生长期周丛生物矿物质含量的变化

　　除了 Ca 和 Mg 这两种大量元素，周丛生物亦含有较多的微量元素，如 Fe 和 Mn，如图 3-19b 所示，可以发现周丛生物表面 Fe 和 Mn 的含量不随水稻生育期的变化而变化，Fe 的含量保持在 140mg/g 左右，Mn 的含量则在 4.7～6.5mg/g。如图 3-19c 和 d 所示，整个水稻生育期周丛生物能够稳定地将 Pb、Zn、Cd 和 Cu 等有毒重金属固持在生物量中，这为构建基于调控周丛生物及 EPS 来固化稻田重金属的技术提供了研究基础。

六、周丛生物的群落组成

　　本研究利用 16S 和 18S 高通量测序技术明确了不同水稻生育期稻田周丛生物原核

生物和真核生物的群落组成。如图 3-20a 所示，通过 16S 高通量测序技术检测到稻田周丛生物中原核生物的群落达 65 个门，其中优势菌门（占总物种的相对丰度均＞1%）11 个。在整个水稻生育期，变形菌（Proteobacteria）的相对丰度最高，其次是拟杆菌（Bacteroidetes）和放线菌（Actinobacteria）。变形菌可以分泌由多糖和蛋白质组成的胞外聚合物，多糖可以通过结合土壤颗粒，提高周丛生物的群落稳定性；绿弯菌（Chloroflexi）、芽单胞菌（Gemmatimonadetes）、厚壁菌（Firmicutes）、酸杆菌（Acidobacteria）和放线菌（Actinobacteria）在整个水稻生育期普遍存在于周丛生物中。以上结果表明不同水稻生育期，虽然稻田周丛生物中原核生物的群落丰富度存在差异，但优势类群相似。

如图 3-20b 所示，周丛生物的真核生物类群包括绿藻（Chlorophyta）、微拟球藻（Eustigmatophyceae）、节肢动物门（Arthropoda）、后生动物（Metazoa）、环节动物（Annelida）、软体动物（Mollusca）、线虫（Nematoda）等。在水稻生长初期，绿藻的相对丰度最高（47.34%），其次是软体动物（25.94%）；生育中期，绿藻的相对丰度仍为最高（27.65%），其次是节肢动物（34.02%）；至生育末期，绿藻门、软体动物和链型植物（Streptophytina）是最丰富的类群，相对丰度分别为 19.77%、19.13% 和 18.31%。以上表明不同水稻生育期周丛生物中真核生物群落的组成变化较大，这可能与稻田生态系统中的食物链等存在关系。

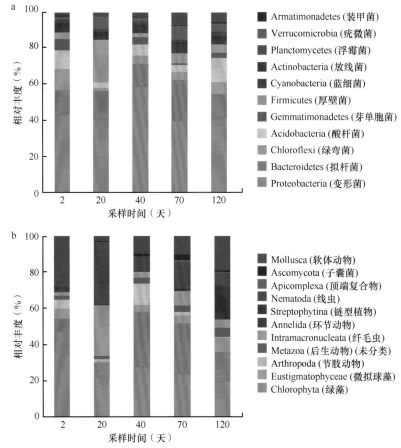

图 3-20　不同水稻生长期周丛生物中原核生物（a）和真核生物（b）组成

参 考 文 献

陈家武, 邓沛怡, 程明玲, 等. 2014. 藻类吸附缓解稻田重金属污染的研究. 湖南农业科学: (12): 52-55.

陈亚华, 沈振国, 刘友良. 2000. 低温、高 pH 胁迫对水稻幼苗根系质膜、液泡膜 ATP 酶活性的影响. 植物生理学报, (5): 407-412.

刘永卓. 2012. 重金属污染稻田土壤温室气体产生相关的微生物群落结构及活性变化. 南京: 南京农业大学博士学位论文.

孙瑞, 孙朋飞, 吴永红. 2022. 不同稻田生态系统周丛生物对水稻种子萌发和幼苗生长的影响. 土壤学报, 59(1): 231-241.

王宝茹, 王旭, 王伟波, 等. 2021. Cu-NiR 与 cd_(1)-NiR——两类反硝化亚硝酸还原酶研究进展. 植物科学学报, 39(3): 324-334.

Belnap J, Lange O L. 2003. Biological Soil Crusts: Structure, Function, and Management. Berlin: Springer.

Dickman M. 1969. Some effects of lake renewal on phytoplankton productivity and species composition. Limnology & Oceanography, 14(5): 660-666.

Liu J, Tang J, Wan J, et al. 2017. Functional sustainability of periphytic biofilms in organic matter and Cu^{2+} removal during prolonged exposure to TiO_2 nanoparticles. Journal of Hazardous Materials, 370: 4-12.

Saunders D A, Hobbs R J. 1991. Biological consequences of ecosystem fragmentation: A review. Conservation Biology, 5(1): 18-32.

Shi Y, Grogan P, Sun H, et al. 2015. Multi-scale variability analysis reveals the importance of spatial distance in shaping Arctic soil microbial functional communities. Soil Biology & Biochemistry, 86: 126-134.

Whitton B. 2002. Biological soil crusts: Structure, function, and management. Biological Conservation, 108(1): 129-130.

Wiest O, Houk K N. 1995. Stabilization of the transition state of the chorismate-prephenate rearrangement: an *ab initio* study of enzyme and antibody catalysis. Journal of the American Chemical Society, 117(47): 57-64.

Wu Y, Liu J, Lu H, et al. 2016. Periphyton: an important regulator in optimizing soil phosphorus bioavailability in paddy fields. Environmental Science & Pollution Research, 23(21): 21377-21384.

Yang J, Liu J, Wu C, et al. 2016. Bioremediation of agricultural solid waste leachates with diverse species of Cu(Ⅱ) and Cd(Ⅱ) by periphyton. Bioresource Technology, 221: 214-221.

Yin H, Tan N, Liu C, et al. 2016. The associations of heavy metals with crystalline iron oxides in the polluted soils around the mining areas in Guangdong Province, China. Chemosphere, 161: 181-189.

第四章　稻田周丛生物对氮转化的调控功能

　　农业生态系统的氮素流失一直是地表水污染的主要原因，这一问题在发展中国家日益增长的粮食需求和过度施肥的情况下尤为突出（Weng et al.，2015；Wu et al.，2018）。在稻田中，普遍存在周丛生物，形成了沉积物－周丛生物－上覆水三相边界，是截留氮素的有效途径（Lu et al.，2018；Yao et al.，2017）。周丛生物主要由藻类、细菌和非生物物质组成，在水稻生长的分蘖期和出苗期（1.5 ～ 3 个月）形成并繁盛（Lu et al.，2018；Su et al.，2016；Wu et al.，2018）。通过吸收无机氮，周丛生物尤其是藻类能够有效地原位截留氮（Lu et al.，2016b；Wu et al.，2018）。有研究表明，周丛生物最多可积累70mg N/g 干重（Liu et al.，2016），当生物质腐解时，氮被释放回土壤中（Su et al.，2016）。据 Reynaud 和 Roger（1978）报道，在一个生长季节，$1hm^2$ 稻田中积累的藻类生物量约为几百千克至1t 以上。因此，在 $1hm^2$ 的稻田中，周丛生物可以富集几十千克的氮。此外，在许多地方，农民修建生态沟渠或缓冲带，以收集和过滤径流中的营养物质（Wu et al.，2017）。因此，尽管水稻周丛生物在暴雨过程中会被冲走，但富集在周丛生物生物量中的氮比溶解在水中的氮更容易被生态沟渠截留。然而，周丛生物对稻田氮素原位截留的贡献一直未引起足够重视（Wu et al.，2018）。

　　稻田灌水、排水和施肥的周期性交替驱动了土－水界面周丛生物的形成与枯萎（Frenzel，2012；Su et al.，2016），也影响了稻田氮素转化过程如硝化、反硝化、氨挥发等。周丛生物在氨挥发和反硝化过程中扮演双重角色，一方面，周丛生物有巨大的比表面积和电位，能够吸收浅水系统中的氨氮，并阻碍 NH_3 的挥发；但当周丛生物释放氨氮时，会增加水体和土壤中的氨氮浓度，从而提高氨挥发速率；另一方面，周丛生物内藻类的光合作用能够提高上覆水的溶解氧（DO）和 pH，从而间接增加稻田氨挥发的损失量。对于反硝化而言，周丛生物在新陈代谢过程中直接主导反硝化过程，同时周边环境也影响了周丛生物的生长，反过来又影响硝化和反硝化过程。许多不同种类的微生物都具有反硝化的能力，如热袍菌门、产金菌门、厚壁菌门、放线菌门、拟杆菌属和变形菌门等（Zumft，1997），此外，某些真菌（Shoun et al.，1992）和古菌（Philippot，2002）也具有反硝化的能力。大多研究表明，沉积物反硝化速率随反硝化微生物丰度增加而增加（Song et al.，2012）。生物在生长代谢以及死亡分解过程中，其代谢产物和死亡残体会逐渐沉降并覆盖到沉积物上，自身所含的有机氮化合物也逐渐被分解矿化，营养元素因此得以循环，环境条件逐渐发生变化（Pratihary et al.，2014）。Weston 等（2011）认为由于生物生长繁盛大量耗氧，沉积物中反硝化作用增强。Pastor 等（2013）研究发现在沉积物中加入藻类，提高了环境的 pH，可以导致 NH_4^+ 从沉积物中快速逸出，并能降低反硝化作用与矿化作用的比值（Pastor et al.，2013）。生物新陈代谢后，排泄物和死亡的个体、组织等形成有机碎屑，是沉积物中有机质的主要来源。这些有机碎屑往往会改变沉积物原有的 C/N、 pH 和 DO 等指标，从而改变了微生物的生活环境，影响沉积物的反硝化速率（Reed and Martiny，2012）。

目前，关于周丛生物对氮循环的研究主要集中在沟渠、池塘、河流等浅层淹水系统中，关注的氮循环过程主要有固氮和同化过程（Busch et al.，2018），极少有研究关注稻田周丛生物对氮循环的影响研究（Xia et al.，2018；She et al.，2018；Huang et al.，2021）。本章结合作者近年来最新研究结果，探讨周丛生物存在对稻田氮素富集、主要氮素损失（反硝化、氨挥发）的影响规律及机制，为稻田氮素高效管理提供支撑。

第一节 稻田周丛生物对氮的富集能力及影响因素

一、稻田周丛生物氮富集量及其与土壤总有机碳含量的关系

同化是周丛生物富集无机氮的主要途径，然而，藻类和细菌对不同形态氮的吸收能力存在物种间差异（Liu and Vyverman，2015；Ross et al.，2018）。在土壤中，氮以各种形式存在，物种丰富的群落在富集不同形式的氮方面具有优势（Barry et al.，2019；Bracken and Stachowicz，2006）。鉴于土-水界面不断变化的理化条件，周丛生物的群落结构和代谢活性可能会发生很大变化，从而导致周丛生物生长和氮富集能力的变化（Lu et al.，2016a）。然而，目前对周丛生物的研究主要集中在其在污水中氮磷去除方面的应用，其中周丛生物生长在人工基质上，这类人工基质与土壤性质存在明显差异（Bharti et al.，2017；Boelee et al.，2011；Liu et al.，2017）。因此，土壤理化条件对周丛生物群落结构和光合作用的影响及其对稻田土-水界面氮循环的贡献值得进一步研究。

在稻田中，土壤总有机碳含量影响土壤质地、含水量和 pH，为周丛生物提供必要的基质、能量和养分（Kögel-Knabner，2002；Kemmitt et al.，2008；Neumann et al.，2014；Schmidt et al.，2011；Tiessen et al.，1994）。周丛生物的形成首先是异养细菌的定殖和在固体表面产生作为基质的黏附性胞外聚合物（EPS），然后是藻类的黏附（Bharti et al.，2017；Flemming and Wingender，2010；Roeselers et al.，2007）。在这一过程中，充足的有机碳供应促进了各种细菌的定殖和多糖物质的分泌，有助于不同藻类细胞黏附在周丛生物基质上增加群落的多样性（Miqueleto et al.，2010；Roeselers et al.，2007）。此后，周丛生物的氮富集能力受到影响，但土壤有机碳的驱动效应和潜在机制仍不清楚（Bharti et al.，2017；Liu et al.，2016）。在有机碳的复杂组分中，溶解性有机碳（DOC）如腐殖酸、蛋白质、维生素和氨基酸是最不稳定和最活跃的部分，对藻类和细菌的生长具有较明显的影响（Lee et al.，2009；Li et al.，2012）。为了充分利用周丛生物在水稻土中的原位截留氮素，土壤总有机碳和溶解性有机碳含量的效应值得深入研究，特别是在中国，稻田中普遍过度使用氮肥（Yan et al.，2013；Zhang et al.，2012）。

在稻田氮循环方面，周丛生物的主要作用是富集氮。与土壤总有机碳含量的巨大变化相似（图 4-1a），稻田周丛生物氮富集量为 3.0～16.0 mg/g 干重（图 4-1b）。从南到东北（Ⅰ、Ⅲ区），周丛生物中氮富集量呈上升趋势，而沿长江从西到东（Ⅱ区）则呈下降趋势。尽管存在区域差异，但周丛生物氮富集量与土壤总有机碳含量呈显著正相关

（图 4-1c）（R^2=0.345，$P < 0.001$），表明土壤总有机碳含量对稻田周丛生物富集氮的能力存在潜在影响。

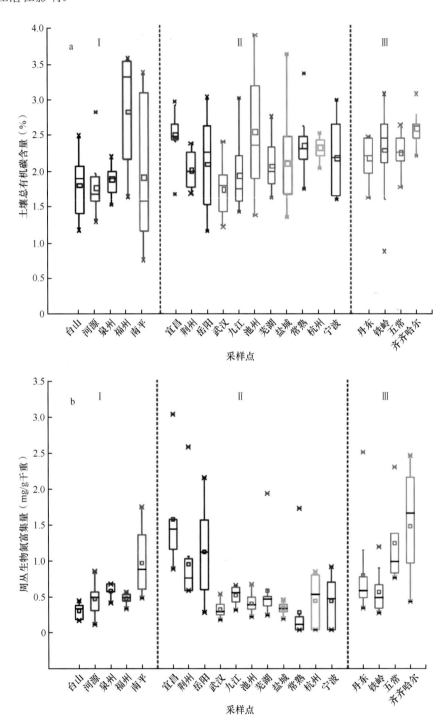

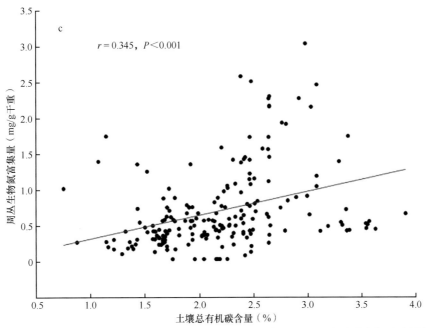

图 4-1　20 个采样点中土壤总有机碳含量（a）、周丛生物氮富集量（b）及土壤总有机碳含量与周丛生
物氮富集量的相关关系（c）

N=200。 I. 华南；II. 长江中下游；III. 东北

二、不同土壤总有机碳含量条件下周丛生物群落特征及氮素富集研究

在微宇宙实验中，不同土壤总有机碳含量条件下，周丛生物的群落组成变化较大。总的来说，随着总有机碳含量的升高，细菌和藻类的物种丰富度与多样性增加。对于细菌，所有处理中都有大量的念珠藻和细鞘丝藻（图 4-2a）。6 组处理的念珠藻相对丰度均高于对照，而细鞘丝藻的相对丰度随总有机碳含量的增加而降低。其他细菌如噬几丁质菌、浮霉菌、鞘氨醇单胞菌和螺状菌也有显著差异（$P < 0.05$），但随着总有机碳含量的增加，其变化趋势不明显。对于藻类，大多数物种属于绿藻（图 4-2b），其中四鞭藻属、*Characiochloris* 和衣藻属为优势属，而鞘藻属和尾丝藻属等丝状藻类的相对丰度仅不到 1%。

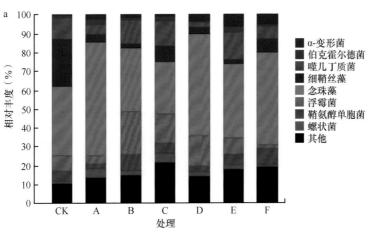

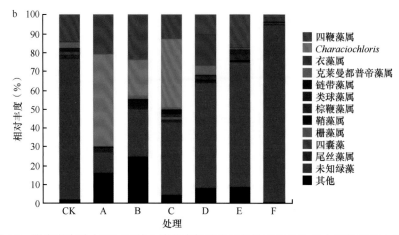

图 4-2 微宇宙实验中不同初始土壤总有机碳含量条件下周丛生物中优势细菌（a）和
藻类属（b）的相对丰度

CK. 水稻土；A ～ F. 水稻土 + 不同量的腐熟花生壳

对于周丛生物的氮富集量，它们在较高的总有机碳水平下都呈增加趋势（图 4-1），在最高的初始土壤总有机碳和溶解性有机碳含量（即处理 F）下观察到最高的生物量及氮富集量。周丛生物氮富集量与藻类物种多样性（图 4-3），（$R^2=0.673$，$P < 0.001$）、细菌物种多样性（$R^2=0.549$，$P < 0.01$）、生物量（$R^2=0.813$，$P < 0.001$）、溶解性有机碳含量（$R^2=0.782$，$P < 0.001$）、总有机碳含量（$R^2=0.617$，$P < 0.01$）、胞外多糖含量（$R^2=0.564$，$P < 0.01$）、胞外蛋白含量（$R^2=0.548$，$P=0.011$）、尾丝藻的相对丰度（$R^2=0.589$，$P < 0.01$）呈显著正相关。而细鞘丝藻与周丛生物氮含量呈显著负相关（$R^2=-0.581$，$P < 0.01$）。与周丛生物氮含量类似，生物量（以干重表示）与溶解性有机碳（$R^2=0.942$，$P < 0.001$）、总有机碳（$R^2=0.856$，$P < 0.01$）和胞外蛋白含量（$R^2=0.478$，$P=0.028$）呈显著正相关。这些正相关表明，土壤总有机碳和溶解性有机碳含量是驱动土－水界面周丛生物生长的潜在因素。生物量与藻类物种多样性呈显著正相关（$R^2=0.695$，$P < 0.001$），表明藻类物种多样性对生物量积累有潜在影响。

土壤总有机碳除与生物量和周丛生物氮富集量显著相关外，还与某些藻类属和细菌科显著相关。例如，α- 变形菌与溶解性有机碳（$R^2=0.453$，$P=0.039$）和总有机碳含量（$R^2=0.557$，$P < 0.01$）呈显著正相关。细鞘丝藻与溶解性有机碳呈显著负相关（$R^2=-0.523$，$P < 0.05$），与总有机碳呈显著负相关（$R^2=-0.344$，$P=0.126$）。溶解性有机碳和总有机碳与一些藻类（包括衣藻等）也呈负相关，但不显著。

三、溶解性有机碳对周丛生物氮富集的生态效应

考虑到溶解性有机碳含量对周丛生物的活性和作用强于土壤总有机碳含量，我们采用结构方程模型（SEM）评估了溶解性有机碳对周丛生物群落结构、EPS 产生、生物量积累和氮富集量的影响（图 4-4）。溶解性有机碳对生物量（路径系数：0.78，$P < 0.001$）、细菌物种多样性（路径系数：0.35，$P=0.038$）和胞外多糖含量（路径系数：0.249，$P=0.043$）有较强的正效应，对生物量的影响最大。细菌是周丛生物形成的先驱，细菌物

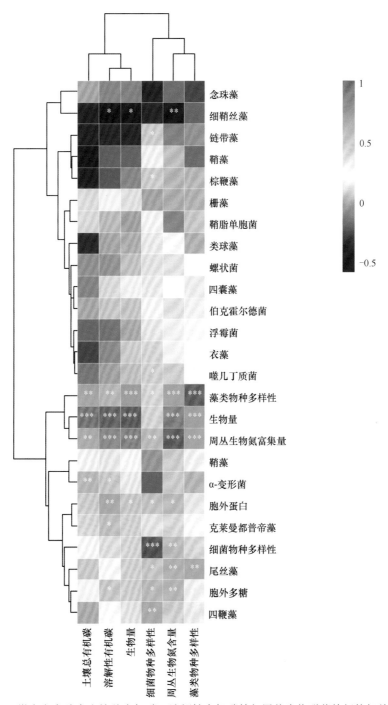

图 4-3　微宇宙实验中土壤总有机碳、溶解性有机碳等与周丛生物群落特征的相关热图

图中包括主要种属、物种多样性、生物量、EPS 组分和周丛生物氮富集量。不同的颜色强度代表斯皮尔曼相关系数。

*P < 0.05；**P < 0.01；***P < 0.001

种多样性对多糖的产生（路径系数：0.556，P < 0.001）和藻类物种多样性（路径系数：0.239，P=0.034）具有积极影响。藻类是周丛生物生物量积累的主要贡献者，藻类物种

多样性对生物量（路径系数：0.433，$P < 0.001$）和周丛生物氮富集量（路径系数：0.197，P=0.042）有较强的正效应。和生物量与周丛生物氮富集量之间的显著正相关相似，SEM结果也表明周丛生物的生物量对周丛生物氮富集量具有强烈的正效应（路径系数：0.664，$P < 0.001$）。然而，在周丛生物初始定殖过程中起关键作用的胞外多糖对成熟周丛生物的藻类物种多样性（路径系数：0.054，$P > 0.05$）、生物量（路径系数：0.061，$P > 0.05$）和周丛生物氮富集量（路径系数：0.04，$P > 0.05$）的影响较弱且不显著。总的来说，溶解性有机碳通过影响群落多样性影响周丛生物的生物量积累和氮富集量。

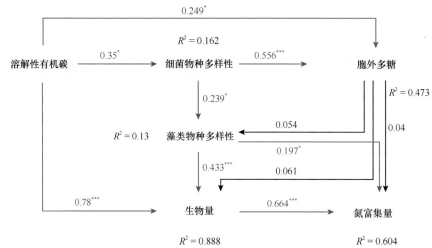

图4-4　利用结构方程模型（SEM）研究了溶解性有机碳对周丛生物氮富集量的影响

红线代表显著影响，灰线代表不显著影响。箭头的宽度表示因果关系的强度。R^2 为每个变量解释的方差比例。χ^2=1.93，P=0.989，拟合优度指数（GFI）=0.998，近似误差均方根（RMSEA）=0.000。箭头上方的数字表示标准路径系数。

$* P < 0.05$；$*** P < 0.001$

　　总之，在浅水生态系统中，周丛生物容易在土-水界面生长，对氮等养分物质生物地球化学循环的影响很大。然而，它们参与氮富集和与土壤相互作用的途径仍不清楚。通过田间调查，我们发现周丛生物的氮富集量与稻田土壤总有机碳含量在区域尺度上呈显著正相关。微宇宙实验证明，这是由于高有机碳特别是较高的溶解性有机碳水平下物种多样性增加，对生物量积累和无机氮富集产生了积极影响。我们的结果阐明了土壤总有机碳含量增加如何驱动物种多样性对周丛生物的光合作用、生物量积累和氮富集的影响及其可能途径，研究结果将为在稻田等生态系统中利用土水界面周丛生物改变氮循环提供有价值的信息。

第二节　稻田周丛生物对反硝化和氨挥发的影响

一、稻田周丛生物生长状况及其影响因子

　　稻田周丛生物的生长受养分、光照和水稻生长情况等因素的影响（张慧洁等，2019；赵婧宇等，2020）。因此，通过设计实验，考虑施肥、氮肥抑制剂施用和遮光等处理，调控稻田周丛生物生长，探究其对稻田反硝化和氨挥发速率的影响。试验于2016年5月

1 日到 11 月 10 进行，具体试验设计如表 4-1 所示。每千克干土施肥量折合纯 N 0.15g、
P_2O_5 0.10g、K_2O 0.10g。试验所施用的氮肥采用尿素 $[CO(NH_2)_2$，含 N 46%]，磷肥用
KH_2PO_4（含 P_2O_5 52.2%，含 K_2O 34.6%），KH_2PO_4 的用量以 P_2O_5 为标准计算，以上肥料
均为分析纯试剂。氮肥分基肥、分蘖肥和穗肥以 4∶3∶3 分别于 2016 年 6 月 24 日、7
月 9 日和 8 月 8 日施入。磷肥全部作为基肥施用。硝化抑制剂选用双氰胺（DCD），设置
硝化抑制剂为氮肥用量的 2.5%、5.0%、7.5% 3 个梯度；同时考虑到硝化抑制剂作用原理
是抑制氨态氮氧化为硝态氮的过程，造成水体中氨态氮浓度升高，从而增加氨挥发损失，
因此增设一个添加杀藻剂的处理，具体为 N+DCD+$CuSO_4$（尿素 0.15g/kg，添加硝化抑
制剂为氮肥用量的 7.5%，再加入 50mg/kg 的化学除藻剂 $CuSO_4$）。每个处理设置 3 次
重复。

表 4-1 水稻栽培试验处理

处理	施肥（g N/kg）	遮光处理	硝化抑制剂	处理编号
施肥 + 遮光处理	0.15	不遮光	—	CK
		少量遮光	—	ZG1
		完全遮光	—	ZG2
施肥 + 硝化抑制剂	0.15	—	2.5%	YZ1
		—	5.0%	YZ2
		—	7.5%	YZ3
施肥 + 硝化抑制剂 +$CuSO_4$	0.15	—	7.5%	YZ4

由图 4-5、图 4-6 可得，在整个水稻生育期中，稻田周丛生物中叶绿素含量呈先增大
后减小的变化趋势，而生物量总体呈缓慢上升趋势。水稻分蘖期和拔节期水土环境中氮
素含量高，氮源充足，周丛生物叶绿素含量高（伍良雨等，2019），周丛生物从土壤或水
体中同化或者吸附氮素。周丛生物中微生物群落生长具有周期性，历经生长→死亡→再
生长的循环往复，死亡微生物直接覆盖在土水界面表层，故试验中所刮取的周丛生物样
品生物量随时间延长不断增大。水稻抽穗期和成熟期稻田氮素含量迅速下降，而此时周
丛生物中死亡微生物整体表现为向土壤或水体中释放氮素。稻田周丛生物对于"沉积物 -
周丛生物 - 上覆水"三相界面氮素迁移转化具有重要的调控作用，这些调控作用又受环
境因素和周丛生物优势物种的影响。

不同遮光处理下周丛生物生长差异显著（$P < 0.05$）。拔节期不遮光（CK）处理含
量达到最大（0.027mg/g），成熟期完全遮光（ZG2）处理最小（0.0081mg/g），且各生育
期均为 CK > ZG1 > ZG2；周丛生物生物量总体呈缓慢上升趋势，整个水稻生育期为
75.0 ～ 205.0mg/cm²，且各生育期均为 CK > ZG1 > ZG2。同样，添加硝化抑制剂 DCD
在一定程度上抑制了周丛生物的生长，生物量和叶绿素含量均呈降低趋势，特别是高抑
制剂含量施入后，周丛生物生物量显著降低（$P < 0.05$）。为了降低稻田氮素损失，故增
设一个添加杀藻剂的处理（YZ4），$CuSO_4$ 与分蘖肥同时施入稻田，高浓度的铜离子（重
金属）杀死了水土表层周丛生物中的硝化 - 反硝化细菌以及藻类等生物群落，周丛生物

生物量及叶绿素含量均显著降低；随着水稻生育期的推进，稻田水土界面周丛生物重新发育生长，生物量和叶绿素含量呈上升趋势。

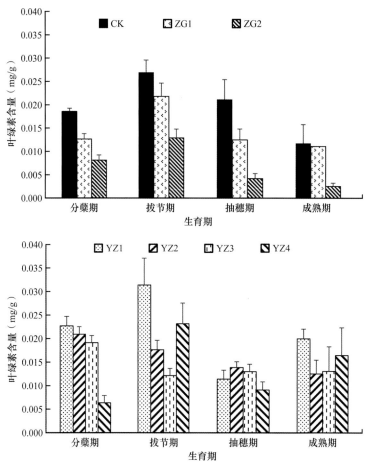

图 4-5　稻田周丛生物叶绿素含量特征

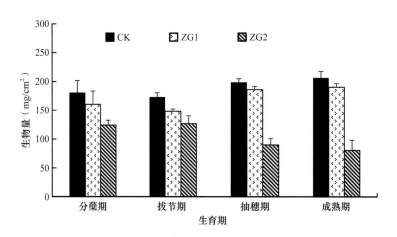

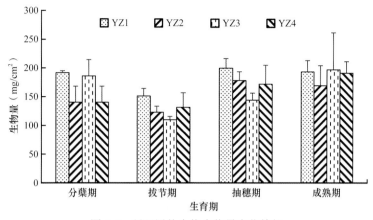

图 4-6　稻田周丛生物生物量变化特征

二、稻田周丛生物生长对反硝化速率的影响

稻田反硝化损失氮量主要集中在水稻分蘖期和拔节期，抽穗期和成熟期逐渐降低，分蘖期不遮光（CK）处理反硝化速率达到最大，至 235.18μmol N_2/（$m^2 \cdot h$）（图 4-7），成熟期完全遮光（ZG2）处理最小，为 8.96μmol N_2/（$m^2 \cdot h$），各生育期反硝化速率均为 CK ＞ ZG1 ＞ ZG2。添加不同硝化抑制剂 DCD 处理中，反硝化速率随添加量增加而显著降低，抑制剂添加显著抑制稻田氮素反硝化损失量。

相关分析表明，稻田土壤反硝化速率受周丛生物的影响见图 4-8、图 4-9，水稻不同生育期周丛生物叶绿素含量和生物量均与反硝化速率呈显著正相关关系。在分蘖期和拔节期，稻田水土中氮素含量充足，碳源成为反硝化过程的限制因子，周丛生物的生物量和叶绿素含量越大，便能向反硝化过程提供更多所需的 DOC；同时能向水体或者土壤中吸附 - 释放越多的氨态氮和硝态氮，当周丛生物释放氨态氮或硝态氮时，会增加反硝化过程所需产生的硝态氮，从而增加了稻田土壤沉积物的反硝化速率。在抽穗期和成熟期，水体和土壤中无机氮浓度迅速降低，稻田土壤反硝化速率与田面水 DOC 浓度仍显著相关，而与水体氨态氮浓度、土壤无机氮浓度的相关性显著下降，此时周丛生物所吸附的可利用碳源 DOC 会缓慢释放于水土环境中，继续为微生物提供反硝化过程所需的 DOC（曹文娟等，2012；王逢武等，2015），周丛生物中叶绿素含量和生物量与反硝化速率仍呈显著正相关。水稻生育后期不再施入氮肥，水土环境中氮素水平迅速下降，加之周丛生物中各生物群落养分供应不足而导致藻类等生物种群的衰落死亡，叶绿素含量也随之降低，吸附和固持的氮素将通过微生物的分解作用逐渐释放至环境中，故此时周丛生物主要表现为不断向土壤或水体中释放氮素的过程，反硝化过程所需氮素主要来源于周丛生物中储存（吸附固定）的氮素。

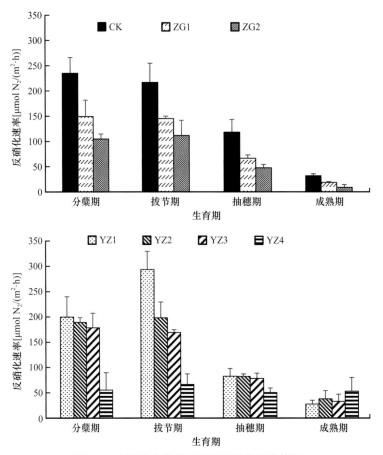

图 4-7　实验处理条件下稻田反硝化速率特征

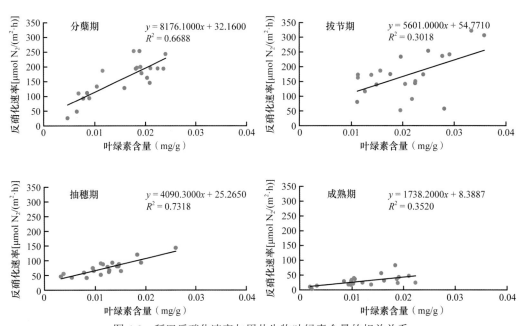

图 4-8　稻田反硝化速率与周丛生物叶绿素含量的相关关系

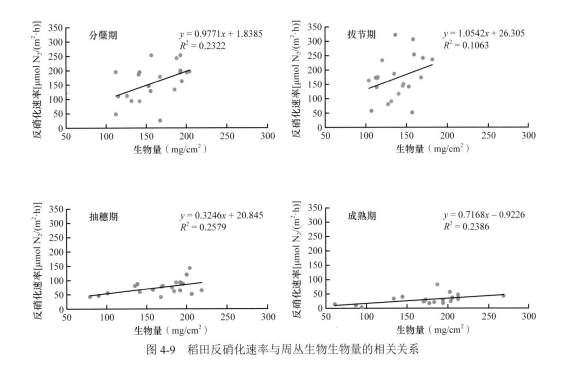

图 4-9　稻田反硝化速率与周丛生物生物量的相关关系

三、稻田周丛生物生长对氨挥发速率的影响

稻田氨挥发损失氮量主要集中在水稻分蘖期和拔节期施肥后的一段时间（本试验采用通气法连续测量一周并计算其总量），之后的两个生育期几乎监测不到氨挥发损失量（图 4-10）。分蘖期不遮光（CK）处理氨挥发速率达到最大，至 0.124kg N/（$hm^2 \cdot d$），且各生育期均为 CK > ZG1 > ZG2，氨挥发速率随着各处理接受光照强度的增大而增大。添加硝化抑制剂处理中，随添加量的增大，氨挥发速率略有增大，但差异不显著（$P > 0.05$）。施用 DCD 使得稻田氨态氮氧化为硝态氮过程受阻，上覆水氨态氮浓度升高，在外界条件相同的情况下必然促进氨挥发损失过程。

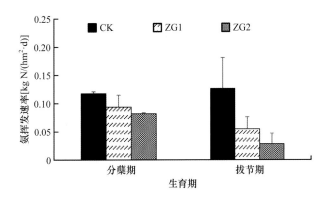

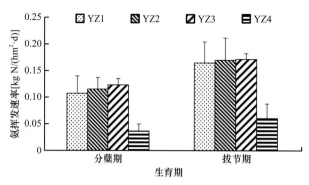

图 4-10 实验处理条件下稻田氨挥发速率特征

相关分析表明（图 4-11），不同生育期稻田土壤氨挥发速率受周丛生物的影响，周丛生物中叶绿素含量、生物量均与氨挥发速率呈显著正相关关系。周丛生物通过改变水体或者土壤环境因子而影响氨挥发速率，不同生育期的氨挥发速率与水体氨态氮浓度、土壤氨态氮浓度呈显著相关关系，且水体 pH 与周丛生物叶绿素含量呈显著相关关系。pH 是影响氨挥发过程的重要因子，尿素施入稻田水解产生碳酸铵，其特殊的化学弱酸性质引起土壤 pH 升高，而周丛生物藻类的存在可加快尿素水解并进一步增大 pH（吴国平等，2019），藻类光合作用也会导致田面水 pH 上升。当遇到风速较大、作物遮挡率较低、温度较高等外界条件时极易引起氨挥发损失，所以在作物生长早期，尤其施肥后的一段时间，氨挥发是稻田重要的氮素损失途径。因此，周丛生物影响氨挥发速率的机制主要体现在：一是周丛生物存在巨大的比表面积和电位，能向水体或者土壤中吸附 - 释放更多的氨态氮，当周丛生物释放氨态氮时，会增加水体和土壤中氨态氮浓度，从而提高氨挥发速率。二是周丛生物中藻类光合作用能够提高水体的 pH，也会增加氨挥发的损失量。

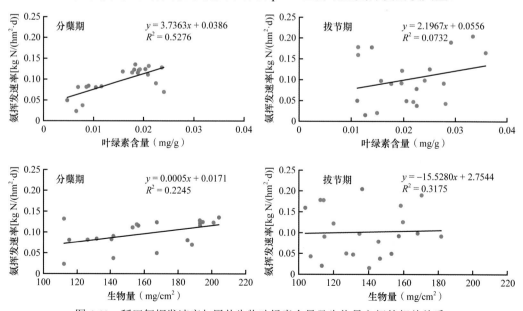

图 4-11 稻田氨挥发速率与周丛生物叶绿素含量及生物量之间的相关关系

从图 4-10 可知，添加杀藻剂的处理（YZ4）稻田氨挥发速率显著降低（$P < 0.05$），研究结论与前人研究一致。有研究（Muirhead et al.，1989）发现在稻田试验中合理地使用杀藻剂，可以有效降低稻田上覆水的 pH，从而增加溶解在田面水体中的氨态氮含量，降低 NH_3 的逸出量；据报道，杀藻剂的使用可以使田地的氨挥发损失率从 21% 降到 11%（Simpsoni et al.，1988）。我们的试验结果也表明，在添加硫酸铜杀藻剂的处理（YZ4）下水稻吸收氮素占氮素总量的比例并没有显著提高，可以推测此处理的氮素只是过多地存在于土样残留、淋失等其他氮素损失中。

四、稻田周丛生物对水稻生长及氮素吸收的影响

由图 4-12 可知，水稻植株茎叶含氮量总体随稻田周丛生物叶绿素含量的增加而降低。田面水中富含的氮、磷等各种元素是水稻生长所必需的营养物质，周丛生物中生物群落新陈代谢也需养分的不断供给，在施肥量一定的条件下，水稻植株含氮量与周丛生物叶绿素含量呈负相关关系。各生育期水稻植株生长情况与生物量的关系，和各生育期水稻植株生长情况与周丛生物叶绿素含量的关系一致（图 4-13）。因此，生长在稻田水土界面上的周丛生物与水稻生长形成营养元素的竞争机制。另外，本试验研究结果也表明，水稻千粒重和产量与周丛生物叶绿素含量呈显著正相关关系，周丛生物对水稻产量指标具有正向调控作用，从这个角度来讲，周丛生物的存在有利于水稻的生产。

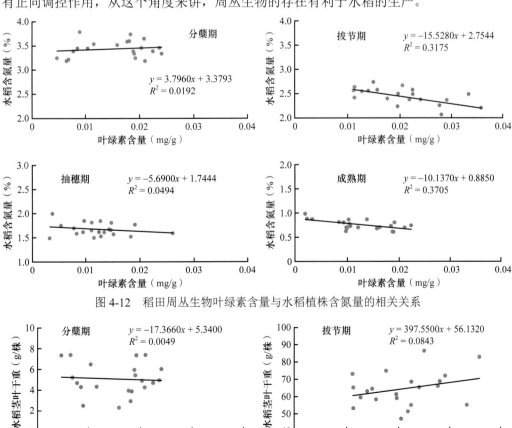

图 4-12　稻田周丛生物叶绿素含量与水稻植株含氮量的相关关系

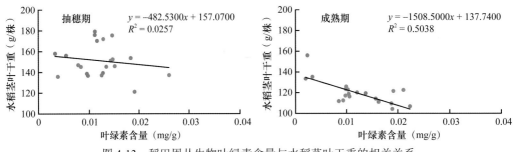

图 4-13 稻田周丛生物叶绿素含量与水稻茎叶干重的相关关系

五、稻田周丛生物对反硝化、氨挥发及水稻生长的贡献

采用逐步回归方法从各水土环境因子和周丛生物的各项指标中找出与氮素关键循环过程具有显著相关性的因子，建立多项式来反映稻田反硝化、氨挥发和水稻生长的情况。分析结果表明，与反硝化、氨挥发和水稻生长具有显著相关性的自变量为周丛生物生物量、上覆水 DOC 以及氨态氮含量。应用周丛生物生物量、上覆水 DOC 以及氨态氮含量建立多项式的结果如下。

反硝化速率：

分蘖期 =52.66+26.85N+0.859C+6.903B

拔节期 =31.932+8.142N+0.118C+3.354B

抽穗期 =12.737+1.837N+10.070C+7.315B

成熟期 =−0.064+0.647N+5.075C+2.425B

氨挥发速率：

分蘖期 =0.039+1.127N+0.003C+0.011B

拔节期 =0.160+0.204N+0.013C+0.033B

水稻植株含氮总量：

分蘖期 =0.056+0.887N+0.003C−0.002B

拔节期 =1.554+0.3792N+0.027C−0.038B

抽穗期 =2.561+0.432N+0.159C+0.061B

成熟期 =3.213+0.083N+0.029C+0.022B

产量：

千粒重 =21.745+1.085N+0.276C+0.205B

结实率 =90.024+4.984N+0.789C+0.554B

穗数 =47.315+1.251N+1.479C−0.391B

式中，N 表示氨态氮（氮源）；C 为 DOC（碳源）；B 为周丛生物。

根据多项式分别计算氮源（N）、碳源（C）、周丛生物（B）的贡献度。公式如下：

$$贡献度 = (D_{n_1} − D_{n_2})/D_n$$

式中，D_{n_1}、D_{n_2} 分别表示多项式的最大值、最小值；D_n 表示多项式的平均值。

由表 4-2 可得，在分蘖期和拔节期，对反硝化的贡献度各因子表现为环境氮源

（N）＞周丛生物（B）＞环境碳源（C），水稻拔节期周丛生物的贡献度达到最大，为0.183；在抽穗期和成熟期，环境氮源的贡献度迅速下降，对反硝化的贡献度环境碳源＞周丛生物＞环境氮源。周丛生物对反硝化的贡献度在整个生育期中保持相对稳定的状态。在分蘖期和拔节期，环境氮源对氨挥发的贡献度＞周丛生物＞环境碳源，水稻拔节期周丛生物的贡献度达到最大，为0.261。环境氮源对植株含氮总量的贡献度远远大于碳源和周丛生物的作用；周丛生物对千粒重、结实率和穗数均有一定的贡献度，但比值较小。

表 4-2　稻田周丛生物对反硝化、氨挥发及水稻生长的贡献度

	贡献度	分蘖期	拔节期	抽穗期	成熟期
反硝化	N	0.385	0.492	0.057	0.104
	C	0.019	0.074	0.186	0.247
	B	0.126	0.183	0.150	0.153
氨挥发	N	0.448	0.345		
	C	0.020	0.015		
	B	0.115	0.261		
植株含氮总量	N	0.478	0.308	0.106	0.186
	C	0.078	0.057	0.032	0.055
	B	0.032	0.005	0.004	0.015
		千粒重	结实率	穗数	
产量	N	0.323	0.331	0.327	
	C	0.015	0.129	0.037	
	B	0.064	0.047	0.061	

六、小结

周丛生物对反硝化、氨挥发过程和水稻生长具有重要影响，本节通过水稻栽培试验研究稻田周丛生物生长对土壤反硝化速率、氨挥发过程和水稻吸收氮素情况的影响，同时运用逐步回归分析提取关键影响因子，明确其贡献度，主要结论如下。

1）在整个水稻生育期，稻田周丛生物叶绿素含量呈先增大后减小的趋势，其生物量总体呈缓慢上升趋势；稻田周丛生物对于"沉积物－周丛生物－上覆水"三相界面氮素迁移转化具有重要的调控作用，这些调控作用又受环境因素和周丛生物优势物种的影响。

2）水稻植株含氮量和茎叶干重随周丛生物叶绿素含量与生物量的增加而降低。通过逐步回归分析得出，水稻分蘖期和拔节期，环境氮源（N）对反硝化的贡献度＞周丛生物（B）＞环境碳源（C），水稻拔节期周丛生物的贡献度达到最大，为0.183；水稻抽穗期和成熟期，环境氮源的贡献度迅速下降，对反硝化的贡献度环境碳源＞周丛生物＞环境氮源。周丛生物对反硝化的贡献度在整个生育期中保持相对稳定的状态。在分蘖期和拔节期，环境氮源对氨挥发的贡献度＞周丛生物＞环境碳源，水稻拔节期周丛生物的贡献

度达到最大，为 0.261。环境氮源对植株含氮总量的贡献度远远大于碳源和周丛生物的作用；周丛生物对千粒重、结实率和穗数均有一定的贡献度，但比值较低。总之，周丛生物对于稻田氮素迁移转化和水稻的生长过程具有重要的调控作用，这些调控作用又受周丛生物特征、水稻生育期以及各环境因子的影响。

第三节　周丛生物对反硝化和氨挥发的影响机制

一、周丛生物对反硝化的影响机制

将过 2mm 筛的稻田土壤样品装入培养柱中，通过遮光处理设置不同周丛生物优势物种。各处理均重复 3 次，于 28℃下加去离子水并保持 5cm 左右浅水层培养一周，使周丛生物优势微生物趋于稳定。用无扰动沉积物采样器采集原状沉积物，用膜进样质谱法测定反硝化速率。同时测定的其他项目有微生物群落、水体和沉积物理化性质，其中周丛生物群落用叶绿素含量表征。

相关分析表明，稻田土壤反硝化速率受周丛生物的影响。叶绿素 a 浓度可以间接反映周丛生物优势种群，由图 4-14 可知，周丛生物叶绿素 a 浓度与反硝化速率呈显著正相关。

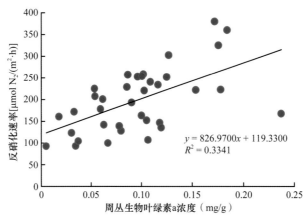

$$y = 826.9700x + 119.3300$$
$$R^2 = 0.3341$$

图 4-14　稻田土壤反硝化速率与周丛生物特征因子的关系

周丛生物会通过改变水体或者土壤环境因子而影响反硝化速率。对影响因素进行分析，结果表明，稻田土壤反硝化速率与田面水 DOC 浓度和水体氨态氮浓度显著相关（图 4-15），而与水体硝态氮浓度没有相关性，说明该稻田土壤反硝化的硝态氮主要来自硝化过程，在水体界面存在耦合的硝化和反硝化过程。反硝化速率同时受土壤硝态氮和氨态氮浓度影响，说明土壤中同样存在耦合的硝化和反硝化过程。周丛生物影响反硝化速率的原因可能是，周丛生物能释放反硝化所需要的 DOC。同时，周丛生物有巨大的比表面积和电位，能向水体或者土壤中吸附－释放更多的氨态氮和硝态氮，当周丛生物释放氨态氮或硝态氮时，会增加水体或土壤中氮浓度，提高硝化速率，增加了反硝化过程所需产生的硝态氮，从而提高了稻田土壤沉积物的反硝化速率。

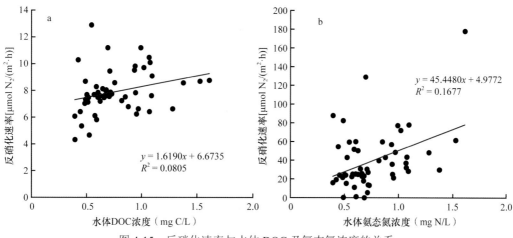

图 4-15　反硝化速率与水体 DOC 及氨态氮浓度的关系

以上结果表明，周丛生物能显著提高稻田土壤反硝化速率。周丛生物影响稻田土壤反硝化速率的原因是，周丛生物能为硝化和反硝化过程中的微生物提供更多的 DOC，其具有巨大的比表面积和电荷，向水体中释放硝化或者反硝化过程所需的氮源，从而提高了稻田土壤沉积物的反硝化速率。

反硝化速率很大程度上受微生物组成影响，16S rDNA 是细菌分类学研究中最常用的"分子钟"，其序列包括 9 个可变区和 10 个保守区。通过提取样品中的 DNA，并扩增 16S rDNA 的某个可变区，采用高通量测序仪对其进行测序，可以获得周丛生物中细菌组成、物种丰度、系统进化、群落比较等信息。

如图 4-16 所示，周丛生物前 10 个优势类群分别为地杆菌科（Geobacteraceae）、丰祐菌属（Optitutus）、Luteolibacter、假单胞菌属（Pseudomonas）、芽单胞菌属（Gemmationas）、红细菌属（Rhodobacter）、假鱼腥藻属（Pseudanabaena）、硫针菌属（Sulfuritalea）、聚球藻属（Synechococcus）、氢噬胞菌属（Hydrogenophaga），文献调研结果表明，其中假单胞菌属（Pseudomonas）、Rhodobacter 这些优势类群都含有反硝化细菌。

进一步分析各样品的运算分类单元（OTU）数据，各样品主要物种丰度具有显著差异（图 4-17），通过显著性分析发现，反硝化速率和 Pseudomonas、Rhodobacter 比例呈显著相关（图 4-18），表明周丛生物内 Pseudomonas、Rhodobacter 的组成是主导反硝化差异的主要因素。

二、周丛生物对氨挥发的影响机制

（一）试验设计

本试验模拟稻田生态系统，设计了水－周丛生物－沉积物系统。本试验采集了深度为 20～40cm 的稻田沉积物，将所有沉积物样品混合，以确保初始性质相同。将上述沉积物和水样温室预培养 60 天，建立天然稳定的微生物群落，附生植物大量生长，形成天然周丛生物。周丛生物的组成成分包括金属氧化物（铁氧化物、锰氧化物和铝氧化物）、有机质和少量矿物质，以及微生物细胞聚集体（Lorite et al.，2011）。

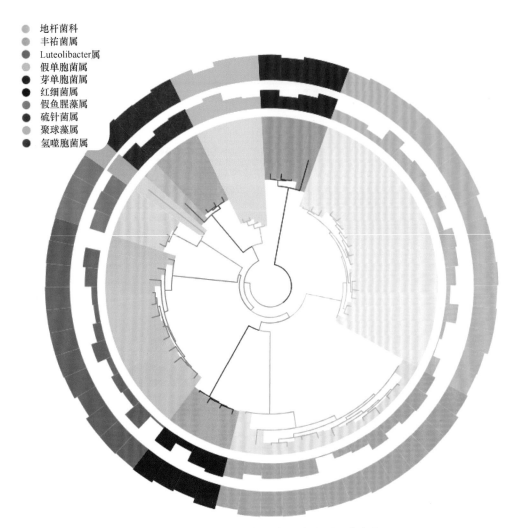

图 4-16　相对丰度较大的前 10 个类群及其丰度

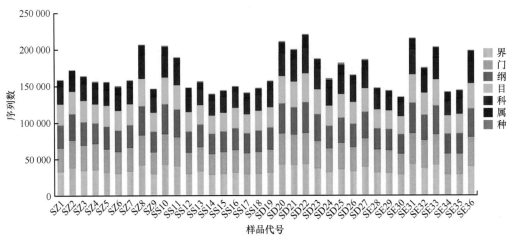

图 4-17　各样品 OTU 分析统计结果

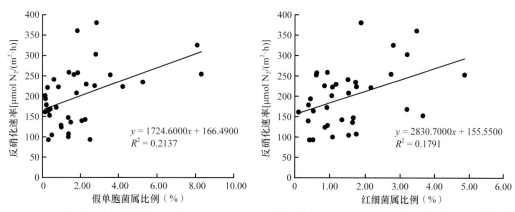

图 4-18　周丛生物内假单胞菌属（*Pseudomonas*）、红细菌属（*Rhodobacter*）组成与反硝化速率的关系

　　周丛生物生物量对氨挥发的影响：为了明确氨挥发对周丛生物的响应，设计不同周丛生物生物量条件下的氨挥发试验。试验采用微区设计，微区面积为 0.3m×0.2m，湿土约重 4kg，土约高 8cm。共设置 6 个处理，将土均匀放入培养盆后，加适量水（浸没土层）培养 7～10 天，控制温度 25℃。

　　培养期后，向培养盆中投加浓度为 50kg N/hm²（以氮计）的氮肥溶液，所施氮肥为氯化铵，并向不同培养盆中投加 0、1、2、4、5、7 片（3×6）cm² 的周丛生物，对应的周丛生物生物量（25～30℃，含水率 58%±1%）分别为 0g/m²、22g/m²、44g/m²、88g/m²、110g/m²、154g/m²，为减少试验误差，各处理中添加的周丛生物活性种类相同。

　　在施加氮肥及周丛生物后，采用密闭法收集氨挥发（徐万里等，2011）。在施肥后两周内，分别在第 1 天、第 3 天、第 4 天、第 5 天、第 7 天、第 9 天收集氨挥发量。

　　周丛生物存在与否条件下氮浓度对氨挥发的影响：为了明确周丛生物对氨挥发的贡献，设计周丛生物存在与否条件下不同氮浓度对氨挥发的影响试验。试验采用微区设计，微区面积为 0.3m×0.2m，湿土约重 4kg，土约高 8cm。共设置 12 个处理，将土均匀放入培养盆后，加适量水（浸没土层）培养 7～10 天，控制温度 25℃。

　　设置两组对照试验组。第一组试验无周丛生物，添加氮浓度分别为 0kg N/hm²、5kg N/hm²、10kg N/hm²、20kg N/hm²、50kg N/hm²、100kg N/hm²（以氮计）的氮肥溶液，所施氮肥为氯化铵。第二组试验有周丛生物，各处理中均加入 4 片（3×6）cm²（周丛生物生物量 88g/m²）等量周丛生物，为减少试验误差，投加周丛生物组所投加的周丛生物活性和数量相同，添加氮浓度处理同第一组试验。

　　在各试验微区中心位置放入密闭法氨挥发收集装置（表述见下节），分别在第 1 天、第 3 天、第 4 天、第 5 天、第 7 天、第 9 天收集氨挥发量。

（二）氨挥发对周丛生物的响应

　　从图 4-19a 可以看出，氨挥发损失量随着周丛生物生物量的增加呈现先增加后减少的趋势，当周丛生物生物量为 44g/m² 时，氨挥发损失量达到最大值（27.04kg N/hm²）（以氮计）；当周丛生物生物量高于 44g/m² 时，氨挥发损失量随着周丛生物的增加而减少。

当周丛生物生物量高于 110g/m² 时，氨挥发损失量低于没有添加周丛生物的情况。氨挥发和周丛生物的响应关系可以用一元二次方程表达：

$$y=(-0.0012\pm0.0005)x^2+(0.1000\pm0.0700)x+(19.5700\pm2.2000)\ (R^2=0.7635，P<0.05)$$

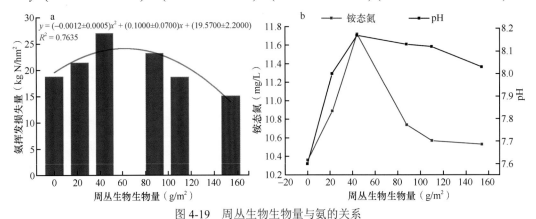

图 4-19　周丛生物生物量与氨的关系

a. 周丛生物生物量与氨挥发的关系；b. pH 和铵态氮对周丛生物生物量的响应动态

如图 4-19b 所示，pH 和上覆水 NH_4^+-N 浓度变化趋势与氨挥发变化趋势一致，随着周丛生物生物量的增加，上覆水的 pH 和 NH_4^+-N 浓度均呈现先增加后降低的趋势。pH 和 NH_4^+-N 浓度在周丛生物生物量为 0 ~ 44g/m² 时均快速升高，在周丛生物生物量达到 44g/m² 时，pH 和 NH_4^+-N 浓度均达到最大值，pH 为 8.15，NH_4^+-N 浓度为 11.7mg/L。随着生物量的继续增加，pH 开始缓慢降低，而 NH_4^+-N 浓度快速降低，NH_4^+-N 浓度在周丛生物生物量为 110g/m² 开始趋于稳定。

（三）周丛生物对氨挥发的贡献

不同施氮量下周丛生物对氨挥发损失量的影响如图 4-20 所示，不管是否添加周丛生物，氨挥发损失量均随着施氮量的增加而增加。在低施氮量下（≤ 20kg N/hm²），周丛生物存在与否对氨挥发损失量的效果无明显差异，但随着施氮量的增加，周丛生物对氨挥发的影响差异逐渐增大。在施氮量为 50kg N/hm²、100kg N/hm² 时，添加周丛生物分别提高氨挥发损失量 13.5% 和 47.4%。不添加周丛生物的情况下，随着施氮量的增加，氨挥发损失量从 2.44kg N/hm² 增加到 34.14kg N/hm²；添加周丛生物的情况下，氨挥发损失量从 2.59kg N/hm² 增加到 50.32kg N/hm²。相比之下，在高氮浓度下（≥ 50kg N/hm²），周丛生物更能促进氨挥发，显著提高氨挥发损失量。周丛生物对氨挥发的贡献随施氮量的增加呈指数关系，氨挥发与施氮量的关系为：$y=1.37x^{0.78}$（$R^2=0.9941$，$P<0.05$）（添加周丛生物）；$y=2.02x^{0.62}$（$R^2=0.9769$，$P<0.05$）（未添加周丛生物）。当施氮量为 100kg N/hm² 时，周丛生物对氨挥发的贡献可高达 47.4%。

从图 4-21a 可以看出，NH_4^+-N 浓度随着施氮量的增加而增加，在低施氮量（≤ 20kg N/hm²）情况下，周丛生物对淹水系统中 NH_4^+-N 浓度的影响差异不显著，但随着施氮量的增加，周丛生物对 NH_4^+-N 浓度的影响差异逐渐增大，当施氮量为 50kg N/hm²、100kg N/hm² 时，添加周丛生物比对照处理 NH_4^+-N 浓度分别提高了 71.8% 和 64.1%。

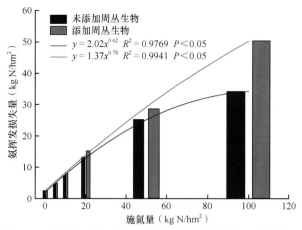

图 4-20 不同施氮量下有无周丛生物对氨挥发损失量的影响

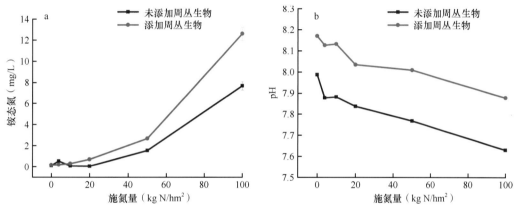

图 4-21 是否添加周丛生物条件下，铵态氮浓度和 pH 与施氮量之间的变化关系

从图 4-21b 可以看出，是否添加周丛生物条件下，淹水系统中 pH 变化规律基本一致，均随着施氮量的增加，pH 逐渐降低，但始终大于 7.5。在 0 ~ 100kg N/hm² 氮处理情况下，周丛生物对 pH 有极显著的正向影响（$P < 0.01$），pH 差值在 0.18 ~ 0.25。

图 4-22a 分别拟合周丛生物存在与否条件下氨挥发与上覆水 NH_4^+-N 浓度的关系，

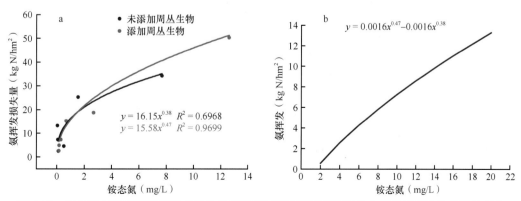

图 4-22 氨挥发与铵态氮浓度的非线性关系及不同铵态氮浓度下周丛生物对氨挥发的非线性贡献

该贡献是根据图 a 中添加周丛生物与未添加周丛生物时氨挥发的差异计算得出的（$y = 15.58x^{0.47} - 16.15x^{0.38}$）

不管是否存在周丛生物，氨挥发损失量与 NH_4^+-N 浓度都呈指数相关关系：$y=16.15x^{0.38}$（$R^2=0.6968$，$P < 0.05$）（未添加周丛生物）；$y=15.58x^{0.47}$（$R^2=0.9699$，$P < 0.05$）（添加周丛生物）。周丛生物对氨挥发的贡献如图 4-22b 所示，表明随着施氮量的增加，周丛生物对氨挥发的贡献逐步增加。

（四）周丛生物对氨挥发的影响机制

先前的研究（She et al.，2018）表明，周丛生物对氨挥发存在吸附和促进的双重作用，但是这两种作用在不同周丛生物生物量和不同氮浓度下强弱如何尚不清楚。在本研究中，我们首次发现不同的周丛生物生物量对氨挥发的影响结果不一，当周丛生物生物量小于 $44g/m^2$ 时，此时周丛生物生物量小，对氮的吸附能力有限，但其对 NH_4^+-N 和 pH 的影响程度很大（图 4-19b），而 NH_4^+-N 和 pH 是影响氨挥发的关键因子，此时周丛生物对氨的促进作用占主导地位。当周丛生物生物量逐渐增加到 $110g/m^2$ 时，此时周丛生物的促进作用逐渐减弱，而吸附能力逐渐增加，所以当周丛生物生物量高于 $110g/m^2$ 时，其对氨的吸附作用占主导地位，对氨挥发起抑制作用。因此，周丛生物在低生物量时对氨挥发以促进作用为主，在高生物量时对氨挥发以抑制作用为主。

淹水环境中普遍存在周丛生物，周丛生物对氨挥发存在吸附和促进双重效应。一方面，周丛生物对氨有强烈的吸附能力，是因为周丛生物具有高比表面积和细胞外聚合物的化学性质，一些附生藻类（如蓝藻）能够在周丛生物的表面形成碳酸盐矿物，如方解石，这与周丛生物的吸附能力呈正相关，且周丛生物的吸附能力随着周丛生物生物量的增加而增强（Mulholland et al.，1994；Wu et al.，2010）。而且周丛生物的光合微生物能够有效地吸收其生长所需的营养物质，使周丛生物成为 NH_4^+ 的吸收库（Wu et al.，2014）。

另一方面，周丛生物也能促进氨挥发，我们发现周丛生物能改变系统中的 pH 和 NH_4^+-N 浓度。而 pH 和 NH_4^+-N 是氨挥发的控制因子（Shi et al.，2017）。周丛生物在水稻中普遍存在，作为土壤表面的"绿外套"，这种覆盖在土壤中的"外套"可以减少水向土壤的氧转移（Lu et al.，2016b）。周丛生物主要以藻类为优势物种，藻类的光合作用会利用来自水体的 CO_2，导致水体 pH 增加（Wu et al.，2016），促进铵离子向 NH_3 转化，增加氨挥发（Wu et al.，2018）。水稻土系统氨挥发转化过程及周丛生物的权衡效应如图 4-23 所示。

本研究首次明确了周丛生物对氨挥发的响应关系受氮肥施用量的影响（图 4-20），在低氮情况下（$\leqslant 20kg$ N/hm²），周丛生物对氨挥发的贡献不显著，其原因可能是，在低氮浓度下，周丛生物通过高比表面积和细胞外聚合物的化学性质吸附较多的氨，而周丛生物提升环境中 pH 和 NH_4^+-N 浓度从而促进氨挥发的能力有限（图 4-21），直接抑制和间接促进达到平衡状态，所以周丛生物对氨挥发的影响不大。随着施氮量的增加，周丛生物吸附氮的能力逐渐低于促进氨挥发的能力，上覆水中 NH_4^+-N 浓度明显增加，周丛生物的促进作用占主导地位，因此，周丛生物对氨挥发的贡献逐渐增大。

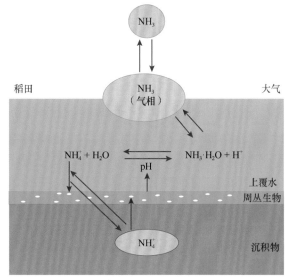

图 4-23　水稻土系统氨挥发转化过程及周丛生物的权衡效应

三、对氨挥发模拟和氮素管理的启示

研究表明，周丛生物因子的加入将提高区域水稻土氨挥发的估算精度，稻田系统氨挥发模型依据考虑的因素和过程可以分为统计模型和过程模型。统计模型是基于氨挥发和影响因子间的统计关系来估算区域稻田氨挥发。排放清单（排放因子）法被广泛应用于估算区域氨挥发总量（Zhou et al.，2015）。该方法采用固定的排放因子（Zhang et al.，2017），没有考虑不同区域具体的气候条件、种植制度、土壤环境等因素的综合影响，因此氨挥发估算存在很大的不确定性（宋勇生和范晓晖，2003）。Kang 等（2016）和 Xu 等（2016）考虑了不同区域的具体气候条件、种植制度、土壤环境等因素，降低了估算的不确定性。Chen 等（2014）强调，水稻土中氨挥发与施氮量之间的非线性响应可能是造成不确定性的主要原因。Zhou 等（2015）和 Jiang 等（2017）报道了水稻土中氨挥发与施氮量之间的非线性相关性。Wang 等（2018）认为，氨挥发与施氮量呈指数相关，特别是高施氮量条件下（＞ 300kg N/hm^2），他们的结果与我们的结果一致（图 4-20）。对这些结果的可能的解释是，在高施氮量下，周丛生物通过促进 pH 和 NH$_4^+$ 浓度的增加而显著增加了氨挥发。

过程模型考虑了铵态氮与液相氨的转化和氨在土 - 水 - 气界面的动态平衡，包含了化学和物理作用过程（Arogo and Zhang，1990）。其中传质双模模型——Jayaweera-Mikkelsen 模型（J-M 模型）最为典型。该模型将稻田氨挥发过程分为田面水中的酸碱平衡和 NH$_3$ 向大气环境的扩散过程，通过容易获取的 5 个参数（NH$_4^+$、pH、温度、风速和水深）进行氨挥发模拟。该模型模拟的稻田氨挥发量与稻田实测值具有较好的相关性，但在施肥初期会显著高估稻田氨挥发量（Wang et al.，2016）。究其原因，李慧琳等（2008）认为可能与施肥初期周丛生物中的藻类生物生长旺盛有关。大量的藻类不仅能吸附大量的 NH$_4^+$，还能通过固持氮素而降低田面水中的 NH$_4^+$-N，降低液相氨向气相氨转换的活性。

而 J-M 模型未能考虑周丛生物对氮素的吸附和固持作用，从而高估了氨挥发。基于此，Zhan 等（2019）引入液相氨向气相氨转化的活性因子，从而提高氨挥发估算精度的 54%。本研究直接验证了周丛生物对氨的吸收，提高了对水稻土中氨挥发过程的认识和模拟精度。因此，在 J-M 氨挥发过程模型中加入周丛生物因子，能进一步降低水稻土中氨挥发估算的不确定性。

除此之外，本研究结果还对实地研究中的氮素管理具有启示意义。室内对照试验的施氮量和周丛生物均在田间施氮量范围内，可指导水稻土系统氮素的有效管理，减少水体氮污染。氨挥发与施氮量呈指数相关（图 4-20），表明在高施氮量下，周丛生物对氨挥发有很大贡献。为了减少水稻土的氮流失，应该去除周丛生物（Rosemond et al.，1993；Wu et al.，2014）。在低氮处理中，周丛生物对氨挥发的影响不明显，氮素主要被周丛生物吸收和储存。在此条件下，可以适当保留周丛生物，对于减少系统氮素流失、暂时储存氮素供作物后期生长、提高氮素利用率具有重要意义。然而，在沟渠、湿地、河流和湖泊等水体中，应该去除氮，以防止富营养化。周丛生物可以去除水体中的氮，许多研究将周丛生物应用于人工湿地中以吸收氮，改善水质。

第四节　稻田周丛生物成膜抑氨技术

一、特丁净对周丛生物和氨挥发的抑制效应

特丁净是一种化学物质，分子式是 $C_{10}H_{19}N_5S$，是一种选择性除草剂和三嗪化合物，它是由根部和叶子吸收、在稻田中也用于藻类光合作用的抑制剂。本节通过添加特丁净来调控周丛生物生长，从而达到控制氨挥发的目的。

周丛生物在正常生长状态下，生物量峰值达 $79.9g/m^2$，施肥后明显增加，以基肥施加后最为显著，分蘖肥施加后一周生物量逐渐降低，最低 $16.9g/m^2$。$C_{10}H_{19}N_5S$ 的添加对周丛生物生物量有明显的抑制作用（图 4-24），从基肥施加后的第 2 天开始，周丛生物生物量最低达到 $19.7g/m^2$。分蘖肥施加期间，周丛生物的生物量整体有所增高，但是添加 $C_{10}H_{19}N_5S$ 的实验组（IB）生物量仍较对照组（WB）低了 $1.7 \sim 5g/m^2$。穗肥添加期间，两组处理下生物量在水稻全期中均最低，这是由于水稻生长旺盛，水层和土壤层中光照不充足，同时随着温度的降低，周丛生物的生长受到这两个关键因素的抑制从而减缓（Murphy et al.，2000）。

如图 4-25 所示，在水稻不同生育期，尿素施用 $1 \sim 2d$ 氨挥发通量达到最大值，后期逐渐减少。其中，对照处理中的基肥、分蘖肥、穗肥最大挥发量为 $8.5kg/（hm^2 \cdot d）$、$3.6kg/（hm^2 \cdot d）$、$0.2kg/（hm^2 \cdot d）$；使用特丁净（$C_{10}H_{19}N_5S$）改变稻田周丛生物后，基肥施加期间，减少周丛生物生物量，可将氨挥发通量峰值由 $8.5kg/（hm^2 \cdot d）$ 降至 $5.1kg/（hm^2 \cdot d）$，降低了 40.0%；而分蘖肥施加期间，添加 $C_{10}H_{19}N_5S$，可将最大的氨挥发通量由 $3.6kg/（hm^2 \cdot d）$ 降低至 $2.0kg/（hm^2 \cdot d）$，降低了 44.4%；穗肥添加后的氨挥发通量由 $2.0kg/（hm^2 \cdot d）$ 降低至 $1.2kg/（hm^2 \cdot d）$，实验组较对照组降低了 40%。综上所述，添加 $C_{10}H_{19}N_5S$ 改变稻田周丛生物的生长可显著降低稻田氨挥发。

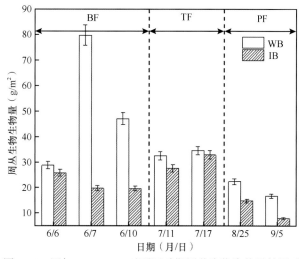

图 4-24　添加 $C_{10}H_{19}N_5S$ 对不同时期周丛生物生物量的影响

WB：对照组，周丛生物正常生长；IB：实验组，用 $C_{10}H_{19}N_5S$ 调控周丛生物生长。BF：基肥；TF：分蘖肥；PF：穗肥

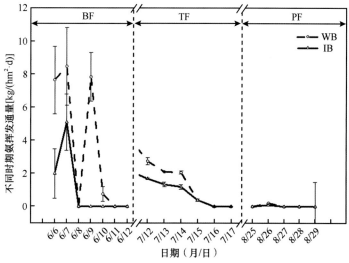

图 4-25　改变周丛生物后在基肥期、分蘖肥期和穗肥期的氨挥发通量

BF：基肥；TF：分蘖肥；PF：穗肥

如表 4-3 所示，对照组基肥期氨挥发总量为 24.8kg/hm²，分蘖期为 10.9kg/hm²，穗肥期为 0.2kg/hm²，整个水稻生长期的氨挥发总量为 35.88kg/hm²，占总施氮肥量的 14.9%；相比较而言，添加 $C_{10}H_{19}N_5S$ 调控周丛生物生长的处理组中不同时期的氨挥发通量均受到明显抑制，基肥期和分蘖肥期分别降低 17.7kg/hm² 和 4.3kg/hm²，穗肥期降低 0.1kg/hm²，累计排放量减少至 13.84kg/hm²，施肥后的氨挥发损失率减少至 5.8%。添加 $C_{10}H_{19}N_5S$ 改变了周丛生物，进而减少了稻田氨挥发。

表 4-3　改变周丛生物对氨挥发累计排放量及氨挥发损失率的影响

处理	氨挥发通量（kg/hm²）				氨挥发损失率（%）
	基肥（BF）	分蘖肥（TF）	穗肥（PF）	累计排放量	
WB	24.8±1.1	10.9±0.1	0.2±0.0	35.88	14.9
IB	7.1±0.5	6.6±0.1	0.1±0.3	13.84	5.8

从图 4-26 可以看出，添加 $C_{10}H_{19}N_5S$ 可以显著降低水中 NH_4^+-N、NO_3^--N 和 TN 的含量，施肥后影响更大。施用基肥后，田间水中 NO_3^--N、NH_4^+-N 和 TN 的含量分别降低了 30.7mg/L、9.9mg/L 和 104.4mg/L，后期由于烤田的影响，田间水分减少，稻田周丛生物生物量减少，周丛生物对田间养分含量的影响降低。

从图 4-26 可以看出，添加 $C_{10}H_{19}N_5S$ 对水体 pH 变化有一定影响，尤其以基肥期较为显著。基肥期间，添加 $C_{10}H_{19}N_5S$ 改变周丛生物处理初期田面水 pH 较正常生长状态下降低了 0.5，在基肥施加的中后期田面水 pH 逐渐增大，最高达到 8.2，较周丛生物正常生长状态下田面水 pH 高出 0.7。而在分蘖肥与穗肥期间，不同处理下的田面水 pH 差异不大。从整体上来看，前期控制周丛生物生长一定程度上促进了 pH 升高，在添加 $C_{10}H_{19}N_5S$ 改变周丛生物后期的 pH 相对于周丛生物正常生长有所降低。

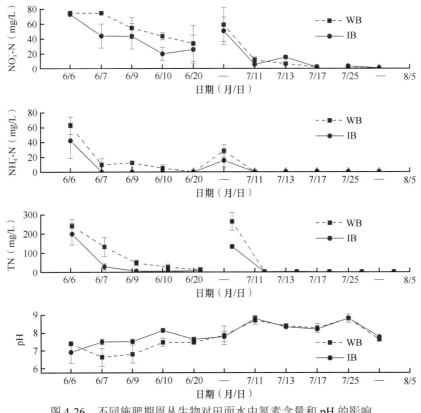

图 4-26　不同施肥期周丛生物对田面水中氮素含量和 pH 的影响

WB: 对照组，周丛生物正常生长；IB: 实验组，用 $C_{10}H_{19}N_5S$ 调控周丛生物生长

二、特丁净对周丛生物和氨挥发的抑制机制

从图 4-27a 可以看出，真核微生物群落结构中以褐藻（Ochrophyta）（8.1%～67.6%）、隐真菌（Cryptomycota）（3.9%～54.8%）、线虫（Nematoda）（0.6%～42.6%）为优势微型生物。在这三种优势微型生物中，隐真菌（Cryptomycota）在基肥施加后占比最高，而褐藻（Ochrophyta）在分蘖期和穗肥有明显增高。$C_{10}H_{19}N_5S$ 的添加对隐真菌（Cryptomycota）有明显的影响，在水稻生长全期降低了 5.3%～30.3%，而褐藻（Ochrophyta）的丰度在不同

时期均表现出先增高后降低的趋势。在水稻分蘖前（6月10日至7月11日），$C_{10}H_{19}N_5S$的添加对线虫（Nematoda）促进作用显著，最高增加了12.5%。

添加$C_{10}H_{19}N_5S$后不同时期周丛生物中的细菌群落结构丰度（图4-27b）从整体上看以变形菌（Proteobacteria）（23.7%～52.1%）、拟杆菌（Bacteroidetes）（16.8%～58.1%）、绿弯菌（Chloroflexi）（0.8%～14.6%）、酸杆菌（Acidobacteria）（3.3%～11.0%）为优势菌种。基肥施加后期（6月10日）和分蘖肥施加前期（7月11日），厚壁菌（Firmicutes）丰度明显增大至10.7%～14.4%。$C_{10}H_{19}N_5S$添加后变形菌丰度在分蘖期降低了0.7%～13.5%，拟杆菌丰度在苗期降低了3.4%～6.2%。相反，绿弯菌和酸杆菌的丰度均明显增加，最高分别增加了4.5%和1.3%。

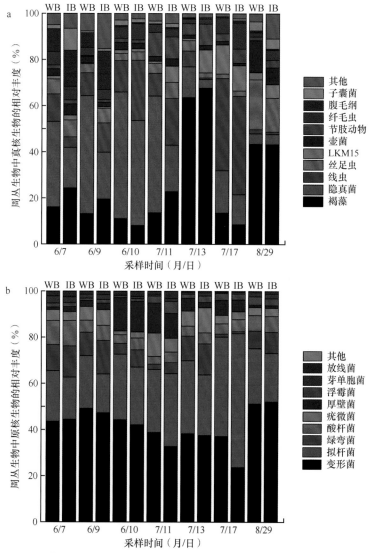

图4-27　$C_{10}H_{19}N_5S$在施肥期对周丛生物中真核生物（a）及原核生物（b）群落结构丰度的影响

WB：对照组，周丛生物正常生长；IB：实验组，用$C_{10}H_{19}N_5S$调控周丛生物生长

　　将不同时期田间氨挥发与周丛生物影响下的田面水理化性质、周丛生物中的群落结构进行相关分析，并筛选相关性较好的因子（$P < 0.1$）作为能够有效影响周丛生物介导的氨挥发过程的潜在因素。如图 4-28 所示，不同时期，周丛生物的生物量与氨挥发呈显著正相关（$R^2=0.526$，$P=0.053$），即氨挥发通量随着周丛生物生物量的增加而增大。然而，周丛生物细菌门上仅芽单胞菌门（Gemmatimonadetes）的相对丰度与氨挥发通量显著相关，占优势的几种细菌和真核微生物并无显著相关关系，推测周丛生物中是稀有物种主导氨挥发。对于田面水中的理化性质，NH_4^+-N、NO_3^--N、TN 含量均与氨挥发有一定的相关性，其中 NO_3^--N 与氨挥发呈极显著相关（$P < 0.01$），对于各种地面气象资料，风速是其中影响氨挥发的一个最重要因素。

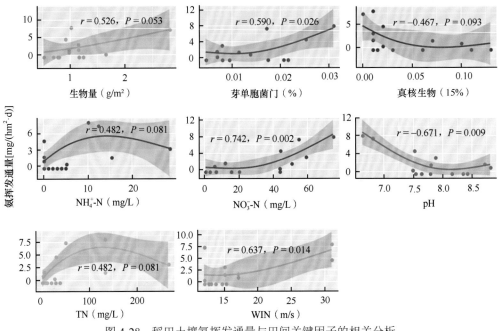

图 4-28　稻田土壤氨挥发通量与田间关键因子的相关分析

　　将显著相关的微生物以及理化因子作为自变量，不同处理瞬时氨挥发通量作为因变量，建立多元线性逐步回归分析，进行模型拟合，可以基于稻田周丛生物预测稻田氨挥发通量。以 NO_3^--N、平均风速（WIN）和周丛生物生物量（biomass）作为输入量而构建的模型预测效果和稳定性较好，调整后 r^2 达到 0.860。

　　氨挥发是发生在稻田气层、水层以及土壤层上相对复杂的物理化学反应过程，主要由尿素施入土壤后水解，形成碳酸铵，然后分解产生铵离子、氨气、二氧化碳和氢氧根，一般在施肥后的 7～10d 发生。本实验中氨挥发通量在施肥后的 2～4d 达到峰值（苏成国等，2003），5d 后开始下降。已有研究表明施氮量的增加会提高田面水中 pH 以及 NH_4^+-N 浓度，从而增加了稻田氨挥发损失以及水稻对氮素的吸收（He et al.，2018；Lin et al.，2007）。施用氮肥后，田面水中的 NH_4^+-N 浓度以及 pH 均出现了短暂性升高，其后随时间的延长逐渐降低。本研究施肥处理下，稻田氨挥发损失率达到 14.9%，高于 Ju 等（2009）对中国北部稻田土壤的氨挥发损失率（11.6%）的研究。传统的田间施肥方式会刺激稻田氨挥发的增强，同时由于稻田长期处于淹水状态，黏土沉积在耕作层的下层减少了施肥后通过地下水渗漏流失的氮素，增加了通过水解产生的氨挥发损失（Liu and Diamond，2005；Liu et al.，2006）。

三、周丛生物成膜抑氨技术在稻田中的应用

基于以上研究背景，使用包埋法制备出周丛生物诱导载体（制备方法见专利CN201911138867.2），试验田中插秧后，均匀撒施诱导载体，用量为45kg/hm²；穗肥施加后再次撒施诱导载体30kg/hm²；对照田中不施加任何载体。比较不同水稻生长期内试验田与对照田中不同施肥期周丛生物氮储存能力及其诱导的氨挥发通量后发现，诱导载体的使用能够快速诱导稻田周丛生物的生长，人工诱导生长的周丛生物具有更大的氮富集能力，表现出更强的抑制氨挥发的潜势。

如表4-4所示，人工诱导载体的使用能快速诱导稻田周丛生物的生长，增加了稻田周丛生物的生物量，具有更大的氮富集能力，从而减少施肥后田面水中的氨浓度，进而抑制了氨挥发。载体诱导使得施基肥、分蘖肥、穗肥后周丛生物中氮储量分别增加了0.44kg/hm²、6.46kg/hm²、2.23kg/hm²。

表4-4 不同施肥期人工诱导的周丛生物氮储量（kg/hm²）

处理	基肥	分蘖肥	穗肥
自然生长	1.11	4.46	2.37
载体诱导	1.55	10.92	4.60

为了使周丛生物储存的氮释放出来供水稻利用，同时降低田面水 pH，达到释肥抑氨的效果，试验通过施用特丁净来达到此目的。试验共施加 2 次特丁净，间隔两天，每次施加 0.1kg/hm²，对照田中不施加特丁净。结果表明，特丁净的施用可显著抑制稻田氨挥发的发生，其中基肥期、分蘖肥期以及穗肥期周丛生物诱导的氨挥发量（处理组与对照组之差）分别为 17.64kg/hm²、4.29kg/hm² 以及 0.11kg/hm²，特丁净的施用对基肥期氨挥发抑制效果最显著。利用特丁净将该时期氨挥发累计损失量降低了 71.3%（17.76kg N/hm²）；基于上述试验结果，提出抑藻控氨 - 快速成膜 - 抑藻释铵的"控 - 固 - 释"技术（图 4-29）。该技术在基肥期推荐施加特丁净，抑制藻类与水稻的养分竞争，降低田面水 pH。在分蘖期与穗肥期，周丛生物介导的氨挥发量均小于周丛生物对氮储存的影响，因此可在这两个时期诱导周丛生物的生长，通过强化周丛生物对氮的储存，抵消对氨挥发的影响。在花期再次施入特丁净，将分蘖期与穗肥期周丛生物固定的铵释放出来，供水稻后期利用，最终实现肥料高效利用与减少氨挥发排放的目标。

在添加特丁净后，稻田不同时期的氨挥发量出现了明显的降低，氨挥发损失率降低9.1%，表明施用特丁净调控周丛生物生长能够显著影响稻田氨挥发。$C_{10}H_{19}N_5S$ 常作为田间除草剂，在除草的同时可以抑制藻类的光合作用，降低藻类浓度，短时间抑制田面水 pH 升高（Bowmer and Muirhead，1987；Vlek et al.，1980），已有研究表明 $C_{10}H_{19}N_5S$ 随着脲酶抑制剂的使用效果更明显（Chaiwanakupt et al.，1996）。基于 $C_{10}H_{19}N_5S$ 对田间

藻类及 pH 的作用，以及对稻田较小的毒性，本试验选用低浓度的 $C_{10}H_{19}N_5S$ 改变周丛生物结构，降低周丛生物中的藻类活性，以减少藻类通过光合作用引发的氨挥发加速。从结果看，添加 $C_{10}H_{19}N_5S$ 后周丛生物生物量出现了降低，同时，在相关分析中稻田周丛生物生物量与氨挥发也呈显著正相关。$C_{10}H_{19}N_5S$ 可以通过抑制光合系统 II（PS II）来干扰藻类的光合作用（Broser et al.，2011），它与 PS II 的 Q_B 位点特异性结合，减少电子向质体醌库的转移（Xiong et al.，1997），抑制光合作用中氧气的释放（Zimmermann et al.，2006）。Brust 等（2001）研究表明 $C_{10}H_{19}N_5S$ 对附生藻类的抑制作用是周丛生物生物量减少的直接原因。与对照组（周丛生物正常生长）相比，添加 $C_{10}H_{19}N_5S$ 后周丛生物生物量减少，并且田面水 NH_4^+-N、NO_3^--N 浓度降低，因此，试验组和对照组氨挥发量的差异是由水体中氨挥发底物浓度的变化引起的。对周丛生物中的微生物群落结构进一步分析发现，添加 $C_{10}H_{19}N_5S$ 对拟杆菌门（Bacteroidetes）、变形菌门（Proteobacteria）等的丰度有抑制作用，有研究表明这种嗜营养微生物在高氮环境中群落丰度更高，而低氮环境中绿弯菌门（Chloroflexi）和酸杆菌门（Acidobacteria）等贫营养微生物更易生存（Clark and Tilman，2008；Hahm et al.，2017）。可见添加 $C_{10}H_{19}N_5S$ 降低周丛生物的整体生物量，使稻田水土界面保持在低氮水平，从而抑制氨挥发。

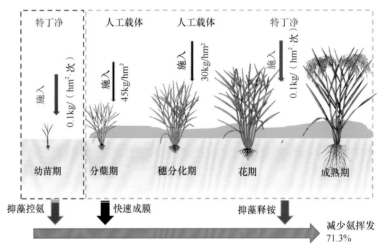

图 4-29　稻田周丛生物"控-固-释"技术（夏永秋等，2021）

田面水氮素含量、地面风速、周丛生物生物量是影响氨挥发通量的 3 个关键因子。其中周丛生物对稻田氨挥发有一定促进作用，添加 $C_{10}H_{19}N_5S$ 抑制周丛生物生长后可以降低田间 9.1% 的氨挥发损失率，但是这种抑制作用并不是通过降低田面水 pH 实现的，而是通过改变周丛生物的生物量及其微生物组成以及降低田面水中氮素含量起作用的，添加 $C_{10}H_{19}N_5S$ 能够降低稻田周丛生物生物量，改变周丛生物微生物群落结构，抑制富营养化微生物（拟杆菌门、变形菌门）的丰度，增加贫营养化微生物（酸杆菌门）的丰度，进而以低成本、高效的技术降低氨挥发累计量，缓解稻田温室气体排放带来的环境压力。基于以上研究背景，通过特丁净与人工载体的联合使用，形成一套稻田周丛生物成膜抑氨技术，即在水稻生长前期通过特丁净的施用抑制周丛生物的生长，进而显著抑制稻田氨挥发；随着水稻的生长，可通过人工载体的使用诱导周丛生物的生长，通过周丛生物储铵作用减少氮的流失,抵消稻田氨挥发,进而从总体上实现有效降低稻田氨挥发的目标。最后,在水稻生长末期可利用特丁净诱导周丛生物将分蘖期与穗肥期周丛生物固定的铵释放出来,供水稻后期利用,最终协同实现肥料高效利用与减少氨挥发排放的目标。

参 考 文 献

曹文娟,徐祖信,王晟. 2012. 周丛生物中同步硝化反硝化的研究进展. 水处理技术, 38(1): 1-5.

李慧琳,韩勇,蔡祖聪. 2008. 运用 Jayaweera-Mikkelsen 模型对太湖地区水稻田稻季氨挥发的模拟. 环境科学, 29(4): 1045-1052.

宋勇生,范晓晖. 2003. 稻田氨挥发研究进展. 生态环境, 12(2): 240-244.

苏成国,尹斌,朱兆良,等. 2003. 稻田氮肥的氨挥发损失与稻季大气氮的湿沉降. 应用生态学报, 14(11): 1884-1888.

王逢武,刘玮,万娟娟,等. 2015. 周丛生物存在下不同水层氧化还原带的分布及其与微生物的关联. 环境科学, 36(11): 4043-4050.

吴国平,高孟宁,唐骏,等. 2019. 周丛生物对面源污水中氮磷去除的研究进展. 生态与农村环境学报, 35(7): 817-825.

伍良雨,吴辰熙,康杜. 2019. 载体对周丛生物生物量和群落的影响研究. 环境科学与技术, 42(1): 50-57.

夏永秋,王慎强,孙朋飞,等. 2021. 长江中下游典型种植业氨排放特征与减排关键技术. 中国生态农业学报(中英文), 29(12): 1981-1989.

徐万里,刘骅,张云舒,等. 2011. 施肥深度、灌水条件和氨挥发监测方法对氮肥氨挥发特征的影响. 新疆农业科学, 48(1): 86-93.

张慧洁,赵婧宇,高波,等. 2019. 默默无闻的周丛生物. 大自然, (5): 62-65.

赵婧宇,韩建刚,孙朋飞,等. 2021. 周丛生物对稻田氨挥发的影响. 土壤学报,(5): 1267-1277.

Arogo J, Zhang R H. 1990. Mass transfer coefficient of ammonia in liquid swine manure and aqueous solutions. Journal of Agricultural Engineering Research, 73(1): 77-86.

Barry K E, Mommer L, van Ruijven J, et al. 2019. The future of complementarity: Disentangling causes from consequences. Trends in Ecology & Evolution, 34(2): 167-180.

Bharti A, Velmourougane K, Prasanna R. 2017. Phototrophic biofilms: diversity, ecology and applications. Journal of Applied Phycology, 29(6): 2729-2744.

Boelee N C, Temmink H, Janssen M, et al. 2011. Nitrogen and phosphorus removal from municipal wastewater effluent using microalgal biofilms. Water Research, 45(18): 5925-5933.

Bowmer K H, Muirhead W A. 1987. Inhibition of algal photosynthesis to control pH and reduce ammonia volatilization from rice floodwater. Fertilizer Research, 13(1): 13-29.

Bracken M E S, Stachowicz J J. 2006. Seaweed diversity enhances nitrogen uptake via complementary use of nitrate and ammonium. Ecology, 87(9): 2397-2403.

Broser M, Glöckner C, Gabdulkhakov A, et al. 2011. Structural basis of cyanobacterial photosystem Ⅱ inhibition by the herbicide terbutryn. Journal of Biological Chemistry, 286(18): 15964-15972.

Brust K, Licht O, Hultsch V, et al. 2001. Effects of terbutryn on aufwuchs and lumbriculus variegatus in artificial indoor streams. Environmental Toxicology & Chemistry, 20(9): 2000-2007.

Chaiwanakupt P, Freney J R, Keerthisinghe D G, et al. 1996. Use of urease, algal inhibitors, and nitrification inhibitors to reduce nitrogen loss and increase the grain yield of flooded rice (*Oryza sativa* L.). Biology and Fertility of Soils, 22(1-2): 89-95.

Chen X, Cui Z, Fan M, et al. 2014. Producing more grain with lower environmental costs. Nature, 514(7523): 486-489.

Clark C M, Tilman D. 2008. Loss of plant species after chronic low-level nitrogen deposition to prairie grasslands. Nature, 451(7179): 712-715.

Flemming H C, Wingender J. 2010. The biofilm matrix. Nature Reviews Microbiology, 8(9): 623-633.

Frenzel P. 2012. One millimetre makes the difference: High-resolution analysis of methane-oxidizing bacteria and their specific activity at the oxic-anoxic interface in a flooded paddy soil. The ISME Journal, 6(11): 2128.

Hahm M S, Son J S, Kim B S, et al. 2017. Comparative study of rhizobacterial communities in pepper greenhouses and examination of the effects of salt accumulation under different cropping systems. Archives of Microbiology, 199(2): 303-315.

He T, Liu D, Yuan J, et al. 2018. A two years study on the combined effects of biochar and inhibitors on ammonia volatilization in an intensively managed rice field. Agriculture Ecosystems & Environment, 264: 44-53.

Huang J, Liu X, Liu Y, et al. 2021. Non-linear response of ammonia volatilization to periphyton in paddy soils. Journal of Geophysical Research: Biogeosciences, 126(3).

Jiang Y, Deng A, Bloszies S, et al. 2017. Nonlinear response of soil ammonia emissions to fertilizer nitrogen. Biology and Fertility of Soils, 53(3): 269-274.

Ju X T, Xing G X, Chen X P, et al. 2009. Reducing environmental risk by improving N management in intensive Chinese agricultural systems. Proceedings of the National Academy of Sciences of the United States of America, 106(9): 3041-3046.

Kang Y, Liu M, Song Y, et al. 2016. High-resolution ammonia emissions inventories in China from 1980 to 2012. Atmospheric Chemistry and Physics, 16(4): 2043-2058.

Kemmitt S J, Lanyon C V, Waite I S, et al. 2008. Mineralization of native soil organic matter is not regulated by the size, activity or composition of the soil microbial biomass—a new perspective. Soil Biology and Biochemistry, 40(1): 61-73.

Kögel-Knabner I. 2002. The macromolecular organic composition of plant and microbial residues as inputs to soil organic matter. Soil Biology and Biochemistry, 34(2): 139-162.

Lee J, Park J H, Shin Y S, et al. 2009. Effect of dissolved organic matter on the growth of algae, *Pseudokirchneriella subcapitata*, in Korean lakes: The importance of complexation reactions. Ecotoxicology and Environmental Safety, 72(2): 335-343.

Li D, Sharp J O, Saikaly P E, et al. 2012. Dissolved organic carbon influences microbial community composition and diversity in managed aquifer recharge systems. Applied and Environmental Microbiology, 78(19): 6819-6828.

Lin D X, Fan X H, Hu F, et al. 2007. Ammonia volatilization and nitrogen utilization efficiency in response to urea application in rice fields of the Taihu Lake Region, China. Pedosphere, 17(5): 639-645.

Liu J, Danneels B, Vanormelingen P, et al. 2016. Nutrient removal from horticultural wastewater by benthic filamentous algae *Klebsormidium* sp., *Stigeoclonium* spp. and their communities: From laboratory flask to outdoor Algal Turf Scrubber(ATS). Water Research, 92: 61-68.

Liu J, Diamond J. 2005. China's environment in a globalizing world. Nature, 435(7046): 1179.

Liu J, Vyverman W. 2015. Differences in nutrient uptake capacity of the benthic filamentous algae *Cladophora* sp., *Klebsormidium* sp. and *Pseudanabaena* sp. under varying N/P conditions. Bioresource Technology, 179: 234-242.

Liu J, Wu Y, Wu C, et al. 2017. Advanced nutrient removal from surface water by a consortium of attached microalgae and bacteria: A review. Bioresource Technology, 241: 1127-1137.

Liu X, Ju X, Zhang Y, et al. 2006. Nitrogen deposition in agroecosystems in the Beijing area. Agriculture Ecosystems & Environment, 113(1-4): 370-377.

Lu H, Feng Y, Wang J, et al. 2016a. Responses of periphyton morphology, structure, and function to extreme nutrient loading. Environmental Pollution, 214: 878-884.

Lu H, Qi W, Liu J, et al. 2018. Paddy periphyton: Potential roles for salt and nutrient management in degraded mudflats from coastal reclamation. Land Degradation & Development, 29(9): 2932-2941.

Lu H, Wan J, Li J, et al. 2016b. Periphytic biofilm: A buffer for phosphorus precipitation and release between sediments and water. Chemosphere, 144: 2058-2064.

Miqueleto A, Dolosic C, Pozzi E, et al. 2010. Influence of carbon sources and C/N ratio on EPS production in anaerobic sequencing batch biofilm reactors for wastewater treatment. Bioresource Technology, 101(4): 1324-1330.

Muirhead W A, Datta S K D, Roger P A, et al. 1989. Effect of algicides on urea fertilizer efficiency in transplanted rice. Fertilizer Research, 21: 95-107.

Mulholland P J, Steinman A D, Marzolf E R, et al. 1994. Effect of periphyton biomass on hydraulic characteristics and nutrient cycling in streams. Oecologia, 98(1): 40-47.

Murphy D V, Macdonald A J, Stockdale E A, et al. 2000. Soluble organic nitrogen in agricultural soils. Biology & Fertility of Soils, 30(5-6): 374-387.

Neumann D, Heuer A, Hemkemeyer M, et al. 2014. Importance of soil organic matter for the diversity of microorganisms involved in the degradation of organic pollutants. The ISME Journal, 8(6): 1289-1300.

Pastor A, Peipoch M, Cañas L, et al. 2013. Nitrogen stable isotopes in primary uptake compartments across streams differing in nutrient availability. Environmental Science & Technology, 47(18): 10155-10162.

Philippot L. 2002. Denitrifying genes in bacterial and archaeal genomes. Biochimica et Biophysica Acta, 1577(3): 355-376.

Pratihary A, Naqvi S, Narvenkar G, et al. 2014. Benthic mineralization and nutrient exchange over the inner continental shelf of Western India. Biogeosciences, 11(10): 2771-2791.

Reed H E, Martiny J B. 2012. Microbial composition affects the functioning of estuarine sediments. The ISME Journal, 7(4): 868-879.

Reynaud P A, Roger P A. 1978. N_2-fixing algal biomass in senegal rice fields. Ecological Bulletins, (26): 148-157.

Roeselers G, Van Loosdrecht M, Muyzer G. 2007. Heterotrophic pioneers facilitate phototrophic biofilm development. Microbial Ecology, 54(3): 578-585.

Rosemond A D, Mulholl and P J, Elwood J W. 1993. Top-down and bottom-up control of stream periphyton: Effects of nutrients and herbivores. Ecology, 74(4): 1264-1280.

Ross M E, Davis K, McColl R, et al. 2018. Nitrogen uptake by the macro-algae *Cladophora coelothrix* and *Cladophora parriaudii*: Influence on growth, nitrogen preference and biochemical composition. Algal Research, 30: 1-10.

Schmidt M W I, Torn M S, Abiven S, et al. 2011. Persistence of soil organic matter as an ecosystem property. Nature, 478(7367): 49-56.

She D, Wang H, Yan X, et al. 2018. The counter-balance between ammonia absorption and the stimulation of volatilization by periphyton in shallow aquatic systems. Bioresource Technology, 248(Pt B): 21-27.

Shi G L, Lu H Y, Liu J Z, et al. 2017. Periphyton growth reduces cadmium but enhances arsenic accumulation in rice (*Oryza sativa*) seedlings from contaminated soil. Plant & Soil, 421(1-2): 137-146.

Shoun H, Kim D H, Uchiyama H, et al. 1992. Denitrification by fungi. FEMS Microbiology Letters, 94(3): 277-281.

Simpsoni J R, Muirhead W A, Bowmer K H, et al. 1988. Control of gaseous nitrogen losses from urea applied to flooded rice soils. Fertilizer Research, 18(1): 31-47.

Song K, Kang H, Zhang L, et al. 2012. Seasonal and spatial variations of denitrification and denitrifying bacterial community structure in created riverine wetlands. Ecological Engineering, 38(1): 130-134.

Su J, Kang D, Xiang W, et al. 2016. Periphyton biofilm development and its role in nutrient cycling in paddy microcosms. Journal of Soils and Sediments, 17(3): 810-819.

Tiessen H, Cuevas E, Chacon P. 1994. The role of soil organic matter in sustaining soil fertility. Nature, 371(6500): 783-785.

Vlek P L G, Stumpe J M, Byrnes B H. 1980. Urease activity and inhibition in flooded soil systems. Fertilizer Research, 1(3): 191-202.

Wang H, Hu Z, Lu J, et al. 2016. Estimation of ammonia volatilization from a paddy field after application of controlled-release urea based on the modified Jayaweera-Mikkelsen model combined with the Sherlock-Goh Model. Communications in Soil science and Plant Analysis, 47(13-14): 1630-1643.

Wang H, Zhang D, Zhang Y, et al. 2018. Ammonia emissions from paddy fields are underestimated in China. Environmental Pollution, 235: 482-488.

Weng B, Huang F, Zhu G B, et al. 2015. Nitrogen loss by anaerobic oxidation of ammonium in rice rhizosphere. The ISME Journal, 9(9): 2059-2067.

Weston N B, Vile M A, Neubauer S C, et al. 2011. Accelerated microbial organic matter mineralization following salt-water intrusion into tidal freshwater marsh soils. Biogeochemistry, 102(1-3): 135-151.

Wu Y, He J, Yang L. 2010. Evaluating adsorption and biodegradation mechanisms during the removal of microcystin-RR by periphyton. Environmental Science & Technology, 44(19): 7743.

Wu Y, Liu J, Lu H, et al. 2016. Periphyton: an important regulator in optimizing soil phosphorus bioavailability in paddy fields. Environmental Science and Pollution Research, 23(21): 21377-21384.

Wu Y, Liu J, Rene E R. 2018. Periphytic biofilms: A promising nutrient utilization regulator in wetlands. Bioresource Technology, 248(Pt B): 44-48.

Wu Y, Liu J, Shen R, et al. 2017. Mitigation of nonpoint source pollution in rural areas: From control to synergies of multi ecosystem services. Science of the Total Environment, 607-608: 1376-1380.

Wu Y, Xia L, Liu N, et al. 2014. Cleaning and regeneration of periphyton biofilm in surface water treatment systems. Water Science and Technology, 69(2): 235-243.

Xia Y, She D, Zhang W, et al. 2018. Improving denitrification models by including bacterial and periphytic biofilm in a shallow water-sediment system. Water Resources Research, https://doi.org/10.1029/2018WR022919.

Xiong J, Hutchison R S, Sayre R T, et al. 1997. Modification of the photosystem II acceptor side function in a D1 mutant (arginine-269-glycine) of *Chlamydomonas reinhardti*. Biochimica et Biophysica Acta, 1322(1): 60-76.

Xu P, Liao Y J, Lin Y H, et al. 2016. High-resolution inventory of ammonia emissions from agricultural fertilizer in China from 1978 to 2008. Atmospheric Chemistry and Physics, 16(3): 1207-1218.

Yan X, Zhou H, Zhu Q H, et al. 2013. Carbon sequestration efficiency in paddy soil and upland soil under long-term fertilization in southern China. Soil and Tillage Research, 130: 42-51.

Yao Y, Zhang M, Tian Y, et al. 2017. Duckweed (*Spirodela polyrhiza*) as green manure for increasing yield and reducing nitrogen loss in rice production. Field Crops Research, 214: 273-282.

Zhan X, Chen C, Wang Q, et al. 2019. Improved Jayaweera-Mikkelsen model to quantify ammonia volatilization from rice paddy fields in China. Environmental Science and Pollution Research, 26(8): 8136-8147.

Zhang W, Xu M, Wang X, et al. 2012. Effects of organic amendments on soil carbon sequestration in paddy fields of subtropical China. Journal of Soils and Sediments, 12(4): 457-470.

Zhang X, Wu Y, Liu X, et al. 2017. Ammonia emissions may be substantially underestimated in China. Environmental Science & Technology, 51(21): 12089-12096.

Zhou F, Ciais P, Hayashi K, et al. 2015. Re-estimating NH_3 emissions from Chinese cropland by a new nonlinear model. Environmental Science & Technology, 50(2): 564-572.

Zimmermann K, Heck M, Frank J, et al. 2006. Herbicide binding and thermal stability of photosystem II isolated from *Thermosynechococcus elongatus*. Biochimica et Biophysica Acta (BBA)-Bioenergetics, 1757(2): 106-114.

Zumft W G. 1997. Cell biology and molecular basis of denitrification. Microbiology and Molecular Biology Reviews, 61(4): 533-616.

第五章 稻田周丛生物对磷的调控作用

第一节 周丛生物对无机磷的缓存缓释特征

周丛生物有较强的磷固持能力，认识其固持和释放磷的动力学特征、化学形态，以及稻田环境影响因素等，可为周丛生物在稻田磷素调节中的作用评价提供重要依据。

一、周丛生物对无机磷的缓存缓释能力及形态区分

周丛生物具有较强的无机磷缓存能力。通过室内控制条件模拟稻田不同光照与环境条件下周丛生物的生长环境，分别用纤维棉载体、树枝状载体在水体中富集培养得到低光照和高光照条件下富集的自然周丛生物，同时用纤维棉载体在水稻土表面富集培养周丛生物，得到土培周丛生物进行对比研究。研究发现，在加磷条件下，周丛生物在光照和避光条件下 48h 内都对无机磷表现为固持作用（图 5-1），其中最初的 0 ～ 8h 内磷的固持速度最快。光照条件下 48h 内周丛生物对磷的固持量可达 1.51 ～ 5.72mg/g，吸收速率为 31.4 ～ 119.1μg/（g·h），表现出较好的磷固持潜力；光照条件下无机磷的固持量是避光条件下的 2.5 ～ 5 倍，这主要是因为周丛生物以光营养型藻类如绿藻为主，可以通过生物吸收、矿物吸附和共沉淀等机制固持磷（Drake et al.，2012；Su et al.，2017）。而在不加磷的避光条件下，周丛生物会逐渐释放本身携带的磷。由于周丛生物在避光条件下主要表现为呼吸作用，并可降低其微域环境的 pH，且易消耗 O_2，促进还原条件形成，因此促进了钙结合态和铁结合态磷的释放（Mccormick et al.，2006）。三种周丛生物在高磷条件下光照和避光均表现出对磷的固持作用，而在低磷条件下，周丛生物释放本身携带的磷，特别是在避光条件下。这些结果表明自然周丛生物本身在繁殖阶段对无机磷具有一定的缓存缓释作用，对调控稻田土壤磷的生物可利用性具有较好潜力（Wu et al.，2016；Zhao et al.，2018）。

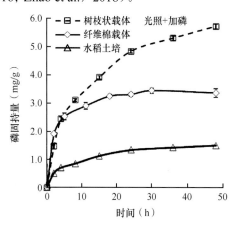
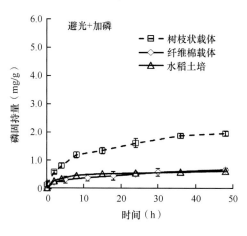

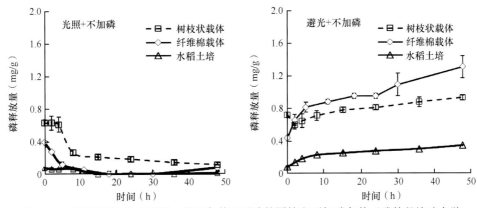

图 5-1　三种周丛生物在光照、避光条件下对磷的固持和不加磷条件下磷的释放动力学

　　对富集培养的周丛生物进行了无机磷和有机磷形态区分，发现无机磷和有机磷均为周丛生物中重要的磷形态，其中树枝状载体周丛生物、纤维棉载体周丛生物和水稻土培周丛生物中有机磷的含量分别占总磷含量的 48%、56% 和 62%，表明非生物固持与生物吸收对周丛生物固持磷均起着重要的作用。对比三种周丛生物的磷含量，发现无机磷和有机磷的含量均为树枝状载体周丛生物 > 纤维棉载体周丛生物 > 水稻土培周丛生物，这与周丛生物生物量的大小顺序一致，其主要受光照强弱影响。强光照培养的树枝状载体周丛生物生物量大，绿藻等比例高，因此对磷的生物吸收作用强（Turner et al.，2005；Zhao et al.，2018）。用连续提取法进行了磷形态分析，发现铁结合态、钙结合态和残余态磷是纤维棉载体与树枝状载体周丛生物磷的主要结合形态，均占总磷含量的20% ～ 35%；水稻土培养的周丛生物中固持的磷则以铁结合态、铝结合态和残余态磷为主（图 5-2）。对富集培养的周丛生物做进一步固持磷实验，发现不同形态的磷均有增加，其中纤维棉载体周丛生物和树枝状载体周丛生物固持的磷主要以弱结合态、铁结合态、钙结合态和残余态磷形式存在，而水稻土培周丛生物固持的磷以铁结合态和铝结合态为主（图 5-2）。因此，光照条件和溶液环境中离子组成如 Ca^{2+}、Fe^{2+}、Fe^{3+} 等，对富集周丛生物的性质以及磷的固持能力和形态均产生影响；稻田土壤中培养的周丛生物固持磷的能力会明显低于水体中的。

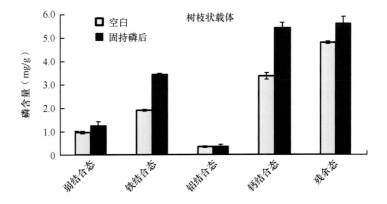

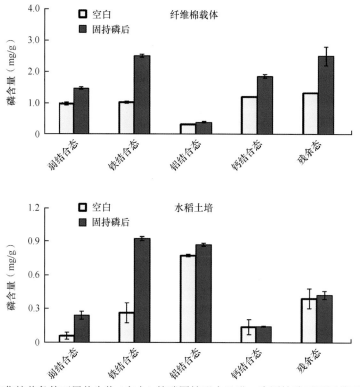

图 5-2　不同富集培养条件下周丛生物（空白）的磷固持形态及进一步固持磷后不同磷形态含量的变化

二、土壤溶液中钙离子和亚铁离子促进周丛生物固持磷的分子机制

钙离子（Ca^{2+}）通常是稻田土壤溶液中含量最高的阳离子，也是影响稻田土壤磷形态转化的重要离子之一。研究结果表明（图 5-3a、b）周丛生物固持磷的能力随溶液中 Ca^{2+} 或磷浓度的提高显著增加，磷的固持量与钙的固持量在不同钙离子浓度下分别呈很好的线性相关关系，非生物固持的 Ca/P 为 0.7，而且光照条件下周丛生物对磷的固持能力远大于避光条件（Li et al.，2017）。这主要是由于光照条件下周丛生物以光合作用为主，可以显著提高溶液的 pH，当 pH 大于 8 后，钙诱导的磷酸钙和碳酸盐沉淀以及与磷的共沉淀，这是周丛生物在高 pH 条件下非生物固持磷能力显著增加的主要原因（图 5-3c、d）。

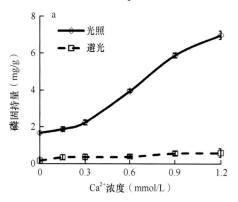
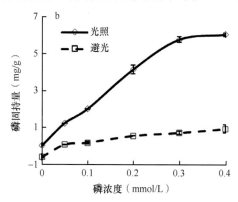

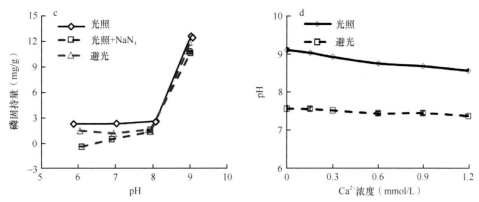

图 5-3 光照和避光条件下不同钙离子（a）和磷（b）浓度及 pH（c）对周丛生物固持磷的影响以及 Ca^{2+} 浓度对周丛生物悬浮液 pH（d）的影响

通过对 Ca 和 P 的同步辐射近边结构谱进行分析，证实 Ca 与 P 形成羟基磷灰石是主要的磷固持机制，同时也有碳酸盐沉淀产生，因此碳酸盐沉淀以及与磷的共沉淀也为促进周丛生物磷固持的重要机制（图 5-4）。

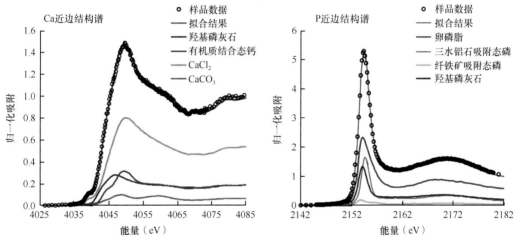

图 5-4 钙离子处理周丛生物中 Ca 和 P 的同步辐射近边结构谱

由于稻田土壤会经历季节性的淹水与晒田等农事活动，铁元素的活性比较高，其中淹水时将释放大量的亚铁离子（Fe^{2+}）。研究表明，在亚铁离子存在条件下，周丛生物对磷的固持和铁的固持主要发生在反应的 2h 内，周丛生物对磷的固持分别随着亚铁离子或磷浓度的增加而增加，光照条件与避光条件下周丛生物固持磷的能力接近，前者略高于后者（Li et al.，2017）。而且固持的 P/Fe 在反应前 2h 逐渐增加至 0.5，而在接下来 94h 的培养期内逐渐下降至 0.4，因此根据固持的 P/Fe 及其变化可以推测前期主要形成了磷酸铁沉淀，而后期磷主要被吸附到铁氧化物表面（图 5-5）。X 射线吸收近边结构分析发现前期主要形成了磷酸亚铁（蓝铁矿）沉淀，但大部分亚铁氧化后沉淀形成纤铁矿，磷主要被吸附在纤铁矿表面（图 5-6）。研究表明，周丛生物的光合作用释放出 O_2，促进亚铁离子氧化并形成水合氧化铁，协同促进磷的吸附或与磷形成共沉淀。而且，磷酸亚铁沉淀随着磷或亚铁离子浓度的增加而增多，当亚铁离子浓度低于 0.05mmol/L 时，亚铁离子基本被氧化形成了纤铁矿而吸附磷；随着亚铁离子浓度增加至 0.1mmol/L 时，磷酸根离子浓度 0.4mmol/L 时，有约 42% 的磷以蓝铁矿形态存在，而 58% 以纤铁矿吸附态磷存在。实际环境条件下，一般亚铁离子和磷的浓度均较低，因此铁氧化物吸附态磷应该是周丛生物固持磷的主要机制。

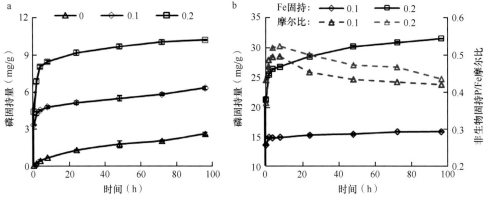

图 5-5　不同亚铁离子浓度对周丛生物固持磷的动力学（a）以及磷固持量和非生物固持 P/Fe 随时间的变化（b）（Li et al.，2017）

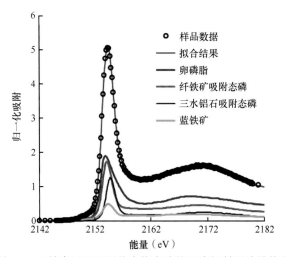

图 5-6　亚铁离子处理周丛生物中磷的同步辐射近边结构谱

三、周丛生物腐解过程中固持磷的释放特征

　　水稻生长前期，周丛生物能够获取足够的阳光并固持大量溶液态磷；水稻生长后期由于冠层覆盖，周丛生物很难获取阳光并不断腐解，腐解过程中会不断释放出前期固持的磷。土壤溶液 pH 对周丛生物固持磷的释放影响很大，亚铁离子处理的周丛生物固持磷的释放量大小顺序为：pH 4.0 ＞ pH 6.0 ＞ pH 10.0 ＞ pH 8.0；而钙离子处理的周丛生物固持磷的释放量大小顺序为：pH 4.0 ＞ pH 6.0 ＞ pH 8.0 ＞ pH 10.0（图 5-7）。酸性条件下周丛生物释放的磷主要来自弱结合态磷和钙结合态磷，pH 越低，钙结合态磷的释放量

越大，磷的释放总量也越大，因此酸性条件下钙离子处理周丛生物磷的释放量比相应 pH 条件下铁处理的周丛生物磷的释放量要高。而碱性条件下，周丛生物释放的磷主要来自弱结合态磷和铁铝结合态磷，因此 pH 10.0 时 Fe^{2+} 处理周丛生物磷的释放量反而高于 pH 8.0 的，pH 10.0 时 Fe^{2+} 处理周丛生物磷的释放量比同一 pH 条件下钙处理周丛生物磷的释放量要高。周丛生物经过 4 次不同 pH 溶液提取后，磷的释放量占周丛生物总固持磷量的 23% ～ 71%（图 5-7）。因此，周丛生物不但可以在繁殖阶段固持溶液态磷，减少磷在土壤中的固定和淋失风险，同时在水稻生长后期会将固持的磷释放出来，周丛生物在水稻幼苗期起着磷库的作用，而需磷量大的水稻灌浆阶段等起着磷源的作用，可对稻田土壤磷起到缓存缓释的作用，但释放量受土壤 pH 等性质和固持磷形态的影响。

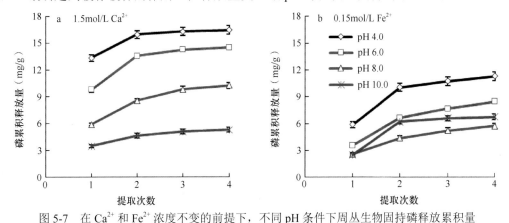

图 5-7　在 Ca^{2+} 和 Fe^{2+} 浓度不变的前提下，不同 pH 条件下周丛生物固持磷释放累积量

第二节　周丛生物对稻田土－水界面磷去向与形态转化的影响

周丛生物作为一种光合自养微生物聚集体，在水稻生长初期幼苗对磷的需求较弱，但养分供应充足阶段快速繁殖，而水稻扬花灌浆养分需求强的阶段因光照不足开始腐解。周丛生物的强磷固持能力能在水稻生长前期把稻田中充足的磷缓存起来，后期腐解会释放磷供水稻所需养分，从而达到提高磷养分利用率的作用。本节主要阐述了周丛生物水稻生命周期缓存缓释磷的作用，以期解析其提高稻田磷利用效率的过程与潜力。

一、周丛生物繁殖对土－水界面磷迁移转化的作用机制

周丛生物附着在稻田土－水界面，使原有的"土－水"两相界面变成了"土－生－水"三相界面，生物相对磷迁移转化产生了重要影响。本节采集了江苏江宁的冲积型水稻土和广东徐闻的砖红壤性水稻土，采用室内模拟实验研究了施磷条件下周丛生物对两种土壤中肥料 P 在土－水界面迁移和形态转化的影响。其中江宁水稻土 pH、有机质含量和无定型铁含量高于徐闻水稻土，而游离氧化铁含量则相反。研究结果表明在两种土壤表面添加周丛生物均显著降低了土－水界面和 5cm 土层中磷的浓度，特别是在江宁水稻土中（图 5-8）。一方面，周丛生物覆盖在土壤表面可以物理阻碍磷向土体的迁移，但最主要是因为周丛生物本身固持了大量的磷，因此降低了磷向土体的迁移量。另一方面，由于

江宁水稻土有机质含量高，同时部分周丛生物进入 0～2.5cm 土层，因此覆盖周丛生物明显降低了 0～2.5cm 土层的氧化还原电位（Eh），并促进大量铁的还原，其中江宁水稻土中无定型氧化铁含量高，还原性强，释放出的亚铁离子也明显高于徐闻水稻土，另外江宁水稻土中钙离子和镁离子的浓度均高于徐闻水稻土（Li et al.，2020）。因此土壤溶液中高含量的钙离子、镁离子和亚铁离子等均促进了江宁水稻土表覆盖的周丛生物对磷的固持能力高于徐闻水稻土的，这是江宁水稻土中周丛生物更能有效降低磷向土体迁移的原因。

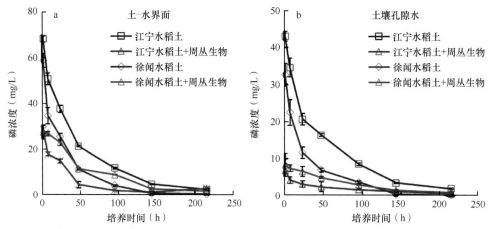

图 5-8　周丛生物对水稻土 - 水界面（a）和 5cm 土层孔隙（b）溶液磷浓度的影响（Li et al.，2020）

　　水稻土表面覆盖周丛生物可增加 0～2.5cm 土层中磷的含量，但降低了 2.5～5cm 土层中磷的含量，其中周丛生物对江宁水稻土 - 水界面磷分配的影响效果大于徐闻砖红壤的（图 5-9），表层土壤磷含量增加的原因可能是部分周丛生物进入土层。而且对土壤中磷形态的分析也发现周丛生物主要是增加了 0～2.5cm 土层中铁铝结合态和钙结合态磷的含量，这是因为稻田土壤中丰富的 Ca^{2+} 和 Fe^{2+} 促进了周丛生物对磷的非生物固持（图 5-3 和图 5-5）。施磷后不断取样模拟土壤溶液中磷的损失，根据磷的质量平衡

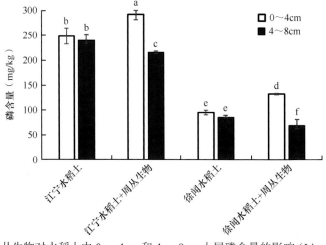

图 5-9　周丛生物对水稻土中 0～4cm 和 4～8cm 土层磷含量的影响（Li et al.，2020）

计算，发现江宁水稻土和徐闻水稻土不附着周丛生物条件下磷的损失量分别占磷加入量的 47% 和 35%，而附着周丛生物条件下磷的损失量分别为 15% 和 24%，因此周丛生物在土 - 水界面的附着可明显提高土壤保蓄磷的能力，但土壤的不同性质，如有机质、铁的形态和含量、钙镁离子的含量等均影响周丛生物对磷稻田土 - 水界面的迁移和土体中磷形态的转化。

二、周丛生物腐解对稻田土壤无机磷形态转化的作用规律

在水稻生长后期，由于水稻冠层的遮阴作用，周丛生物部分成分会发生腐解作用。通过室内避光条件下模拟研究了周丛生物与土壤混合腐解后对土壤电化学性质和无机磷形态转化的影响，发现周丛生物本身腐解时 pH 为 8 左右，添加周丛生物对江宁水稻土的 pH 和 Eh 影响不大，但显著增加了徐闻水稻土的 pH 和降低了 Eh（Li et al.，2020）。周丛生物本身腐解促进了铁的还原，特别是培养 25 天后徐闻水稻土铁的还原（图 5-10a、b）。由于周丛生物本身腐解会释放出大量的磷，同时增加了徐闻水稻土的 pH 和降低了 Eh，徐闻砖红壤性水稻土专性吸附磷的能力减弱，以及增加铁固持磷的还原溶解释放。因此，周丛生物本身腐解增加了两种土壤中可溶性磷的含量（图 5-10c、d）。这些研究结果说明稻田周丛生物后期的腐解可以增加磷的有效性，缓解水稻生长后期磷供应不足。另外，

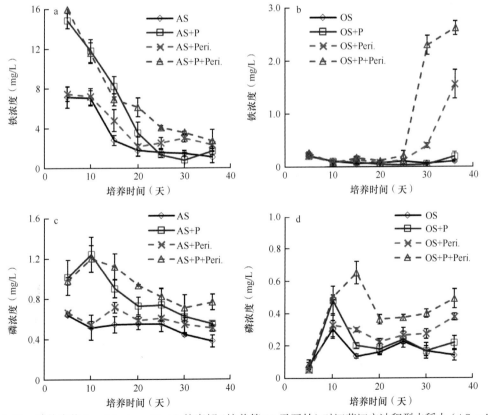

图 5-10 周丛生物（periphyton，Peri.）的腐解（培养第 10 天开始）对江苏江宁冲积型水稻土（AS-soil）和广东徐闻砖红壤性水稻土（OS-soil）可溶性铁及磷的影响（Li et al.，2020）

周丛生物本身腐解也增加了两种土壤中固相弱吸附态磷、铁结合态磷、铝结合态磷的含量，对钙磷的影响不明显，但显著降低了闭蓄态磷的含量（Li et al.，2020）。一般认为弱吸附态磷、铁结合态磷、铝结合态磷在稻田土壤中的有效性会明显高于钙磷和闭蓄态磷。因此周丛生物本身腐解作用通过改变土壤的电化学性质，增加溶液态磷的含量和固相磷的有效性，从而增加稻田土壤中磷的利用效率。

第三节　周丛生物磷酸酶活性特征及其影响因素

有机磷是土壤中常常被忽略的潜在磷库，周丛生物对有机磷的矿化将对稻田磷素的生物地球化学循环过程产生重要影响。然而，其矿化过程既受环境条件的影响，也受到稻田环境中一些污染物如重金属或金属纳米颗粒的影响。本节主要阐述了稻田周丛生物磷酸酶在不同环境因素影响下的活性变化及其对不同类型有机磷的水解效率，以及金属离子和纳米颗粒对其活性的影响及其机制，可为认识周丛生物在提高有机磷利用性的作用方面提供重要依据。

一、稻田周丛生物磷酸酶活性特征

周丛生物中具有丰富的磷酸酶，主要类型有酸性磷酸单酯酶、碱性磷酸单酯酶和磷酸二酯酶。根据 Michaelis-Menten 方程分析各种酶活性的动力学参数——平衡常数和最大反应速率，发现碱性磷酸单酯酶具有对底物最强的亲和力和最大的反应催化速度，催化效率大小顺序为碱性磷酸单酯酶 > 酸性磷酸单酯酶 > 磷酸二酯酶。三种磷酸酶的动力学平衡常数值均在 $0.12 \sim 0.21$ mmol/L，约为小麦胚芽酸性磷酸酶、甘薯和马铃薯碱性磷酸酶和大肠杆菌碱性磷酸酶的 1/10，说明周丛生物的磷酸酶较之单一物种的有着更强的底物亲和力（Cai et al.，2021a）。

周丛生物的磷酸酶活性受 pH 影响较大，在 pH $3.0 \sim 12.0$，磷酸单酯酶活性在 pH 6.0 时达到峰值，在 pH 7.0 时急剧下降，在 pH $7.0 \sim 12.0$ 显著升高，磷酸二酯酶活性峰值在 pH 8.0 时出现（图 5-11）。因此周丛生物在 pH $6.0 \sim 12.0$ 均保持了较高的磷酸酶活性，表明其对 pH 有较强的适应性。另外，磷酸单酯酶的最适温度为 $50℃$，磷酸二酯酶的最适温度为 $60℃$。周丛生物是由多种微生物群落组成的复杂微生态系统，对外界环境条件变化具有"缓冲"作用，使其比纯化后的磷酸酶更具有耐受温度变化的能力（Cai et al.，2021a）。

通过在 3 种较适 pH 条件下（pH 6.0、8.0 和 11.0）对磷酸单酯、磷酸二酯等多种有机磷化合物和聚磷酸盐进行 10h 的矿化效果分析，结果表明，周丛生物在不同 pH 下能矿化多种结构的有机磷。其中，在三个 pH 条件下周丛生物对聚磷酸盐具有最强的矿化作用，以及在 pH 11.0 时对硝基苯磷酸、甘油磷酸、葡萄糖 -6- 磷酸的催化效率较高，释放量为 $23.45 \sim 33.74$ mg/g（表 5-1）。而且磷酸酶对肌醇六磷酸也表现出了矿化作用，在三个 pH 条件下，周丛生物对肌醇六磷酸的矿化效率分别为对硝基苯磷酸的 131%、36.9% 和 6.7%（表 5-1）。由于肌醇六磷酸是土壤中主要的有机磷形态，其抗矿化能力较强，生物利用性较差。因此，稻田周丛生物具有矿化肌醇六磷酸的能力对稻田有机磷生物利用性具有重要的意义，表明周丛生物中通过多种酶促反应有利于有机磷的水解和稻田土壤磷的生物有效性提升，但矿化有机磷的能力受环境 pH 的影响较大。

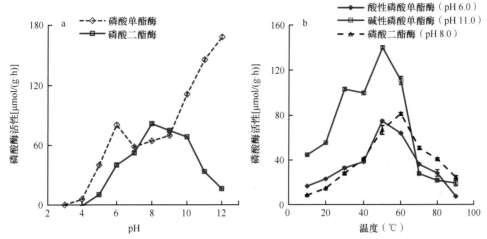

图 5-11　稻田周丛生物中磷酸单酯酶（PMEase）和磷酸二酯酶（PDEase）活性随 pH（a）与温度（b）
的变化分布（Cai et al.，2021a）

表 5-1　周丛生物对不同模式有机磷或聚磷酸化合物矿化 10h 的无机磷释放量（Cai et al.，2021a）

模式有机磷化合物	类型	无机磷释放量（mg/g）		
		pH 6.0	pH 8.0	pH 11.0
对硝基苯磷酸	磷酸单酯	6.58±0.14	9.21±0.14	33.74±0.37
葡萄糖 -6- 磷酸	磷酸单酯	5.72±0.08	0±0	23.45±0.78
甘油磷酸	磷酸单酯	4.28±0.16	5.48±0.14	26.38±1.59
肌醇六磷酸	磷酸单酯	8.62±0.08	3.40±0.12	2.25±0.34
双（4- 硝基苯基）磷酸钠	磷酸二酯	4.68±0.06	14.52±0.33	6.00±0.26
DNA	磷酸二酯	4.18±0.13	8.30±0.33	3.18±0.13
ATP	聚磷酸盐	19.40±1.00	32.38±1.84	31.12±2.66
焦磷酸钠	聚磷酸盐	32.08±0.60	23.78±1.83	44.28±2.63

二、不同金属离子对周丛生物磷酸酶活性的影响

磷酸单酯酶是广泛存在于微生物中的一种金属酶，其构象及活力以及磷酸酶功能基因的表达等受金属离子种类和浓度等的影响。周丛生物中磷酸单酯酶的活性最高，金属离子对磷酸单酯酶活性的影响可表现抑制型、激活型、混合型和相对无害型 4 种类型。结果表明（表 5-2），在 0 ～ 1.0mmol/L 的金属离子浓度范围内，正一价碱金属离子（K^+ 和 Na^+）均对酸性和碱性 PMEase 活性无明显影响，属于相对无害型，Ca^{2+} 和 Mg^{2+} 可以提高酸性和碱性磷酸单酯酶活性，最大可提高磷酸酶活性分别达 14% 和 54%，具有显著的激活效应，Zn^{2+}、Cu^{2+}、Mn^{2+}、Al^{3+} 对酸性和碱性磷酸单酯酶均有显著抑制作用，属于抑制型；金属离子浓度达到 1.0mmol/L 时，最大抑制率可达 85%。但是这些离子对于酸

性和碱性磷酸单酯酶活性的抑制程度不同，如 Cu^{2+}、Al^{3+} 对酸性 PMEase 活性的影响明显大于碱性的，而 Zn^{2+} 对碱性磷酸单酯酶活性的影响明显大于酸性的。但 Co^{2+} 在低浓度时对磷酸单酯酶活性有激活作用，高浓度时变为抑制作用。Cr^{6+} 在低浓度（0.1mmol/L）时对酸性磷酸单酯酶活性有促进作用，在离子浓度 0.25～1.0mmol/L时，均对酸性磷酸单酯酶活性产生抑制作用，而 Cr^{6+} 对碱性 PMEase 活性具有激活作用，随着离子浓度的增大，碱性 PMEase 活性不断增加（蔡述杰等，2020）。

表 5-2　不同金属离子浓度对周丛生物磷酸单酯酶活性的影响（蔡述杰等，2020）

金属离子	金属离子浓度 / （mmol/L）									
	0	0.1	0.25	0.5	1.0	0	0.1	0.25	0.5	1.0
	酸性磷酸酶相对活性（%）					碱性磷酸酶相对活性（%）				
K^+	100a*	102.5a	101.5a	103.4a	102.5a	100a	98.1a	103.2a	103.5a	102.8a
Na^+	100a	100.5a	101.9a	100.9a	99.6a	100a	99.8a	98.5a	103.3a	102.8a
Ca^{2+}	100b	113.9a	108.5ab	112.4a	109.7a	100bc	94.0c	93.7c	102.6b	114.1a
Mg^{2+}	100c	116.0b	118.6b	144.4a	154.4a	100d	103.4d	109.1c	123.4b	146.7a
Zn^{2+}	100a	73.8b	76.2b	67.2b	53.6c	100a	29.1b	23.8c	17.9d	14.8d
Cu^{2+}	100a	79.2b	73.5b	59.9c	1.1d	100a	85.6b	80.9c	75.7d	75.4d
Mn^{2+}	100a	66.0b	58.9b	22.0c	14.1c	100a	39.4b	31.2c	28.6c	16.3d
Al^{3+}	100a	48.9b	41.5c	27.7d	21.9d	100a	98.5a	93.5b	90.1b	78.4c
Ni^{2+}	100a	103.7a	89.9b	87.3b	65.5c	100a	95.6a	83.75b	78.2bc	72.9c
Ag^+	100a	101.7a	66.1b	43.9c	39.0c	100a	73.3bc	78.2b	69.2c	69.8c
Co^{2+}	100a	125.3a	86.4a	55.2ab	12.9b	100ab	121.3a	119.1a	95.3ab	62.2b
Cr^{6+}	100ab	132.4a	68.6b	25.5c	0.0d	100b	114.6b	118.1ab	123.7ab	143.7a

*每种离子对酸性磷酸酶、碱性磷酸酶的影响分别做统计性分析

通过酶反应动力学分析，发现 Mg^{2+} 的加入使 ACPase 与底物的亲和力与催化效率增强，Cu^{2+} 对 ACPase 和 ALPase 的抑制主要是非竞争性抑制作用，Zn^{2+} 虽然提高了 ACPase 与底物的亲和力，但是降低了 ALPase 与底物的亲和力与催化效率。金属离子对酶活性的影响因金属离子种类、浓度和磷酸酶类型而异，主要通过与酶活性位点或底物结合，改变酶的活性、对底物的亲和力，以及影响酶基因的表达等实现。

三、纳米氧化锌影响周丛生物磷酸酶活性的机制

随着纳米颗粒（NP）不断扩大生产和应用，它们很容易进入水生和陆生环境（Tang et al.，2018）。氧化锌纳米颗粒（ZnO NP）因其易溶性可向水体中持续释放 Zn^{2+} 而对微生物产生胁迫（Ma et al.，2013）。同时，磷（P）营养水平不仅强烈影响着水体富营养化水平，也影响着易溶性 NP（如 ZnO NP）的形态与毒性。因此，ZnO NP 在不同磷水平条件下对周丛生物磷酸酶活性的影响机制也存在明显差异。微生物的胞外碱性磷酸酶活性

经常被用作水体磷营养水平的监测指标，在磷限制下微生物的碱性磷酸酶活性增加，而在磷富余情况下碱性磷酸酶活性降低（Cai et al.，2021a，2021b）。通过室内对周丛生物进行 ZnO NP 暴露实验，分别设置了磷限制（PO_4^{3-}：1μmol/L）和磷富余（PO_4^{3-}：0.15mmol/L）条件，并分别在暴露后的第 1 天、第 16 天和第 25 天测定周丛生物的碱性磷酸酶活性。结果表明（图 5-12），在无 ZnO NP 暴露的空白处理中，磷限制下周丛生物的碱性磷酸酶活性显著升高，在 25d 时提升了 45.4%，而磷富余条件下周丛生物的碱性磷酸酶活性显著降低，在 25d 时下降了 58.9%。在 ZnO NP 暴露初期（1d），无论是在磷限制还是磷富余条件下周丛生物的碱性磷酸酶活性均无显著差异。从暴露实验的第 16 天开始，ZnO NP 的暴露开始显著抑制磷限制条件下周丛生物的碱性磷酸酶活性，如在培养的第 25 天，与对照相比，在磷限制条件下低浓度（10mg/L）和高浓度（50mg/L）下 ZnO NP 的暴露分别降低了 59.2% 和 66.6% 的碱性磷酸酶活性（$P < 0.05$）；而磷富余条件下，ZnO NP 的暴露对周丛生物碱性磷酸酶活性无明显抑制作用（$P > 0.05$）。这些结果表明周丛生物的碱性磷酸酶活性在有充足无机磷营养供应条件下具有对 ZnO NP 暴露更强的适应性；而在磷限制条件下，随着 ZnO NP 暴露时间的增长，周丛生物碱性磷酸酶活性受抑制程度增强。

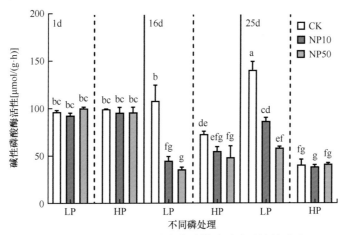

图 5-12 不同浓度 ZnO NP 和磷水平对周丛生物碱性磷酸酶活性的影响（Cai et al.，2021b）

CK、NP10 和 NP50 分别为 0mg/L、10mg/L 和 50mg/L；LP 和 HP 分别为 1μmol/L PO_4^{3-} 和 0.15mmol/L PO_4^{3-}；1d、16d 和 25d 分别代表 ZnO NP 暴露开始后的第 1 天、16 天和 25 天；不同字母代表具有显著差异，下同

　　ZnO NP 因其易溶性可向水体中持续释放 Zn^{2+}，而水体中的 PO_4^{3-} 会与 Zn^{2+} 形成沉淀并降低由 ZnO NP 释放的 Zn^{2+} 浓度（Xu et al.，2016）。结果表明（图 5-13），在低磷条件下，高浓度 ZnO NP 暴露后的第 1 天、16 天和 25 天，水体中的 Zn^{2+} 浓度均显著高于高磷条件。特别是暴露后的第 25 天，在低磷条件下 ZnO NP 释放的 Zn^{2+} 浓度是高磷条件下的 5.6 倍和 3.8 倍。活性氧（reactive oxygen species，ROS）自由基生成量与水体中 Zn^{2+} 浓度呈显著正相关关系（$R^2=0.27$，$P < 0.001$）（图 5-14），说明 ZnO NP 释放的 Zn^{2+} 浓度是造成周丛生物细胞损伤的重要原因。通常来说，ZnO NP 溶出的 Zn^{2+} 是其对微生物产生过量 ROS 的主要机制。由于磷富余条件下 Zn^{2+} 会更大程度地形成沉淀而降低 ZnO NP 的毒性，故在磷限制条件下，周丛生物更易受到 ZnO NP 暴露产生氧化损伤而降低其磷酸酶活性。

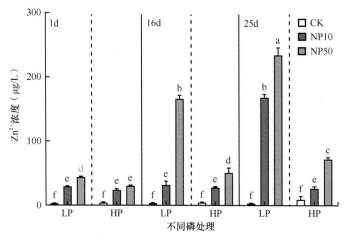

图 5-13　不同浓度 ZnO NP 和磷水平对周丛生物碱性磷酸酶活性的影响（Cai et al.，2021b）

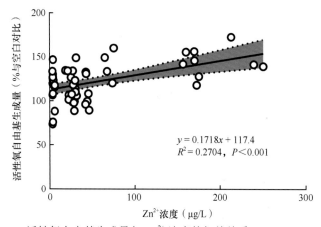

图 5-14　活性氧自由基生成量与 Zn^{2+} 浓度的相关关系（Cai et al.，2021b）

　　通过分析 ZnO NP 暴露对周丛生物细菌多样性的影响发现，短期内（1d），ZnO NP 暴露显著提高了磷限制处理下周丛生物的微生物多样性指数和均匀度指数以及高磷处理下的丰富度指数。ZnO NP 的中长期（16d、25d）暴露均降低了磷限制和磷富余条件下的多样性指数、丰富度指数、均匀度指数，并且高剂量的 ZnO NP 暴露对微生物多样性指数的影响更加强烈（表 5-3）。这些结果表明，短期内的 ZnO NP 暴露对周丛生物微生物多样性均有一定的刺激效应，这也是周丛生物的一种集体特征（Tang et al.，2018）。但是长期的 ZnO NP 胁迫也使得一些抵抗能力较弱的微生物物种在群落中的比例逐渐降低，从而使周丛生物中的微生物物种分布更加不均匀，降低了周丛生物的微生物物种多样性和均匀度。

　　共现网络分析为了解微生物参与复杂生态过程中复杂微生物群落中微生物之间的相互作用提供了思路（Li et al.，2019）。在网络分析中，边是连接节点的线，可以表示节点之间的相关性。一个生态网络通常由各种生物相互作用组成，其中复杂物种之间的积极联系（如共生关系和互惠关系）和消极联系（如捕食关系和竞争关系）有关。对不同的磷水平下构造了细菌群落的共现网络，可确定 ZnO NP 暴露对周丛生物共发生模式的影响。通过计算网络分析中常用的拓扑特性，以描述周丛生物细菌群落生物关系的复杂模式。总体而言，磷限制和磷富余条件下的细菌共现网络存在显著差异（表 5-4）。尽管在所有处理中，正相关边的数量远高于负相关边的数量，但负相关边与正相关边的比率在磷限制处理下随着 ZnO NP 暴露浓度的增加而增加，而在磷富余处理下随着 ZnO NP 暴露浓度的增加而减少（表 5-4），这表明 ZnO NP 暴露使周丛生物细菌群落在磷限制下产生了更多的竞争，而在磷富余条件下产生了更积极的联系。平均聚类系数（avgCC）的变化有相似的趋势：在磷限制条件下，NP50 ＜ NP10 ＜ 空白，而在磷富余条件下，NP10 ＞ NP50 ＞ 空白。avgCC 值用于评价节点间连接的质量，是另一个衡量微观世界特性的有效参数。ZnO NP 暴露使 avgCC 值高于空白网络，说明磷富余条件下面对 ZnO NP 暴露胁迫时细菌关键物种间以合作抵抗为主。反之，磷限制条件可能加剧了细菌间对 ZnO NP 暴露胁迫时的竞争。

表 5-3　ZnO NP 暴露对磷限制（LP）和磷富余（HP）条件下周丛生物微生物多样性的影响（Cai et al., 2021b）

	PO_4^{3-}	ZnO NP	多样性	丰富度	均匀度
1d	LP	CK	3.66b	392bc	0.64bcd
		NP10	4.42a	422ab	0.77a
		NP50	4.52a	415abc	0.79a
	HP	CK	4.39a	382c	0.77a
		NP10	4.54a	415abc	0.79a
		NP50	4.56a	446a	0.79a
16d	LP	CK	3.67b	309de	0.67b
		NP10	3.54b	331d	0.63bcd
		NP 50	3.10d	265f	0.58ef
	HP	CK	3.37bcd	308de	0.62bcd
		NP10	3.39bcd	279ef	0.63bcd
		NP50	2.69e	250f	0.51f
25d	LP	CK	3.43bc	269f	0.64bc
		NP10	3.11d	257f	0.59cde
		NP50	2.74e	194g	0.55ef
	HP	CK	3.13cd	250f	0.59cde
		NP10	3.13cd	240f	0.61cd
		NP50	2.72e	194g	0.55ef

表 5-4　ZnO NP 暴露对磷限制（LP）和磷富余（HP）条件下周丛生物细菌网络拓扑性质的影响（Cai et al., 2021b）

网络度量指标	LP			HP		
	CK	NP10	NP50	CK	NP10	NP50
节点数量	231	247	193	215	206	180
边数量	2475	2577	1842	1924	2315	1806

续表

网络度量指标	LP			HP		
	CK	NP10	NP50	CK	NP10	NP50
正相关关系数量	1025	904	645	678	885	1590
负相关关系数量	1450	1673	1197	1246	1430	1340
负相关与正相关比例	1.41	1.85	1.86	1.84	1.62	0.84
平均路径长度（APL）	2.565	2.571	2.566	2.691	2.433	2.359
图密度	0.093	0.085	0.099	0.084	0.110	0.112
网络直径	7	7	7	7	6	6
平均聚类系数（avgCC）	0.295	0.280	0.217	0.241	0.281	0.246
平均聚类度（avg$K$）	21.429	20.866	19.088	17.898	22.476	20.067
模块数	7	7	7	7	6	6
模块（M）	0.400	0.428	0.418	0.408	0.452	0.387

注：CK. 0mg/L；NP 10.10mg/L；NP 50.50mg/L；LP. 0.001mmol/L PO_4^{3-}；HP. 0.15mmol/L PO_4^{3-}

随机森林模型分析的结果表明，在磷限制条件下，与碱性磷酸酶活性相关的关键因子有菲西芬氏菌目（Phycisphaerales）、鞘脂醇单胞菌目（Sphingomonadales）、Subsection Ⅲ、多样性（diversity）、Zn^{2+}浓度和 ROS 生成量，当去除这些预测因子后，均方误差（MSE）分别增加9.42%、8.78%、6.76%、5.12%、6.44% 和 7.35%（图 5-15a）。而在磷富余条件下，与碱性磷酸酶活性相关的关键因子有异常球菌目（Deinococcales）、Subsection Ⅰ、柄杆菌目（Caulobacterales）、Subsection Ⅲ、伯克霍尔德菌目（Burkholderiales）、酸微菌目（Acidimicrobiales）、PeM15、多样性（diversity）、丰富度（richness），当去除这些预测因子后，均方误差增加（MSE）分别增加9.12%、5.93%、5.87%、5.86%、5.81%、5.77%、8.79%、10.79% 和 5.42%（图 5-15b）。值得注意的是，在磷限制条件下，Zn^{2+} 浓度和 ROS 生成量的 MSE 显著大于磷富余条件下 ROS 生成量的 MSE。但是，磷限制条件下磷酸酶活性与细菌的丰富度和均匀度无显著性，而磷富余条件下与丰富度和均匀度达到了显著相关，说明了在磷限制条件下，ZnO NP 暴露 Zn^{2+} 胁迫强，导致高 ROS 产生强氧化

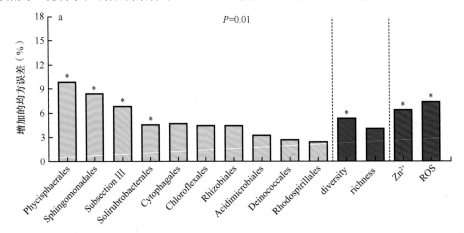

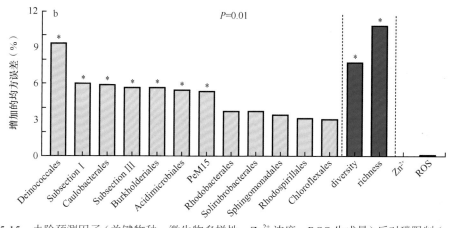

图 5-15 去除预测因子（关键物种、微生物多样性、Zn^{2+} 浓度、ROS 生成量）后对磷限制（a）和磷富余（b）条件下碱性磷酸酶活性的随机森林模型分析（Cai et al.，2021b）
*代表有统计差异

损伤，成为抑制周丛生物碱性磷酸酶活性的主要影响因子。而磷富余条件下截然相反，微生物多样性（多样性、丰富度）对磷酸酶活性影响的重要性远高于 ROS，结合网络分析结果说明磷富余条件下，细菌可以通过优化关键物种，增强关键微生物物种之间的合作以维持周丛生物的磷酸酶活性。

第四节 实际稻田周丛生物特征及其磷捕获能力

虽然目前稻田中磷素并不缺乏，但磷仍是水稻生产中的一种养分限制因子，主要原因是施入土壤的磷素会很快被铁铝氧化物、碳酸盐固定，甚至形成闭蓄态磷，或者养分供应与水稻养分需求不匹配，造成磷的生物有效性低。另外，稻田生态系统的磷流失现象十分普遍，其对水体富营养化有很大贡献，尤其是在发展中国家。例如，中国有 3000万 hm^2 的稻田，然而农业部的一项调查表明，水稻耕作中磷的利用效率仅为 10%～20%（Wu et al.，2017）。2010 年发布的《第一次全国污染源普查公报》表明，农业生态系统的总磷（TP）排放量占地表水 TP 投入的 67.4%，这意味着减少磷驱动的富营养化面临很大挑战（Wu et al.，2017）。

周丛生物作为一种环境友好型的生物磷回收材料，具有高效捕获和回收磷的效果（Lu et al.，2016b；Wu et al.，2018）。周丛生物对磷的捕获主要通过胞外聚合物、微藻及聚磷菌对磷的吸附、吸收作为短暂的磷储存库而实现磷元素空间上的转移，并最终生产为生物磷肥的形式实现磷元素的回收利用（Oehmen et al.，2007；Xiong et al.，2018）。胞外聚合物（EPS）作为周丛生物中微生物细胞合成并释放的一种以多糖、蛋白质及腐殖酸为主的复杂的高分子多聚物，具有重要的生态学意义，影响着周丛生物群落的形成、能量的传递及对复杂环境的适应性（Flemming and Wingender，2010；Li et al.，2015；Zhang et al.，2013）。EPS 主要通过配位结合和络合作用实现磷元素空间上的转移，并影响其生物有效性（Naveed et al.，2019）。EPS 中丰富的官能团，特别是胞外蛋白中常见的官能团 NH_4^+、—NH_3，可以与带负电的 PO_4^{3-} 结合而吸附回收磷（Wang et al.，2015；Xu et al.，

2020）；—COOH、—NH$_2$、—SH 等官能团则通过与 Mg^{2+}、Al^{3+}、Ca^{2+}、Fe^{3+}、Fe^{2+}、Mn^{2+} 等金属离子以形成矿物的形式与磷酸根结合，从而实现周丛生物磷的胞外吸附（Li and Yu，2014；Zhou et al.，2017）。

微藻、聚磷菌等的细胞内吸收也是周丛生物捕获吸收磷的主要途径，细胞膜对无机磷酸盐的转运则是微生物细胞维持细胞内磷供应的主要作用机制（Rico-Jimenez et al.，2016；Wu et al.，2012b）。微藻作为周丛生物中重要的光合作用微生物，其藻细胞能够吸收和同化大量的磷元素，并储存在细胞内部用于细胞的生长和繁殖（Ren et al.，2017；Renuka et al.，2013）。而聚磷菌则利用微藻光合作用产生的氧气及聚 β- 羟基烷酸酯氧化释放的能量，大量吸收环境中的磷酸盐并以多聚磷酸的形式储存在细胞内（Acevedo et al.，2014；Rico-Jimenez et al.，2016）。此外，细菌与微藻之间存在复杂的相互作用关系，在周丛生物中密不可分，共同调节着周丛生物群落结构及其对磷的捕获和吸收能力（Liu et al.，2017；Wu et al.，2018）。

光照、温度条件影响着周丛生物的结构和功能，是决定微藻、细菌及其他微生物生长的关键因素（Jakobsen et al.，2015；Stockwell et al.，2020）。微藻这种周丛生物中的主要生产者，在光合作用过程中对磷元素的大量吸收和同化受到太阳光强度和时间的限制（Assemany et al.，2015）。光照作为周丛生物生长必需的环境因子，在一定的光照范围内，随着光照强度增加及时间延长会提高微藻光合作用的速率，增强其对环境中磷的捕获和吸收，同时还能提高 EPS 产量及周丛生物的生物量（Liu et al.，2021）。相应地，一定温度范围内，合适的温度条件影响着周丛生物微生物活性及其磷吸附相关的酶的活性，以及周丛生物的群落结构、能量的传递和物质的运输（Hall et al.，2013）。

水体的 pH、营养条件也影响着周丛生物的生长繁殖及生物量的积累（Cermeno et al.，2011）。随着 pH 的降低水体不断酸化，周丛生物中微藻的丰富度和多样性会降低，而一些耐酸环境的藻类丰度则会提高（Luís et al.，2019；Wu et al.，2017）。此外，水体的 pH 也会影响水体中沉积物的再悬浮能力，影响周丛生物对于磷酸盐的络合吸收。另外，水体的营养状况也是影响周丛生物结构及功能的关键因素。营养物质通过影响周丛生物微系统内部微藻、细菌、真菌及微型动物之间的相互作用关系，影响周丛生物生长繁殖的速度及其对磷的吸附能力（Dai et al.，2020；Reeder，2017）。磷作为生物体必需营养元素，周丛生物的繁殖需不断从稻田土壤中吸收磷素来满足自己的生理代谢，同时其繁殖和腐解也会通过改变微域的 pH、溶解氧等环境条件，造成本身无机磷的非生物固持或释放，促进土壤磷的活化与转化。有机磷的矿化被认为是维持稻田环境中磷生物可利用性的重要途径（Tian et al.，2008）。周丛生物作为微生物聚集体，也可以通过分泌酸性或碱性磷酸酶来矿化环境中的有机磷。因此，周丛生物对稻田土水界面无机磷和有机磷的转化均产生重要影响。

对于任何群落，其功能在很大程度上取决于物种组成和多样性（Peter et al.，2011）。由于对磷的吸收能力和自身生存需求的先天个体差异，物种组成对周丛生物固定磷有很大的影响（Liu and Vyverman，2015）。同时，微生物多样性是影响生态功能的另一个核心参数，有研究表明微生物多样性的下降通常伴随着生态功能的丧失（Loreau et al.，2001；Wagg et al.，2014）。鉴于土水界面的物理化学条件不断变化，稻田周丛生物中优势藻类的种类和多样性可能有很大差异，导致周丛生物中磷含量的变化（Lu et al.，2016a）。目前，关于土壤碳和养分对稻田周丛生物磷存储的影响的研究仍处于空白，这限制了周丛生物在调控磷生物地球化学循环中的应用。

据估算，1hm² 稻田的周丛生物可以积累 2 ～ 25kg 磷，而我国的磷施用量为每公顷稻田 30 ～ 80kg（Wu et al.，2017）。周丛生物的存在可以使磷保留在水稻土中，使径流损失大大减少。然而，在稻田中周丛生物对磷的调控作用过去一直被忽视（Wu et al.，2017）。因此，本章主要阐述了稻田周丛生物缓存缓释无机磷的特征、影响无机磷在土－水界面的转化过程与机制，磷酸酶活性特征、矿化能力和影响因素，实际稻田周丛生物特征及其与磷捕获的关系，以及周丛生物捕获磷的地理差异机制，以期深入了解稻田生态系统中磷的生物地球化学循环过程，为当前稻田磷素管理和农业面源污染控制提供科学依据与新的思路。

一、稻田周丛生物群落多样性对磷存储的影响

微生物生态系统的功能在很大程度上取决于其群落结构和物种组成。通过分析藻类多样性、细菌多样性、优势藻类和细菌与稻田周丛生物中存储的磷含量和田面水中磷的含量之间的相关性（表 5-5），皮尔逊相关（Pearson 相关）分析表明，周丛生物磷含量与藻类多样性、细菌多样性和 EPS 含量呈正相关（$P < 0.001$），表明藻类多样性、细菌多样性和 EPS 对稻田周丛生物磷存储的潜在影响。相反，田面水磷浓度与藻类多样性、细菌多样性和 EPS 含量呈负相关（$P < 0.01$），表明它们对降低田面水磷浓度的影响。此外，周丛生物磷含量和田面水磷浓度与部分优势藻类有显著相关性，例如，周丛生物磷含量与链带藻属（*Desmodesmus*）和水绵属（*Spirogyra*）的相对丰度呈显著正相关（$R^2=0.41$、$R^2=0.50$，$P < 0.001$），田面水磷浓度与 *Desmodesmus* 的相对丰度呈显著负相关（$R^2=-0.24$，$P < 0.001$）；而周丛生物磷含量与舟形藻属（*Navicula*）的相对丰度呈显著负相关（$R^2=-0.32$，$P < 0.001$）。与细菌多样性不同，Cyanobacteria 和 Proteobacteria 的相对丰度与周丛生物磷含量无显著相关性（$R^2=-0.02 \sim 0.01$，$P > 0.01$）（表 5-5）。由于绿藻对磷的吸收能力较强，本结果表明，除多样性外，单个藻类群（特别是绿藻）对磷存储组成的影响不容忽视。

二、土壤碳和养分比对周丛生物群落多样性的影响

由于与土壤的直接物质交换，稻田周丛生物的群落组成与土壤碳、养分有效性和养分比密切相关。本部分选取了全国东部主要水稻种植区的 20 个位点共 200 个样本，其土壤碳、养分有效性和养分比差异较大（表 5-6）。分析发现，土壤有机碳（SOC）、土壤总氮（STN）含量与周丛生物的藻类多样性（$R^2=0.52$ 和 $R^2=0.34$，$P < 0.001$）、细菌多样性（$R^2=0.40$，$P < 0.001$ 和 $R^2=0.20$，$P < 0.01$）和 EPS 含量（$R^2=0.42$ 和 $R^2=0.37$，$P < 0.001$）之间存在显著的正相关关系，而土壤总磷（STP）含量仅与藻类多样性显著相关（$R^2=0.23$，$P < 0.001$）（表 5-7）。在碳和养分比上，C ∶ P、N ∶ P 与藻类多样性（$R^2=0.24$，$P < 0.001$；$R^2=0.14$，$P < 0.05$）、细菌多样性（$R^2=0.41$ 和 0.25，$P < 0.001$）和 EPS 含量（$R^2=0.51$ 和 0.53，$P < 0.001$）之间存在显著正相关关系。然而，C ∶ N 与 EPS 含量显著相关（$R^2=-0.24$，$P < 0.001$），而与藻类多样性或细菌多样性无显著相关性（$P > 0.05$）（表 5-7）。

表 5-5　稻田周丛生物群落特征（藻类多样性、细菌多样性、EPS 含量、优势细菌或藻类群的相对丰度）与周丛生物磷含量和田面水磷浓度的 Pearson 相关分析

	藻类多样性	细菌多样性	胞外聚合物	蓝细菌门	变形菌门	链带藻属	水绵属	舟形藻属	周丛生物磷含量	田面水磷浓度
藻类多样性	1									
细菌多样性	0.51***	1								
胞外聚合物	0.34***	0.46***	1							
蓝细菌门	-0.04	-0.27**	-0.14*	1						
变形菌门	-0.09	-0.23**	0.05	-0.75***	1					
链带藻属	0.23***	0.22**	0.30***	0.06	-0.18*	1				
水绵属	0.14	0.12	0.42***	0.11	-0.13	0.40***	1			
舟形藻属	-0.15*	-0.11	-0.27***	0.43***	-0.38***	-0.20**	-0.20**	1		
周丛生物磷含量	0.40***	0.26**	0.42***	-0.01	-0.02	0.41***	0.50***	-0.32***	1	
田面水磷浓度	-0.2**	-0.31***	-0.27***	-0.07	0.28***	-0.24***	-0.09	-0.12	-0.03	1

* 代表显著相关：*$P < 0.05$，**$P < 0.01$，***$P < 0.001$

表 5-6 中国稻田三个区域 20 个采样点的土壤养分和养分化学计量比区域

	采样点	SOC（mg/g）	STN（mg/g）	STP（mg/g）	碳氮比	碳磷比	氮磷比
I	台山	18.12±4.37	0.96±0.38	0.64±0.20	19.87±3.53	29.42±6.11	1.50±0.33
	河源	17.81±4.14	0.94±0.39	0.85±0.23	20.15±4.49	21.67±5.02	1.14±0.40
	泉州	18.90±2.12	0.96±0.18	0.68±0.25	20.09±3.01	31.08±9.93	1.54±0.44
	福州	28.42±8.12	1.93±0.75	0.65±0.16	16.17±4.99	43.97±8.45	2.87±0.75
	南平	19.29±9.75	1.69±1.10	0.86±0.37	13.31±4.84	22.29±5.27	1.89±0.73
II	宜昌	25.14±3.56	2.30±0.37	0.55±0.06	10.96±0.38	45.71±6.13	4.18±0.62
	荆州	20.22±2.60	1.85±0.23	0.53±0.03	10.98±0.98	38.11±3.70	3.48±0.31
	岳阳	21.07±6.42	2.29±0.61	0.89±0.44	9.14±1.07	26.45±9.56	2.86±0.86
	武汉	26.71±22.23	2.52±2.20	0.77±0.23	11.10±1.67	32.68±16.67	3.07±1.71
	九江	19.36±5.01	1.02±0.32	0.79±0.10	19.32±2.12	24.55±5.18	1.29±0.33
	池州	25.51±8.57	2.79±1.22	0.75±0.54	9.59±1.29	38.23±9.91	4.05±1.24
	芜湖	20.82±3.77	2.08±0.59	0.99±0.20	10.31±1.49	21.68±4.92	2.13±0.50
	宁波	21.94±5.24	1.97±0.48	0.53±0.07	11.16±0.81	40.75±5.75	3.67±0.59
	杭州	23.34±1.55	1.90±0.41	0.54±0.05	13.13±4.68	43.78±4.85	3.54±0.73
	常熟	23.68±4.40	2.55±0.49	1.26±0.32	9.39±1.28	19.41±3.86	2.07±0.34
	盐城	26.20±16.10	2.95±1.80	0.92±0.29	8.91±0.97	26.92±9.25	3.05±1.06
III	丹东	21.88±2.77	1.71±0.30	0.57±0.09	12.90±0.90	38.71±2.67	3.01±0.29
	铁岭	23.02±6.57	1.85±0.63	0.50±0.05	13.12±2.62	45.68±11.05	3.66±1.13
	五常	24.41±3.73	1.92±0.26	0.83±0.11	12.68±0.65	29.55±3.59	2.33±0.30
	齐齐哈尔	25.03±6.47	2.16±0.52	0.45±0.08	11.60±0.92	54.96±10.09	4.75±0.86

注：值是均值 ± 标准差（$n=10$）

对于藻类，两种绿藻属 *Desmodesmus* 和 *Spirogyra* 分别与 SOC（$R^2=0.21$ 和 0.19，$P < 0.01$）、STN（$R^2=0.19$，$P < 0.01$ 和 $R^2=0.16$，$P < 0.05$）、C：P（$R^2=0.38$ 和 0.35，$P < 0.001$）和 N：P（$R^2=0.37$ 和 0.34，$P < 0.001$）相关，但与 C：N 无显著相关性（$P > 0.05$）（表 5-7）。而对于 Cyanobacteria、Proteobacteria 和 *Navicula*，它们与碳、养分含量和比值的相关性与 *Desmodesmus* 和 *Spirogyra* 不同，具体来说，Proteobacteria 与 C：N 呈显著负相关（$R^2=-0.46$，$P < 0.001$），Cyanobacteria 与 SOC、STN、C：P 和 N：P 呈显著负相关关系（r 分别为 -0.17、-0.23、-0.19、-0.27），但与 C：N 呈正相关关系（$R^2=0.32$，$P < 0.001$）（表 5-7）。与 Cyanobacteria 相似，*Navicula* 与 SOC、STN、C：P 和 N：P 呈负相关（r 分别为 -0.24、-0.26、-0.14 和 -0.25），但与 C：N 值呈正相关（$R^2=0.24$，$P < 0.001$）（表 5-7）。总的来说，考虑到周丛生物中磷含量、土壤碳、养分有效性和养分比与不同藻类/细菌群之间的相关关系，本结果表明绿藻是提高稻田周丛生物生物量磷存储的关键物种，而 SOC 和 STN 是驱动周丛生物群落分化的主要因素。

表 5-7　稻田周丛生物群落特征（藻类多样性、细菌多样性、EPS 含量、优势细菌或藻类群的相对丰度）、周丛生物磷含量和田面水磷浓度与土壤碳、养分有效性和比值（SOC、STN、STP、C ∶ N、C ∶ P 和 N ∶ P）的相关系数

	藻类多样性	细菌多样性	胞外聚合物	Cyanobacteria	Proteobacteria	*Desmodesmus*	*Spirogyra*	*Navicula*	周丛生物磷含量	田面水磷浓度
SOC	0.52***	0.40***	0.42***	−0.17*	0.14	0.21**	0.19**	−0.24***	0.32***	−0.12
STN	0.34***	0.20**	0.37***	−0.23***	0.32***	0.19**	0.16*	−0.26***	0.28***	0.04
STP	0.23***	−0.03	−0.05	0	0.09	−0.08	−0.11	−0.12	0.01	0.05
碳氮比	0.06	0.01	−0.24***	0.32***	−0.46***	−0.10	−0.11	0.24***	−0.10	−0.18*
碳磷比	0.24***	0.41***	0.51***	−0.19**	0.08	0.38***	0.35***	−0.14*	0.30***	−0.23***
氮磷比	0.14*	0.25***	0.53***	−0.27***	0.29***	0.37***	0.34***	−0.25***	0.32***	−0.06

* 代表显著相关：*$P < 0.05$，**$P < 0.01$，***$P < 0.001$

三、碳和养分比、藻类、EPS 对周丛生物固定磷的作用

稻田周丛生物的磷存储是物种组成、多样性、EPS 含量以及土壤碳、养分有效性和养分比共同作用的结果。研究中发现 SOC、STN、C ∶ P 和 N ∶ P 的显著差异塑造了稻田周丛生物群落，影响了它们在磷存储方面的功能。通过分析 SOC、STN、C ∶ P 和 N ∶ P 对周丛生物磷含量与藻类多样性、EPS 含量或优势绿藻属相对丰度之间关系的影响（图 5-16），发现磷含量与藻类多样性或 EPS 含量的相关性随着 SOC 含量（< 20mg/g 到 20 ～ 30mg/g）和 STN（< 1mg/g 到 1 ～ 2mg/g）增加而增强，而当 SOC 和 STN 进一步增加时，相关性变弱。另外，磷含量与藻类多样性或 EPS 含量之间的相关性随着 C ∶ P 和 N ∶ P 的增加没有明显的变化趋势。然而，随着 C ∶ P 和 N ∶ P 的增加，周丛生物磷含量与 *Desmodesmus* 和 *Spirogyra* 相对丰度的相关性呈明显的增强趋势（图 5-16c、d）。结果表明，SOC 和 STN 含量对磷含量与藻类多样性或 EPS 含量之间的相关性有较强的影响，而 C ∶ P 和 N ∶ P 对周丛生物磷含量与 *Desmodesmus* 和 *Spirogyra* 相对丰度的相关性有较强的影响。

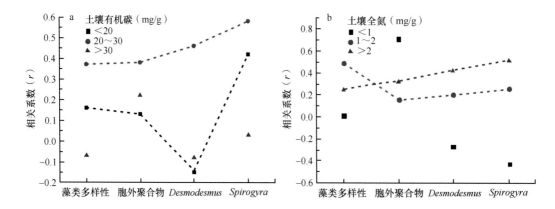

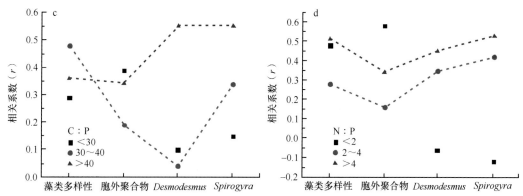

图 5-16　基于不同养分梯度下 [SOC 含量（a）、STN 含量（b）、C : P（c）和 N : P（d）] 稻田周丛生物群落特征的 Pearson 相关分析散点图

　　为了综合分析所有因子的作用，进行了偏最小二乘路径建模（PLS-PM），以明确土壤碳和养分有效性（即 SOC 和 STN 含量）和养分比（即 C : P 和 N : P）对周丛生物中藻类多样性、EPS 含量、优势绿藻相对丰度和磷含量的影响（图 5-17）。根据 Pearson 相关分析（表 5-5 和表 5-7，图 5-16），SOC 和 STN 含量对藻类多样性有很强的直接影响（路径系数 0.49）（图 5-17a）。而 C : P 和 N : P 对优势绿藻物种有很强的直接影响（路径系数 0.46）（图 5-17b）。因此，由于 C : P 和 N : P 的影响，SOC 和 STN 含量对藻类多样性的间接影响较弱，但对优势绿藻种的间接影响较强。然而，碳和氮的有效性以及 C : P 和 N : P 对稻田周丛生物中固定的磷含量有较弱的直接影响，但通过影响藻类多样性和优势绿藻种类，间接影响更为明显。在磷存储方面，藻类多样性、优势绿藻种类和 EPS 含量有很强的直接影响，优势绿藻种类的影响最大（图 5-17b）。此外，藻类多样性和优势绿藻物种均对 EPS 的产生有间接影响。这进一步表明藻类，特别是绿藻，在磷的存储化中起着关键作用，物种组成比多样性更重要。总体而言，土壤碳、养分有效性和养分比的变化驱动了藻类多样性、优势物种组成与 EPS 产生的差异，这与稻田周丛生物中固定磷含量的差异有关。

四、碳氮磷计量特征、藻类、胞外聚合物对周丛生物调控磷的作用

　　稻田周丛生物调控磷是由周丛生物群落组成和土壤理化组成驱动的复杂过程（Gaiser et al.，2004；Sola et al.，2018）。对大空间尺度上的稻田周丛生物进行分析，结果表明，土壤有机碳、总氮、碳磷比和氮磷比是影响周丛生物群落组成、物种多样性与胞外聚合物产生的关键因素。研究表明，土壤总有机碳为细菌的代谢提供了必要的物质和能量，并限制了有机碳矿化（Flemming and Wingender，2010；Heuck et al.，2015）。虽然土壤有机碳不能直接提供给藻类，但土壤中有机碳的供应会触发氮、磷以及矿物质对藻类的生物可利用性（Flemming and Wingender，2010）。因此，土壤有机碳和藻类多样性与优势绿藻群之间存在强烈的正相关关系（表 5-7）。同时，氮是周丛生物需求最大的养分，土壤中氮素的供应量限制着土壤总有机碳的矿化，因此低碳氮比指示着较高的有机碳矿化速率（Henriksen and Breland，1999）。然而，Pearson 相关分析表明，碳氮比仅与

Cyanobacteria 和 *Navicula* 的相对丰度呈正相关（表 5-7），与藻类多样性、细菌多样性和磷调控的关键物种无显著相关性。一个原因可能是土壤总有机碳和总氮在稻田周丛生物群落形成中起着强有力的作用（表 5-7，图 5-16）。因此，高碳氮比可能导致氮限制，但土壤总有机碳的过量供应将抵消氮限制的负面影响（Fanin et al.，2015）。考虑到土壤总有机碳和总氮对稻田周丛生物的影响，在实践中增加土壤总有机碳和总氮含量，如将稻草归还稻田，有利于稻田周丛生物调控磷。

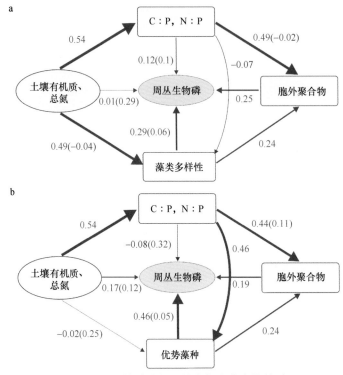

图 5-17　土壤养分与周丛生物中藻类的关系

a. 土壤有机碳（SOC）、土壤总氮（STN）、SOC 与土壤总磷（STP）的比值（C∶P）、STN 与 STP（N∶P）的比值、藻类多样性和 EPS 含量对稻田周丛生物磷固定能力的直接和间接影响；b. SOC、STN、C∶P、N∶P、优势绿藻种类、EPS 含量对稻田周丛生物磷固定能力的影响。红线表示正面效应，蓝线表示负面效应。线的宽度表示直接效应的强度：线越宽，直接效应越强。括号中的数字是间接效应的路径系数。模型采用拟合优度（Gof）统计量进行评估，a 和 b 的 Gof 分别为 0.551 和 0.545

与土壤总有机碳和总氮相比，土壤总磷含量对周丛生物群落和磷调控的影响要弱得多，土壤总磷含量仅与藻类多样性有显著的相关性（表 5-7）。这可能是由于稻田土壤中总磷含量低（0.45～1.26mg/g）（表 5-6），而且其中一部分与钙、铁、铝氧化物结合，不能直接提供给细菌和藻类（Álvarez-Rogel et al.，2007；Xu et al.，2014，2016，2020）。此外，在磷贫乏和磷丰富的土壤中，磷的利用是由微生物对土壤总有机碳的需求驱动的，对土壤总有机碳的依赖削弱了土壤磷的影响（Heuck et al.，2015）。然而，低磷含量可能限制了绿藻多样性和丰度的增加（表 5-7），这可能是由藻类对磷的需求高于细菌所致（Liu et al.，2016；Smith and Prairie，2004）。此外，土壤磷的弱效应增强了碳磷比和氮磷比对周丛生物群落组成与磷调控的影响（表 5-7，图 5-17）。然而，碳磷比和氮磷比的影响实际上是由土壤有机碳和总氮引发的（图 5-17）。

　　结果还表明，藻类多样性、绿藻相对丰度和胞外聚合物含量与高碳磷比、氮磷比具有复杂的交互影响，土壤总有机碳和总氮含量在其中起到重要作用。此外，绿藻和细菌具有较强的磷固定能力，绿藻固定磷的能力强于细菌（Liu et al.，2017；Smith and Prairie，2004）。同化是绿藻磷转化的主要途径，生物量累积快和磷吸收能力较高的藻类群体在固持磷方面比细菌具有更大的优势（Crimp et al.，2017；Su et al.，2012，2017）。据相关研究报道，较高藻种丰富度可以积极影响周丛生物生物量的产生，特别是在发展的早期阶段，并在此之后增加磷同化（Weis et al.，2007）。此外，吸附是周丛生物固定磷的另一种方式，高胞外聚合物含量有利于在藻类或细菌细胞表面形成结合位点，增加磷在周丛生物外表面吸附的可能性（Liu et al.，2017；Lu et al.，2014）。因此，它解释了胞外聚合物与生物量磷含量之间的显著相关性（表 5-7）和胞外聚合物对生物量磷含量的强烈直接影响。因此，适合胞外聚合物产生的条件，如土壤有机碳含量为 20～30mg/g，将有助于增加稻田周丛生物的磷固持量，减少磷径流损失。

　　径流损失是稻田中磷流失的主要途径之一，周丛生物对磷的固持是调控磷的有效途径。在样品采集过程中的观察表明，稻田生态系统中周丛生物覆盖率（分蘖期）为 20%～40%，厚度为 0.5～1.0cm，密度为 30mg/cm³。因此，在生长季节，1hm² 稻田的周丛生物生物量可能在 300～1200kg。据此估算，在我国每个水稻生长季节可以减少稻田 30 000～300 000t 磷的排放。本研究的结果为如何调节土壤理化条件、充分利用稻田周丛生物固定稻田磷和减少磷流失提供了依据。然而，为了彻底阐明碳氮磷化学计量特征与稻田周丛生物磷转化的相互作用，还应考虑更多的实际因素（Bardgett and van der Putten，2014；Loreau et al.，2001；Wagg et al.，2014）。例如，水稻抽穗阶段的追肥可能改变土壤碳氮磷有效性和碳氮磷计量比，从而改变稻田周丛生物群落结构（Wu et al.，2016）。因此，在今后的研究中考虑水稻不同生长阶段，将在研究稻田周丛生物磷调控的作用时提供更多的定量数据（Ye et al.，2013）。

参 考 文 献

蔡述杰，邓开英，李九玉，等．2020．不同金属离子对稻田自然生物膜磷酸酶活性的影响．土壤，52(3)：525-531．

冯佳，谢树莲．2007．汾河源头周丛藻类植物群落结构特征．生态科学，26(5)：408-414．

高秀丽，邢维芹，冉永亮，等．2012．重金属积累对土壤酶活性的影响．生态毒理学报，7(3)：331-336．

纪海婷．2014．沉水植物对附植藻类影响研究．南京：南京大学硕士学位论文．

吕迎春，孙志伟，宋佳伟，等．2018．磷和金属对荣成天鹅湖水体碱性磷酸酶活性和动力学性质的影响研究．环境科学学报，38(10)：4083-4089．

Acevedo B, Borras L, Oehmen A, et al. 2014. Modelling the metabolic shift of polyphosphate-accumulating organisms. Water Research, 65: 235-244.

Álvarez-Rogel J, Jiménez-Cárceles F J, Egea-Nicolás C. 2007. Phosphorus retention in a coastal salt marsh in SE Spain. Science of the Total Environment, 378(1): 71-74.

Assemany P P, Calijuri M L, Couto E D A D, et al. 2015. Algae/bacteria consortium in high rate ponds: Influence of solar radiation on the phytoplankton community. Ecological Engineering, 77: 154-162.

Bardgett R D, van der Putten W H. 2014. Belowground biodiversity and ecosystem functioning. Nature, 515(7528): 505-511.

Bondar-Kunze E, Maier S, Schoenauer D, et al. 2016. Antagonistic and synergistic effects on a stream periphyton community under the influence of pulsed flow velocity increase and nutrient enrichment. Science of the Total Environment, 573: 594-602.

Cai S J, Deng K Y, Tang J, et al. 2021a. Characterization of extracellular phosphatase activities in periphytic biofilm from paddy field. Pedosphere, 31(1): 116-124.

Cai S J, Wang H T, Tang J, et al. 2021b. Feedback mechanisms of periphytic biofilms to ZnO nanoparticles toxicity at different phosphorus levels. Journal of Hazardous Materials, 416: 125834.

Cermeno P, Lee J B, Wyman K, et al. 2011. Competitive dynamics in two species of marine phytoplankton under non-equilibrium conditions. Marine Ecology-Progress Series, 429: 19-28.

Crimp A, Brown N, Shilton A. 2017. Microalgal luxury uptake of phosphorus in waste stabilization ponds-frequency of occurrence and high performing genera. Water Science and Technology, 78(1): 165-173.

Dai J Y, Wu S Q, Wu X F, et al. 2020. Impacts of a large river-to-lake water diversion project on lacustrine phytoplankton communities. Journal of Hydrology, 587(19): 12.

Dong D, Hua X, Li Y, et al. 2002. Lead adsorption to metal oxides and organic material of freshwater surface coatings determined using a novel selective extraction method. Environmental Pollution, 119: 317-321.

Drake W, Scott J, Evans-White M, et al. 2012. The effect of periphyton stoichiometry and light on biological phosphorus immobilization and release in streams. Limnology, 13(1): 97-106.

Ellwood N T W, Di Pippo F, Albertano P. 2012. Phosphatase activities of cultured phototrophic biofilms. Water Research, 46(2): 378-386.

Fanin N, Hättenschwiler S, Schimann H, et al. 2015. Interactive effects of C, N and P fertilization on soil microbial community structure and function in an Amazonian rain forest. Functional Ecology, 29(1): 140-150.

Flemming H C, Wingender J. 2010. The biofilm matrix. Nature Review Microbiology, 8(9): 623-633.

Gaiser E E, Scinto L J, Richards J H, et al. 2004. Phosphorus in periphyton mats provides the best metric for detecting low-level P enrichment in an oligotrophic wetland. Water Research, 38(3): 507-516.

Guzzon A, Bohn A, Diociaiuti M, et al. 2008. Cultured phototrophic biofilms for phosphorus removal in wastewater treatment. Water Research, 42(16): 4357-4367.

Hall N S, Paerl H W, Peierls B L, et al. 2013. Effects of climatic variability on phytoplankton community structure and bloom development in the eutrophic, microtidal, New River Estuary, North Carolina, USA. Estuarine Coastal and Shelf Science, 117: 70-82.

Heffer P. 2014-2014/15. Assessment of fertilizer use by crop at the global level.

Henriksen T M, Breland T A. 1999. Nitrogen availability effects on carbon mineralization, fungal and bacterial growth, and enzyme activities during decomposition of wheat straw in soil. Soil Biology and Biochemistry, 31(8): 1121-1134.

Heuck C, Weig A, Spohn M. 2015. Soil microbial biomass C: N: P stoichiometry and microbial use of organic phosphorus. Soil Biology and Biochemistry, 85: 119-129.

Jakobsen H H, Blanda E, Staehr P A, et al. 2015. Development of phytoplankton communities: Implications of nutrient injections on phytoplankton composition, pH and ecosystem production. Journal of Experimental Marine Biology and Ecology, 473: 81-89.

Larned S T. 2010. A prospectus for periphyton: recent and future ecological research. Journal of the North American Benthological Society, 29(1): 182-206.

Li H, Jiang Y J, Chen L J, et al. 2019. Carbon sources mediate microbial pentachlorophenol dechlorination in soils. Journal of Hazardous Materials, 373: 716-724.

Li J Y, Deng K Y, Cai S J, et al. 2020. Periphyton has the potential to increase phosphorus use efficiency in paddy fields. Science of the Total Environment, 720: 137711.

Li J Y, Deng K Y, Hesterberg D, et al. 2017. Mechanisms of enhanced inorganic phosphorus accumulation by periphyton in paddy fields as affected by calcium and ferrous ions. Science of the Total Environment, 609: 466-475.

Li W W, Yu H Q. 2014. Insight into the roles of microbial extracellular polymer substances in metal biosorption. Bioresource Technology, 160: 15-23.

Li W W, Zhang H L, Sheng G P, et al. 2015. Roles of extracellular polymeric substances in enhanced biological phosphorus removal process. Water Research, 86: 85-95.

Liu J Z, Sun P F, Sun R, et al. 2019. Carbon-nutrient stoichiometry drives phosphorus immobilization in phototrophic biofilms at the soil-water interface in paddy fields. Water Research, 167: 115129.

Liu J Z, Wu Y H, Wu C X, et al. 2017. Advanced nutrient removal from surface water by a consortium of attached microalgae and bacteria: A review. Bioresource Technology, 241: 1127-1137.

Liu J, Danneels B, Vanormelingen P, et al. 2016. Nutrient removal from horticultural wastewater by benthic filamentous algae *Klebsormidium* sp., *Stigeoclonium* spp. and their communities: From laboratory flask to outdoor Algal Turf Scrubber (ATS). Water Research, 92: 61-68.

Liu J Z, Vyverman W. 2015. Differences in nutrient uptake capacity of the benthic filamentous algae Cladophora sp., Klebsormidium sp. and Pseudanabaena sp. under varying N/P conditions. Bioresource Technology, 179: 234-242.

Liu X, Chen L, Zhang G, et al. 2021. Spatiotemporal dynamics of succession and growth limitation of phytoplankton for nutrients and light in a large shallow lake. Water Research, 194: 116910.

Loreau M, Naeem S, Inchausti P, et al. 2001. Biodiversity and ecosystem functioning: Current knowledge and future challenges. Science, 294(5543): 804-808.

Lu H, Feng Y, Wu Y, et al. 2016a. Phototrophic periphyton techniques combine phosphorous removal and recovery for sustainable salt-soil zone. Science of the Total Environment, 568: 838-844.

Lu H, Yang L, Shabbir S, et al. 2014. The adsorption process during inorganic phosphorus removal by cultured periphyton. Environmental Science and Pollution Research, 21(14): 8782-8791.

Lu H Y, Wan J J, Li J Y, et al. 2016b. Periphytic biofilm: A buffer for phosphorus precipitation and release between sediments and water. Chemosphere, 144: 2058-2064.

Luís A T, Teixeira M, Durães N, et al. 2019. Extremely acidic environment: Biogeochemical effects on algal biofilms. Ecotoxicology and Environmental Safety, 177: 124-132.

Luo M, Guo Y C, Deng J Y, et al. 2010. Characterization of a monomeric heat-labile classical alkaline phosphatase from *Anabaena* sp. PCC7120. Biochemistry-Moscow, 75(5): 655-664.

Ma H B, Williams P L, Diamond S A. 2013. Ecotoxicity of manufactured ZnO nanoparticles—A review. Environmental Pollution, 172: 76-85.

MacDonald G K, Bennett E M, Potter P A, et al. 2011. Agronomic phosphorus imbalances across the world's croplands. Proc Natl Acad Sci USA, 108(7): 3086-3091.

Macintosh K A, Mayer B K, McDowell R W, et al. 2018. Managing diffuse phosphorus at the source versus at the sink. Environmental Science & Technology, 52(21): 11995-12009.

Mccormick P V, Iii R B E S, Chimney M J. 2006. Periphyton as a potential phosphorus sink in the Everglades Nutrient Removal Project. Ecological Engineering, 27(4): 279-289.

Naveed S, Li C H, Lu X D, et al. 2019. Microalgal extracellular polymeric substances and their interactions with metal(loid)s: A review. Critical Review in Environmental Science and Technology, 49(19): 1769-1802.

Oehmen A, Lemos P C, Carvalho G, et al. 2007. Advances in enhanced biological phosphorus removal: From micro to macro scale. Water Research, 41(11): 2271-2300.

Ramanan R, Kim B H, Cho D H, et al. 2016. Algae-bacteria interactions: Evolution, ecology and emerging applications. Biotechnology Advances, 34(1): 14-29.

Razavi B S, Blagodatskaya E, Kuzyakov Y. 2016. Temperature selects for static soil enzyme systems to maintain high catalytic efficiency. Soil Biology and Biochemistry, 97: 15-22.

Reeder B C. 2017. Primary productivity limitations in relatively low alkalinity, high phosphorus, oligotrophic Kentucky reservoirs. Ecological Engineering, 108: 477-481.

Ren L X, Wang P F, Wang C, et al. 2017. Algal growth and utilization of phosphorus studied by combined mono-culture and co-culture experiments. Environmental Pollution, 220(Pt A): 274-285.

Renuka N, Sood A, Ratha S K, et al. 2013. Evaluation of microalgal consortia for treatment of primary treated sewage effluent and biomass production. Journal of Applied Phycology, 25(5): 1529-1537.

Rico-Jimenez M, Reyes-Darias J A, Ortega A, et al. 2016. Two different mechanisms mediate chemotaxis to inorganic phosphate in *Pseudomonas aeruginosa*. Scientific Reports, 6: 28967.

Sabater S, Guasch H, Ricart M, et al. 2007. Monitoring the effect of chemicals on biological communities. The biofilm as an interface. Analytical & Bioanalytical Chemistry, 387(4): 1425-1434.

Scinto L J, Reddy K R. 2003. Biotic and abiotic uptake of phosphorus by periphyton in a subtropical freshwater wetland. Aquatic Botany, 77(3): 203-222.

Shang Q, Yang X, Gao C, et al. 2011. Net annual global warming potential and greenhouse gas intensity in Chinese double rice-cropping systems: A 3-year field measurement in long-term fertilizer experiments. Global Change Biology, 17(6): 2196-2210.

Smith E M, Prairie Y T. 2004. Bacterial metabolism and growth efficiency in lakes: The importance of phosphorus availability. Limnology & Oceanography, 49(1): 137-147.

Sola A D, Marazzi L, Flores M M, et al. 2018. Short-term effects of drying-rewetting and long-term effects of nutrient loading on periphyton N: P stoichiometry. Water, 10(2): 105.

Stockwell J D, Doubek J P, Adrian R, et al. 2020. Storm impacts on phytoplankton community dynamics in lakes. Global Change Biology, 26(5): 2756-2784.

Su J, Kang D, Xiang W, et al. 2017. Periphyton biofilm development and its role in nutrient cycling in paddy microcosms. Journal of Soils and Sediments, 17(3): 810-819.

Su Y Y, Mennerich A, Urban B. 2012. Synergistic cooperation between wastewater-born algae and activated sludge for wastewater treatment: Influence of algae and sludge inoculation ratios. Bioresource Technology, 105: 67-73.

Tang J, Wu Y, Esquivel-Elizondo S, et al. 2018. How microbial aggregates protect against nanoparticle toxicity. Trends in Biotechnology, 36(11): 1171-1182.

Tazisong I A, Senwo Z N, He Z. 2015. Phosphatase hydrolysis of organic phosphorus compounds. Advances in Enzyme Research, 3(2): 39-51.

Thompson F L, Abreu P C, Wasielesky W. 2002. Importance of biofilm for water quality and nourishment in intensive shrimp culture. Aquaculture, 203(3): 263-278.

Tian G C, Cai S J, Xie M Y, et al. 2008. Phosphate-solubilizing and -mineralizing abilities of bacteria isolated from soils. Pedosphere, 18(4): 515-523.

Turner B L, Cade-Menun B J, Westermann D T. 2003. Organic phosphorus composition and potential bioavailability in semi-arid arable soils of the western United States. Soil Science Society of America Journal, 67(4): 1168-1179.

Turner B L, Frossard E, Baldwin D S, et al. 2005. Organic Phosphorus in the Environment. Walling ford: CABI Publishing.

Ulén B, Aronsson H, Bechmann M, et al. 2010. Soil tillage methods to control phosphorus loss and potential side-effects: a Scandinavian review. Soil Use & Management, 26(2): 94-107.

Wagg C, Bender S F, Widmer F, et al. 2014. Soil biodiversity and soil community composition determine ecosystem multifunctionality. Proc Natl Acad Sci USA, 111(14): 5266-5270.

Wang Y Y, Qin J, Zhou S, et al. 2015. Identification of the function of extracellular polymeric substances (EPS) in denitrifying phosphorus removal sludge in the presence of copper ion. Water Research, 73: 252-264.

Weis J J, Cardinale B J, Forshay K J, et al. 2007. Effects of species diversity on community biomass production change over the course of succession. Ecology, 88(4): 929-939.

Wu Y H. 2016. Periphyton: Functions and Application in Environmental remediation. New York: Elsevier Publisher.

Wu Y H, Li T L, Yang L Z. 2012. Mechanisms of removing pollutants from aqueous solutions by microorganisms and their aggregates: A review. Bioresource Technology, 107: 10-18.

Wu Y H, Liu J Z, Rene E R. 2018. Periphytic biofilms: A promising nutrient utilization regulator in wetlands. Bioresource Technology, 248(Pt B): 44-48.

Wu Y H, Yang J L, Tang J, et al. 2017. The remediation of extremely acidic and moderate pH soil leachates containing Cu(II) and Cd(II) by native periphytic biofilm. Journal of Cleaner Products, 162: 846-855.

Wu Y, Liu J, Lu H, et al. 2016. Periphyton: an important regulator in optimizing soil phosphorus bioavailability in paddy fields. Environmental Science and Pollution Research, 23(21): 21377-21384.

Wu Y, Xia L, Yu Z, et al. 2014. In situ bioremediation of surface waters by periphytons. Bioresource Technology, 151: 367-372.

Wu Y, Zhang S, Zhao H, et al. 2010. Environmentally benign periphyton bioreactors for controlling cyanobacterial growth. Bioresource Technology, 101(24): 9681-9687.

Wu Y. 2017. Chapter 5-eriphytic Biofilm and its Functions in Aquatic Nutrient Cycling. New York: Elsevier Publisher: 137-153.

Xiong J Q, Kurade M B, Jeon B H. 2018. Can microalgae remove pharmaceutical contaminants from water? Trends in Biotechnology, 36(1): 30-44.

Xu G, Sun J, Shao H, et al. 2014. Biochar had effects on phosphorus sorption and desorption in three soils with differing acidity. Ecological Engineering, 62: 54-60.

Xu Y, Wang C, Hou J, et al. 2016. Effects of ZnO nanoparticles and Zn^{2+} on fluvial biofilms and the related toxicity mechanisms. Science of the Total Environment, 544: 230-237.

Xu Y, Wu Y, Esquivel-Elizondo S, et al. 2020. Using microbial aggregates to entrap aqueous phosphorus. Trends in Biotechnology, 38(11): 1292-1303.

Ye Y, Liang X, Chen Y, et al. 2013. Alternate wetting and drying irrigation and controlled-release nitrogen fertilizer in late-season rice. Effects on dry matter accumulation, yield, water and nitrogen use. Field Crops Research, 144(6): 212-224.

Yong J J J Y, Chew K W, Khoo K S, et al. 2021. Prospects and development of algal-bacterial biotechnology in environmental management and protection. Biotechnology Advances, 47(7): 107684.

Zambrano J, Krustok I, Nehrenheim E, et al. 2016. A simple model for algae-bacteria interaction in photo-bioreactors. Algal Research, 19: 155-161.

Zhang H L, Fang W, Wan Y P, et al. 2013. Phosphorus removal in an enhanced biological phosphorus removal process: roles of extracellular polymeric substances. Environmental Science & Technology, 47(20): 11482-11489.

Zhang Z J, Zhang J Y, He R, et al. 2007. Phosphorus interception in floodwater of paddy field during the rice-growing season in TaiHu Lake Basin. Environmental Pollution, 145(2): 425-433.

Zhao J Y, Han J G, Sun P F, et al. 2020. Effect and mechanism of periphyton affecting ammonia volatilization in paddy field. Acta Pedologica Sinica, 58(5): 1267-1277.

Zhao Y H, Xiong X, Wu C X, et al. 2018. Influence of light and temperature on the development and denitrification potential of periphytic biofilms. Science of the Total Environment, 613-614: 1430-1437.

Zhou Y, Nguyen B T, Zhou C, et al. 2017. The distribution of phosphorus and its transformations during batch growth of *Synechocystis*. Water Research, 122: 355-362.

第六章　周丛生物群落结构优化构建及其对磷的捕获

第一节　稻田周丛生物捕获磷能力的研究

一、引言

水稻是我国主要的粮食作物，占粮食播种面积的 27%、粮食总产量的 42%（陈浩等，2016）。作为世界上最大的稻谷消耗国，中国 60% 以上的人口均以稻米为主要的食物来源（程勇翔等，2012）。因此，实现水稻产量安全持续稳定的增长，对解决我国口粮供需状况和国家粮食安全起着至关重要的作用（Yu et al.，2016；Zhang et al.，2005）。然而，水稻生产过程中尿素、复合肥等的不合理施用，不仅提高了生产成本，还增加了肥料中部分的氮、磷等营养元素随水体径流的流失量，最终造成面源污染、水体富营养化及土壤污染（Liu et al.，2021；Wu et al.，2017b），影响着水稻的产量和质量安全，制约着我国农业可持续发展（纪薇薇等，2021）。

稻田周丛生物是一种生长于稻田土－水界面，由藻类、细菌、真菌、原生动物和后生动物，以及胞外聚合物等非生物物质组成，具有捕获和富集氮、磷等营养元素能力的微生态系统（Wu，2016b；吴国平等，2019）。在水稻生长初期，稻田植被覆盖率较低（Daughtry et al.，2000），周丛生物中光合作用的藻类以太阳光为能量，大量吸收水体中的氮、磷等营养元素用于周丛生物的生长（Pittman et al.，2011；王逢武等，2015）；而周丛生物丰富的胞外聚合物、表面的矿物质及其三维的孔隙也可以吸附获取水体中的氮、磷等营养元素，以减少营养元素随水体径流流失（Wu et al.，2016b）。随着稻田植被覆盖率的增加，可透射到土－水界面的供周丛生物中微生物利用的光照减少，周丛生物逐渐衰亡，并以微生物肥料的形式释放营养元素以供水稻生长发育（Liu et al.，2019）。

基于此，本节对我国主要水稻种植区（包括东北稻作区、华中稻作区及华南水稻种植区，覆盖了温带、亚热带、热带三个典型气候区下 22 个采样点）的稻田周丛生物展开了调查研究，旨在：①测定分析稻田周丛生物对磷的捕获含量及其随采样点的地理分布；②进一步探究稻田周丛生物捕获磷含量的关键影响因素；③分析周丛生物微生物网络组成结构及其物种组成的地理分布差异。

二、周丛生物捕获磷能力的影响因素

稻田周丛生物是生长于土－水界面的生物聚集体，其生长与功能除受稻作区气候因素的影响外，稻田上覆水及表层土壤的营养状况，以及周丛生物自身的结构（胞外聚合物）和物种组成（细菌、真菌、微型动物）也影响着其对磷的捕获能力（Bouletreau et al.，

2012）。如图 6-1 所示，偏最小二乘路径模型（PLS-PM）分析了稻作区气候因素（温度、光照）、水体（pH、磷酸盐、总磷、硝态氮、铵态氮、总氮）和土壤营养条件（总有机碳、总磷、总氮），以及周丛生物微生物群落的物种组成（聚磷菌、微藻）、结构（EPS 含量和组成）与周丛生物捕获磷含量之间的相互关系。

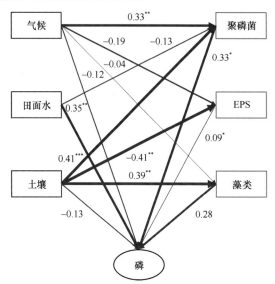

图 6-1　稻田周丛生物捕获磷含量及相关影响因素的偏最小二乘路径模型

数字标注各影响因素之间的路径系数。显著性标注：$*P < 0.05$，$**P < 0.01$，$***P < 0.001$

PLS-PM 分析结果表明，周丛生物胞外聚合物的含量与周丛生物捕获磷含量存在显著的正相关关系。胞外聚合物作为一种主要由碳水化合物和蛋白质组成的微生物聚集的"黏合剂"，存在能与磷酸盐发生络合反应的官能团（More et al.，2014）。除此以外，胞外聚合物中的矿物离子及三维孔隙结构都是其捕获磷的重要结构组成（Xu et al.，2020）。

与胞外聚合物作用相似，周丛生物中聚磷菌的组成和相对丰度与周丛生物捕获磷含量存在显著的正相关关系。聚磷菌在厌氧条件下吸收挥发性脂肪酸并储存，氧化产生的能量供给有氧阶段的磷的超量吸收和固定（Mino et al.，1998）。周丛生物捕获磷含量与藻类的相对丰度呈正相关关系。藻类作为周丛生物重要的物种组成，可以进行光合作用捕获并储存磷元素，同时提高周丛生物的生物量。此外，藻类还可以通过产生维生素等物质促进相互作用细菌的活性，进而促进周丛生物对磷的捕获（Liu et al.，2019）。

气候因素（温度、光照）作为影响周丛生物生长的关键因素，与周丛生物中聚磷菌的组成和相对丰度存在显著的正相关关系，而与周丛生物中微藻的相对丰度和 EPS 的含量存在负相关关系。结果表明，随着温度的升高和光照的增强，周丛生物的相对丰度提高，进而促进了其对磷的捕获。而过高的温度和过长的光照时间并没有提高藻类的光合作用速率、促进藻类的生长（Xiao et al.，2012）。稻田上覆水作为周丛生物直接的营养来源，与周丛生物捕获磷含量之间存在显著的正相关关系。而稻田土壤作为周丛生物的营养库，虽然与周丛生物捕获磷含量之间存在微弱的负相关关系，但是其可以通过提高周丛生物中聚磷菌和微藻的相对丰度，间接提高稻田周丛生物对磷的捕获。

三、稻田周丛生物物种组成和种间关系

稻田周丛生物作为土-水界面普遍存在的一种微生物聚集体，具有丰富的物种组成和复杂的群落结构，能够通过改变其群落的组成结构来抵御外界的环境变化，以维持系统的稳定性和自身的生长发展（Sogin et al., 2006）。该部分通过高通量测序技术对东北单季稻稻区、华中单双季稻稻区、华南双季稻稻区三个典型气候区下稻田周丛生物真核生物和原核生物的群落结构进行了分析。

如表 6-1 所示，稻田周丛生物原核微生物群落及真核微生物群落的 Shannon 指数在 2.06 ~ 6.86/1.53 ~ 3.02，Chao1 指数在 6930.79 ~ 19 975.60/55.06 ~ 147.37。与稻田周丛生物捕获磷含量的地理分布不同，原核微生物群落多样性及丰富度以东北早熟单季稻稻区最高，其次是华南双季稻稻区，华中单双季稻稻区最低，并且其最低值分别出现在周丛生物磷含量较高的杭州和海南。周丛生物真核微生物群落丰富度分布与原核微生物不同，以华中单双季稻稻区最高，其次是东北早熟单季稻稻区及华南双季稻稻区。

表 6-1　稻田周丛生物微生物群落多样性（Shannon 指数）及丰富度（Chao1 指数）

采样点	原核微生物（16S）		真核微生物（18S）	
	Shannon 指数	Chao1 指数	Shannon 指数	Chao1 指数
齐齐哈尔	6.83a	11 977.96bc	2.54abcd	117.34bc
五常	6.84a	10 471.34bc	2.65abcd	110.70bc
铁岭	6.79a	12 808.31abc	2.65abcd	108.81bc
丹东	6.73a	19 975.60a	2.78abc	106.00bc
宜昌	5.69cd	10 604.69bc	2.43abcde	102.17bc
荆州	5.36de	10 900.61bc	3.02a	101.92bc
武汉	6.00abcd	99 53.45c	2.44abcde	110.14bc
池州	5.71bcd	18 155.24ab	2.15bcdef	94.87bc
芜湖	6.76a	11 436.56bc	1.90def	112.83bc
常熟	6.66ab	11 886.06bc	1.53f	147.37a
盐城	6.37abc	11 366.92bc	2.86ab	100.67bc
岳阳	5.19de	10 513.37bc	2.54abcd	102.04bc
九江	3.54g	91 19.47c	1.96cdef	113.13cb
鹰潭	3.63fg	83 88.72c	2.68abcd	123.77ab
宁波	5.21de	95 38.81c	2.57abcd	112.39bc
杭州	2.06h	69 30.79c	2.92ab	90.40c
南平	5.96abcd	10 570.49bc	1.99cdef	93.70bc
福州	6.86a	10 799.78bc	2.49abcd	115.64abc
泉州	6.56abc	12 057.46bc	2.89ab	105.59bc
仁化	4.58ef	91 88.79c	1.63ef	91.29bc
台山	5.71bcd	10 268.68c	1.64ef	103.02bc
海南	3.63fg	6 971.99c	2.49abcd	55.06d

注：数值后不同小写字母代表样点间的差异显著（$P < 0.05$），下同

三个典型气候区下稻田周丛生物的微生物组成也存在一定的地理分布差异，如图 6-2 所示，周丛生物以变形菌门（Proteobacteria）、厚壁菌门（Firmicutes）、拟杆菌门（Bacteroietes）为优势原核微生物组成。在周丛生物磷含量较低的东北单季稻稻区，周丛生物中 Acidobacteria、Anaerolineae、Betaproteobacteria、Sphingobacteria 为主要的原核微生物组成。在华中单双季稻稻区，周丛生物以 Alaphaproteobacteria、Anaerolineae、Betaproteobacteria、Gammaproteobacteria、Sphingobacteria 为优势原核微生物组成。在周丛生物磷含量最高的华南双季稻稻区，稻田周丛生物以 Alaphaproteobacteria、Betaproteobacteria、Clostridia、Gammaproteobacteria 为主要的原核微生物组成。

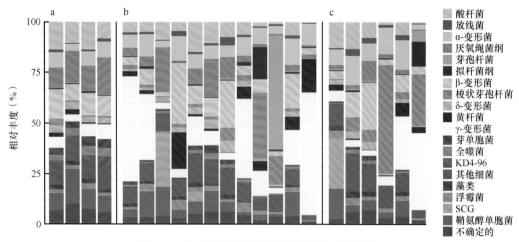

图 6-2　稻田周丛生物原核微生物的丰度和组成
a. 东北单季稻稻区；b. 华中单双季稻稻区；c. 华南双季稻稻区

周丛生物以纤毛门（Ciliophora）、子囊菌门（Ascomycota）、褐藻门（Ochrophyta）为优势的真核微生物群落组成（图 6-3）。在周丛生物磷含量较低的东北单季稻稻区，周丛生物以 Conoidasida、Intramacronucleata、Kinetoplastea、Pezizomycetes 为主要真核微生物组成。华中单双季稻稻区，周丛生物以 Conoidasida、Intramacronucleata、Kinetoplastea、Thecofilose 为优势的真核微生物组成。在周丛生物磷含量最高的华南双季稻稻区，Intramacronucleata、Conoidasida、Incertae sedis、Kinetoplastea 为周丛生物主要的真核微生物组成。以上的结果表明，随着采样点由北到南分布，周丛生物中 Conoidasida 相对丰度呈现出上升趋势，而 Intramacronucleata 相对丰度则逐渐降低。

为了进一步明晰稻田周丛生物微生物群落组成及其结构，利用微生物的共发生网络（co-occurrence network）揭示了周丛生物微生物群落中菌群之间的生态学相关关系（Barberan et al.，2012）。如图 6-4 所示，在周丛生物原核微生物的共发生网络关系中，变形菌门和厚壁菌门的菌群都处于每个模块网络的中心位置，影响着周丛生物群落的稳定和功能。而聚磷菌作为影响周丛生物磷捕获能力的主要内部因素，在网络中扮演着重要的角色。特别是厌氧绳菌（*Anaerolinea* sp.）和黄杆菌（*Flavobacterium* sp.），作为重要的节点微生物，与其他微生物存在较强的相互关系，同时联系着不同模块以保持结构的稳定性。蓝藻作为周丛生物中重要的光合作用菌种，通过与变形菌等其他微生物之间的相互作用，促进相互作用微生物对磷的捕获。

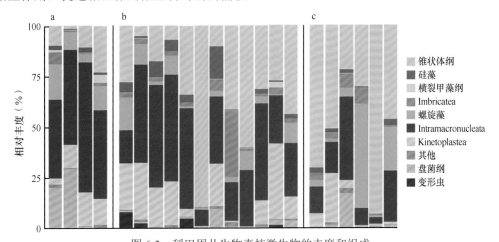

图 6-3 稻田周丛生物真核微生物的丰度和组成

a. 东北早熟单季稻区；b. 华中单双季稻区；c. 华南双季稻区

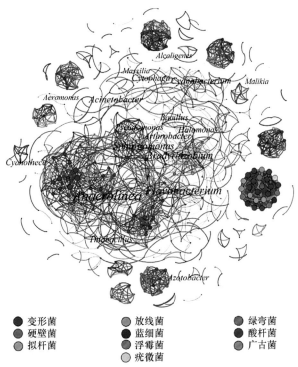

图 6-4 稻田周丛生物中原核微生物相互作用的共发生网络

每个节点代表一种微生物属，节点度中心性通过大小表示，保留相互作用关系大于 0.8 且 $P < 0.05$ 的节点

此外，微生物共发生网络还揭示了周丛生物真核微生物群落中菌群之间的生态学关系。如图 6-5 所示，稻田周丛生物主要以纤毛门（Ciliophora）、子囊菌门（Ascomycota）、褐藻门（Ochrophyta）为优势的真核微生物群落组成，尤其是纤毛门和子囊菌门的真核微生物交织存在于各个模块的网络中，影响着周丛生物群落的结构。进一步，共发生网

络分析的结果还表明，甲藻门的虫黄藻（*Symbiodinium* sp.）、别什莱藻（*Biecheleria* sp.）、斯克里普藻（*Scrippsiella* sp.），以及褐藻门的长菎藻（*Neidium* sp.）这几种常见的周丛生物中重要的光合作用微生物与网络中其他微生物都存在较强的相互作用关系，特别是长菎藻。而其他的藻类也通过与其他微生物的相关作用关联着不同的网络模块，一起组成了周丛生物的真核微生物群落。综上所述，聚磷菌和藻类作为周丛生物群落中重要的物种组成，通过细胞的吸附，并利用与其他微生物相互关联及相互作用而形成复杂的微生物网络以增强稻田周丛生物对磷的捕获能力。

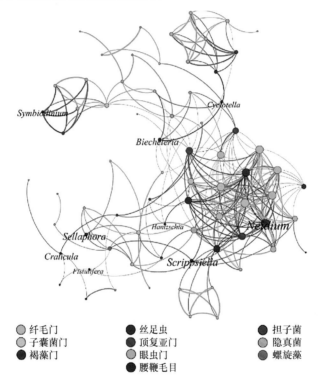

图 6-5　稻田周丛生物中真核微生物相互作用的共发生网络分析

每个节点代表一种微生物属，节点度中心性通过大小表示，保留相互作用关系大于 0.6 且 $P < 0.05$ 的节点

四、小结

通过测定不同稻作区稻田周丛生物捕获磷含量，分析了周丛生物磷捕获能力沿采样点的地理分布及其影响因素，并通过共发生网络进一步探究了周丛生物微生物组成的关联性。主要结论如下。

1）稻田周丛生物捕获磷含量沿采样点呈现出由北到南增加的趋势，以华南双季稻稻区最高，其次是华中单双季稻稻区，东北早熟单季稻稻区最低。在东北早熟单季稻稻区和华南双季稻稻区，周丛生物捕获磷能力沿采样点由北到南增加，分别以丹东和海南为最高值。而在长江中下游沿岸的华中单双季稻稻区，沿长江中游到下游周丛生物捕获磷含量呈现增加的趋势。

2）聚磷菌、藻类和胞外聚合物作为周丛生物重要的物种及结构组成，通过聚磷菌与藻细胞吸收、官能团络合，以及孔隙的吸附等方式影响着周丛生物的生长及对磷的捕获。气候因素作为区分不同稻作区的关键因素，与稻田上覆水和土壤营养条件直接或间接地影响着稻田周丛生物对磷的捕获。

3）周丛生物以变形菌门（Proteobacteria）、厚壁菌门（Firmicutes）、拟杆菌门（Bacteroietes）为优势原核微生物组成，以及纤毛门（Ciliophora）、子囊菌门（Ascomycota）、褐藻门（Ochrophyta）为优势真核微生物群落组成，其中聚磷菌和微藻作为周丛生物共发生网络中重要的节点微生物，通过与其他微生物的相互作用并关联着不同网络模块，促进了周丛生物对磷的捕获。

第二节　人工构建的周丛生物的种间关系及其对磷的去除

一、引言

周丛生物作为一种环境友好型的生物磷去除材料，具有高效捕获和富集磷的效果，已经被广泛应用于污水磷处理系统（Bharti et al.，2017；Boelee et al.，2011）。周丛生物中自养和异养微生物群落及其表面裹挟着的胞外聚合物等非生物物质影响着其捕获与富集磷的能力（Liu and Vyverman，2015；Peter et al.，2011）。微藻作为周丛生物中重要的物种组成，其藻细胞能够吸收和同化大量的磷元素，并储存在细胞内部用于细胞的生长和繁殖（Ismagulova et al.，2018）。藻类光合作用过程中以其他生物呼吸产生及水体溶解的二氧化碳为原料合成有机物、释放氧气供给周丛生物异养微生物、原生动物和后生动物的生长发育，以及对磷的吸附和捕获（Kouzuma and Watanabe，2015）。而细菌同时提供藻类生长所需要的维生素 B_{12}、维生素 B_1、维生素 B_7 等生长辅助因子（Amin et al.，2009；Xie et al.，2013；王少沛等，2008）。这种藻、菌之间的相互作用使得周丛生物具有一定环境适应性和自我恢复能力，并影响着营养物质在水体 - 沉积物两相界面的迁移（Casagli et al.，2021）。

周丛生物对磷的捕获主要通过其胞外聚合物、微藻及聚磷菌对磷的吸附、吸收，作为短暂的磷储存库而实现磷元素空间上的转移（Oehmen et al.，2007）。斜生栅藻（Scenedesmus obliquus）是广泛存在的淡水受试藻类，能够产生较多的胞外聚合物，以增强藻细胞表面的黏附性，使其易附着于其他生物体表面（Ma et al.，2021；段露露等，2020）；蛋白核小球藻（Chlorella pyrenoidosa）藻细胞内含有丰富的叶绿素，是一种能够高效进行光合作用的球形单细胞淡水藻类（Cheng et al.，2020）；绿球藻（Chlorococcum sp.）藻体呈丝状聚生，可以通过其基细胞固于基质上（赵立斌等，2021）。此外，恶臭假单胞菌（Pseudomonas putida）作为常见的聚磷菌，易形成丰富胞外聚合物的生物被膜，耐受和应对外界环境胁迫（Liu et al.，2021a）；弗氏柠檬酸杆菌（Citrobacter freundii）为广泛分布于自然界中的革兰氏阴性菌；解淀粉芽孢杆菌（Bacillus amyloliquefaciens）具有较强的产生次生代谢产物和胞外聚合物的能力（Zhang et al.，2021）。

基于此，本研究通过添加不同组合的斜生栅藻、蛋白核小球藻、绿球藻、恶臭假单胞菌、弗氏柠檬酸杆菌、解淀粉芽孢杆菌，构建形成新型的周丛生物，旨在：①设计比选出具有高效富集磷能力的人工周丛生物，并测定其不同藻菌组合构建的人工周丛生物中微藻与聚磷菌的相对丰度；②进一步，通过 EPS 组成、含量及活性官能团对比分析研究周丛生物捕获磷含量的主导因素；③以斜生栅藻－周丛生物为例，深入分析高效富集磷的人工周丛生物的形态学特征及其代谢表达的差异。

二、聚磷菌、藻的添加对周丛生物捕获磷能力的影响

（一）周丛生物中 pH 和 Ft 值变化

选取上述三个稻作区周丛生物磷含量最高的丹东、杭州、海南水稻土壤，以斜生栅藻、蛋白核小球藻和绿球藻为受试藻类，恶臭假单胞菌、弗氏柠檬酸杆菌和解淀粉芽孢杆菌为受试菌种，模拟稻田环境条件，通过接种上述聚磷菌和微藻共培养，研究聚磷菌和微藻的添加对稻田周丛生物捕获磷能力的影响。如图 6-6 所示，在 28 天的模拟培养期间，培养体系上覆水 pH 经历缓慢的下降后趋于稳定。相比于对照组和接种的培养体系，微藻、聚磷菌和微藻－聚磷菌培养体系上覆水 pH 均高于其他处理。培养初期，接种了微藻、聚磷菌和微藻－聚磷菌的培养体系上覆水 pH 较高，以海南最高（7.75±0.08、7.74±0.07），其次是丹东（7.63±014、7.74±0.08），杭州最低（7.20±0.02、7.19±0.06）。培养期间的第 12 天和第 20 天，周丛生物培养体系 pH 均短暂上升后下降，并在第 28 天趋于稳定。

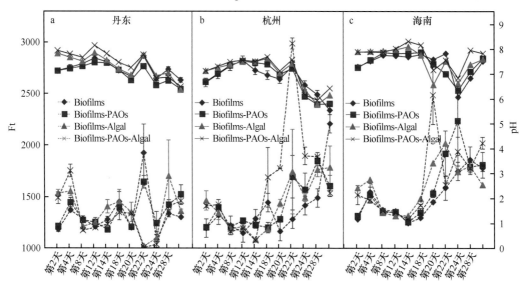

图 6-6　周丛生物培养 28 天内 pH 和叶绿素荧光值（Ft）变化

Biofilms. 周丛生物；Biofilms-PAOs. 周丛生物－聚磷菌；Biofilms-Algal. 周丛生物－微藻；

Biofilms-PAOs-Algal. 周丛生物－聚磷菌－微藻

常用于表征植物和微生物光合活性的叶绿素荧光值（fluorescence intensity，Ft），本文用以反映周丛生物的光合作用潜力（Jin et al.，2019）。培养前期，与培养体系上覆水 pH 的变化一致，微藻、聚磷菌和微藻－聚磷菌培养体系周丛生物叶绿素荧光值均高于对照组和聚磷菌处理的周丛生物 Ft 值。培养期间，培养体系周丛生物 Ft 值大致呈上升趋

势，最终以海南周丛生物 Ft 值最高，其次是杭州和丹东。周丛生物培养体系 pH 和叶绿素荧光值测量结果表明，在接种了聚磷菌和微藻以后周丛生物光合作用能力得到了不同程度的提升（Amde et al.，2015）。稳定的 pH 条件和良好的光合作用能力可以提高周丛生物捕获磷的能力，并维持周丛生物的结构和稳定。

（二）周丛生物中微生物群落组成

模拟实验中聚磷菌、微藻、聚磷菌与微藻共同添加培养形成的周丛生物中原核微生物与真核微生物群落的结构差异和相似性见图 6-7 和图 6-8 微生物纲水平的丰度直方图。如图 6-7 所示，周丛生物以 α- 变形菌、拟杆菌、γ- 变形菌及产氧光合细菌为主要的原核微生物组成（Wang et al.，2019），且丹东周丛生物中产氧光合细菌的相对丰度显著高于杭州和海南，而 α- 变形菌、拟杆菌、γ- 变形菌则明显低于杭州和海南。在丹东的模拟实验中，聚磷菌、微藻、聚磷菌与微藻的处理均显著提高了周丛生物中产氧光合细菌的相对丰度，其他原核微生物的相对丰度均有不同程度的降低。在产氧光合细菌丰度较低的杭州，聚磷菌的添加提高了周丛生物中产氧光合细菌、α- 变形菌和 γ- 变形菌的相对丰度，降低了拟杆菌的丰度，与之相反的是微藻、聚磷菌与微藻的处理均降低了产氧光合细菌和 γ- 变形菌的丰度，而提高了 α- 变形菌的相对丰度。与杭州不同的是，海南模拟实验中聚磷菌与藻类的处理显著提高了周丛生物中产氧光合细菌的相对丰度，同时降低了 α-变形菌的相对丰度。

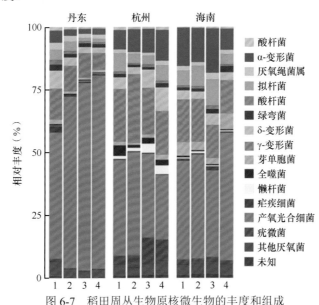

图 6-7　稻田周丛生物原核微生物的丰度和组成
1. 周丛生物；2. 周丛生物 - 聚磷菌；3. 周丛生物 - 微藻；4. 周丛生物 - 聚磷菌 - 微藻

如图 6-8 所示，周丛生物以绿藻、Intramacronucleata 为主要的真核微生物群落组成（Wang et al.，2020）。杭州和海南模拟实验中周丛生物的绿藻相对丰度显著高于丹东，而 Intramacronucleata 相对丰度则以丹东最高，其次是海南、杭州。在周丛生物绿藻相对丰度较高的海南模拟实验中，聚磷菌、微藻、聚磷菌与微藻的处理均显著提高了周丛生物中绿藻的丰度，且以聚磷菌与藻类添加处理最高，其次是藻类及聚磷菌；Intramacronucleata 相对丰度的变化与绿藻变化相反，与普通周丛生物相比均显著降低。在杭州的模拟实验中，聚磷菌、微藻、聚磷菌与微藻的处理均显著降低了周丛生物中绿藻的相对丰度，而提高了 Intramacronucleata 的相对丰度。在丹东的模拟实验中，聚磷菌、聚磷菌与微藻的处理显著提高了周丛生物中绿藻的相对丰度，而降低了 Intramacronucleata 的相对丰度。综上所述，在丹东、杭州和海南的模拟实验中，聚磷菌、微藻、聚磷菌与微藻的处理主要通过改变周丛生物中藻类的相对丰度，影响着周丛生物的微生物群落结构和组成。

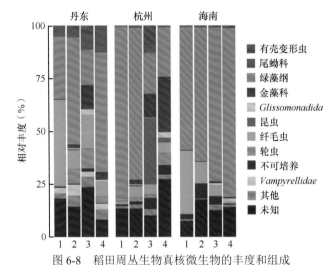

图 6-8　稻田周丛生物真核微生物的丰度和组成

1. 周丛生物；2. 周丛生物－聚磷菌；3. 周丛生物－微藻；4. 周丛生物－聚磷菌－微藻

　　进一步，周丛生物中藻类与聚磷菌丰度和组成的变化如图 6-9 和图 6-10 所示，丹东的模拟实验中，聚磷菌、微藻、聚磷菌与微藻添加处理均提高了周丛生物中微藻的相对丰度，以聚磷菌添加最为明显。与聚磷菌处理显著提高衣藻（Chlamydomonas sp.）的相对丰度不同，微藻、微藻与聚磷菌的添加均提高了棕鞭藻（Ochromonas sp.）的相对丰度。

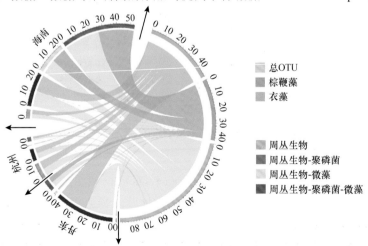

图 6-9　周丛生物中藻类的丰度和组成

在上覆水 pH 较低的杭州，聚磷菌、微藻、聚磷菌与微藻的添加并没有提高周丛生物中藻类的相对丰度。在周丛生物 Ft 值较高的海南模拟实验中，聚磷菌、微藻、聚磷菌与微藻的添加均显著提高了周丛生物中藻类的相对丰度，且各处理下周丛生物微藻的相对丰度和组成与丹东相一致。聚磷菌的添加显著提高了周丛生物中衣藻的相对丰度，而微藻、微藻与聚磷菌的添加改变了周丛生物中的优势藻类，显著提高了棕鞭藻的相对丰度。

　　相比于微藻的相对丰度及其物种组成，周丛生物主要以热单胞菌（*Thermomonas* sp.）和芽单胞菌（*Gemmatimonas* sp.）为优势聚磷菌种，而聚磷菌的添加均提高了周丛生物中聚磷菌的相对丰度。如图 6-10 所示，丹东的模拟实验中，与微藻的相对丰度变化相一致，聚磷菌、微藻、聚磷菌与微藻的添加均提高了周丛生物中聚磷菌的相对丰度，以聚磷菌的添加变化最为显著。与微藻添加提高周丛生物中热单胞菌相对丰度变化不同，聚磷菌与微藻共同添加处理的周丛生物主要通过提高芽单胞菌的相对丰度以提高聚磷菌的相对丰度。在周丛生物相对丰度较低的杭州模拟实验中，聚磷菌与藻类的添加显著提高了周丛生物中聚磷菌的相对丰度，尤其是新鞘氨醇单胞菌（*Novosphingobium* sp.）。在周丛生物藻类相对丰度较高的海南模拟实验中，聚磷菌、微藻、聚磷菌与微藻的添加均显著提高了黄杆菌（*Flavobacterium* sp.）的相对丰度，聚磷菌、微藻添加的周丛生物中黄杆菌属

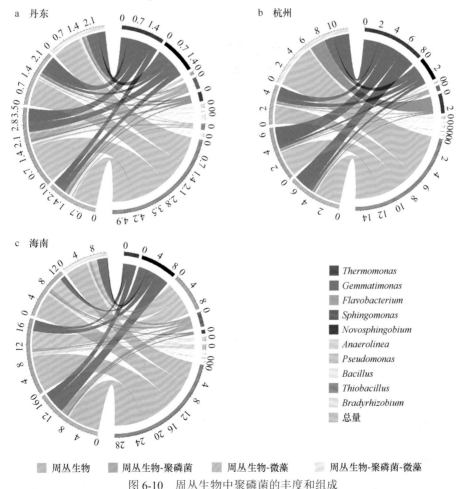

图 6-10　周丛生物中聚磷菌的丰度和组成

更是取代热单胞菌和芽单胞菌成为周丛生物中优势的聚磷菌株。

（三）周丛生物捕获磷含量

如图 6-11 所示，稻田周丛生物捕获磷含量变化和周丛生物 Ft 值一致，在模拟实验中周丛生物捕获磷的含量以海南最高，其次是杭州和丹东。聚磷菌、微藻、聚磷菌与微藻的添加均影响着周丛生物捕获磷的能力，聚磷菌的添加在三个模拟实验中均提高周丛生物捕获磷的含量。在周丛生物 Ft 值相对较低的丹东实验中，相较于对照组和聚磷菌与微藻的处理，聚磷菌、微藻的添加均提高了周丛生物磷含量。相应地，聚磷菌、微藻、聚磷菌与微藻处理培养得到的周丛生物中藻类和聚磷菌的相对丰度均高于对照组，特别是聚磷菌的添加显著提高了聚磷菌和藻类的相对丰度。

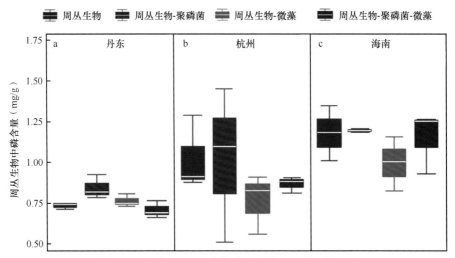

图 6-11　培养 28 天后单位质量周丛生物捕获的磷量

在水体 pH 相对较低的杭州，聚磷菌与藻类的处理显著提高了周丛生物捕获磷的含量，虽然聚磷菌、微藻、聚磷菌与微藻处理的周丛生物捕获磷含量均显著高于丹东，但是，除聚磷菌与微藻处理的周丛生物聚磷菌的相对丰度较相同处理的丹东高之外，周丛生物中聚磷菌和微藻的相对丰度均低于丹东。在周丛生物捕获磷含量最高的海南，聚磷菌、聚磷菌与微藻处理的周丛生物捕获磷含量较对照组有所提高。特别是聚磷菌与微藻处理的周丛生物，与微藻的相对丰度变化一致，周丛生物捕获磷含量也最高。综上所述，不同性质水稻土壤培育的周丛生物，聚磷菌和微藻的接种影响其光合作用能力、微生物组成及磷捕获能力。聚磷菌的添加通过提高周丛生物内相关聚磷菌的丰度来增强周丛生物对磷的捕获能力，而藻类的添加主要通过提高周丛生物中藻类的相对丰度，以提高周丛生物光合作用能力来增强其对磷的捕获能力（Liu et al.，2019）。

三、高效富集磷周丛生物构建及其捕获磷能力研究

（一）高效富集磷周丛生物构建与比选

进一步分别测定了 5mg/L 磷浓度下聚磷菌与微藻构建的周丛生物 7d 内捕获磷的含

量，以及周丛生物 EPS 主要成分和含量。如图 6-12 所示，4 种聚磷菌与微藻的组合显著提高了周丛生物富集磷的能力，分别为绿球藻 - 弗氏柠檬酸杆菌、绿球藻、恶臭假单胞菌、斜生栅藻。对比普通周丛生物，人工构建的周丛生物磷的吸附效果更加明显。

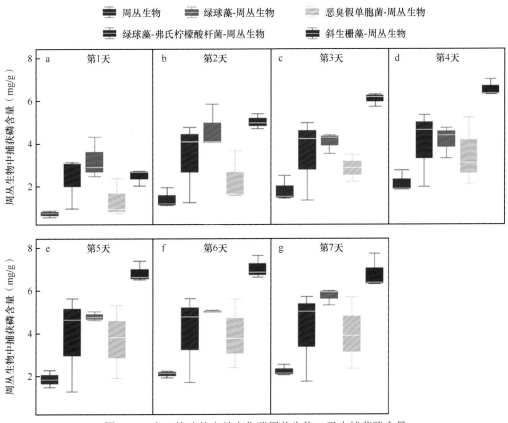

图 6-12　人工构建的高效富集磷周丛生物 7 天内捕获磷含量

短期磷吸附实验初始阶段，对比普通周丛生物磷吸附能力 [（0.74±0.09）mg/g]，其他 4 种人工构建的周丛生物磷吸附能力分别为（2.39±0.70）mg/g、（3.23±0.55）mg/g、（1.37±0.51）mg/g、（2.48±0.22）mg/g。吸附实验的第 7 天，相较于普通周丛生物富集捕获磷能力 [（2.26±0.14）mg/g]，绿球藻 - 弗氏柠檬酸杆菌 - 周丛生物、绿球藻 - 周丛生物、恶臭假单胞菌 - 周丛生物、斜生栅藻 - 周丛生物富集磷能力分别提高到（4.16±1.21）mg/g、（5.73±0.21）mg/g、（3.98±0.95）mg/g、（6.79±0.45）mg/g，说明绿球藻 - 弗氏柠檬酸杆菌、绿球藻、恶臭假单胞菌、斜生栅藻构建的周丛生物对磷的吸附能力均优于普通周丛生物，可以作为人工构建比选出的高效富集磷的周丛生物用于含磷废水处理。

（二）周丛生物 EPS 的表面活性官能团特征

周丛生物 EPS 组成和含量影响着其捕获与吸附水体中磷的能力（Borlee et al.，2010）。如图 6-13 所示，与普通周丛生物相比，设计比选出的具有高效富集磷的绿球藻 - 弗氏柠檬酸杆菌 - 周丛生物、绿球藻 - 周丛生物、恶臭假单胞菌 - 周丛生物、斜生栅藻 - 周丛生物 EPS 中蛋白质含量分别提高了 67.7%、125.2%、121.4% 和 84.6%。与 EPS 中蛋白质含量变化不同，EPS 中多糖含量与普通周丛生物相比变化幅度较小，除斜生栅藻 - 周丛生物提高了 23.7% 外，其他构建比选出的高效富集磷周丛生物 EPS 中多糖含量变化均不显著。与周丛生物吸附磷能力变化一致，绿球藻 - 弗氏柠檬酸杆菌、绿球藻、恶臭假单胞菌、斜生栅藻构建的高效富集磷的周丛生物 EPS 中磷含量也显著增加，其中以斜生栅藻 - 周丛生物最为显著，说明 EPS 在周丛生物磷捕获、吸附过程中发挥着重要的作用，通过多糖中部分带电的糖残基及蛋白质中一些带电基团相互作用来捕获和吸附磷（Li et al.，2015）。

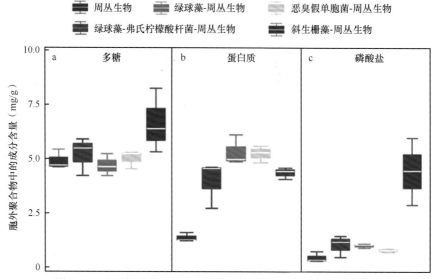

图 6-13　人工构建的高效富集磷周丛生物 EPS 及其主要成分含量

　　EPS 主要成分和含量的分析表明了其在周丛生物捕获和富集磷过程中发挥着重要的作用，结合 FTIR 技术进一步揭示周丛生物 EPS 中与磷相互作用的活性官能团和结合位点。如图 6-14 所示，周丛生物 EPS 在 3377cm^{-1} 处的宽吸收峰，主要是由于 EPS 中纤维素上羟基（—OH）的伸缩振动；2927cm^{-1} 与 2873cm^{-1} 的吸收峰则来自饱和碳链上亚甲基（—CH$_2$—）的反对称伸缩振动和对称伸缩振动；1655cm^{-1} 和 1540cm^{-1} 处的吸收峰分别来自典型的蛋白质酰胺 I 带和 II 带中羧基（C═O）和氨基（—NH$_2$）的伸缩振动；1074cm^{-1} 处的吸收峰与多糖衍生物中 C—O、C—O—C 有关，该峰与 1655cm^{-1} 和 1540cm^{-1} 的峰同时存在，表明周丛生物 EPS 中含有大量的羧基官能团（Sheng et al.，2010）。比较可知，绿球藻 - 弗氏柠檬酸杆菌、绿球藻、恶臭假单胞菌、斜生栅藻构建的高效富集磷的周丛生物 EPS 中，3377cm^{-1} 处代表—CH 的吸收峰强度明显提高并且发生了转移（3323cm^{-1} 和 3307cm^{-1}），代表 C═O 和—NH$_2$ 的 1655cm^{-1} 和 1540cm^{-1} 处吸收峰强度明显提高。综上所述，周丛生物 EPS 中的活性组分多糖和蛋白质与磷作用的关键官能团为—COOH、—OH 和—NH$_2$，而绿球藻 - 弗氏柠檬酸杆菌、绿球藻、恶臭假单胞菌、斜生栅藻构建的高效富集磷的周丛生物也通过提升 EPS 中活性官能团（—COOH、—OH 和—NH$_2$）的强度来提高周丛生物捕获和吸附磷的能力。

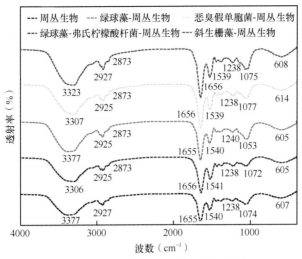

图 6-14　周丛生物 EPS 的红外光谱图

（三）周丛生物中聚磷菌和藻类丰度与组成

如图 6-15 所示，由普通周丛生物及构建比选出的高效富集磷的周丛生物中微生物的组成和丰度可知，周丛生物以蓝细菌、变形菌和拟杆菌为主要微生物组成。相较于普通周丛生物以念珠藻科（Nostocaceae sp.）为主要的微藻组成，绿球藻 - 弗氏柠檬酸杆菌、绿球藻、恶臭假单胞菌、斜生栅藻构建的高效富集磷的周丛生物以席藻科（Phormidiaceae sp.）为主要的微藻组成。以上结果说明，与普通周丛生物相比，人工构建的高效富集磷的周丛生物通过提高微藻的组成和相对丰度以提高周丛生物捕获与吸附磷的能力。

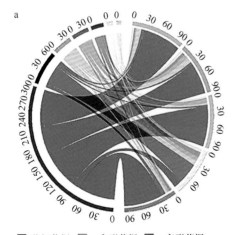

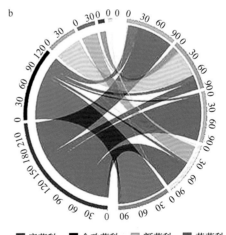

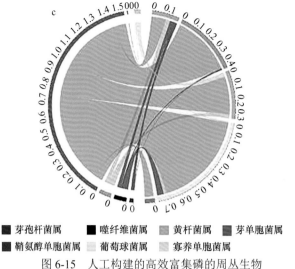

芽孢杆菌属　　■ 噬纤维菌属　　■ 黄杆菌属　　■ 芽单胞菌属
■ 鞘氨醇单胞菌属　　葡萄球菌属　　寡养单胞菌属

图 6-15　人工构建的高效富集磷的周丛生物
a. 原核微生物；b. 微藻；c. 聚磷菌（属水平）微生物的相对丰度及组成

周丛生物以芽单胞菌为主要聚磷菌组成，与微藻相对丰度的变化一致，绿球藻 - 弗氏柠檬酸杆菌、绿球藻、恶臭假单胞菌、斜生栅藻构建的高效富集磷的周丛生物，其聚磷菌的丰度显著提高，特别是绿球藻 - 周丛生物。相比于聚磷菌组成相对单一的普通周丛生物，绿球藻 - 周丛生物除显著提高了芽单胞菌相对丰度外，噬纤维菌和黄杆菌的丰度也显著提高，恶臭假单胞菌 - 周丛生物则显著提高了黄杆菌和寡养单胞菌的相对丰度，磷富集能力最强的斜生栅藻 - 周丛生物聚磷菌的组成和丰度相对均匀。综上所述，绿球藻 - 弗氏柠檬酸杆菌、绿球藻、恶臭假单胞菌、斜生栅藻构建的高效富集磷的周丛生物颤藻取代了普通周丛生物以念珠藻为优势微藻组成，并通过提高聚磷菌中芽单胞菌的相对丰度来增强周丛生物对磷的捕获和吸附。

四、斜生栅藻 - 周丛生物捕获磷的分子机制

（一）周丛生物细胞形态学特征

采用光学显微镜和扫描电子显微镜与 X 射线能谱仪联用（SEM-EDX），观察普通周丛生物、斜生栅藻 - 周丛生物表面结构及其元素分布，进一步论证高效富集磷的斜生栅藻 - 周丛生物表面形态学特征的变化。如图 6-16 所示，普通周丛生物表面较为光滑，细胞排列疏松，以丝状藻细胞为主（Wu et al.，2010）。斜生栅藻 - 周丛生物表面较为粗糙，丝状藻细胞外周围镶嵌着其他藻细胞。细胞排列较为紧密，三维网状孔隙度高，表面磷元素含量高且元素分布更加均匀。光学显微镜及 SEM-EDX 结果表明，人工周丛生物有着更为复杂的表面细胞结构、更高的三维孔隙度及更多的胞外聚合物分布，为周丛生物提供了更多捕获磷的结合位点（Liu et al.，2016），这可能是导致斜生栅藻 - 周丛生物捕获吸收磷能力较普通周丛生物显著提升的原因之一。EDX 检测结果进一步论证了周丛生物表面磷元素的分布，与普通周丛生物相比，斜生栅藻构建的人工周丛生物磷吸附的实验结果增强。

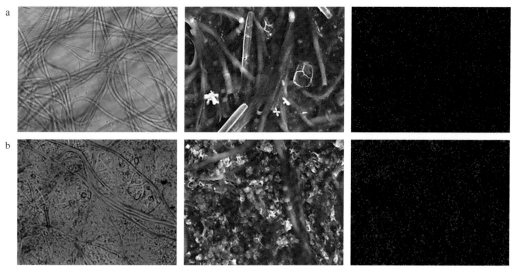

图 6-16　普通周丛生物（a）和斜生栅藻－周丛生物（b）扫描电子显微镜与 X 射线能谱仪图

（二）周丛生物 EPS 活性官能团特征

周丛生物中 EPS 的成分和含量影响着周丛生物表面的细胞形态特征与磷捕获吸收的能力，为了论证周丛生物捕获磷的分子间作用机制，应用三维荧光光谱（3D-EEM）指示 EPS 中荧光物质的含量，并且进一步应用 FTIR 分析出关键的活性官能团。周丛生物 EPS 中天然存在来自蛋白质或腐殖酸的荧光类物质（Sheng and Yu，2006），因此我们利用 EPS 中天然荧光探针表征其与磷元素的分子间作用。如图 6-17a、b 所示，周丛生物 EPS 的 3D-EEM 光谱有 A、B、C 三个特征峰，Ex（nm）/Em（nm）分别为 260nm/366nm、230nm/340nm、225nm/297nm，主要是来源于蛋白质中色氨酸和酪氨酸残基（Chen et al.，2003；Li et al.，2015），从荧光强度可以判断周丛生物 EPS 的 3D-EEM 光谱峰 A 表征了色氨酸物质，相较于峰 B 和 C 表征的酪氨酸类物质含量更高。高效富集磷的斜生栅藻－周丛生物，其 A、B、C 特征峰的荧光强度较普通周丛生物均有不同程度的增强，峰 A、B 和 C 分别提高了 6.4%、6.6% 和 3.7%，说明斜生栅藻－周丛生物可以通过提升胞外蛋白中色氨酸类物质与酪氨酸类物质的含量来提升其对磷的捕获与吸附能力。

如图 6-17c、d 所示，普通周丛生物和斜生栅藻－周丛生物与 5mg/L 磷浓度溶液混合振荡反应后，其 A、B、C 特征峰的荧光强度均有不同程度的下降，说明 EPS 与磷相互作用能诱导荧光猝灭（Xu et al.，2013）。普通周丛生物与斜生栅藻－周丛生物荧光谱峰 A、峰 B、峰 C 分别下降了 22.2%/14.2%、37.8%/16.1% 和 29.1%/19.6%，说明磷与周丛生物中 EPS 形成了非荧光类络合物，同时普通周丛生物中 EPS 与磷的结合能力比斜生栅藻－周丛生物更高。另外，荧光谱峰 A、B、C 位置在磷的作用下也发生了略微的红移，特别是峰 A 的 Ex（nm）/Em（nm）由原来的 225nm/297nm 红移到 230nm/296nm。综上所述，与普通周丛生物相比，斜生栅藻－周丛生物可以通过提升胞外蛋白中色氨酸类物质与酪氨酸类物质的含量来提升其对磷的捕获与吸附能力。

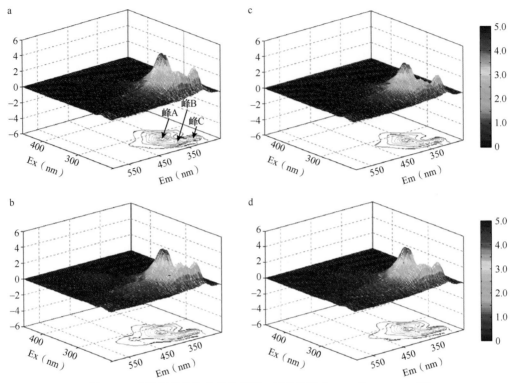

图 6-17　普通周丛生物和斜生栅藻－周丛生物中 EPS 的 3D-EEM 图

3D-EEM 光谱证实了周丛生物 EPS 中色氨酸类物质和酪氨酸类物质的残基参与了 EPS 与磷元素的相互作用。已知色氨酸类和酪氨酸类物质的残基中存在官能团—NH_2 和—COOH。因此，结合 FTIR 技术进一步揭示周丛生物 EPS 中与磷相互作用的色氨酸 类和酪氨酸类物质残基中的官能团（Barth，2007）。如图 6-18 所示，周丛生物胞外聚合 物在 $3377cm^{-1}$、$2927cm^{-1}$、$2873cm^{-1}$、$1655cm^{-1}$ 和 $1540cm^{-1}$ 处的吸收峰，分别是由 EPS 中纤维素上羟基（—OH）、饱和碳链上的亚甲基（—CH_2—）、典型的蛋白质酰胺Ⅰ带和 Ⅱ带中羧基（C=O）和氨基（—NH_2）的振动产生的；而 $1074cm^{-1}$ 处吸收峰与多糖衍生物 中 C—O、C—O—C 有关，该峰与 $1655cm^{-1}$ 和 $1540cm^{-1}$ 的吸收峰同时存在，表明周丛生 物 EPS 中含有大量的羧基官能团（Sheng et al.，2010）。综上所述，周丛生物 EPS 与磷元 素的结合过程中发挥关键作用的活性官能团为—NH_2、—COOH 和—OH。与普通周丛生 物相比，斜生栅藻－周丛生物则可以通过提高以上关键活性官能团的强度来提升其对磷 的捕获和吸附能力。

（三）斜生栅藻－周丛生物差异代谢路径分析

利用以液相色谱－质谱法（LC-MS）为基础的代谢组学对普通周丛生物和高效富集 磷的斜生栅藻－周丛生物的代谢产物进行了定量分析，进一步探明斜生栅藻－周丛生物 相比于普通周丛生物具有更高效捕获和吸收磷能力的原因。如图 6-19 所示，在检测到的 510 多种代谢物中，9 种涉及组氨酸代谢、硫胺素代谢、维生素 B_6 代谢的代谢物含量发 生了明显的变化，其中仅有 1 种代谢物 β- 丙氨酰 -1- 甲基 L- 组氨酸（鹅肌肽）含量发生了下调，其他 8 种代谢物 3- 磷酸咪唑甘油、L- 组氨醛、1- 甲基 -L- 组氨酸、鸟酐酸酯、L-组氨酸、吡哆胺、吡哆醛和吡哆醇含量均发生了上调。

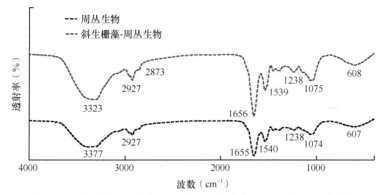

图 6-18 普通周丛生物和斜生栅藻 - 周丛生物 EPS 的红外光谱图

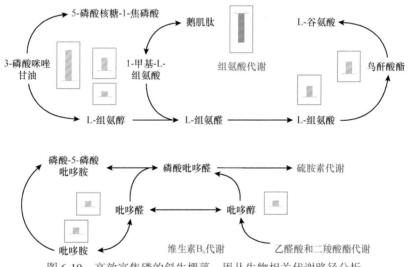

图 6-19 高效富集磷的斜生栅藻 - 周丛生物相关代谢路径分析

根据前人的研究成果，细菌为藻类提供生长所需要的维生素、铁载体、生长素等，同时还有助于形成和维持藻细胞的形态，维生素 B$_6$ 是细菌为藻类提供生长以及维持形态的关键代谢物（Huguet et al.，2010）。在高效富集磷的斜生栅藻 - 周丛生物与普通周丛生物的差异代谢路径分析中我们发现，与普通周丛生物相比，高效富集磷的斜生栅藻 - 周丛生物涉及维生素 B$_6$ 代谢路径中的吡哆醛、吡哆胺和吡哆醇含量均发生了上调。以上结果说明，斜生栅藻 - 周丛生物通过提升吡哆醛、吡哆胺和吡哆醇的表达量促进维生素 B$_6$ 代谢，以增强细菌与藻类之间的相互作用关系，进而提高周丛生物对磷的捕获和吸收能力（Croft et al.，2006）。

如图 6-19 所示，高效富集磷的斜生栅藻 - 周丛生物涉及组氨酸代谢中的仅有鹅肌肽含量发生了下调，3- 磷酸咪唑甘油、L- 组氨醇、1- 甲基 -L- 组氨酸、L- 组氨酸、鸟酐酸酯的含量均发生了上调。根据前人的研究，藻类类为细菌提供生长所需的碳水化合物、氨基酸等营养物质，增强周丛生物中细菌与藻类的相互作用，建立密切的相互关系

（Saravanan et al.，2021；曹彦圣等，2013）。同时，藻类还可以分泌相关物质，增加其周丛生物的形成能力，进而维持周丛生物中细菌与藻类之间的互作关系（Wu，2016）。综上所述，与普通周丛生物相比，高效富集磷的斜生栅藻-周丛生物通过调节代谢物质的表达量，调节细菌与藻类之间的相互作用关系，进而提高其对磷的捕获和吸附能力。

五、小结

本节通过设计比选出具有高效富集磷的聚磷菌与藻类共培养的人工周丛生物，测定分析了高效富集磷的周丛生物物种的组成和丰度，EPS 的组成、含量及表面化学特征，以及周丛生物体系相关物质的合成和代谢，并结合光学显微镜和 SEM-EDX 形态学观察证据，分析了聚磷菌和藻类的组成与丰度，EPS 组成和特性，以及周丛生物体系分泌物质的合成和代谢对周丛生物捕获磷含量的影响。

1）聚磷菌与藻类培养形成的周丛生物影响着其捕获和富集磷的能力。在稻田周丛生物富集磷能力较强的丹东、杭州、海南的模拟实验中，聚磷菌、藻类、聚磷菌与藻类共培养处理，不同程度地提高了周丛生物中聚磷菌与藻类的相对丰度，影响着周丛生物微生物群落的结构和组成，并影响着周丛生物捕获磷的能力。

2）绿球藻-弗氏柠檬酸杆菌、绿球藻、恶臭假单胞菌、斜生栅藻与周丛生物共培养得到高效富集磷的人工周丛生物，显著提高了周丛生物中聚磷菌和微藻的相对丰度及胞外聚合物含量，特别是蛋白质含量分别提高了 67.7%、125.2%、121.4% 和 84.6%；利用 FTIR 进一步鉴定了胞外多糖和蛋白质中的活性官能团—COOH、—OH、—NH₂ 的强度均有所提高，说明绿球藻-弗氏柠檬酸杆菌、绿球藻、恶臭假单胞菌、斜生栅藻共培养构建的高效富集磷的周丛生物显著提高了其胞外聚合物的含量，并通过胞外多糖中部分带电的糖残基及蛋白质中一些带电基团相互作用捕获和吸附磷。

3）相较于普通周丛生物，斜生栅藻-周丛生物中凝胶状的 EPS 含量更高、磷元素的丰度高且分布更加均匀，验证了 EPS 的含量影响着周丛生物捕获和富集磷的能力。EPS 中色氨酸及酪氨酸类残基与磷元素的相互作用形成非荧光络合物来捕获和富集磷，利用 FTIR 进一步鉴定了胞外多糖和蛋白质中的活性官能团—NH₂、—COOH 和—OH 参与了 EPS 与磷元素的分子间作用。此外，相比于普通周丛生物，斜生栅藻-周丛生物体系中涉及的组氨酸代谢、硫胺素代谢、维生素 B₆ 代谢途径中 8 种代谢物含量均发生了上调，说明人工构建的高效富集磷的周丛生物通过调节影响细菌与藻类之间相互作用的氨基酸和维生素代谢物质的含量表达，调控周丛生物对磷的捕获和吸收。

参 考 文 献

曹彦圣，田玉华，尹斌，等.2013.稻田中藻类的生长状况及其对肥料氮的固持.植物营养与肥料学报，19(1): 111-116.

陈浩，李正国，唐鹏钦，等.2016.气候变化背景下东北水稻的时空分布特征.应用生态学报，27(8): 2571-2579.

程勇翔，王秀珍，郭建平，等.2012.中国水稻生产的时空动态分析.中国农业科学，45(17): 3473-3485.

段露露, 程蔚兰, 张靖洁, 等. 2020. 共生菌促进斜生栅藻生长和油脂合成. 应用生态学报, 31(2): 625-633.

高孟宁. 2021. 高效富集磷的周丛生物构建及其种间关系研究. 南京: 中国科学院南京土壤研究所硕士学位论文.

纪薇薇, 佟倩, 沈洋, 等. 2021. 水稻种植中减少农业面源污染的几点建议. 北方水稻, 51: 59-61.

王逢武, 刘玮, 万娟娟, 等. 2015. 周丛生物存在下不同水层氧化还原带的分布及其与微生物的关联. 环境科学, 36(11): 4043-4050.

王少沛, 曹煜成, 李卓佳, 等. 2008. 水生环境中细菌与微藻的相互关系及其实际应用. 南方水产科学, 4(1): 76-80.

吴国平, 高孟宁, 唐骏, 等. 2019. 周丛生物对面源污水中氮磷去除的研究进展. 生态与农村环境学报, 35: 817-825.

赵立斌, 徐魁, 连英丽, 等. 2021. 原绿球藻对环境胁迫的生理和分子响应机制. 微生物学报, 61(5): 1143-1159.

Amde M, Liu J F, Pang L. 2015. Environmental application, fate, effects, and concerns of ionic liquids: A review. Environmental Science & Technology, 49(21): 12611-12627.

Amin S A, Green D H, Hart M C, et al. 2009. Photolysis of iron-siderophore chelates promotes bacterial-algal mutualism. Proceedings of the National Academy of Sciences of the United States of America, 106(40): 17071-17076.

Barberan A, Bates S T, Casamayor E O, et al. 2012. Using network analysis to explore co-occurrence patterns in soil microbial communities. The ISME Journal, 6(2): 343-351.

Barth A. 2007. Infrared spectroscopy of proteins. Biochimica et Biophysica Acta-Bioenergetics, 1767(9): 1073-1101.

Bharti A, Velmourougane K, Prasanna R. 2017. Phototrophic biofilms: diversity, ecology and applications. Journal of Applied Phycology, 29(6): 2729-2744.

Boelee N C, Temmink H, Janssen M, et al. 2011. Nitrogen and phosphorus removal from municipal wastewater effluent using microalgal biofilms. Water Research, 45(18): 5925-5933.

Borleę B R, Goldman A D, Murakami K, et al. 2010. *Pseudomonas aeruginosa* uses a cyclic-di-GMP-regulated adhesin to reinforce the biofilm extracellular matrix. Molecular Microbiology, 75(4): 827-842.

Bouletreau S, Salvo E, Lyautey E, et al. 2012. Temperature dependence of denitrification in phototrophic river biofilms. Science of the Total Environment, 416: 323-328.

Casagli F, Zuccaro G, Bernard O, et al. 2021. ALBA: A comprehensive growth model to optimize algae-bacteria wastewater treatment in raceway ponds. Water Research, 190: 116734.

Chen W, Westerhoff P, Leenheer J A, et al. 2003. Fluorescence excitation - Emission matrix regional integration to quantify spectra for dissolved organic matter. Environmental Science & Technology, 37(24): 5701-5710.

Cheng P, Chu R, Zhang X, et al. 2020. Screening of the dominant *Chlorella pyrenoidosa* for biofilm attached culture and feed production while treating swine wastewater. Bioresource Technology, 318: 124054.

Croft M T, Warren M J, Smith A G. 2006. Algae need their vitamins. Eukaryotic Cell, 5(8): 1175-1183.

Daughtry C S T, Walthall C L, Kim M S, et al. 2000. Estimating corn leaf chlorophyll concentration from leaf and canopy reflectance. Remote Sensing of Environment, 74(2): 229-239.

Guzzon A, Bohn A, Diociaiuti M, et al. 2008. Cultured phototrophic biofilms for phosphorus removal in wastewater treatment. Water Research, 42(16): 4357-4367.

Huguet A, Vacher L, Saubusse S, et al. 2010. New insights into the size distribution of fluorescent dissolved organic matter in estuarine waters. Organic Geochemistry, 41(6): 595-610.

Ismagulova T, Shebanova A, Gorelova O, et al. 2018. A new simple method for quantification and locating P and N reserves in microalgal cells based on energy-filtered transmission electron microscopy (EFTEM) elemental maps. PLoS One, 13(12): 21.

Jin M K, Wang H, Li Z, et al. 2019. Physiological responses of *Chlorella pyrenoidosa* to 1-hexyl-3-methyl chloride ionic liquids with different cations. Science of the Total Environment, 685: 315-323.

Kouzuma A, Watanabe K. 2015. Exploring the potential of algae/bacteria interactions. Current Opinion in Biotechnology, 33: 125-129.

Li W W, Zhang H L, Sheng G P, et al. 2015. Roles of extracellular polymeric substances in enhanced biological phosphorus removal process. Water Research, 86: 85-95.

Liu H, Li S, Xie X, et al. 2021a. *Pseudomonas putida* actively forms biofilms to protect the population under antibiotic stress. Environmental Pollution, 270: 116261.

Liu J Z, Danneels B, Vanormelingen P, et al. 2016. Nutrient removal from horticultural wastewater by benthic filamentous algae *Klebsormidium* sp., *Stigeoclonium* spp. and their communities: From laboratory flask to outdoor Algal Turf Scrubber (ATS). Water Research, 92: 61-68.

Liu J Z, Sun P F, Sun R, et al. 2019. Carbon-nutrient stoichiometry drives phosphorus immobilization in phototrophic biofilms at the soil-water interface in paddy fields. Water Research, 167: 115129.

Liu J Z, Vyverman W. 2015. Differences in nutrient uptake capacity of the benthic filamentous algae *Cladophora* sp., *Klebsormidium* sp. and *Pseudanabaena* sp. under varying N/P conditions. Bioresource Technology, 179: 234-242.

Liu Z X, Wang S S, Xue B, et al. 2021b. Emergy-based indicators of the environmental impacts and driving forces of non-point source pollution from crop production in China. Ecological Indicators, 121: 12.

Ma X, Chen Y, Liu F, et al. 2021. Enhanced tolerance and resistance characteristics of *Scenedesmus obliquus* FACHB-12 with K3 carrier in cadmium polluted water. Algal Research, 55: 102267.

Mino T, Van Loosdrecht M C M, Heijnen J J. 1998. Microbiology and biochemistry of the enhanced biological phosphate removal process. Water Research, 32(11): 3193-3207.

More T T, Yadav J S S, Yan S, et al. 2014. Extracellular polymeric substances of bacteria and their potential environmental applications. Journal of Environmental Management, 144: 1-25.

Oehmen A, Lemos P C, Carvalho G, et al. 2007. Advances in enhanced biological phosphorus removal: From micro to macro scale. Water Research, 41(11): 2271-2300.

Peter H, Beier S, Bertilsson S, et al. 2011. Function-specific response to depletion of microbial diversity. The ISME Journal, 5(2): 351-361.

Pittman J K, Dean A P, Osundeko O. 2011. The potential of sustainable algal biofuel production using wastewater resources. Bioresource Technology, 102(1): 17-25.

Saravanan A, Kumar P S, Varjani S, et al. 2021. A review on algal-bacterial symbiotic system for effective treatment of wastewater. Chemosphere, 271: 129540.

Sheng G P, Yu H Q, Li X Y. 2010. Extracellular polymeric substances (EPS) of microbial aggregates in biological wastewater treatment systems: A review. Biotechnology Advances, 28(6): 882-894.

Sheng G P, Yu H Q. 2006. Characterization of extracellular polymeric substances of aerobic and anaerobic sludge using three-dimensional excitation and emission matrix fluorescence spectroscopy. Water Research, 40(6): 1233-1239.

Sogin M L, Morrison H G, Huber J A, et al. 2006. Microbial diversity in the deep sea and the underexplored "rare biosphere". Proceedings of the National Academy of Sciences of the United States of America, 103(32): 12115-12120.

Wang S C, Ma L, Xu Y, et al. 2020. The unexpected concentration-dependent response of periphytic biofilm during indole acetic acid removal. Bioresource Technology, 303: 122922.

Wang Y, Zhu Y, Sun P F, et al. 2019. Augmenting nitrogen removal by periphytic biofilm strengthened via upconversion phosphors (UCPs). Bioresource Technology, 274: 105-112.

Wu Y H, He J Z, Yang L Z. 2010. Evaluating adsorption and biodegradation mechanisms during the removal of microcystin-RR by periphyton. Environmental Science & Technology, 44(16): 6319-6324.

Wu Y H. 2016. Periphyton: Functions and Application in Environmental Remediation. New York: Elsevier Publisher.

Wu Y, Liu J, Rene E R. 2018. Periphytic biofilms: A promising nutrient utilization regulator in wetlands. Bioresource Technology, 248(Pt B): 44-48.

Wu Y, Liu J, Shen R, et al. 2017. Mitigation of nonpoint source pollution in rural areas: From control to synergies of multi ecosystem services. Science of the Total Environment, 607-608: 1376-1380.

Xiao L, Young E B, Berges J A, et al. 2012. Integrated photo-bioelectrochemical system for contaminants removal and bioenergy production. Environmental Science & Technology, 46(20): 11459-11466.

Xie B, Bishop S, Stessman D, et al. 2013. Chlamydomonas reinhardtii thermal tolerance enhancement mediated by a mutualistic interaction with vitamin B_{12}-producing bacteria. The ISME Journal, 7(8): 1544-1555.

Xu H C, Cai H Y, Yu G H, et al. 2013. Insights into extracellular polymeric substances of cyanobacterium *Microcystis aeruginosa* using fractionation procedure and parallel factor analysis. Water Research, 47(6): 2005-2014.

Xu Y, Wu Y, Esquivel-Elizondo S, et al. 2020. Using microbial aggregates to entrap aqueous phosphorus. Trends in Biotechnology, 38(11): 1292-1303.

Yu N, Li L, Schmitz N, et al. 2016. Development of methods to improve soybean yield estimation and predict plant maturity with an unmanned aerial vehicle based platform. Remote Sensing of Environment, 187: 91-101.

Zhang J, Xu X, Li X, et al. 2021. Reducing the cell lysis to enhance yield of acid-stable alpha amylase by deletion of multiple peptidoglycan hydrolase-related genes in *Bacillus amyloliquefaciens*. International Journal of Biological Macromolecules, 167(1): 777-786.

Zhang X, Wang D, Fang F, et al. 2005. Food safety and rice production in China. Research of Agricultural Modernization, 26(2): 85-88.

第七章 丘陵区稻田周丛生物碳氮磷组成与微生物群落特征

周丛生物广泛存在于湿地生态系统，它是附着在水生植物体表或水底各种基质表面上的微型生物群落，主要由单细胞或丝状藻类组成，还包含原生动物、轮虫和微生物等（祝光耀和张塞，2016；Wu et al.，2018）。稻田作为一种人工湿地系统，且稻田水层不深，有利于 O_2 输送，从而使得稻田水土界面中周丛生物也广泛存在。稻田周丛生物主要由藻类、细菌、胞外聚合物以及非生物物质组成，且在水稻的苗期和分蘖期旺盛生长（Su et al.，2016；Liu et al.，2019）。目前，我国科研人员已经在稻田周丛生物方面开展了较多研究工作，特别是在周丛生物对田面水和土壤养分的调控方面开展了较多研究（Wu et al.，2018）。

我国丘陵山区面积广大，约占国土面积的1/3，广泛分布于东部湿润和半湿润的平原与低缓丘陵地区，不仅如此，丘陵中蕴含丰富的自然资源，有着良好的生态环境，尤其在南方丘陵山区，由于光照充足，雨水丰富，十分适宜双季稻的种植，是我国稻米生产的主产区（贺捷，2014）。周丛生物广泛存在于稻田系统中的水-土界面，含有复杂且多样的微生物群落，这些群落在稻田养分（如碳、氮、磷）循环过程中扮演重要角色。但是，周丛生物在典型丘陵区稻田系统中的分布情况和群落结构组成及其影响因素尚不清楚。

本研究以典型的亚热带丘陵区小流域为研究对象，在水稻分蘖期选择9块典型稻田，采集周丛生物、表层土壤及田面水，测定其碳氮磷含量及主要微生物群落组成，旨在探究典型亚热带丘陵稻田中周丛生物碳氮磷组成与微生物群落特征及其影响因素，以期为周丛生物固持稻田碳氮磷机制研究提供数据基础。

第一节 周丛生物生物量、碳氮磷含量及其微生物组成

一、亚热带小流域稻田周丛生物生物量

在湖南省长沙县金井镇脱甲河小流域范围内的所有采样田块均采集到了大量周丛生物。所有田块中周丛生物的生物量（无灰干重）为 294～2315kg/hm²，平均含量为824kg/hm²（表7-1）。样点 8 的生物量平均含量最高，为 2176kg/hm²，显著高于其他所有样点；而样点 3 的生物量平均含量最低，为 355kg/hm²。从上游至下游，在两条支流附近区域的稻田周丛生物生物量随水流方向均呈下降趋势，而在干流则呈先上升后下降的单峰趋势。

表 7-1 稻田周丛生物生物量及碳氮磷含量

样点	AFDW (kg/hm²)	TOC (g/kg)	TN (g/kg)	NH₄⁺-N (mg/kg)	NO₃⁻-N (mg/kg)	TP (g/kg)	Olsen-P (mg/kg)
P1	477±105cd	45.0±3.19abc	4.46±0.371abc	60.9±7.16bc	4.81±0.314a	1.15±0.204a	26.3±2.97abc
P2	524±89.3cd	39.2±2.01bc	4.33±0.416abc	96.0±4.50bc	4.32±0.194a	0.950±0.035ab	28.9±0.91ab
P3	355±25.5d	38.0±1.29bc	3.77±0.193bc	48.0±13.1c	4.30±0.593a	0.613±0.0510bcd	16.9±3.05de

续表

样点	AFDW （kg/hm²）	TOC （g/kg）	TN （g/kg）	NH₄⁺-N （mg/kg）	NO₃⁻-N （mg/kg）	TP （g/kg）	Olsen-P （mg/kg）
P4	1224±295b	44.0±8.59abc	5.11±0.914ab	179±91.3b	4.58±0.195a	1.07±0.274a	21.4±3.41bcd
P5	654±80.8c	49.2±1.93ab	6.00±0.243a	139±32.8b	4.27±0.193a	1.121±0.156a	29.2±0.27ab
P6	503±10.1cd	57.0±3.65a	5.62±0.614a	43.5±4.25c	4.52±0.593a	0.589±0.082cd	14.1±1.49e
P7	712±204bc	34.0±3.49c	3.29±0.526c	700±35.9a	4.36±0.186a	0.739±0.152abcd	30.1±4.27a
P8	2176±80.1a	55.1±14.6a	4.23±0.002abc	49.1±4.19c	3.31±1.14b	0.456±0.006d	15.1±0.06de
P9	793±193bc	55.2±5.59a	5.64±1.41ab	132±94.6bc	3.69±0.316ab	0.935±0.225abc	20.8±4.23cd

注：表中数值由平均值和标准差构成，数值后不同小写字母代表样点间的差异显著（$P < 0.05$）。AFDW 为无灰干重，TOC 为总有机碳，TN 为总氮，NH₄⁺-N 为铵态氮，NO₃⁻-N 为硝态氮，TP 为总磷，Olsen-P 为 Olsen 磷，下同

二、稻田周丛生物总有机碳含量

脱甲河小流域范围内稻田周丛生物总有机碳（TOC）含量为 27.8 ～ 69.7g/kg，总体平均含量为 46.3g/kg。样点 6 周丛生物的平均总有机碳含量最高，达 57.0g/kg；样点 7 则为最低，平均含量为 34.0g/kg。支流 1 中，周丛生物总有机碳含量随水流方向而降低；支流 2 与干流趋势一致，均随水流方向上升。

三、稻田周丛生物氮含量

在脱甲河小流域范围内稻田周丛生物的总氮、铵态氮和硝态氮的平均含量分别为 4.71g/kg、161mg/kg 和 4.24mg/kg。其中，样点 7 的铵态氮平均含量最高，高达 700mg/kg，并有较高的硝态氮含量，但是该样点的总氮含量显著低于其他样点。样点 8 的硝态氮平均含量最低，为 3.31mg/kg，同时铵态氮含量也较低。样点 5 的总氮平均含量最高，为 6.00g/kg。就支流、干流而言，总氮、铵态氮和硝态氮的变化趋势不尽相同。例如，干流中铵态氮和硝态氮的变化趋势一致，均呈单谷趋势；而在支流中不同氮含量的变化趋势不同。

四、稻田周丛生物磷含量

稻田周丛生物中总磷和 Olsen-P 的平均含量分别为 0.85g/kg 和 22.5mg/kg。样点 1 的总磷平均含量最高，为 1.15g/kg；Olsen-P 最高的样点为样点 7，其平均含量为 30.1mg/kg。样点 8 和样点 6 分别是总磷和 Olsen-P 平均含量最低的样点。在支流 1 中，总磷含量沿水流方向而降低，支流 2 呈单峰模式，而干流与支流 2 呈单谷模式。Olsen-P 在两个支流中均呈现单峰趋势，而在干流呈单谷趋势。

五、亚热带小流域稻田周丛生物的微生物组成

脱甲河小流域稻田周丛生物的细菌群落结构如图 7-1a 所示。所有样点中，变形菌门（Proteobacteria）、蓝细菌门（Cyanobacteria）和绿弯菌门（Chloroflexi）是优势群落。所有样

点中，变形菌门的平均相对丰度为 32.9% ~ 44.5%，蓝细菌门的平均相对丰度为 13.5% ~ 33.5%，绿弯菌门的平均相对丰度为 7.8% ~ 18.1%，三者丰度合计占比为 65.4% ~ 79.9%，占据着主导地位。就变形菌门相对丰度而言，样点 2 的相对丰度最低，而样点 4 的最高。在两个支流中，从上游到下游变形菌门相对丰度均呈单谷趋势；在干流则呈单峰模式。就蓝细菌门相对丰度而言，样点 9 最高，而样点 8 最低。在支流和干流的变化趋势，蓝细菌门相对丰度变化趋势与变形菌门相反，即在两个支流均呈单峰模式，而在干流呈单谷模式。就绿弯菌门相对丰度而言，样点 5 最高，而样点 6 最低。绿弯菌门相对丰度在支干流的变化趋势与蓝细菌门相同。在门水平上，经主坐标分析（PCoA）和 ANOSIM 分析发现（图 7-1b），所有样点间群落结构组成差异显著大于样点内差异，但是所有样点间两两比较无显著差异。

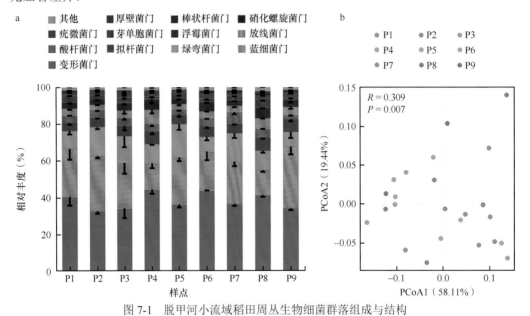

图 7-1　脱甲河小流域稻田周丛生物细菌群落组成与结构

a. 周丛生物细菌群落相对丰度（门水平）；b. 基于周丛生物细菌群落 Bray-Curtis 距离的主坐标分析（PCoA）和 ANOSIM 分析

周丛生物的真核生物群落组成如图 7-2a 所示。在门水平，绿藻门（Chlorophyta）、硅藻门（Bacillariophyta）和线虫动物门（Nematoda）是优势群落。其中，绿藻门的相对丰度为 23.3% ~ 90.0%，硅藻门的相对丰度为 5.4% ~ 40.9%，线虫动物门的相对丰度为 1.3% ~ 17.3%。值得注意的是，在样点 2、3、6、7 和 9 中节肢动物门（Arthropoda）也占据了较高的比例，特别是在样点 3 和样点 6 中，节肢动物门的相对丰度分别为 23.3% 和 25.1%。就绿藻门的相对丰度而言，样点 8 相对丰度最高，而在样点 6 中最低。在两个支流中，绿藻门相对丰度均呈现从上游往下游递减的线性变化趋势，而在干流中则表现为单峰变化模式。就硅藻门相对丰度而言，在支流 1 中呈现单峰模式，支流 2 中为随水流方向增加，而在干流中则体现与支流 1 相反的趋势。虽然在门水平上，经 PCoA 和 ANOSIM 分析发现（图 7-2b），所有样点间群落结构组成差异显著大于样点内差异，但是所有样点间两两比较无显著差异。

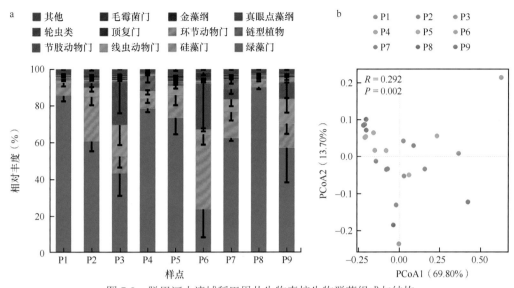

图 7-2　脱甲河小流域稻田周丛生物真核生物群落组成与结构

a. 周丛生物真核生物群落相对丰度（门或纲水平）；b. 基于周丛生物真核生物群落 Bray-Curtis 距离的主坐标分析和
ANOSIM 分析

第二节　稻田土壤碳氮磷含量及其微生物组成

稻田周丛生物形成是一个有序的过程，受稻田土壤和田面水理化性质、光照和气温等因素影响，稻田土壤和田面水微生物是形成周丛生物的主要驱动者与贡献者。Liu 等（2019）通过大范围采集中国稻田土壤及周丛生物样品，发现土壤有机碳和总氮通过改变周丛生物中藻类的多样性以及胞外聚合物的生成来促进稻田周丛生物对磷素的固持，而土壤高的 C ∶ P 和 N ∶ P 通过增加周丛生物中绿藻的丰度来促进周丛生物对磷素的固定，表明土壤的养分含量会对周丛生物的形成具有选择性作用。另外，周丛生物的生长也会影响稻田田面水和土壤理化指标。Li 等（2020）通过光照和遮光来控制周丛生物生长，其结果表明周丛生物存在条件下，稻田田面水 pH 和 Eh 显著升高，并且可以促进周丛生物（利用 Ca^{2+} 和 Fe^{2+}）对无机磷的固持，从而降低田面水无机磷浓度，增加无机磷的生物有效性。

一、稻田土壤总有机碳含量

脱甲河小流域内稻田土壤整体为酸性，其 pH 为 4.98 ～ 5.54。所采集的稻田土壤样品总有机碳平均含量为 31.6g/kg。样点 7 和样点 8 分别是土壤总有机碳平均含量最低和最高的样点，其含量分别为 21.4g/kg 和 41.4g/kg（表 7-2）。支流 1 中，土壤总有机碳含量随水流方向无明显变化，而在支流 2 和干流中则分别呈现单谷和单峰变化趋势。

表 7-2 脱甲河小流域稻田土壤理化指标

样点	pH	TOC (g/kg)	DOC (g/kg)	TN (g/kg)	NH_4^+-N (mg/kg)	NO_3^--N (mg/kg)	TP (g/kg)	Olsen-P (mg/kg)
S1	5.01±0.02b	26.3±6.30cd	91.13±8.25abc	2.14±0.05abc	68.19±16.34a	0.85±0.17bc	0.60±0.03a	25.58±2.14a
S2	4.98±0.04b	25.8±3.72cd	91.78±4.13abc	2.63±0.41abc	78.00±11.98a	1.82±0.53a	0.59±0.08ab	22.53±5.18ab
S3	5.07±0.05b	28.2±3.01bcd	88.01±3.55abc	2.71±0.52abc	61.32±11.67ab	0.93±0.35bc	0.54±0.04abc	18.72±6.54ab
S4	5.37±0.11ab	36.2±4.37abc	80.63±12.16c	3.00±0.91abc	88.07±18.79a	0.89±0.13abc	0.61±0.07a	16.13±3.94ab
S5	5.54±0.09a	32.4±1.81abc	105.28±12.07ab	2.11±0.85c	75.16±5.58a	1.81±0.72ab	0.55±0.01abc	15.96±3.07ab
S6	5.15±0.10ab	38.2±4.04ab	90.29±4.41abc	3.49±0.03ab	35.14±0.41b	0.71±0.03c	0.55±0.01abc	12.79±0.67b
S7	5.24±0.14ab	21.4±0.90d	83.84±1.59bc	1.71±0.21bc	59.64±6.86ab	1.67±0.24a	0.41±0.05c	7.40±0.99c
S8	5.14±0.02ab	41.4±1.90a	111.97±2.05a	3.98±0.06a	99.33±1.39a	0.75±0.06c	0.43±0.01bc	7.32±0.04c
S9	5.22±0.13ab	34.3±0.54abc	93.74±8.70abc	3.07±0.35abc	100.3±30.39a	1.06±0.13abc	0.70±0.12a	26.95±7.39a

注：表中数值由平均值和标准差构成，数值后不同小写字母代表样点间的差异显著（$P < 0.05$），下同。表中 DOC 为可溶性有机碳

二、稻田土壤氮含量

土壤样品中总氮、铵态氮和硝态氮平均含量分别为 2.76g/kg、73.9mg/kg 和 1.17mg/kg。就总氮平均含量而言，样点 7 的含量最低，为 1.71g/kg；而样点 8 的含量最高，为 3.98g/kg。支流 1 中，稻田土壤样品总氮含量随水流方向上升，但不显著；支流 2 总体呈现单谷趋势，而在干流中呈现单峰趋势。

对于铵态氮和硝态氮来说，样点 6 是稻田土壤铵态氮和硝态氮平均含量最低点，分别为 35.14mg/kg 和 0.71mg/kg。铵态氮含量最高的样点是样点 9，而硝态氮的则是样点 2。支流 1 中稻田土壤铵态氮和硝态氮沿水流方向均呈单峰趋势；支流 2 中铵态氮沿水流方向而降低，而硝态氮变化趋势与支流 1 的硝态氮一致；干流中铵态氮沿水流方向而上升，硝态氮则呈现单谷趋势。

三、稻田土壤磷含量

土壤样品中总磷和 Olsen-P 平均含量分别为 0.55g/kg 和 17.0mg/kg。总磷和 Olsen-P 平均含量最高的样点均为样点 9，含量分别是 0.70g/kg 和 26.95mg/kg。总磷平均含量最低的样点是样点 7，为 0.41g/kg；而 Olsen-P 含量最低的样点是样点 8，为 7.32mg/kg，其含量与样点 7 无显著差异。除干流外，两个支流附近稻田土壤总磷和 Olsen-P 含量均随水流方向降低。

四、稻田土壤微生物组成

脱甲河小流域土壤样品的细菌群落结构如图 7-3a 所示。门水平上，变形菌门（Proteobacteria）、酸杆菌门（Acidobacteria）和绿弯菌门（Chloroflexi）是优势群落，平均

相对丰度分别为 29.0% ～ 35.4%、11.2% ～ 18.2% 和 10.1% ～ 19.3%。总体而言，三者占比之和高达 58.0% ～ 67.8%。就变形菌门相对丰度来说，样点 4 的相对丰度最高，而样点 8 最低。样点 7 酸杆菌门相对丰度最高，而最低的为样点 9。与此同时，样点 7 已有最高的绿弯菌门相对丰度，而样点 4 最低。支干流中，稻田土壤样品中细菌群落从上游至下游的变化趋势与周丛生物有所差别。变形菌门相对丰度在支流 1 中呈单峰变化趋势，在支流 2 呈线性下降，在干流则呈现单谷变化趋势。酸杆菌门相对丰度在两个支流中均呈现单峰模式，而在干流中呈现单谷模式。绿弯菌门相对丰度在支流 2 和干流均呈线性下降趋势，而在支流 1 中呈现单谷变化。虽然在门水平上，经 PCoA 和 ANOSIM 分析发现（图 7-3b），所有样点间群落结构组成差异显著大于样点内差异，但是所有样点间两两比较无显著差异。

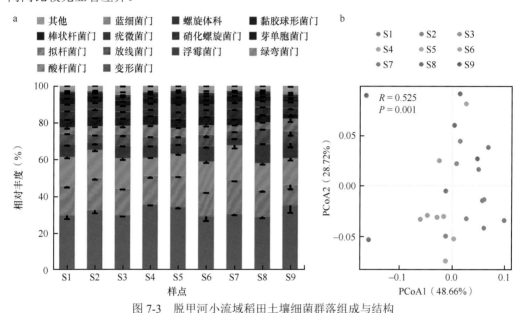

图 7-3　脱甲河小流域稻田土壤细菌群落组成与结构

a. 土壤细菌群落相对丰度（门水平）；b. 基于土壤细菌群落 Bray-Curtis 距离的主坐标分析和 ANOSIM 分析

脱甲河小流域内稻田土壤样品的真核生物群落结构如图 7-4a 所示。门水平上，链型植物（Streptophyta）、绿藻门（Chlorophyta）和线虫动物门（Nematoda）是丰度排前三的群落。其中链型植物的相对丰度为 4.0% ～ 84.5%，绿藻门的相对丰度为 6.8% ～ 50.0%，线虫动物门的相对丰度则为 3.8% ～ 15.9%。此外，在样点 4、5 和 7 中节肢动物门（Arthropoda）相对丰度均在 10% 以上，分别为 10.6%、20.2% 和 11.1%，高于相应样点的线虫动物门相对丰度。链型植物相对丰度在支流和干流中均呈现线性增加趋势，而绿藻门相对丰度在支流和干流中则随水流方向呈线性下降趋势。线虫动物门的相对丰度在两个支流中均呈单峰变化趋势，在干流中则呈单谷趋势。虽然在门水平上，经 PCoA 和 ANOSIM 分析发现（图 7-4b），所有样点间群落结构组成大于样点内差异但不显著，且所有样点间两两比较无显著差异。

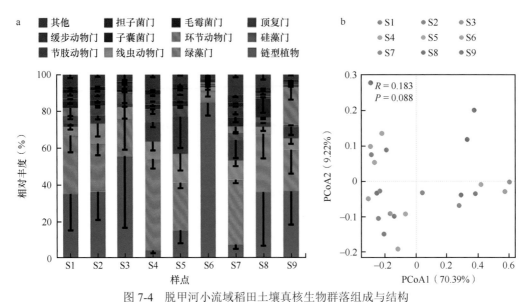

图 7-4　脱甲河小流域稻田土壤真核生物群落组成与结构

a. 土壤真核生物群落相对丰度（门水平）；b. 基于土壤真核生物群落 Bray-Curtis 距离的主坐标分析和 ANOSIM 分析

第三节　稻田田面水碳氮磷含量及其微生物组成

周丛生物的存在会富集稻田田面水的氮磷，从而导致田面水氮磷含量变化。Wu 等（2016）采用盆栽试验，研究了周丛生物对稻田土壤磷素生物有效性的影响，其结果表明，与去除周丛生物处理相比，周丛生物定殖显著降低田面水总磷浓度。Su 等（2016）采用微宇宙试验比较了周丛生物发展和抑制周丛生物条件下对水稻田氮循环、磷循环的影响，其研究发现周丛生物存在条件下无论施肥还是不施肥，田面水氮磷浓度在施肥后快速下降，在 1 ～ 4 周内即可稳定，且周丛生物存在下可显著提高田面水氮磷的去除率。

一、亚热带小流域稻田田面水碳氮磷含量

脱甲河小流域内稻田田面水整体为碱性，pH 为 7.28 ～ 9.23（表 7-3）。脱甲河小流域内稻田田面水的可溶性有机碳（DOC）含量为 3.30 ～ 56.6mg/L，整体平均含量为 21.0mg/L。样点 7 和样点 3 是 DOC 平均含量最高和最低的样点，分别为 45.00mg/L 和 4.83mg/L。除支流 1 中田面水 DOC 含量呈线性下降外，支流 2 和干流均呈单谷变化。

表 7-3　脱甲河小流域稻田田面水理化性质

样点	pH	DOC （mg/L）	NH_4^+-N （mg/L）	NO_3^--N （mg/L）	TP （mg/L）
W1	8.20±0.34ab	7.78±0.55bc	0.17±0.00d	0.002±0.01e	0.34±0.15c
W2	9.23±0.25a	7.35±1.79bc	0.54±0.11cd	1.25±0.06a	0.42±0.08bc
W3	8.41±0.98ab	4.83±1.39abc	0.50±0.28cd	0.21±0.05bc	0.10±0.02d
W4	8.77±0.19ab	33.48±5.76a	7.39±6.65bc	0.45±0.23abc	0.56±0.22bc

续表

样点	pH	DOC（mg/L）	NH$_4^+$-N（mg/L）	NO$_3^-$-N（mg/L）	TP（mg/L）
W5	7.28±0.45ab	30.49±4.00a	4.69±2.26bc	0.53±0.24ab	0.91±0.34b
W6	7.60±0.02ab	35.34±12.94ab	0.17±0.01d	0.01±0.01d	0.07±0.01d
W7	8.60±0.11ab	45.00±4.81a	22.15±0.16a	0.14±0.02bc	3.30±0.39a
W8	7.38±0.05b	5.12±0.20c	0.19±0.00d	0.01±0.01de	0.30±0.00c
W9	8.40±0.71ab	19.34±9.99abc	10.38±5.93ab	0.22±0.17c	0.30±0.11c

田面水中铵态氮平均含量为 5.13mg/L，硝态氮的平均含量为 0.31mg/L。样点 6 田面水的铵态氮平均含量最低，为 0.17mg/L；样点 7 的含量最高，为 22.15mg/L。样点 1 田面水中硝态氮平均含量最低，为 0.002mg/L；硝态氮平均含量最高的样点为样点 2，高达 1.25mg/L。就支干流而言，支流 1 铵态氮浓度呈现单峰模式，支流 2 的铵态氮浓度则随水流方向逐渐降低，干流铵态氮浓度呈单谷模式；支流 1 硝态氮浓度随水流方向递增，支流 2 呈现单峰模式，而干流则呈现单谷模式。

田面水中总磷平均含量为 0.70mg/L。其中样点 7 的总磷平均含量最高，为 3.30mg/L；而样点 6 的总磷平均含量最低，为 0.07mg/L。田面水总磷含量在两个支流中均呈现单峰模式，而在干流中呈下降趋势。

二、亚热带小流域稻田田面水微生物组成

脱甲河小流域范围内稻田田面水细菌群落结构如图 7-5a 所示。门水平上，放线菌门（Actinobacteria）、变形菌门（Proteobacteria）和拟杆菌门（Bacteroidetes）是优势群

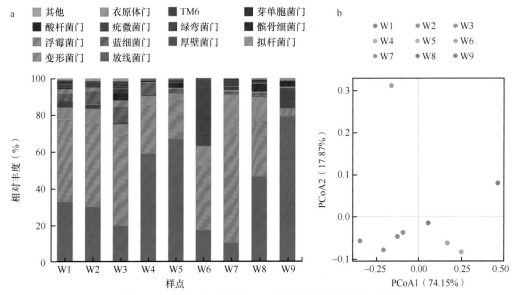

图 7-5　脱甲河小流域稻田田面水细菌群落组成与结构

a. 田面水细菌群落相对丰度（门水平）；b. 基于田面水细菌群落 Bray-Curtis 距离的主坐标分析和 ANOSIM 分析

落。放线菌门的相对丰度为 10.4% ～ 79.2%，变形菌门为 4.0% ～ 59.5%，拟杆菌门为 0.3% ～ 20.9%。此外样点 6 和样点 9 有较高相对丰度的厚壁菌门（Firmicutes），其丰度分别为 36.5% 和 11.3%。放线菌门相对丰度在支流 1 中随水流方向而逐渐降低，在支流 2 中呈单峰变化，在干流则随水流方向而逐渐增加。变形菌门相对丰度在支流 1 中随水流方向逐渐增加，在支流 2 中呈单谷变化，在干流中则逐渐降低。PCoA 分析结果表明（图 7-5b），样点 6、样点 9 与其余样点均显著分开，说明样点 6、样点 9 具有不同细菌群落结构特征。

脱甲河小流域内稻田田面水的真核生物群落结构如图 7-6a 所示。田面水中，绿藻门占据绝对主导优势，其相对丰度为 51.6% ～ 97.6%。样点 6 中节肢动物门（Arthropoda）也占较高丰度，达 21.18%。绿藻门相对丰度在支流、干流中均随水流方向逐渐降低。真核生物群落 PCoA 分析结果与细菌 PCoA 分析结果类似，样点 6、样点 9 与其余样点显著分开，具有与其余样点不同的真核生物群落结构（图 7-6b）。

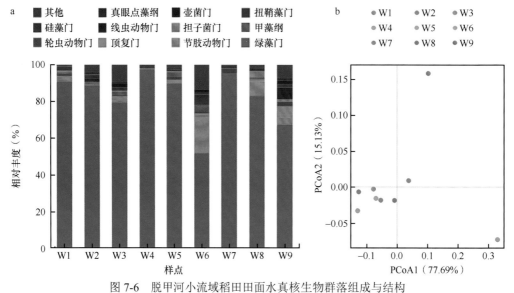

图 7-6　脱甲河小流域稻田田面水真核生物群落组成与结构

a. 田面水真核生物群落相对丰度（门或纲水平）；b. 基于田面水真核生物群落 Bray-Curtis 距离的主坐标分析和 ANOSIM 分析

三、周丛生物碳氮磷含量及其微生物组成影响因素分析

经皮尔逊相关分析发现（图 7-7a），周丛生物生物量（AFDW）与土壤总有机碳含量（R^2=0.42，$P < 0.05$）和铵态氮含量（R^2=0.49，$P < 0.05$）呈显著正相关，而与土壤 Olsen 磷含量（R^2=–0.49，$P < 0.05$）呈显著负相关。周丛生物总有机碳含量与土壤总有机碳含量（R^2=0.56，$P < 0.01$）呈显著正相关，表明土壤有机碳为周丛生物生长提供碳源（Miqueleto et al.，2010；Roeselers et al.，2007），而周丛生物的光合作用产物以及衰亡的周丛生物也可以为土壤提供有机碳（Liu et al.，2019）；田面水可溶性有机碳含量与周丛生物总有机碳含量无显著关系。周丛生物中铵态氮含量与田面水铵态氮具有极强的相关关系，相关系数为 0.91（$P < 0.001$），但是与土壤铵态氮无显著相关关系。与此同时，周丛生物铵态氮含量与土壤总氮含量呈显著负相关关系（R^2=–0.48，$P < 0.01$），表

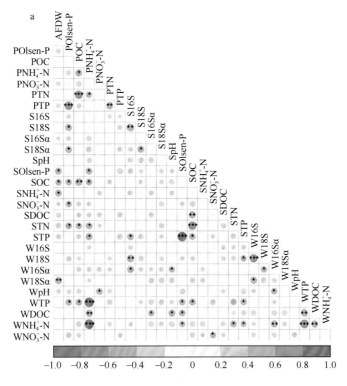

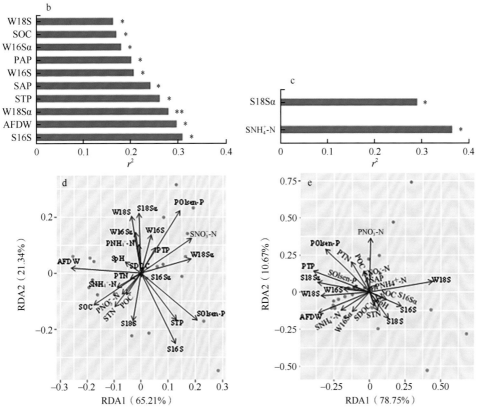

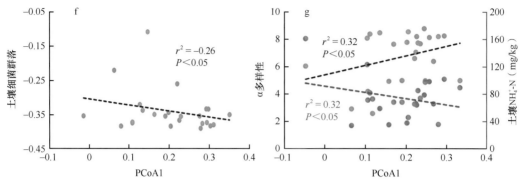

图 7-7 稻田周丛生物、土壤和田面水理化指标、细菌和真核生物群落多样性及结构之间的相关分析（a）、Mantel 检验（b、c）、RDA 分析（d、e）以及关键因子与周丛生物细菌和真核生物群落结构的相关分析（f、g）

a～e 图中除 AFDW 外，其余各指标第一个字母代表样品类型，"P"代表周丛生物样品；"S"代表土壤样品；"W"代表田面水样品。16S 和 18S 分别表示细菌和真核生物群落结构；16Sα 和 18Sα 分别表示细菌和真核生物 α 多样性

明土壤总氮含量会限制周丛生物的生长（Lee et al.，2017；Liu et al.，2015；Wang et al.，2014）。周丛生物的 Olsen 磷含量与田面水总磷含量（R^2=0.45，$P < 0.05$）呈显著正相关关系，而周丛生物总磷含量与土壤总磷、Olsen 磷和田面水总磷均无显著相关关系，这表明周丛生物能吸收田面水中的磷进行生长（Wu et al.，2016）。

脱甲河小流域稻田周丛生物中细菌香农 - 维纳指数和观测到的物种数量显著低于稻田土壤，而高于田面水。真核生物 α 多样性表现出与细菌 α 多样性不一样的趋势，周丛生物高于土壤，土壤高于田面水（图 7-8）。将样品按周丛生物、土壤和田面水分组基

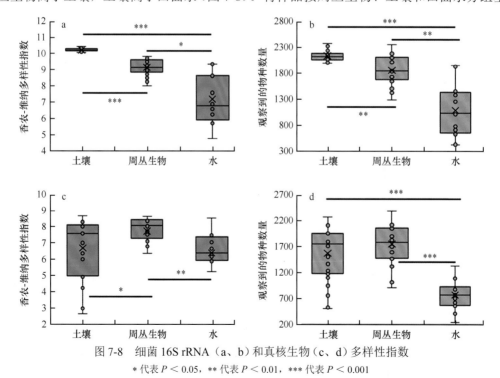

图 7-8 细菌 16S rRNA（a、b）和真核生物（c、d）多样性指数

* 代表 $P < 0.05$，** 代表 $P < 0.01$，*** 代表 $P < 0.001$

于 Bray-Curtis 距离进行 PCoA 分析（图 7-9a、b），结果表明周丛生物、土壤和田面水细菌以及真核生物群落结构均明显分开（$P < 0.001$）。为探索稻田周丛生物、土壤和田面水细菌与真核生物群落结构差异物种，在属水平上进行随机森林分析。分析结果表明（图 7-9c、d），占据前三重要性的细菌、真核生物标志性物种分别为子群 -18（酸杆菌门）、热厌氧杆菌（酸杆菌门）和 Adurb.Bin063-1（疣微菌门）；多黏霉菌属（原质纲）、镰刀霉菌属（粪壳菌纲）和羽纹藻属（硅藻纲）。这些差异性标志物种可能是决定周丛生物、土壤和田面水之间细菌、真核生物群落结构差异的主要因子。

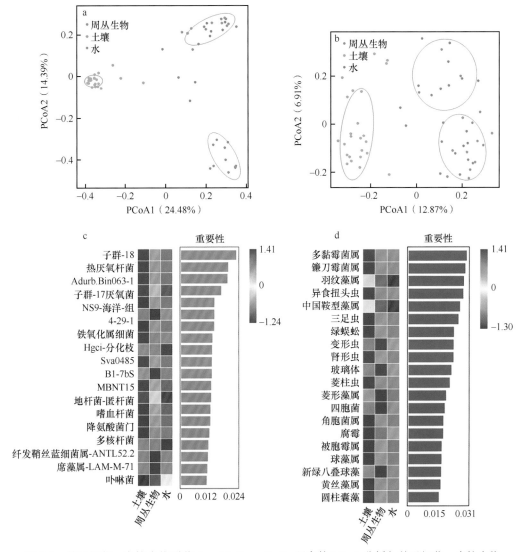

图 7-9　基于细菌、真核生物群落（a、b）Bray-Curtis 距离的 PCoA 分析与基于细菌、真核生物（c、d）属水平丰度的随机森林分析

Mantel 检验结果表明，稻田土壤细菌群落结构是影响稻田周丛生物细菌群落结构最明显的因子（R^2=0.29，$P < 0.05$）（图 7-7b），RDA 分析结果也证实了这个结果（图 7-7d）。取土壤细菌群落 PCoA 分析结果的第一轴和周丛生物 PCoA 分析结果的第一

轴进行 Pearson 相关分析, 结果表明土壤细菌群落结构与周丛生物群落结构呈显著负相关关系(图 7-7f)。就真核生物群落结构而言, Mantel 检验表明土壤铵态氮含量和土壤真核生物 α 多样性指数是影响真核生物群落结构最显著的唯二因子(图 7-7c)。RDA 分析结果表明, 除周丛生物理化性质外, 土壤真核生物 α 多样性和土壤铵态氮含量分别在 RDA1 轴和 RDA2 轴对周丛生物真核生物群落贡献了最大的解释度(图 7-7e)。用周丛生物真核生物群落 PCoA 分析结果第一轴与土壤真核生物 α 多样性指数(Shannon-Wiener 指数)进行 Pearson 相关分析, 结果表明两者呈显著正相关关系(图 7-7g)。

四、小结

1)周丛生物广泛分布于典型亚热带丘陵稻田, 且具有较高生物量。

2)典型亚热带丘陵稻田周丛生物具有丰富且多样的微生物群落, 其结构与土壤和田面水微生物群落结构迥异。

3)该流域内土壤养分含量(有机碳、铵态氮和 Olsen 磷)影响周丛生物生物量, 而田面水性质对周丛生物生物量的影响有待进一步探索。

4)周丛生物群落结构既受土壤和田面水微生物群落结构与多样性影响, 又受土壤理化性质的影响。

参 考 文 献

贺捷, 舒时富, 廖禺, 等. 2014. 南方丘陵山区水稻生产机械化发展现状与对策. 安徽农业科学, 42(28): 9995-10006.

祝光耀, 张塞. 2016. 生态文明建设大辞典(第四册). 南昌: 江西科学技术出版社.

Callahan B J, McMurdie P J, Rosen M J, et al. 2016. DADA2: High-resolution sample inference from Illumina amplicon data. Nature Methods, 13(7): 581-583.

Lee Z M P, Poret-Peterson A T, Siefert J L, et al. 2017. Nutrient stoichiometry shapes microbial community structure in an evaporitic shallow pond. Frontiers in Microbiology, 8: 949.

Li J Y, Deng K Y, Cai S J, et al. 2020. Periphyton has the potential to increase phosphorus use efficiency in paddy fields. Science of the Total Environment, 720: 137711.

Liu J, Sun P, Sun R, et al. 2019. Carbon-nutrient stoichiometry drives phosphorus immobilization in phototrophic biofilms at the soil-water interface in paddy fields. Water Research, 167: 115129.

Liu J, Vyverman W. 2015. Differences in nutrient uptake capacity of the benthic filamentous algae *Cladophora* sp., *Klebsormidium* sp. and *Pseudanabaena* sp. under varying N/P conditions. Bioresource Technology, 179: 234-242.

Miqueleto A, Dolosic C, Pozzi E, et al. 2010. Influence of carbon sources and C/N ratio on EPS production in anaerobic sequencing batch biofilm reactors for wastewater treatment. Bioresource Technology, 101(4): 1324-1330.

Roeselers G, Van Loosdrecht M, Muyzer G. 2007. Heterotrophic pioneers facilitate phototrophic biofilm development. Microbial Ecology, 54(3): 578-585.

Su J, Kang D, Xiang W, et al. 2016. Periphyton biofilm development and its role in nutrient cycling in paddy microcosms. Journal of Soils and Sediments, 17: 810-819.

Walters W, Hyde E R, Berg-Lyons D, et al. 2015. Improved bacterial 16S rRNA gene (V4 and V4-5) and fungal internal transcribed spacer marker gene primers for microbial community surveys. mSystems, 1(1): e00009-15.

Wang M, Kuo-Dahab W C, Dolan S, et al. 2014. Kinetics of nutrient removal and expression of extracellular polymeric substances of the microalgae, *Chlorella* sp. and *Micractinium* sp., in wastewater treatment. Bioresource Technology, 154: 131-137.

Wu Y H, Liu J Z, Lu H Y, et al. 2016. Periphyton: an important regulator in optimizing soil phosphorus bioavailability in paddy fields. Environmental Science and Pollution Research, 23(21): 21377-21384.

Wu Y H, Liu J Z, Rene E R. 2018. Periphytic biofilms: A promising nutrient utilization regulator in wetlands. Bioresource Technology, 248(Pt B): 44-48.

第八章　稻田周丛生物对胁迫环境的适应性

第一节　周丛生物对纳米银毒性的影响及其响应

一、引言

银是一种重金属元素，位于元素周期表中的第 47 位。重金属进入体内，不容易被代谢排出去而是积累在体内，当重金属物质积累到一定程度的时候就会产生慢性中毒（Chang et al.，2006）。在过去，人们高估了纳米银在环境中的安全性，此外，水系统中的几种物理化学性质（如 pH、溶解氧、有机质）会改变金属纳米颗粒的转化，从而影响纳米颗粒的生物利用度、安全性和毒性。

众多的研究结果表明，纳米银对环境的毒性作用不仅表现在宏观层面上，还表现在微观层次。例如，纳米银对藻类吸收光产生影响；绿藻和杜氏盐藻细胞在纳米银的暴露下产生聚集效应，影响了藻类细胞对光的利用及对营养物质的吸收（Oukarroum et al.，2012）。纳米银颗粒会通过破坏细菌细胞膜和增加细胞膜的通透性，破坏 Na^+ 稳态而导致细胞死亡（Shahverdi et al.，2007）。纳米银使细胞膜损伤的同时使钙流入且诱导细胞内钙超载，并进一步导致活性氧自由基（reactive oxygen species，ROS）过量产生和线粒体膜电位发生变化。纳米银会对细胞代谢过程造成损伤，包括 DNA 的损伤和谷胱甘肽的消耗以及酶系统活性的降低（Miao et al.，2010）。另外，纳米银还易与细胞蛋白质结合，并使蛋白质结构发生改变，以及细胞膜损伤和胞内活性氧自由基产生（Johari et al.，2018）。

纳米颗粒对周丛生物的胁迫作用和影响成为近些年来的研究热点。纳米银影响沉积物细菌群落结构。当土壤中纳米银浓度为 4μg/kg 时，变形菌门对纳米银敏感度最高。使用序批式反应器（SBR 反应器）探究纳米银（1 ～ 10mg/L）对细菌群落的影响，发现在纳米银作用下变形菌成为优势种，细菌群落结构多样性降低（Ma et al.，2015）。研究发现纳米银对好氧和厌氧污泥的影响主要是由于纳米颗粒（2.5mg/L）转化的银和污泥混合体（Ag-sludge，Ag-S）对厌氧消化的影响（Doolette et al.，2013）。周丛生物中 EPS 和微生物群落的相互作用在调控纳米银颗粒毒害微生物的作用中起重要作用，硫发菌对纳米银颗粒比其他周丛生物细菌更敏感（Lin et al.，2016b）。纳米银作用下（0.01 ～ 1mg/L），自然浮游细菌群落结构向耐银物种转变（Das et al.，2012），证明纳米银颗粒（50mg/L）显著降低了细菌氨单加氧酶基因的拷贝数和沉积物中生物的硝化率（Beddow et al.，2016）。初步研究表明，纳米银颗粒会在水生环境中产生生物累积（Abdi et al.，2008），并对周丛生物群落产生毒害作用（Welz et al.，2018）。

研究发现，CeO_2 纳米颗粒改变了周丛生物中藻类的组成，还显著降低了藻类的光合作用，表明高浓度的 CeO_2 纳米颗粒影响水生环境中的初级生产和养分循环（Miao and

Li，2019）。使用纳米银杀菌的抗微生物特性可能会威胁到依赖微生物进行的基本生物地球化学循环的淡水生态系统，包括 TiO_2 纳米颗粒、纳米银颗粒和 CeO_2 纳米颗粒在内的几种纳米颗粒会影响周丛生物的生物功能和群落结构（Tang et al.，2018）。如果进入水体中纳米级银的数量变得高于微生物群落的可容忍水平，则可能给生态系统带来影响。

近年来，随着周丛生物在污染治理方面的优势被发现，周丛生物被用于各种生态系统的修护和污染治理（Jing et al.，2014）。周丛生物具有成本低、吸附效率高、技术简单、系统稳定和无二次污染的特点。利用周丛生物附着在过滤管中，过滤污染水体达到净化废水的效果（Liu et al.，2018）。随着纳米银技术的发展和广泛使用，更多的纳米银材料通过各种途径进入水生生态系统。纳米银颗粒在产生、运输和实验以及后期处理过程中，就有可能直接释放或通过城市废水排放到水生环境中。纳米银本身就含有抗菌活性，一旦纳米银颗粒释放到环境中，由于纳米银颗粒的抗菌特性，首先怀疑的是水生细菌会受到负面影响，在细菌受到影响的同时必然会影响含有丰富细菌群落的周丛生物。这不但影响纳米颗粒在水生生态系统中的环境行为，而且进一步地影响周丛生物中微生物的群落结构和生理代谢，给天然水体带来潜在的环境风险，影响微生物生态系统。

揭示纳米银对水环境的生态毒性效应，需要揭示其对水环境中微生物的毒性作用。单一微生物物种对纳米银的毒性较为敏感，而水环境中微生物主要以周丛生物的形式存在，其具有较强的抗胁迫能力，但目前对于纳米银对周丛生物的毒性效应以及周丛生物的响应机制还不清楚。因此，本研究中，针对最为广泛使用的纳米颗粒（纳米银颗粒），在其暴露下探究周丛生物一系列生理特征的变化以及响应机制，明确周丛生物在纳米银暴露下的生理特征变化和响应机制，不仅从宏观上进行观察，还从分子层面利用蛋白质组学和功能基因等分子生物手段对周丛生物的响应机制进行探索，相关研究有助于揭示纳米银与微生物聚集体的相互作用机制，为科学评价纳米银对水生生态系统的风险提供理论依据。

二、周丛生物叶绿素荧光对纳米银毒性的响应机制

对照组（CK）、CYS（L-半胱氨酸去除银离子影响的纳米银）、Ag^+ 单独银离子作用、纳米银颗粒（Ag NP）4 组中，对照组快速叶绿素荧光诱导动力学曲线中 O-J-I-P 四点的荧光值最大。P 点的荧光值大小依次是 CK > CYS > Ag^+ >纳米银颗粒（图 8-1）。P 点荧光值降低，是光合系统 II 反应中心活性降低的重要标志（Guo et al.，2008）。曲线瞬态形状发生了变化，表现在对所有荧光跃迁中电子传输的抑制和荧光产量的降低，说明在纳米银和银离子以及除去了银离子作用的纳米银作用下，光合反应中心的活性降低，周丛生物的生长受到胁迫，并且在除去银离子干扰作用下，也表现出一定的胁迫作用。周丛生物对纳米银颗粒的敏感度大于 Ag^+。去除 Ag^+ 影响的纳米银颗粒的荧光曲线也受到影响。这说明，纳米银颗粒的胁迫作用不是简单地来自释放的银离子，纳米颗粒本身也存在毒性。

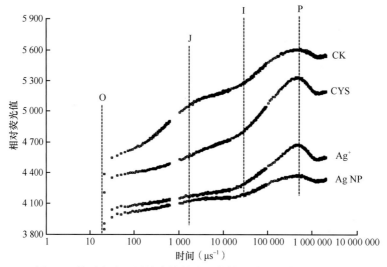

图 8-1　暴露实验下周丛生物的叶绿素荧光诱导动力学曲线变化

　　将各点的荧光值标准化后，得到叶绿素荧光参数，如图 8-2a 所示。光能吸收和转化的能量分配参数如图 8-2b 所示。W_K、V_J、V_I 和 V_L 4 个重要的荧光参数表示光合系统 II 中相关的电子传递过程以及光合作用膜的状态。V_L 值在纳米银颗粒和 CYS 组中显著增加（$P < 0.05$），而 Ag$^+$ 对 V_L 值无显著影响（$P > 0.05$），说明纳米银颗粒会导致光合作用类囊体膜发生解离（张子山等，2013），对光合作用膜有损伤，而银离子对光合作用膜无毒害作用。另外，纳米银颗粒胁迫下，光合作用的 V_I 也显著增加（$P < 0.05$），而 CYS 组无显著影响（$P > 0.05$）。有趣的是，Ag$^+$ 胁迫下，周丛生物的 V_I 值却显著降低（$P < 0.05$），V_I 的减少主要说明光合系统 II 的关闭程度有所减缓，反应中心逐渐完善，系统得到恢复（Strasser et al.，2000）。纳米银颗粒和 Ag$^+$ 对光合系统 II 的关闭程度表现出截然相反的结果。V_J 和 W_K 在 4 个处理组中变化不大。Ag$^+$ 对周丛生物的影响逐渐降低，反之，纳米银影响了光合作用过程中的电子传递。

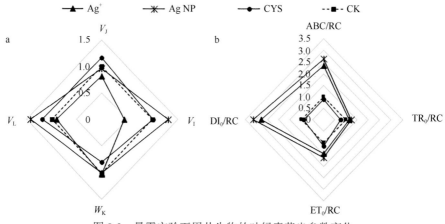

图 8-2　暴露实验下周丛生物的叶绿素荧光参数变化

　　Ag$^+$、纳米银颗粒胁迫下，光能总吸收量（ABC/RC）、捕获的能量（TR$_0$/RC）和用于电子传递的能量（ET_0/RC）显著增加。多余吸收的能量以热的形式耗散出去（DI_0/RC）。光合生物通过吸收过多能量的手段来弥补 Ag^+、纳米银颗粒对光合作用的损伤，光合效率［（ABC/RC）/（ET_0/RC）］降低。CYS 处理组中，对于能量的吸收和耗散以及分配没有显著变化，这可能是经过 L- 半胱氨酸络合后，不但螯合了银离子的作用，还影响了纳米颗粒的聚集状态，使得纳米颗粒的毒性作用发生改变（Miao et al.，2010）。此外，DI_0/RC 光合作用热耗散的增加，可能是细胞调节光能耗散和利用之间的平衡。研究发现当光的吸收超过固定二氧化碳的能力时，将会导致光合系统 II 的一部分激发能被一个尚不明确的机制热耗散（Li et al.，2000）。细胞通过这种方式，以尽量减少氧化分子的产生，从而保护细胞免受光氧化损伤。

三、周丛生物胞外聚合物对纳米银毒性的响应机制

（一）胞外聚合物浓度

胞外聚合物（EPS）是周丛生物分泌到细胞外面的有机物，包含多糖、蛋白质和少量的油脂等（Reddy et al.，2004），与细胞膜连接的为结合型胞外聚合物（bond EPS，B-EPS），溶解在周围液体环境中的为溶解型胞外聚合物（soluble EPS，S-EPS）。用总有机碳（total organic carbon，TOC）浓度间接表示胞外聚合物的含量（Tang et al.，2017）。胞外聚合物的含量，相对于 CK 组均有增加的趋势（图 8-3），Ag^+、纳米银颗粒和 CYS 胁迫下，相对于 CK 组，总有机碳（TOC）分别增加 5.95%、26.32% 和 17.39%。

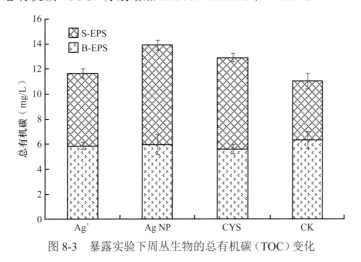

图 8-3　暴露实验下周丛生物的总有机碳（TOC）变化

另外，在 Ag^+、纳米银颗粒和 CYS、CK 4 组中 B-EPS/S-EPS 分别为 1.01、0.75、0.77、1.34。Ag^+、纳米银颗粒和 CYS 胁迫下，结合型胞外聚合物（B-EPS）与溶解型胞外聚合物（S-EPS）的比值减小。其中，结合型胞外聚合物（B-EPS）浓度的变化不大，溶解型胞外聚合物（S-EPS）均显著增加（$P < 0.05$），说明溶解型胞外聚合物（S-EPS）在抵抗 Ag^+ 和纳米银颗粒胁迫中发挥着重要的作用。溶解型胞外聚合物（S-EPS）中的多糖浓度高于结合型胞外聚合物（B-EPS），两种 EPS 主要由蛋白质和多糖组成，多糖占 42% 左右（Ramesh et al.，2006）。另外，研究发现从蓝藻中提取的 EPS 影响纳米颗粒的聚

集（Yang et al., 2016, 2018）。多糖中的羟基具有较强的结合金属阳离子的能力（Comte et al., 2006）。溶解型胞外聚合物（S-EPS）包括微生物产生的可溶性聚合物、附着有机物的水解产物和通过细胞裂解释放的有机分子，这些物质都影响纳米颗粒的毒性效应（Choi et al., 2009）。

（二）胞外聚合物官能团

通过傅里叶变换红外光谱术（Fourier transform infrared spectroscopy，FTIR）分析了周丛生物在纳米银和银离子暴露前后 EPS 中官能团的变化（图 8-4）。曲线吸收峰值较多，通过 FTIR 图可以判定出周丛生物 EPS 含有大量的羧基、氨基、羟基等在蛋白质和多糖中广泛存在的官能团。吸收峰与对应的官能团如表 8-1（Kanokkantapong et al., 2006）所示。

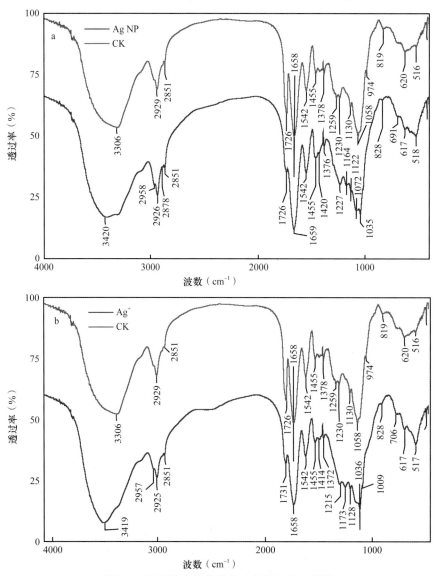

图 8-4　胞外聚合物的傅里叶变换红外光谱图

a. 纳米银颗粒处理组和对照组的红外光谱图；b. Ag⁺ 处理组和对照组的红外光谱图

表 8-1 红外光谱图中的峰位及其对应官能团

吸收波数（cm^{-1}）	官能团特征
3670 ～ 3300	聚合物中—OH 的伸缩振动
2950 ～ 2850	脂肪烃有机物中 C—H、C—H$_2$ 或 C—H$_3$ 的伸缩振动
1730 ～ 1710	羧酸、酮、醛类有机物中 C=O 的伸缩振动
1670 ～ 1650	酰胺类化合物中 C=O 的伸缩振动
1640 ～ 1550	C—N 的伸缩振动和 N—H 的弯曲振动（酰胺 II）
1410 ～ 1400	羧酸、醇和酚中—CO 伸缩振动和—OH 变形振动
1245 ～ 1235	羧酸、酚中—CO 变形振动和—OH 伸缩振动
1250 ～ 1050	酯、醚、酚类有机物中 C—O 的振动
1130	多糖中 C—O—C 伸缩振动
1152	磷酸基团中 P=O 伸缩振动
1040 ～ 1080	—OH 伸缩振动
900 ～ 500	指纹图谱区域，一般为硫酸基或磷酸基
1465 ～ 1420	脂肪族有机物中 C—H 的伸缩振动
1400 ～ 1370	脂肪族有机物中 C—H 的变形振动

银离子和纳米银颗粒也显著影响周丛生物胞外聚合物的官能团峰型及结构，使胞外聚合物具有更丰富的官能团，如在 1545cm^{-1}、1455cm^{-1}、1378cm^{-1}、1058cm^{-1}、1726cm^{-1} 处的峰型，这些官能团主要为蛋白质羧基和氨基官能团（1050 ～ 1410cm^{-1}）。此外，银离子和纳米银暴露下，均使 1040cm^{-1} 和 1690cm^{-1} 处的官能团产生更强的吸收峰，这些官能团包括羧基（1235 ～ 1245cm^{-1}、1400 ～ 1410cm^{-1}）、羟基（1040 ～ 1080cm^{-1}）和氨基（1545 ～ 1550cm^{-1}、1640 ～ 1660cm^{-1} 处）。这说明 Ag$^+$ 和纳米银颗粒与胞外聚合物中的官能团接触并结合，导致官能团中结构的变化，引起官能团吸收曲线中峰值的偏移和吸收峰的增强。

（三）周丛生物细菌群落结构对纳米银毒性的响应机制

根据表 8-2 周丛生物的 16S rRNA 测序统计结果，在 Ag$^+$、纳米银颗粒和 CYS、CK 4 组中检测到稳态下周丛生物样品的有效序列分别为 28 585 个、23 456 个、22 262 个和 20 928 个，并在 95% 以上的识别水平上得到 4 组的 OTU 个数，分别为 363 个、346 个、345 个和 329 个。

表 8-2 测序数据的统计结果

样品	序列数	OTU
Ag$^+$	28 585	363
纳米银颗粒	23 456	346
CYS	22 262	345
CK	20 928	329

在微生物群落结构的分析中，通常采用 Shannon 指数来表示物种水平的丰富度和均匀度（Tang et al.，2018）。Shannon 指数可以从稀释曲线（rarefaction curve）中表达，以序列数为横坐标、Shannon 指数为纵坐标得到稀释曲线图。稀释曲线进一步解释了在实验处理下，沿 X 轴右侧曲线平直，表明了周丛生物样品测试深度的合理性和准确性。Ag$^+$、纳米银颗粒和 CYS、CK 4 组的 Shannon 指数分别为 5.020、4.905、4.883 和 5.334（图 8-5）。三个处理组的 Shannon 指数与对照组相比显著降低（$P < 0.05$），表明 Ag$^+$、纳米银颗粒和 CYS 胁迫下，周丛生物中微生物物种的丰富度和均匀度降低。胁迫下，对胁迫敏感和适应能力较弱的物种在微生物种群中的比例降低，对胁迫适应能力较强的物种在微生物种群中的比例逐渐增加，进而逐渐成为微生物群落中的优势种群，从而使得群落中的多样性和均匀度降低（Ma et al.，2017）。

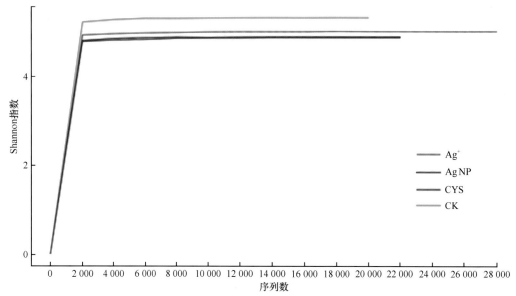

图 8-5　暴露实验下周丛生物的 Shannon 指数稀释曲线图

周丛生物是一个复杂的微生物聚集体，包含了细菌、藻类、原生动物甚至后生动物（Tang et al.，2017）。在门水平上，周丛生物群落中主要的细菌门分别是酸杆菌门（Acidobacteria）、髌骨细菌门（Patescibacteria）、拟杆菌门（Bacteroidetes）、蓝细菌门（Cyanobacteria）、菲西芬氏菌目（Planctomycetes）、变形菌门（Proteobacteria）等（被检测到）（图 8-6）。其中变形菌门 135 种、拟杆菌门 46 种、蓝细菌门有 42 种、绿弯菌门 38 种、浮霉菌门 28，放线菌门 18 种。在门水平上，拟杆菌门（10% ~ 15%）、蓝细菌门（37% ~ 44%）、绿弯菌门（5% ~ 7%）、浮霉菌门（16% ~ 26%）和变形菌门（8% ~ 16%）占比总和超过了总分类操作单元（operational taxonomic unit，OTU）的 97%。拟杆菌门、蓝细菌门和浮霉菌门占比非常大，尤其是蓝细菌门。

在纳米银和银离子的胁迫下，微生物群落中一些物种的比例逐渐下降，而另外一些物种的比例逐渐上升成为优势种群。与对照组相比，蓝细菌门（Cyanobacteria）在 Ag$^+$、纳米银颗粒和 CYS 三组中的比例均显著提高（$P < 0.05$），分别增加 16.47%、17.19% 和 11.41%，逐渐成为周丛生物群落中的优势种（图 8-6 和图 8-7）。菲西芬氏菌

目（Planctomycetes）的相对丰度在 Ag⁺、纳米银颗粒胁迫下分别显著降低了15.06%和34.94%，而CYS组无显著变化。在纳米银颗粒胁迫下，绿弯菌门（Chloroflexi）的相对丰度显著增加（$P < 0.05$），变形菌门的相对丰度显著降低。如图8-7所示，在微生物群落的目水平上，菲西芬氏菌目（Phycisphaerales）在 Ag⁺ 处理组中相对丰度显著降低（$P < 0.05$），鞘丝藻目（Leptolyngbyales）的相对丰度在纳米银颗粒和CYS胁迫下均显著降低（$P < 0.05$），而银离子组中无显著差异。在 Ag⁺、纳米银颗粒和CYS胁迫下，产氧光细菌目（Oxyphotobacteria）的相对丰度显著增加（$P < 0.05$），相对于对照组分别增加81.05%、14.18%和60.43%，成为优势种群。Ag⁺ 和纳米银颗粒对莱茵衣藻、聚球藻的活力具有显著影响，但只有银离子显著影响藻细胞活性氧（reactive oxygen species，ROS）

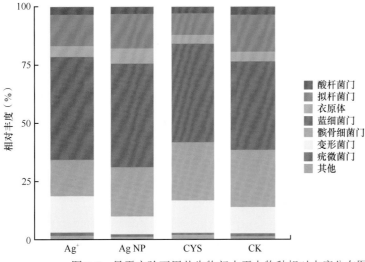

图8-6　暴露实验下周丛生物门水平上物种相对丰度分布图

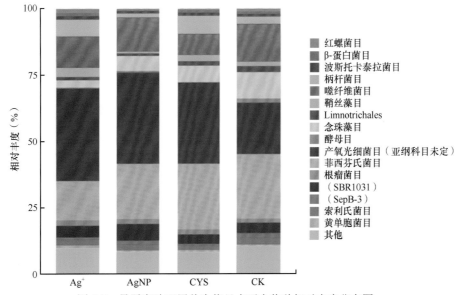

图8-7　暴露实验下周丛生物目水平上物种相对丰度分布图

的产生（Taylor et al.，2016）。在氧化铁纳米颗粒作用下，蓝细菌不仅分泌大量的胞外聚合物，更重要的是，从蓝细菌中提取的 EPS 可以阻止无机胶体的聚集（Yang et al.，2018）。蓝细菌门、绿弯菌门（Gruen et al.，2018）分别在纳米银和氧化铁纳米颗粒（宿程远，2018）胁迫下适应性增强，分泌大量胞外聚合物以吸附纳米颗粒。多糖中的羟基具有较强的结合金属阳离子的能力，使得可溶性胞外聚合物具有更强的生物吸附能力（Comte et al.，2006）。革兰氏阴性菌由于肽聚糖含量低，主要成分为脂类，对金属离子更为敏感，故菲西芬氏菌和拟杆菌的相对丰度降低。

（四）周丛生物关键功能基因对纳米银毒性的响应机制

光合作用基因 psbA 和 psbD，分别调控 PS Ⅱ 系统中的 D1 和 D2 蛋白（Qian et al.，2012）。Ag^+、纳米银颗粒、CYS 和 CK 4 组中，psbA 基因的相对丰度均无显著变化（$P > 0.05$）（图8-8）。而对于 psbD 基因而言，Ag^+、纳米银颗粒、CYS 的相对丰度分别为0.90、0.33、0.31，在纳米银颗粒、CYS 胁迫下，psbD 基因的相对丰度显著降低（$P < 0.05$），而 Ag^+ 对 psbD 基因的相对丰度无显著影响（$P > 0.05$）。Ag^+ 和纳米银颗粒对光合系统Ⅱ的胁迫作用存在差异。Ag^+ 对 D1、D2 蛋白无显著影响（$P > 0.05$），但是纳米银颗粒对 psbD 基因的相对丰度有抑制作用，这将影响光合系统Ⅱ中电子的传递过程。

psaA 和 psaB 基因调控光合系统Ⅰ中的核心蛋白（Theriot et al.，2015）。由图8-8可知，psaB 基因在 Ag^+、纳米银颗粒、CYS 胁迫下的相对丰度分别为1.08、0.35、0.61，Ag^+ 不影响 psaB 基因的相对丰度（$P > 0.05$），而纳米银颗粒显著地降低 psaB 基因的相对丰度（$P < 0.05$）。光合系统中的核心蛋白不仅仅结合了核心天线系统中多数的叶绿素 a，还含有大量的电子递体（Kuhlgert et al.，2012）。psaB 基因相对丰度的下降将极大地影响光合作用中电子的传递过程，从而影响有机物的合成。

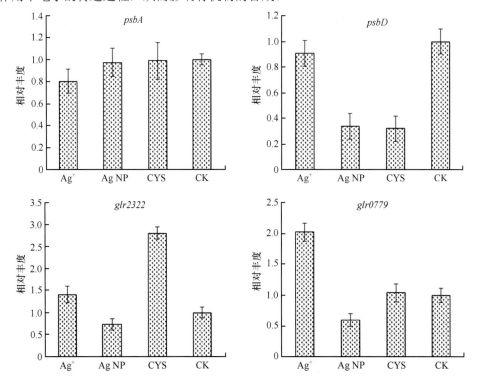

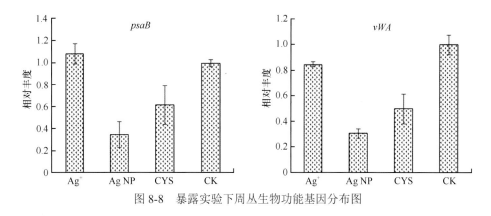

图 8-8 暴露实验下周丛生物功能基因分布图

glr0779 和 *glr2322* 基因分别编码原核生物中 *psbA* 基因家族的 *psbAII* 和 *psbAI*，三种 *psbA* 基因编码两种不同的 D1 蛋白。D1：1 由 *psbAI* 编码，D1：2 由 *psbAII* 和 *psbAIII* 编码（Mulo et al.，2009）。从图中看出，Ag$^+$、纳米银颗粒、CYS 处理组中，*glr0779* 的相对丰度显著降低。纳米银颗粒胁迫下，*glr2322* 基因相对丰度有所下降（$P > 0.05$），有趣的是在 Ag$^+$ 和 CYS 胁迫下，周丛生物中微生物的 *glr2322* 基因相对丰度显著增加（$P < 0.05$）。其中，*glr0779* 基因调控的 D1：1 蛋白占 *psbA* 基因总量的 90% 以上（Sicora et al.，2008），起到主要作用。*glr2322* 基因相对丰度降低，这将影响原核光合生物的光合作用。

纳米银颗粒和 CYS 胁迫下，周丛生物群落中 *von Willebrand A*（*vWA*）基因的相对丰度显著降低（$P < 0.05$），而银离子作用下，*vWA* 基因的相对丰度有所降低（$P > 0.05$），*vWA* 基因调控细胞黏附、细胞外基质蛋白和金属离子黏附位点（MIDAS）的生命过程（Whittaker and Hynes，2002）。*vWA* 基因调控的 Ag 转运蛋白是在铜绿假单胞菌中发现的，调控细胞从外界吸收 Ag 并仅在原核细胞中被发现，研究发现该蛋白质在大肠杆菌中表达时就会介导从纳米银颗粒中吸收 Ag 进入细胞（Chen et al.，2016），从而导致对细胞的毒性。Ag$^+$ 未显著引起周丛生物中微生物 *vWA* 基因的相对丰度变化，而在纳米银暴露下，周丛生物 *vWA* 基因的相对丰度显著降低，即细胞减少对 *vWA*-Ag 转运蛋白的转录翻译，使得 Ag 更少地被运输到原核细胞内，降低银产生的毒性作用。周丛生物是一个含有大量原核生物的微生物聚集体。原核微生物通过调控 *vWA* 基因的丰度来响应环境中的 Ag 浓度，保护细胞免受 Ag 的毒害作用。

四、小结

通过纳米银和银离子单独暴露的实验条件，探究周丛生物胞外聚合物、酶活、叶绿素荧光以及群落结构和光合作用关键功能基因与银转移蛋白基因对纳米银和银离子的响应及适应机制，主要表现如下。

1）Ag$^+$、纳米银颗粒对光合反应中心的胁迫存在差异。纳米银颗粒作用下细胞内的 V_L 和 V_I 值显著增加（$P < 0.05$），Ag$^+$ 对 V_L 值无显著影响，并且 Ag$^+$ 使细胞的 V_I 值显著降低。另外，在 Ag$^+$ 和纳米银颗粒胁迫下，光能总吸收量（ABC/RC）、TR$_0$/RC 和 ET$_0$/RC

都显著增加，二者差异不大。

2）Ag^+、纳米银颗粒胁迫下，周丛生物胞外聚合物的比例 B-EPS/S-EPS 均减小，B-EPS 变化不大，S-EPS 显著增加，且对纳米银更敏感。

3）Ag^+、纳米银颗粒均显著提高蓝细菌门和绿弯菌门的相对丰度（$P < 0.05$），蓝细菌门、绿弯菌门逐渐成为周丛生物群落中的优势种。变形菌门和菲西芬氏菌目的相对丰度降低。

4）Ag^+、纳米银颗粒对关键功能基因的胁迫存在差异。纳米银胁迫下，光合作用基因 *psbD*、*psaB*、*glr0779* 和 *glr2322* 基因相对丰度显著降低（$P < 0.05$）。Ag^+ 胁迫下，只有 *psbA* 和 *glr2322* 基因的相对丰度显著降低（$P < 0.05$）。此外，周丛生物在抵抗纳米银胁迫时，*vWA* 基因的相对丰度显著降低（$P < 0.05$），而 Ag^+ 对 *vWA* 基因相对丰度无显著影响。

第二节　周丛生物对 TiO_2 暴露的适应过程与机制

一、引言

二氧化钛纳米颗粒（TiO_2 nano particle，TiO_2 NP）在光催化和抑菌性等方面的独特性质使其广泛应用于涂料、化妆品等生产生活过程中（Moore，2006）。由于二氧化钛的大量研究和应用，TiO_2 NP 将不可避免地进入水土环境中，对水土环境中的生物造成潜在的生态毒性风险（Beddow et al.，2016；Moore，2006）。然而，自然生态系统中微生物对纳米毒性较为敏感，可以作为监测纳米颗粒环境污染和生态毒性风险的重要指标（Vittori et al.，2013；Shi，2017）。针对微生物群落的这一特性，研究者对 TiO_2 NP 的微生物毒性效应和机制开展了大量研究，但是目前，纳米毒性的最新研究都集中在土壤或者水体中单种微生物（Moore et al.，2016；Vittori et al.，2013）。而在自然生态系统中，微生物在土水界面主要以微生物聚集体的形式存在，如在稻田和湿地等土水界面广泛存在、具有独特的聚集结构的群落动态变化等特征的周丛生物（Battin et al.，2016；Lindemann et al.，2016）。然而，很少有研究涉及周丛生物对 TiO_2 NP 纳米毒性的反应，尤其是缺乏对纳米颗粒毒性作用下群落弹性和功能冗余性等方面的评估（Gil-Allué et al.，2015）。

因此，研究周丛生物在微生物物种水平上如何应对 TiO_2 NP 的长期暴露可以在一定程度上丰富关于纳米材料的环境污染研究和微生物响应纳米材料胁迫研究。

二、TiO_2 NP 暴露下周丛生物对污染物的去除

如图 8-9 所示，TiO_2 NP 暴露下的周丛生物与无二氧化钛纳米材料暴露的周丛生物相比，废水中化学需氧量（chemical oxygen demand，COD）和 Cu^{2+} 的去除过程类似，无显著性差异（全部 $P > 0.05$），这表明了 TiO_2 NP 暴露下周丛生物能保持其对 COD 和铜离子的去除能力。对于 Cu^{2+} 而言，存在 TiO_2 NP 暴露和不存在暴露的周丛生物对 Cu^{2+} 的去除能力相当（浓度分别从 2.74mg/L 降低至 0.22mg/L 和 0.23mg/L）。存在 TiO_2 NP 暴露组中废水 COD 浓度最终达到（57±3）mg/L，较对照周丛生物处理下的浓度〔（48±6）mg/L〕较高，但并没有达到显著差异（$P > 0.05$）。

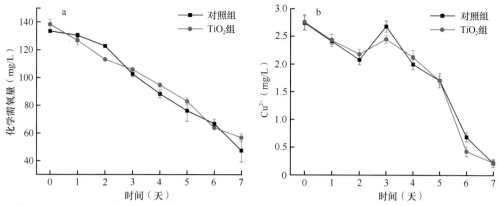

图 8-9　TiO_2 NP 暴露以及对照中周丛生物处理下模拟废水中 COD（a）和 Cu^{2+}（b）浓度的变化

三、周丛生物群落组成变化

周丛生物结构复杂、微生物多样性较高，可以通过群落组成和结构的变化响应外界干扰。通过扫描电镜等显微观察（图 8-10），可以发现周丛生物包含多种微生物。主要成分为硅藻（*Cyclotella* sp.、*Navicula* sp.、*Nitzschia* sp.）、蓝细菌（*Microcystis aeruginosa*、*Leptolyngbya*、*Nostoc* sp.）、细菌（*Bacillus* spp.）、绿藻（*Chlorella* sp.、*Cladophora* sp.、*Oedogonium* sp.、*Spirogyra* sp.、*Vaucheria* sp.）等。

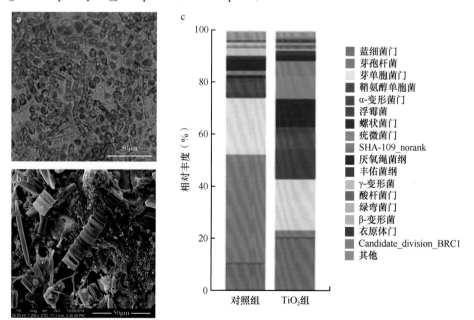

图 8-10　周丛生物群落的光学显微镜图像（a）、扫描电镜图像（b）以及对照和 TiO_2 NP 暴露处理的周丛生物在门水平上的微生物群落组成（c）

MiSeq 高通量测序结果如图 8-10c 所示，TiO_2 NP 暴露使周丛生物的群落组成发生了明显变化。总体上，与对照相比，暴露于 TiO_2 NP 的周丛生物显著地改变了周丛生物中微生物的群落组成。例如，芽孢杆菌（bacilli）的相对丰度从对照组的 41.8% 降低到

TiO_2 NP 暴露后的 3.0%，厌氧绳菌纲（Anaerolineae）从 4.4% 下降到 2.6%，α- 变形菌从 2.8% 下降到 0.2%，芽单胞菌门（Gemmatimonadetes）从 22.1% 下降到 19.5%。暴露在纳米材料后酸杆菌门（Acidobacteria）、衣原体门（Chlamydiae）和疣微菌门（Verrucomicrobia）高出检测限。此外，TiO_2 NP 暴露后有三组微生物的丰度提高，蓝细菌从 10.8% 提高到 21.9%，鞘氨醇单胞菌（Sphingobacteria）从 2.1% 提高到 11.6%，螺旋菌门（Spirochaetes）从 3.5% 提高到 5.9%。

四、周丛生物的生长和有机碳代谢的变化

TiO_2 NP 对周丛生物的正常生理过程产生了影响。如图 8-11a 和 b 所示，TiO_2 NP 暴露处理后的周丛生物较对照组具有相对较低的叶绿素荧光值（F_0）和光合系统 II 的潜在量子产率（F_v/F_m）。例如，对照中 F_0（初始荧光值）在第 3 天具有一个峰值 4800，而 TiO_2 NP 处理的周丛生物仅为 4100，其差异在培养过程中达到最大。同样，在第 2 天，TiO_2 NP 处理的周丛生物和对照周丛生物的 F_v/F_m 差异达到最大，分别为 0.46 和 0.50。然而，其他时间 TiO_2 NP 处理和对照之间的周丛生物 F_0 值和 F_v/F_m 的差异均不显著（均 $P > 0.05$），整体差异随着 TiO_2 NP 暴露时间增长而降低。在暴露刚开始时，TiO_2 NP 对周丛生物造成胁迫，但随着暴露的持续，出现了毒性缓解的情况，这归因于周丛生物对 TiO_2 NP 的适应性。

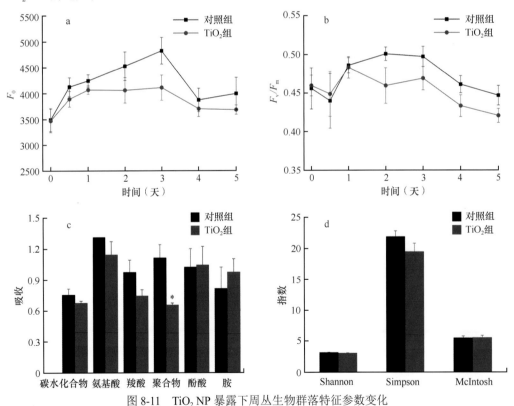

图 8-11　TiO_2 NP 暴露下周丛生物群落特征参数变化

a. 对照和 TiO_2 NP 暴露下周丛生物叶绿素荧光值（F_0）随时间的变化；b. 对照和 TiO_2 NP 暴露下周丛生物光合系统 II 量子产率（F_v/F_m）随时间的变化；c. 对照和 TiO_2 NP 暴露处理下周丛生物对 6 种碳源的利用能力；d. 对照和 TiO_2 NP 暴露处理下周丛生物的碳代谢多样性指数（Shannon、Simpson 和 McIntosh 指数）。* 表示差异显著（$P < 0.05$）

为更好地评估周丛生物群落的代谢活性和功能，对于周丛生物对不同碳源底物的利用效率进行了评估，结果如图 8-11c 所示，TiO_2 NP 暴露处理的周丛生物对于六类主要的碳源底物（碳水化合物、氨基酸、羧酸、聚合物、酚酸和胺）的利用情况与对照组中周丛生物非常相似。相对于对照，TiO_2 NP 暴露处理的周丛生物对酚酸和胺的利用效率较高，但均无显著差异（$P > 0.05$），对碳水化合物、氨基酸、羧酸的利用效率略低，只有对聚合物的利用效率显著低于对照（$P < 0.05$）。这意味着，在接触 TiO_2 NP 后，周丛生物在对不同碳源的利用能力上，表现与原始群落较为一致，并未发生明显的削弱。此外，TiO_2 NP 暴露处理和对照周丛生物之间碳代谢多样性指数 Shannon、Simpson 和 McIntosh 均无显著差异（$P > 0.05$，图 8-11d），这进一步表明，尽管暴露于 TiO_2 NP 可能会对周丛生物的生长有负面影响，但周丛生物的碳代谢能力能够维持相对稳定。

五、周丛生物胞外聚合物化学组成变化

胞外聚合物（extracellular polymeric substance，EPS）是周丛生物中的重要构成成分，对周丛生物的功能起重要作用，并且具有一定黏附性，会通过影响与纳米材料的结合从而影响纳米颗粒对周丛生物的毒性。因此，本研究测定了 TiO_2 NP 暴露下周丛生物 EPS（主要为多糖和蛋白质）含量的变化，从而探讨周丛生物通过 EPS 对 TiO_2 NP 暴露的响应机制。如图 8-12a 所示，TiO_2 NP 暴露组中 EPS 的多糖含量显著低于对照组的（$P < 0.05$），然而其蛋白质含量显著高于对照组（图 8-12b）。因此，在 TiO_2 NP 处理的周丛生物中测得的蛋白质与多糖的比率显著高于对照（图 8-12c）。此外，由多糖浓度的快速增加引起的蛋白质与多糖的比率均随着培养时间持续而下降（图 8-12c）。因为在周丛生物培养期间，周丛生物呈指数生长（图 8-12a），快速地积累了相对更多的多糖。

六、结果与讨论

研究表明，在周丛生物暴露于 TiO_2 NP 的过程中，周丛生物的生理过程受到一定负面影响，群落结构随之发生改变，但周丛生物对污染物的去除和碳源的代谢等功能保持稳定，表明周丛生物群落在纳米颗粒胁迫下具有功能冗余性。周丛生物通过微生物群落的结构弹性无法彻底来抵抗 TiO_2 NP 的毒性，然而群落功能的冗余是其能保持功能稳定的主要原因，而周丛生物中复杂的群落组成、微生物相互作用和动态的群落调整是其表现出较高冗余性的主要因素，并使其在多种胁迫下最终能够保持其功能的稳定（Adey et al.，2013；Allison and Martiny，2008；Yannarell and Kent，2009）。

一般来说，具有高耐纳米颗粒毒性的微生物在纳米颗粒胁迫下有更高的生存概率，群落也会因此快速改变、进化，形成新的功能类群。本研究中，当周丛生物处于长期的 TiO_2 NP 暴露后，群落结构发生了相应的改变，蓝细菌、鞘氨醇单胞菌和 α- 变形菌成为新的优势物种，其去除污染物的能力得到了保留。并且改变后的周丛生物群落的碳源利用率（如酚酸、胺和聚合物）、代谢功能和多样性差异不明显，也显示了其在碳代谢等功能上较强大的功能冗余（Allison and Martiny，2008）。

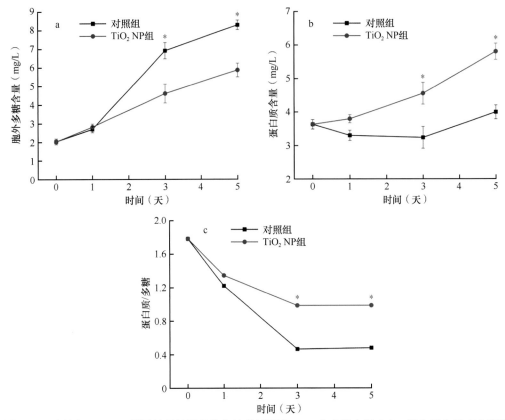

图 8-12　对照和 TiO₂ NP 暴露处理的周丛生物培养过程中 EPS 中多糖含量（a）、蛋白质含量（b）和蛋白质 / 多糖（c）的变化

*表示差异显著 $P < 0.05$

　　EPS 在纳米材料的暴露下，主要通过促进纳米颗粒的聚集，并通过吸附结合的方式来阻止纳米颗粒进入细胞（Quigg et al.，2013；Suresh et al.，2013）。本研究中，TiO₂ NP 暴露能够显著促进周丛生物 EPS 中蛋白质的大量产生，其蛋白质含量和蛋白质 / 多糖均显著高于对照处理（$P < 0.05$）。这与先前的发现一致，Ag 和 CuO 纳米颗粒等有毒物质导致微生物 EPS 中蛋白质产量以及蛋白质 / 多糖的增高（Sheng et al.，2005）。蛋白质中的羧基和氨基等官能团，具有更强的使纳米颗粒和金属离子结合的能力（Zhang et al.，2012）。因此，EPS 中更多的蛋白质使周丛生物更好地适应 TiO₂ NP 胁迫。除此之外，多糖大分子可以通过钙或氯化物络合的分子间桥接形成多糖聚集体，再将 TiO₂ 聚集体桥接在一起并将其稳定在 EPS 中，同时，大量的多糖有助于维持周丛生物紧密的聚集结构，从而抵抗纳米颗粒的进入（Lin et al.，2016a）。大量的胞外多糖和蛋白质增强了对周丛生物的保护能力。

　　暴露持续时间是评估周丛生物对纳米颗粒的适应性和功能冗余性的另一个关键因素（Joshi et al.，2012；Shangguan et al.，2015）。然而，大量的研究是在短期暴露下进行的，将会过高地评价纳米颗粒对周丛生物的毒性，并且难以在微生态水平研究微生物聚集体对毒性的响应过程（Gil-Allué et al.，2015）。本研究发现周丛生物对纳米毒性具有长期效应，因为周丛生物或任何微生物群落都需要时间来改变其组成和代谢活动来应对外部压力，表现其在长期暴露下对毒性材料的可适应性和功能冗余（Wang et al.，2014）。本研究表明，通过 5 天的响应和调整过程，周丛生物就表现出对 TiO_2 NP 胁迫的适应，因此周丛生物对纳米颗粒胁迫具有较强的适应能力。

综上所述，周丛生物适应纳米材料的过程（周丛生物通过功能冗余性和 EPS 的抵抗功能保持功能可持续性）如图 8-13 所示。当周丛生物长期暴露于 TiO_2 NP 时，周丛生物受到纳米颗粒的胁迫，使周丛生物的生理性状和群落结构发生相应变化，周丛生物通过这种变化来保证自身生理活性和功能，展现出其群落的功能冗余性。尤其是周丛生物在应激情况下，EPS 含量和结构比例发生改变，使周丛生物有更强的纳米颗粒毒性抵抗能力，从而降低纳米毒性并保护微生物细胞。可见，周丛生物通过在生理和群落结构上发生改变适应环境，保留原有的生态功能性。

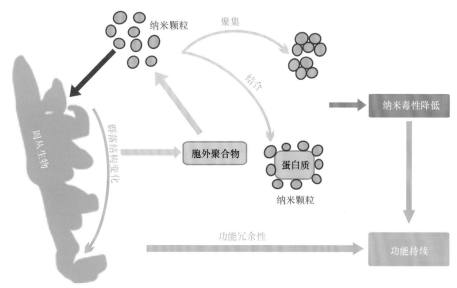

图 8-13　周丛生物通过功能冗余性和 EPS 的抵抗功能保持功能可持续性的示意图

尽管 TiO_2 NP 会使周丛生物的生理受到胁迫，但是周丛生物能够通过自我调整群落结构、产生更多的 EPS 和群落功能的冗余性来适应 TiO_2 NP 的长期暴露。本研究有助于更真实地了解在自然环境中周丛生物与纳米颗粒的相互作用过程，并为微生物群落抵抗纳米颗粒胁迫研究和土水界面纳米颗粒的环境行为及毒性控制提供一定的理论参考。

第三节　周丛生物对雌酮暴露过程的响应机制

我国是一个化学制品进出口和使用大国。有机微量污染物雌酮（E_1）是我国农业养殖废水和生物污水中常见的污染物之一。这类污染物即使在极低浓度下也具有明显的内分泌干扰作用，严重威胁着水生生态系统的健康和安全。但目前主流的水处理技术，如活性污泥法、人工湿地等，不能完全将该类污染物浓度降低至无风险的浓度。此外，雌激素类污染物还能够随着处理后的尾水等途径进入土壤环境中，对土壤环境造成进一步的

· 210 ·　　　　　　　　　　　　　　　稻田周丛生物

影响。关于如何高效、低成本地处理水体中的这些有机微量污染物，仍然是我国环境领域研究的重点和难点。

周丛生物是一种位于土水界面上的含有藻类、细菌和原生动物等的关键微生物聚集体。它在许多研究中被证实能够有效解决水体中的富营养化问题，吸收水体中的氮、磷等植物营养元素，并能够适应纳米材料、有机染料等一些污染物的暴露，具有重要的生态环境价值。但目前关于雌酮这类有机微量污染物对于周丛生物的影响的研究还较少，充分研究雌酮对于周丛生物的影响，能够帮助其他研究者更好地理解周丛生物适应有机微污染物暴露的原理，为利用周丛生物去除有机微量污染物技术提供理论依据，还能为检测水体中的雌酮等有机微量污染物和周丛生物中的代谢物提供参考方法。

一、周丛生物表面性质和光合活性对不同浓度雌酮暴露的响应

从表面结构数据（表 8-3）上来看，不同浓度的雌酮处理间周丛生物表面形貌出现了明显的差异。在对照组中，周丛生物表面较为连续且光滑，表面孔隙的孔径为 0.12 ～ 0.77μm，平均孔隙度为 0.28μm 左右，周丛生物表面呈现连续的层状结构（图 8-14a）。低浓度处理的周丛生物表面新出现了不规则的多孔结构（图 8-14b），表面孔隙的孔径为 3.66 ～ 16.39μm，其平均孔径提高到 8.54μm。而高浓度雌酮处理组的周丛生物，表面孔隙继续扩大至 13.68 ～ 46.74μm。其表面结构已经出现了较大的破坏，仅剩余一些基本丝状结构（图 8-14c），高浓度处理组的周丛生物表面平均孔径也已经超出低浓度处理组平均孔径的两倍。

表 8-3　不同浓度雌酮处理后周丛生物表面孔隙大小统计表

雌酮浓度（mg/L）	表面孔径均值（μm）	表面孔径最小值（μm）	表面孔径最大值（μm）
CK	0.28	0.12	0.77
0.5	8.54	3.66	16.39
10	22.84	13.68	46.74

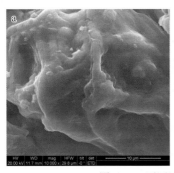

图 8-14　不同浓度雌酮处理后周丛生物表面结构的扫描电镜图像
a. 对照；b. 0.5mg/L E_1 处理组；c. 10mg/L E_1 处理组

这种现象与底物限制条件下的周丛生物生长过程相类似。这可能是周丛生物为了适应雌酮污水的暴露，在表面生成疏松多孔的结构作为新的营养运输通道，保证了周丛生物附着时的营养状况（田鑫等，2009）。但是，过多的污染物导致的周丛生物结构的破坏，

最终也影响了它的生长发育。

周丛生物表面 X 射线光电子能谱（XPS）的扫描结果（表 8-4）显示，不同浓度雌酮处理后周丛生物表面的元素含量发生了变化。与对照组相比，低浓度雌酮处理组的周丛生物表面的碳元素含量比例有了明显的提高，从 65.03% 提高至 77.21%；而氧元素的含量却明显降低了，从 29.29% 下降至 18.11%。不过，高浓度处理组中碳、氧元素的比例基本与对照持平，碳元素含量 64.58% ～ 65.03%，氧元素含量 29.29% ～ 29.66%，氮元素 4.75% ～ 5.31%，但是高浓度处理组中硫元素从 0.53% 下降至 0.25%，磷元素从 0.4% 下降至 0.2%。

表 8-4 不同浓度雌酮处理后周丛生物表面 XPS 扫描各元素峰情况

处理	名称	初始结合能（eV）	末期结合能（eV）	峰高	半峰宽	峰面积	比例（%）
	P2p	143.72	123.82	218.42	0.79	963.01	0.4
	S2p	174.72	156.82	470.1	2.3	1 725.03	0.53
CK	C1s	297.72	278.82	27 768.78	3.22	105 209.6	65.03
	N1s	409.72	391.82	5 778.28	1.56	11 931.62	4.75
	O1s	544.72	524.82	45 616.58	2.21	114 516.7	29.29
	P2p	144.08	124.18	106.33	0.25	645.62	0.29
	S2p	175.08	157.18	111.11	1.11	733	0.24
0.5mg/L E$_1$	C1s	298.08	279.18	50 449.29	1.55	116 965.9	77.21
	N1s	410.08	392.18	4 425.19	1.68	9 765.36	4.15
	O1s	545.08	525.18	24 120.73	2.52	66 264.1	18.11
	P2p	143.77	123.87	101.4	0.06	563.88	0.2
	S2p	174.77	156.87	206.24	0.55	999.01	0.25
10mg/L E$_1$	C1s	297.77	278.87	24 863.52	1.4	124 853.01	64.58
	N1s	409.67	392.74	7 846.45	1.59	15 957.74	5.31
	O1s	544.67	525.74	59 768.93	1.99	138 665.4	29.66

随后，我们使用 XPSpeak 软件对周丛生物表面碳元素的数据进行"分峰拟合"操作（张付强，2021）。其结果（图 8-15）显示 C—C 键、C—O 键、C═O 键（284.8eV、286eV、288.5eV）分别在对照组中占 22.26%、34.89%、7.89%；在低浓度处理组中占 40.04%、30.56%、6.57%；在高浓度处理组中占 27.82%、20.00%、7.89%。

周丛生物表面 EPS 的组成和结构通过 XPS、FTIR 两种手段表征。XPS 的结果显示周丛生物在低浓度雌酮处理后表面的碳氧比出现了明显的提高，可能是因为周丛生物中的微生物对胞外聚合物中脂肪的水解作用。脂肪的水解释放出了 CO_2，而且生成脂肪酸的碳氧比相对于脂肪较高（Patel et al.，2021）。而从 XPS 拟合数据来看，碳元素含量提高是因为碳单键含量的提高。这可能与胞外聚合物中多糖含量的提高、雌酮吸附等因素相关，但是含有硫和磷元素的胞外蛋白含量的提高并未体现在数据中。

周丛生物表面傅里叶变换红外光谱扫描结果（图 8-16）显示（张付强，2021），周丛生物表面的红外吸收光谱吸收峰出现在 $3280 \sim 3269 cm^{-1}$、$2923 cm^{-1}$、$1722 cm^{-1}$、$1638 \sim 1631 cm^{-1}$、$1545 cm^{-1}$、$1413 \sim 1400 cm^{-1}$、$1248 cm^{-1}$、$1019 \sim 1025 cm^{-1}$、$520 cm^{-1}$、$440 cm^{-1}$。不同浓度雌酮处理后的周丛生物表面在波长 $3269.26 cm^{-1}$ 和 $1025.48 cm^{-1}$ 左右出现了明显的差异，$3269.26 cm^{-1}$ 波长显著降低，$1025.48 cm^{-1}$ 波长显著提高。而 $2900 cm^{-1}$、$1600 cm^{-1}$ 波长左右变化不显著，$1631.87 cm^{-1}$、$1413.39 cm^{-1}$ 和 $1249.16 cm^{-1}$ 波长的变化与处理的浓度有关。

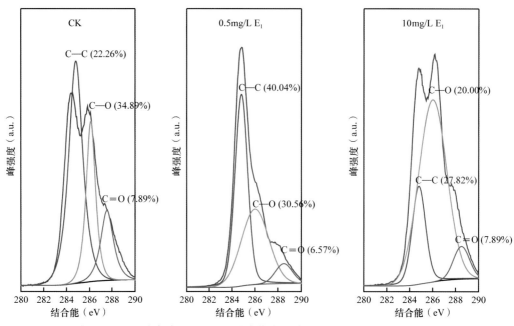

图 8-15　不同浓度雌酮处理后周丛生物表面碳元素的 XPS C1s 峰拟合结果

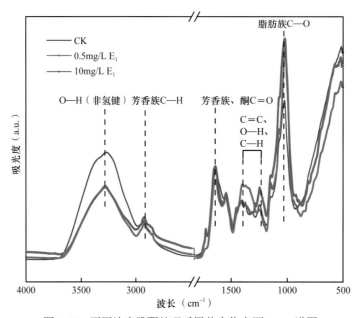

图 8-16　不同浓度雌酮处理后周丛生物表面 FTIR 谱图

OMNIC 软件中结果显示（张付强，2021），周丛生物表面可能存在无机磷酸盐、脂肪族仲酰胺、单取代烷烃、脂肪族烷烃、脂肪族伯醇等物质。不同位置的吸收峰代表了不同官能团，可以作为定性分析的依据（表 8-5）。由于表面取代的烷基变大，部分吸收峰可能出现红移。具体来说，3269.26cm^{-1} 处是羟基的拉伸振动峰和脂肪烃的吸收峰，处理组中在此处的吸收峰的强度明显小于对照组，这可能是因为在不同浓度的雌酮处理后周丛生物表面羟基被其他基团所取代或者被氧化。1025.48cm^{-1} 左右为脂肪族 C—O 的拉伸振动峰和脂肪胺的吸收峰，处理组在 1025cm^{-1} 左右的吸收峰的强度明显高于对照组，这可能是由周丛生物表面组成中含有的脂肪族化合物，或单取代烷烃的含量增加所导致的。2923cm^{-1} 处是烷基亚甲基的吸收峰，在不同处理中的差异不太明显，这可能是因为周丛生物表面的亚甲基比较稳定，未发生反应。1722cm^{-1} 处是烷烃上酮羰基的吸收峰，此处含量的轻微增加可能是由于雌酮在周丛生物表面的吸附。

表 8-5　不同波长傅里叶红外光谱处代表的具体官能团类型（谭波等，2019；万娟娟，2016）

波长（cm^{-1}）	振动类型和官能团类型	可能代表的物质
3620	醇和酚非氢键羟基的 O—H 键拉伸振动	醇
3320	氢键羟基的 O—H 键拉伸振动	羧酸
3010	芳香族化合物上 C—H 键的拉伸	烯烃
2910～2850	脂肪族化合物上 C—H 键的微弱拉伸振动	烷烃
1720～1690	羧基 C=O 键和痕量酮、酯中 C=O 键的伸展	共轭酸、醛
1590	芳香族化合物 C=C 键和共轭酮、醌中 C=O 的拉伸	
1500～1140	芳香族化合物 C=C 键骨架的拉伸、酚羟基的面内弯曲以及纤维素半纤维素中酯基的 C—O 键拉伸	
1020	脂肪族化合物 C—O 键的拉伸振动	
880～750	芳香族化合物 C—H 键的面外变形	
<750	指纹图谱区域	

1625cm^{-1}、1450cm^{-1} 处是苯环的共轭和苯环 C=C 键的吸收峰，由于取代基的影响吸收峰出现了一定的红移，$1638～1631\text{cm}^{-1}$、1413cm^{-1} 处峰强度的增加与周丛生物表面的雌酮的吸附可能有一定的相关性。$1550～1610\text{cm}^{-1}$ 处是羧酸根的吸收峰，1545cm^{-1} 处的吸收峰相比对照略高，这可能是由含有羧酸的 EPS 含量的略微提高导致的。$1250～1300\text{cm}^{-1}$、$1220～1260\text{cm}^{-1}$ 处是羧酸和芳香醚 C—O 键的吸收峰位置，此处的吸收峰略微增强的原因可能还是羧酸含量的增加，这也与 XPS C1s 峰的拟合结果相一致。总的来说，周丛生物表面红外扫描的结果显示出处理后的周丛生物表面的羟基等具有吸附功能的位点减少、羧基及苯环含量变化不显著。

二、周丛生物胞外聚合物对雌酮暴露的响应

周丛生物表面的胞外聚合物是维持表面结构稳定的重要物质，主要由蛋白质和多糖等结构物质组成。为了了解不同浓度雌酮处理后的影响，对不同浓度处理后的周丛生物

EPS中蛋白质和多糖含量进行了测量（图8-17）（张付强，2021）。未添加雌酮的对照组蛋白质含量为75～88μg/g，多糖含量为23～29μg/g。同对照组相比，低浓度的雌酮处理能够显著刺激周丛生物表面的蛋白质和多糖的分泌（$P < 0.05$）。低浓度组的胞外蛋白含量提高至90～95μg/g，多糖含量为24～28μg/g。而高浓度雌酮处理组，则会极显著地抑制周丛生物表面胞外多糖和蛋白质的分泌（$P < 0.01$），胞外蛋白降低至67～81μg/g，多糖含量降低至15～20μg/g。

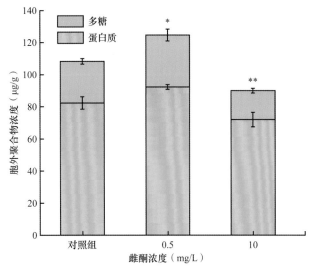

图8-17　不同浓度雌酮处理后胞外聚合物（EPS）的含量变化

与对照组相比的差异 *$P < 0.05$，**$P < 0.01$

三、周丛生物生物量和光合活性对雌酮暴露的响应

与对照组相比，低浓度雌酮处理后周丛生物的生物量（图8-18a）和叶绿素含量（图8-18b）并没有出现显著性的差异。而高浓度雌酮处理后，周丛生物生物量出现了显著的减少，从1.73g下降至1.40g（$P < 0.05$）。叶绿素含量也出现了极显著的减少，从2.33mg/g下降至1.53mg/g（$P < 0.01$）。

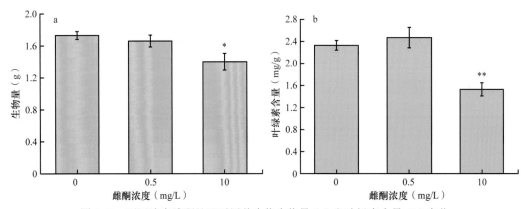

图8-18　不同浓度雌酮处理后周丛生物生物量（a）和叶绿素含量（b）变化

与对照组相比的差异 *$P < 0.05$，**$P < 0.01$

　　在不同浓度 E_1 处理后，周丛生物叶绿素荧光强度发生了明显的变化。在处理 14 天的过程中（图 8-19a），0.5mg/L E_1 的低浓度处理组叶绿素荧光强度在不同时候的波动较大，但处理前后与 10mg/L E_1 高浓度处理组的叶绿素荧光响应强度较为接近。

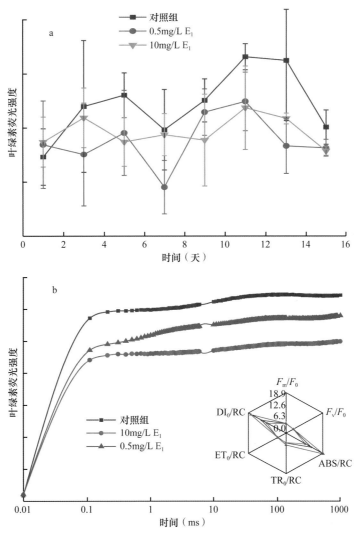

图 8-19　不同浓度雌酮处理后 14 天内周丛生物的叶绿素荧光强度（a）和 14 天后周丛生物的快速荧光动力学曲线（OJIP）（b）的变化

　　随后，我们又对不同浓度处理 14 天后的周丛生物做了快速荧光动力学测定（图 8-19b）（张付强，2021）。其中，对照组、低浓度组和高浓度组的背景荧光强度为 411.33 ～ 444；F_0 分别为 11 541、9492.667、8799.667；F_1 分别为 12 343、10 728.667、9146.33；F_1 分别为 12 516.333、10 999.333、9146.333。相对于雌酮处理后的周丛生物对照组，PS Ⅱ 的潜在活性指标 F_v/F_0 分别从 0.097 变化至 0.1930、0.1127；PS Ⅱ 的原初光能转换效率 F_v/F_m，从 0.0883 变化至 0.1546、0.1003；而活跃的单位反应中心（RC）的量子效率明显增加（DI_0/RC 在对照组、低浓度处理组和高浓度处理组中分别为 11.20、18.26、7.431；ET_0/RC：0.2813、0.413、0.5397；TR_0/RC：1.029、2.221、0.8187；ABS/RC：12.23、20.48、8.249）。

不同浓度的雌酮处理一定程度上抑制了周丛生物的光合作用。从 14 天间的叶绿素荧光强度来看，处理后的周丛生物叶绿素荧光强度相对较低。OJIP 曲线中表征光合反应的最低和最高值处的数值都出现不同程度的下降。相对于高浓度处理组，周丛生物本身 PS Ⅱ 的潜在活性指标和 PS Ⅱ 的光能转换效率中，低浓度处理组都高于对照组。

四、周丛生物酶活性对不同浓度雌酮处理的响应

环境微生物的生长和代谢受到胞内与胞外酶活性的影响，Na^++K^+ 和 $Ca^{2+}+Mg^{2+}$ 型 ATP 酶能够分解 ATP 产生 ADP 和磷酸小分子。而超氧化物歧化酶（SOD）则是生物体内的重要金属酶，能够使得超氧化物发生歧化反应生成 H_2O_2 和 O_2，是一种重要的氧自由基清除剂。为了了解不同浓度雌酮处理后反应活性方面的变化，对周丛生物不同酶活性进行了测量（图 8-20a）（张付强，2021）。与对照组相比，低浓度雌酮处理组的两种 ATP 酶活性都显著提高，$Ca^{2+}+Mg^{2+}$ 型 ATP 酶活性提高了 50.48%，Na^++K^+ 型 ATP 酶活性提高了 32.28%。而高浓度雌酮处理组中的 ATP 酶活性变化不显著。低浓度雌酮处理组的 SOD 活性出现了极显著的提高，从对照组的 79 ～ 87U/g 提高至 95 ～ 106U/g，并且高浓度处理组中 SOD 活性持续提高至 137 ～ 170U/g（$P < 0.01$），该结果在图 8-20b 中也使用荧光探针标记技术进行了验证。

该结果解释了在实验中观察到的在低浓度雌酮处理后周丛生物会呈现与原来相似的稳定结构，但是高浓度雌酮处理后周丛生物则形成了松散的分散结构。与雌酮污水接触后低浓度雌酮会刺激周丛生物表面的胞外聚合物含量的提高，周丛生物的胞外聚合物主要是多糖、蛋白质和脂质等的混合物，具有较好的吸附和容纳有机污染物的能力，并能够维持周丛生物的结构稳定（叶小青等，2016）。额外分泌的周丛生物胞外聚合物吸附了部分雌酮，从而减小了雌酮对周丛生物内部结构的影响。

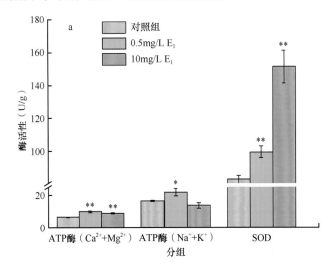

b

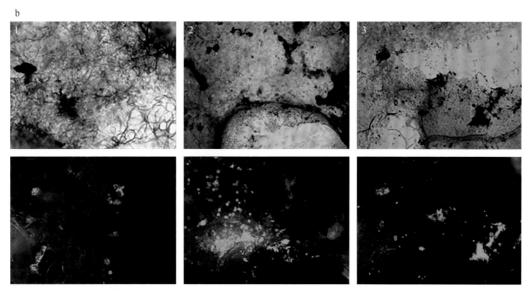

图 8-20 不同浓度雌酮处理下周丛生物的 ATP 酶和 SOD 活性（a）、ROS 探针染色后荧光电镜图（b）
1. 对照；2. 0.5mg/L E_1 处理组；3. 10mg/L E_1 处理组

当雌酮浓度超过一定范围，超过了胞外聚合物的最大吸附量，雌酮可能随着孔隙营养物质和氧气的运输进入周丛生物内部，引起了周丛生物呼吸改变和脂质内的氧化应激及部分细胞的程序性死亡，最终导致了胞外聚合物含量的减少。

低浓度的雌酮暴露可能导致周丛生物体内酶活性的改变。ATP 酶活性影响了细胞呼吸作用、细胞膜的通透性，SOD 活性影响了细胞内氧自由基的去除速率，减少了某些脂类的过氧化（封觅等，2020）。周丛生物通过调节自身的酶活性，提高了细胞内的呼吸作用和消除了过氧化物的抗氧化作用，使得其在低浓度时能够保持正常生长，但是当浓度超过剂量的阈值时，雌酮干扰了正常的代谢过程。在高浓度雌酮暴露且有光照条件下，周丛生物体内生成氧自由基，部分脂质被氧化产生了丙二醛等代谢物（汪瑜，2020），影响了细胞体内和表面的酶活性，最终导致细胞的死亡。

五、不同浓度雌酮处理对周丛生物微生物群落的影响

根据 16S rRNA 高通量测序的结果，研究了不同浓度的 E_1 暴露处理下周丛生物微生物群落的组成变化（张付强，2021）。结果如图 8-21 所示，周丛生物微生物群落由微球菌门（Thermi）、酸杆菌门（Acidobacteria）、装甲菌门（Armatimonadetes）、拟杆菌门（Bacteroidetes）、Sumerlaeota/BRC1、衣原体门（Chlamydiae）、绿藻门（Chlorobi）、绿弯菌门（Chloroflexi）、蓝细菌门（Cyanobacteria）、芽单胞菌门（Gemmatimonadetes）、浮霉菌门（Planctomycetes）、变形菌门（Proteobacteria）、螺旋菌门（Spirochaetes）、Dependentiae/TM6、疣微菌门（Verrucomicrobia）、肠杆菌门（Eremiobacteraeota/WPS-2）、氢噬胞菌门等组成。其中占据主要组分的微生物是变形菌、蓝细菌、拟杆菌、浮霉菌和绿弯菌（总含量从 95.0% 到 99.2%）。在对照组、低浓度雌酮组（0.5mg/L E_1）和高浓度雌酮组

（10mg/L E$_1$）中这三种细菌含量分别为：变形菌门 30.9%、50.6%、76.2%；蓝细菌门 47.6%、14.0%、1.7% 和拟杆菌门 17.3%、26.1%、16.8%。与对照相比，在 0.5mg/L E$_1$ 处理中，变形菌的相对丰度增加，并且蓝细菌的相对丰度更低。而且，在 10mg/L E$_1$ 暴露处理中，蓝细菌的相对丰度降低，而变形菌的相对丰度提高。有研究表明变形菌门（Proteobacteria）中有许多细菌可在自然环境中降解 E$_1$（Kang et al.，2018）。周丛生物微生物群落组成中变形菌门的丰度增加可能有助于周丛生物更好地适应雌酮的暴露。

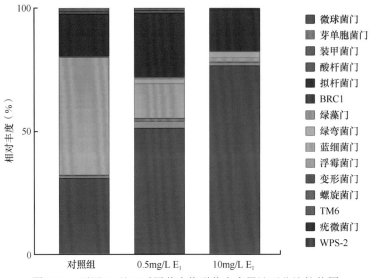

图 8-21　不同 E$_1$ 处理后周丛生物群落丰度累计百分比柱状图

对周丛生物微生物多样性数据（表 8-6）分析发现（张付强，2021），相比于对照组，低浓度雌酮处理的周丛生物微生物具有最高的微生物丰富度和多样性。而在 10mg/L E$_1$ 处理组中，周丛生物微生物种内多样性有所减少，如 Chao 1 指数、香农–维纳指数和辛普森（Simpson）指数。然后通过主成分分析（principal component analysis，PCA）和非度量多维尺度分析（non-metric multidimensional scaling，NMDS）对周丛生物微生物群落多样性进行分析。结果显示，周丛生物微生物群落暴露于不同浓度的雌酮之后，其组成在 PC1 和 PC2 维度都发生了显著的变化（图 8-22）。与之前的分析相结合，我们推测周丛生物可以调整它以藻类为主的群落为以异养微生物（如变形菌）为主的群落，来适应高浓度的雌酮污染。此外，低浓度的雌酮污染可能会刺激周丛生物微生物的物种丰富度和多样性。

表 8-6　周丛生物微生物多样性指数表（平均值 ± 标准差）

处理	Chao1 指数	ACE 指数	香农–维纳指数	Simpson 指数
对照组	931±64	922±81	5.0±0.1	0.91±0.08
0.5mg/L	1485±169	1498±153	6.0±0.1	0.93±0.11
10mg/L	1053±202	1097±224	5.2±0.3	0.90±0.41

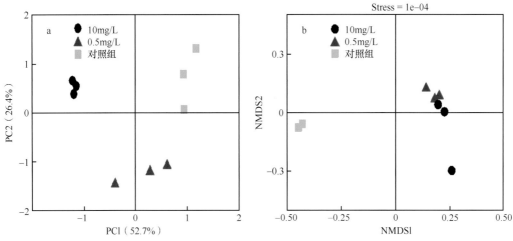

图 8-22　周丛生物微生物群落在不同处理后的 PCA（a）和 NMDS（b）结果

对周丛生物微生物进行共现网络分析，用来解释单一处理内不同门之间的相关性。该网络仅评估了强相关性的门（$P < 0.05$），其中，三种浓度处理（A：对照组；B：0.5mg/L 雌酮处理组；C：10mg/L 雌酮处理组）的网络分别由 27 个、27 个、27 个节点以及 230 个、139 个、241 个边组成。这些边分别表示了 208 个（90.43%）、102 个（73.4%）、192 个（79.7%）的正相关和 22 个（9.57%）、37 个（26.6%）、49 个（20.3%）的负相关。A、B 和 C 网络的直径分别为 2、2 和 2，平均聚类系数分别为 0.88、0.95 和 0.92，平均路径长度分别为 1.39、1.62 和 1.36，模块化指数值分别为 0.11、0.70 和 0.33。微生物共生模式被认为可以推断出潜在的生物地理模式，而不是传统的微生物群落多样性和结构的描述性分析（Tu et al.，2020）。在经过不同浓度的雌酮处理后，主要的节点所代表的物种（如变形菌、蓝细菌、拟杆菌、浮霉菌和绿弯菌）具有不同的网络特性。在低浓度雌酮处理组中，网络中主要节点的连通性和复杂性低于对照组。在高浓度雌酮处理组中，共现网络结构又与对照相似。然而，由于微生物群落的功能冗余和其他因素，较少的微生物网络复杂性并不一定意味着较少的微生物多样性（Liu et al.，2019；Louca et al.，2018）。雌酮的浓度可能是驱动周围周丛生物共生模式改变的因素之一。

为了更好地了解暴露于不同浓度雌酮的周丛生物微生物群落组成和多样性的变化，使用基于 Kruskal-Wallis（KW）检验和 Wilcoxon 检验的 LEfSe（linear discriminant analysis effect size）方法对结果进行了进一步分析。LEfSe 结果显示 52 个微生物分类具有统计学显著性差异（LDA > 4.0，$P < 0.05$），雌酮处理组的生物标志物比对照组多（Zhang et al.，2021）。

根据 LEfSe 结果，0.5mg/L 组中存在 23 种差异丰富的分类单元。变形菌（Xantho-monadaceae）、拟杆菌（Cryomorphaceae）和蓝细菌（Pseudanabaenaceae）在低浓度组中含量最高。有研究报道，变形菌中的黄单胞菌科已被证明是具有高去除 E_1 能力的关键物种（Phan et al.，2016）。在高浓度组中，检测到 22 种不同的分类单元，其中 Proteobacteria 和 Gomphosphaeriaceae 和 Pseudanabaenaceae 的丰度发生了显著变化。有研究表明，假单胞菌科在草甘膦处理后，其丰度显著降低，它可能是对环境变化非常敏感的物种（Lu et al.，2020）。可见，周丛生物微生物群落显著变化以应对雌酮的暴露，而且周丛生物可能会通过减少敏感物种（如假单胞菌等）和增加耐受菌种（如变形菌等）的相对丰度来适应雌酮暴露（Xiong et al.，2020）。

参 考 文 献

封觅, 周家华, 张军, 等. 2020. 黄孢原毛平革菌降解磷酸三苯酯的性能和机理. 中国环境科学, 40(11): 4919-4926.

宿程远, 郑鹏, 卢宇翔, 等. 2018. 磁性纳米铁对厌氧颗粒污泥特性及其微生物群落的影响. 环境科学, 39(3): 9.

谭波, 徐斌, 胡明明, 等. 2019. 不同变质程度煤在氧化过程中的表面官能团红外光谱定量分析. 中南大学学报 (自然科学版), 50(11): 2886-2895.

田鑫, 廖强, 党楠, 等. 2009. 营养及水力条件影响光合细菌周丛生物生长特性实验. 中国生物工程杂志, 29(4): 67-72.

万娟娟. 2016. 农业固废培养周丛生物及其对三种纳米材料毒理响应. 南昌: 华东交通大学硕士学位论文.

汪瑜. 2020. 周丛生物联合 UCPs-TiO$_2$ 去除水中四环素研究. 南昌: 南昌大学硕士学位论文.

叶小青, 彭亭瑜, 姬玉欣, 等. 2016. 微生物胞外聚合物在环境工程中的应用进展. 杭州师范大学学报 (自然科学版), 15(4): 387-393.

张付强. 2021. 有机微污染雌酮暴露对周丛生物的影响. 南京: 南京林业大学硕士学位论文.

张子山, 李耕, 高辉远, 等. 2013. 玉米持绿与早衰品种叶片衰老过程中光化学活性的变化. 作物学报, 39(1): 93-100.

Abdi G, Salehi H, Khosh-Khui M. 2008. Nano silver: a novel nanomaterial for removal of bacterial contaminants in valerian (*Valeriana officinalis* L.) tissue culture. Acta Physiologiae Plantarum, 30(5): 709-714.

Adey W H, Laughinghouse H D, Miller J B, et al. 2013. Algal turf scrubber (ATS) floways on the Great Wicomico River, Chesapeake Bay: productivity, algal community structure, substrate and chemistry. Journal of Phycology, 49(3): 489-501.

Allison S D, Martiny J B H. 2008. Resistance, resilience, and redundancy in microbial communities. Proceedings of the National Academy of Sciences of the United States of America, 105(1): 11512-11519.

Battin T J, Besemer K, Bengtsson M M, et al. 2016. The ecology and biogeochemistry of stream biofilms. Nature Reviews Microbiology, 14(4): 251-263.

Beddow J, Stolpe B, Cole P A, et al. 2016. Nanosilver inhibits nitrification and reduces ammonia-oxidizing bacterial but not archaeal *amoA* gene abundance in estuarine sediments. Environmental Microbiology, 19(2): 500-510.

Chang A L S, Khosravi V, Egbert B. 2006. A case of argyria after colloidal silver ingestion. Journal of Cutaneous Pathology, 33(12): 809-811.

Chen S, Jin Y, Lavoie M, et al. 2016. A new extracellular *von Willebrand A* domain-containing protein is involved in silver uptake in *Microcystis aeruginosa* exposed to silver nanoparticles. Applied Microbiology and Biotechnology, 100(20): 8955-8963.

Choi O, Clevenger T E, Deng B, et al. 2009. Role of sulfide and ligand strength in controlling nanosilver toxicity. Water Research, 43(7): 1879-1886.

Comte S, Gulbaud G, Baudu M. 2006. Biosorption properties of extracellular polymeric substances (EPS) resulting from activated sludge according to their type: Soluble or bound. Process Biochemistry, 41(4): 815-823.

Das P, Williams C J, Fulthorpe R R, et al. 2012. Changes in bacterial community structure after exposure to silver nanoparticles in natural waters. Environmental Science & Technology, 46(16): 9120-9128.

Doolette C L, McLaughlin M J, Kirby J K, et al. 2013. Transformation of PVP coated silver nanoparticles in a simulated wastewater treatment process and the effect on microbial communities. Chemistry Central Journal, 7: 46.

Gil-Allué C, Schirmer K, Tlili A, et al. 2015. Silver nanoparticle effects on stream periphyton during short-term exposures. Environmental Science and Technology, 49(2): 1165-1172.

Gruen A Y, App C B, Breidenbach A, et al. 2018. Effects of low dose silver nanoparticle treatment on the structure and community composition of bacterial freshwater biofilms. PLoS One, 13(6): e0199132.

Guo P, Baum M, Varshney R K, et al. 2008. QTLs for chlorophyll and chlorophyll fluorescence parameters in barley under post-flowering drought. Euphytica, 163(2): 203-214.

Jing X R, Wang Y Y, Liu W J, et al. 2014. Enhanced adsorption performance of tetracycline in aqueous solutions by methanol-modified biochar. Chemical Engineering Journal, 248: 168-174.

Johari S A, Sarkheil M, Tayemeh M B, et al. 2018. Influence of salinity on the toxicity of silver nanoparticles (AgNPs) and silver nitrate (AgNO$_3$) in halophilic microalgae, *Dunaliella salina*. Chemosphere, 209: 156-162.

Joshi N, Ngwenya B T, French C E. 2012. Enhanced resistance to nanoparticle toxicity is conferred by overproduction of extracellular polymeric substances. Journal of Hazardous Materials, 241-242: 363-370.

Kang D, Zhao Q, Wu Y, et al. 2018. Removal of nutrients and pharmaceuticals and personal care products from wastewater using periphyton photobioreactors. Bioresource Technology, 248(Pt B): 113-119.

Kanokkantapong V, Marhaba T F, Panyapinyophol B, et al. 2006. FTIR evaluation of functional groups involved in the formation of haloacetic acids during the chlorination of raw water. Journal of Hazardous Materials, 136(2): 188-196.

Kuhlgert S, Drepper F, Fufezan C, et al. 2012. Residues PsaB Asp612 and PsaB Glu613 of photosystem I confer pH-dependent binding of plastocyanin and cytochrome c(6). Biochemistry, 51(37): 7297-7303.

Li X P, Bjorkman O, Shih C, et al. 2000. A pigment-binding protein essential for regulation of photosynthetic light harvesting. Nature, 403(6768): 391-395.

Lin D, Drew Story S, Walker S L, et al. 2016a. Influence of extracellular polymeric substances on the aggregation kinetics of TiO$_2$ nanoparticles. Water Research, 104: 381-388.

Lin S K, Nagao S, Yokoi E, et al. 2016b. Nano-volcanic eruption of silver. Scientific Reports, 6: 34769.

Lindemann S R, Bernstein H C, Song H S, et al. 2016. Engineering microbial consortia for controllable outputs. The ISME Journal, 10(9): 2077-2084.

Liu J, Tang J, Wan J, et al. 2019. Functional sustainability of periphytic biofilms in organic matter and Cu^{2+} removal during prolonged exposure to TiO$_2$ nanoparticles. Journal of Hazardous Materials, 370: 4-12.

Liu J, Wang F, Wu W, et al. 2018. Biosorption of high-concentration Cu(II) by periphytic biofilms and the development of a fiber periphyton bioreactor (FPBR). Bioresource Technology, 248(Pt B): 127-134.

Louca S, Polz M F, Mazel F, et al. 2018. Function and functional redundancy in microbial systems. Nature

Ecology & Evolution, 2(6): 936-943.

Lu T, Xu N, Zhang Q, et al. 2020. Understanding the influence of glyphosate on the structure and function of freshwater microbial community in a microcosm. Environmental Pollution, 260: 114012.

Ma B, Wang S, Li Z, et al. 2017. Magnetic Fe_3O_4 nanoparticles induced effects on performance and microbial community of activated sludge from a sequencing batch reactor under long-term exposure. Bioresource Technology, 225: 377-385.

Ma Y, Metch J W, Vejerano E P, et al. 2015. Microbial community response of nitrifying sequencing batch reactors to silver, zero-valent iron, titanium dioxide and cerium dioxide nanomaterials. Water Research, 68: 87-97.

Miao A J, Luo Z, Chen C S, et al. 2010. Intracellular uptake: a possible mechanism for silver engineered nanoparticle toxicity to a freshwater alga *Ochromonas danica*. PLoS One, 5(12): e15196.

Miao L, Li T. 2019. Effects of CeO_2 nanoparticles on the algal composition and photosynthetic activity of phototrophic biofilm. E3S Web of Conferences, 81(4): 01011.

Moore J D, Stegemeier J P, Bibby K, et al. 2016. Impacts of pristine and transformed Ag and Cu engineered nanomaterials on surficial sediment microbial communities appear short-lived. Environmental Science & Technology, 50(5): 2641-2651.

Moore M. 2006. Do nanoparticles present ecotoxicological risks for the health of the aquatic environment? Environment International, 32(8): 967-976.

Mulo P, Sicora C, Aro E M. 2009. Cyanobacterial *psbA* gene family: optimization of oxygenic photosynthesis. Cellular and Molecular Life Sciences, 66(23): 3697-3710.

Oukarroum A, Bras S, Perreault F, et al. 2012. Inhibitory effects of silver nanoparticles in two green algae, *Chlorella vulgaris* and *Dunaliella tertiolecta*. Ecotoxicology and Environmental Safety, 78: 80-85.

Patel A, Sarkar O, Rova U, et al. 2021. Valorization of volatile fatty acids derived from low-cost organic waste for lipogenesis in oleaginous microorganisms—A review. Bioresource Technology, 321: 124457.

Phan H V, Hai F I, Zhang R, et al. 2016. Bacterial community dynamics in an anoxic-aerobic membrane bioreactor-impact on nutrient and trace organic contaminant removal. International Biodeterioration & Biodegradation, 109: 61-72.

Qian H, Li J, Pan X, et al. 2012. Effects of streptomycin on growth of algae *Chlorella vulgaris* and *Microcystis aeruginosa*. Environmental Toxicology, 27(4): 229-237.

Quigg A, Chin W C, Chen C S, et al. 2013. Direct and indirect toxic effects of engineered nanoparticles on algae: role of natural organic matter. ACS Sustainable Chemistry & Engineering, 1(7): 686-702.

Ramesh A, Lee D J, Hong S G. 2006. Soluble microbial products (SMP) and soluble extracellular polymeric substances (EPS) from wastewater sludge. Applied Microbiology and Biotechnology, 73(1): 219-225.

Reddy A R, Chaitanya K V, Vivekanandan M. 2004. Drought-induced responses of photosynthesis and antioxidant metabolism in higher plants. Journal of Plant Physiology, 161(11): 1189-1202.

Shahverdi A R, Fakhimi A, Shahverdi H R, et al. 2007. Synthesis and effect of silver nanoparticles on the antibacterial activity of different antibiotics against *Staphylococcus aureus* and *Escherichia coli*. Nanomedicine-Nanotechnology Biology and Medicine, 3(2): 168-171.

Shangguan H D, Liu J Z, Zhu Y, et al. 2015. Start-up of a spiral periphyton bioreactor (SPR) for removal of COD and the characteristics of the associated microbial community. Bioresource Technology, 193: 456-462.

Sheng G P, Yu H Q, Yue Z B. 2005. Production of extracellular polymeric substances from *Rhodopseudomonas acidophila* in the presence of toxic substances. Applied Microbiology and Biotechnology, 69(2): 216-222.

Sicora C I, Brown C M, Cheregi O, et al. 2008. The *psbA* gene family responds differentially to light and UVB stress in *Gloeobacter violaceus* PCC 7421, a deeply divergent cyanobacterium. Biochimica et Biophysica Acta-Bioenergetics, 1777(2): 130-139.

Strasser R J, Srivastava A, Tsimilli-Michael M. 2000. The fluorescence transient as a tool to characterize and screen photosynthetic samples. Probing Photosynthesis: Mechanisms, Regulation and Adaptation, 445-483.

Suresh A K, Pelletier D A, Doktycz M J. 2013. Relating nanomaterial properties and microbial toxicity. Nanoscale, 5(2): 463-474.

Tang J, Zhu N, Zhu Y, et al. 2017. Responses of periphyton to Fe_2O_3 nanoparticles—a physiological and ecological basis for defending nanotoxicity. Environmental Science & Technology, 51(18): 10797-10805.

Tang J, Zhu N, Zhu Y, et al. 2018. Sustainable pollutant removal by periphytic biofilm via microbial composition shifts induced by uneven distribution of CeO_2 nanoparticles. Bioresource Technology, 248(Pt B): 75-81.

Taylor C, Matzke M, Kroll A, et al. 2016. Toxic interactions of different silver forms with freshwater green algae and cyanobacteria and their effects on mechanistic endpoints and the production of extracellular polymeric substances. Environmental Science-Nano, 3(2): 396-408.

Theriot E C, Ashworth M P, Nakov T, et al. 2015. Dissecting signal and noise in diatom chloroplast protein encoding genes with phylogenetic information profiling. Molecular Phylogenetics and Evolution, 89: 28-36.

Tu Q, Yan Q, Deng Y, et al. 2020. Biogeographic patterns of microbial co-occurrence ecological networks in six American forests. Soil Biology and Biochemistry, 148: 107897.

Vittori Antisari L, Carbone S, Gatti A, et al. 2013. Toxicity of metal oxide (CeO_2, Fe_3O_4, SnO_2) engineered nanoparticles on soil microbial biomass and their distribution in soil. Soil Biology and Biochemistry, 60: 87-94.

Wang M, Kuo-Dahab W C, Dolan S, et al. 2014. Kinetics of nutrient removal and expression of extracellular polymeric substances of the microalgae, *Chlorella* sp. and *Micractinium* sp., in wastewater treatment. Bioresource Technology, 154: 131-137.

Welz P J, Khan N, Prins A. 2018. The effect of biogenic and chemically manufactured silver nanoparticles on the benthic bacterial communities in river sediments. Science of the Total Environment, 644: 1380-1390.

Whittaker C A, Hynes R O. 2002. Distribution and evolution of von Willebrand/integrin a domains: Widely dispersed adhesion and elsewhere. Molecular Biology of the Cell, 13(10): 3369-3387.

Xiong W, Yin C, Wang Y, et al. 2020. Characterization of an efficient estrogen-degrading bacterium *Stenotrophomonas maltophilia* SJTH1 in saline-, alkaline-, heavy metal-contained environments or solid soil and identification of four 17β-estradiol-oxidizing dehydrogenases. Journal of Hazardous Materials, 385: 121616.

Yang J, Tang C, Wang F, et al. 2016. Co-contamination of Cu and Cd in paddy fields: Using periphyton to entrap heavy metals. Journal of Hazardous Materials, 304: 150-158.

Yang Y, Hou J, Wang P, et al. 2018. The effects of extracellular polymeric substances on magnetic iron oxide nanoparticles stability and the removal of microcystin-LR in aqueous environments. Ecotoxicology and Environmental Safety, 148: 89-96.

Yannarell A C, Kent A D. 2009. Bacteria, distribution and community structure. *In*: Likens G E. Encyclopedia of Inland Waters. Oxford: Academic Press: pp. 201-210.

Zhang F, Yu Y, Pan C, et al. 2021. Response of periphytic biofilm in water to estrone exposure: Phenomenon and mechanism. Ecotoxicology and Environmental Safety, 207: 111513.

Zhang S, Jiang Y, Chen C S, et al. 2012. Aggregation, dissolution, and stability of quantum dots in marine environments: Importance of extracellular polymeric substances. Environmental Science & Technology, 46(16): 8764-8772.

第九章　稻田周丛生物对金属生物地球化学循环过程的影响

第一节　周丛生物对锰（Mn）的拦截与影响因素

一、引言

锰（Mn）是地球表面最丰富的元素之一（Yu and Leadbetter，2020）。但应警惕的是，土壤中 Mn^{2+} 含量高且波动大，它会通过转化和迁移对动植物乃至人类的健康产生不利影响（Jalali and Hemati，2013；许丹丹等，2010）。尤其是酸性土壤条件（如低 pH 和 Eh）可诱导不溶性锰氧化物（MnO_2）溶解为可溶性 Mn^{2+}，从而增加了 Mn 在酸性稻田土壤中迁移转化的潜力（Huang et al.，2015；Shao et al.，2017）。微生物可通过氧化还原反应改变锰的化学形态，从而改变其生物地球化学循环过程（王万能等，2010）。MnO_2（作为电子受体）被微生物还原已被充分证明（Henkel et al.，2019；Myers and Nealson，1988），尽管长期猜测存在以 Mn（Ⅱ）作为电子供体和 O_2 作为电子受体的微生物生化反应直到最近才被证明（Yu and Leadbetter，2020）。在自然界中，微生物通常以微生物聚集体的形式生长，微生物聚集体在环境锰循环中的作用仍需确定。目前尚不清楚微生物聚集体是否表现出与单一微生物的氧化还原反应不同的独特集体功能进而影响自然界中锰循环的过程。周丛生物是稻田中普遍存在的一种微生物聚集体（Sun et al.，2021a，2021b），本研究聚焦酸性稻田，研究稻田周丛生物对锰循环的拦截作用及其影响因素。

二、稻田周丛生物对锰的富集作用及其对稻田锰行为的影响

中国酸性水稻种植区周丛生物锰含量变化较大，为 107 ～ 1831mg/kg，平均值为（76±38）～（797±271）mg/kg（图 9-1）。水稻土锰含量在 77 ～ 673mg/kg，平均值在（90±9）～（376±32）mg/kg。在所有研究区域内，稻田周丛生物中的锰含量都比相应的水稻土高出数倍（1.1 ～ 4.5 倍）（$P < 0.05$，图 9-1）。以上结果表明周丛生物具有较高的锰富集潜力，由此表明周丛生物具有改变稻田锰生物地球化学循环的潜力。

在野外调查结果的基础上，进一步开展了大田实验，以验证和确认周丛生物的锰积累潜力。研究结果发现，对照田中周丛生物锰含量为 328 ～ 560mg/kg，平均值为（337±72）mg/kg，而对照土壤锰含量为 266 ～ 330mg/kg，平均为（291±18）mg/kg（图 9-2）。由此可知，对照田周丛生物中的锰含量是其土壤中锰含量的 1.2 倍（$P < 0.05$）。该结果证实了周丛生物的锰富集能力。

此外发现，实验田周丛生物中的锰含量为 337 ～ 649mg/kg，平均值为（465±112）mg/kg（图 9-2）；其相应土壤中的锰含量为 278 ～ 339mg/kg，平均值为（312±18）mg/kg（图 9-2）。经计算，实验田周丛生物中 Mn 含量是相应土壤的 1.5 倍（$P < 0.05$）。该结果再次证实了稻田周丛生物的锰富集能力。

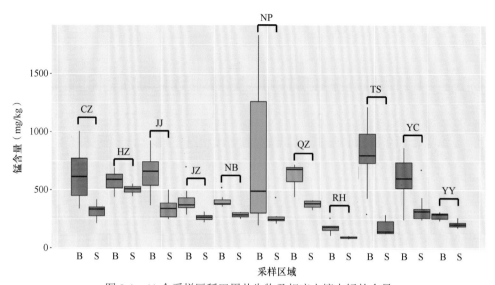

图 9-1　11 个采样区稻田周丛生物及相应土壤中锰的含量

TS. 台山；RH. 仁化；QZ. 泉州；NP. 南平；NB. 宁波；HZ. 杭州；CZ. 池州；YY. 岳阳；JZ. 荆州；YC. 宜昌；JJ. 九江。
横轴上的字母"B"代表周丛生物；字母"S"代表水稻土壤

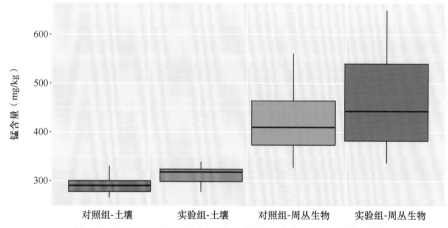

图 9-2　实验田和对照田中周丛生物及其对应土壤中锰的含量

对照组 - 土壤、对照组 - 周丛生物、实验组 - 土壤、实验组 - 周丛生物分别代表从对照田采集的土壤和周丛生物样品以及
从实验田采集的土壤和周丛生物样品

　　研究最后重点对比了对照田和实验田土壤中锰的含量，以此评估周丛生物富集锰对稻田中锰行为的影响。结果发现，实验田土壤中的锰含量[（312±18）mg/kg]显著高于对照田土壤中的锰含量[（291±18）mg/kg]（$P < 0.05$，图 9-2）。该结果表明，增加稻田周丛生物生物量可提高水稻土中锰的含量，从而证明了周丛生物通过富集 Mn 阻止了水稻土中 Mn 的迁移，改变了水稻土中 Mn 的生物地球化学循环。

三、周丛生物中核心微生物群落和锰氧化细菌

　　高通量测序结果表明，本研究中采集的周丛生物的微生物组成在属水平上表现出巨大差异（图 9-3a）。在 TS、RH、QZ、NP、NB、HZ、CZ、YY、JZ、YC、JJ 等 11 个采样区，各周丛生物的核心原核生物群落（优势属）分别为：小梨形菌（*Pirellula*）（36.37%）、浮丝藻

（*Planktothrix*）_NIVA-CYA_15（20.20%）、不动杆菌（*Acinetobacter*）（19.00%）、鼎湖杆菌（*Dinghuibacter*）（7.66%）、马赛菌（*Massilia*）（5.75%）（图9-3a）。

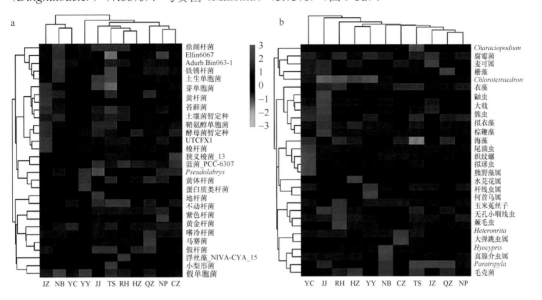

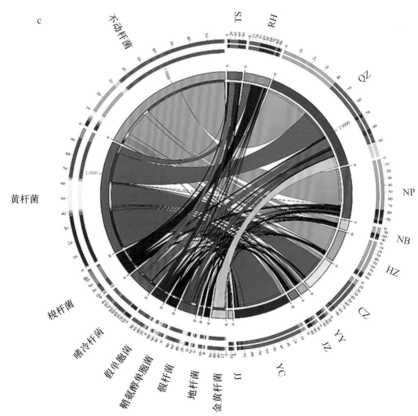

图9-3 周丛生物中核心原核生物（a）和真核生物（b）的分布情况，以及相对丰度前10的锰氧化细菌在各周丛生物样品中的分布情况（c）

a和b中的每一列都标有样品名称，每一行都描述了前30个属水平上丰度最高的单个微生物的结果。Z分数的区间范围为−3～3；c.中外圈钢筋的长度表示其在每个样品中的百分比。TS.台山；RH.仁化；QZ.泉州；NP.南平；NB.宁波；HZ.杭州；CZ.池州；YY.岳阳；JZ.荆州；YC.宜昌；JJ.九江各周丛生物的核心真核生物群落亦差异显著，如 TS 采集的周丛生物中的核心真核生物是 *Characiopodium*（67.13%），RH 中的是 *Aporcelaimellus*（24.30%），QZ 中的是 *Desmodesmus*（19.28%），NP 中的是 *Chlorotetraedron*（4.00%），NB 中的是 *Paratripyla*（15.30%），HZ 中的是 *Chlorotetraedron*（16.44%），CZ 中的是 *Heteromita*（13.85%），YY 中的是 *Aporcelaimellus*（12.45%），JZ 中的是 *Pythium*（6.12%），YC 中的是 *Nassarius*（10.63%），JJ 中的是 *Chaetonotus*（11.70%）（图 9-3b）。

将周丛生物中的细菌与已知的锰氧化细菌进行比对（井晓欢等，2015），结果发现周丛生物中存在多种锰氧化细菌（图 9-3c）。鉴于这些周丛生物中有大量的锰氧化细菌，由此可知，周丛生物是 Mn（Ⅱ）氧化菌的栖息地，这表明周丛生物中的锰氧化细菌可能通过不溶性锰氧化物的形成促进周丛生物中锰的积累。

四、周丛生物锰积累的机制

利用偏最小二乘路径模型（partial least squares path modeling，PLS-PM）解析了微生物、胞外聚合物（extracellular polymeric substance，EPS）、土壤和田面水中的营养物质以及气候条件对周丛生物中积累锰的直接影响与间接影响（图 9-4）。结果发现，原核生物和真核生物对周丛生物锰积累的总体效应（包括直接效应和间接效应）分别为 –0.25 和 –0.60（图 9-4），由此说明周丛生物中的微生物不利于锰在周丛生物中的积累。另外，周丛生物中的 EPS 组分对 Mn 含量表现出显著的正向直接影响（路径系数 =0.78），表明 EPS 主导的吸附作用可能是周丛生物积累 Mn 的主要机制。

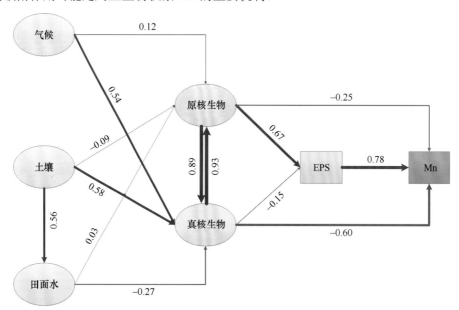

图 9-4 采用偏最小二乘路径模型（PLS-PM）分析了土壤和田面水中养分、气候条件以及原核生物和真核生物的相对丰度对周丛生物锰含量的影响

蓝色箭头表示正影响，红色箭头表示负影响；线条的宽度表示效果的强度，线条越粗，效果越强

除直接影响外，气候因素、水稻土和田面水中的养分等因素通过影响周丛生物中的微生物组成间接影响锰的积累（图 9-4）。综合其直接效应和间接效应，气候因子、水稻土和田面水中养分对周丛生物锰积累的总体效应分别为 –0.22、–0.22 和 0.14。

五、周丛生物锰积累的影响因素

进一步分析了各潜在影响因子对锰积累的单独影响，以验证 PLS-PM 的结果。原核生物、真核生物与周丛生物锰含量的共生模式表明，在与周丛生物锰含量显著相关的 9 个原核生物属中，8 个属的原核生物与周丛生物中的锰含量呈负相关（$r < 0$，$P < 0.05$，图 9-5），只有一个 *Pseudomonas* spp.（$R^2=0.687$，$P=0.019$，图 9-5）与周丛生物中的锰含量呈显著正相关。对于真核生物而言，与周丛生物锰含量显著相关的三个菌属均呈负相关（$r < 0$，$P < 0.05$，图 9-5）。值得注意的是，网络中的原核生物和真核生物与锰含量的负相关关系显著多于正相关关系。综合原核生物和真核生物的影响，微生物对周丛生物锰积累的总体影响为负影响（图 9-5），该结果与 PLS-PM 的结果相呼应。

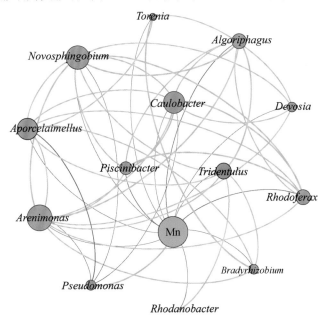

图 9-5　原核生物、真核生物与周丛生物锰含量的相互作用网络

共现网络由属着色 [每个节点的大小与连接数（即度）成正比，两个节点之间的每个连接的厚度（即边）与 Spearman 相关系数的值成正比。蓝色线条表示两个单独节点之间的正交互作用，红色线条表示负交互作用。蓝色节点为原核生物，红色节点为真核生物，绿色节点为锰含量]

在排除了周丛生物中微生物组分促进锰积累的作用后，我们重点研究了周丛生物中主要非生物组分 EPS 对锰积累的影响。EPS 含量与周丛生物的锰含量呈显著正相关（$R^2=0.265$，$P=0.006$，图 9-6a），表明 EPS 有助于锰在周丛生物中的积累。EPS 有助于周丛生物对锰的积累可能与其中的蛋白质组分有关，因为 EPS 中的蛋白质组分与锰含量呈现出显著正相关（$R^2=0.320$，$P=0.001$，图 9-6a）。以上结果证实 EPS 主导的吸附作用可能是周丛生物中锰富集的潜在机制。

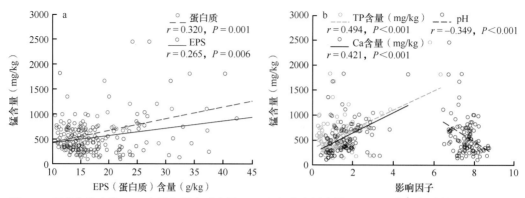

图 9-6　周丛生物中的 EPS 含量和蛋白质含量（g/kg）与其中锰含量（mg/kg）的回归分析（a），以及田面水 pH、周丛生物中的钙含量（mg/kg）、总磷含量（mg/kg）与其中锰含量（mg/kg）的回归分析（b）

此外还发现，田面水 pH 与周丛生物锰含量呈显著负相关（R^2=−0.349，$P < 0.001$，图 9-6b），而周丛生物中的 Ca、TP 含量（图 9-6b）与其锰含量呈显著正相关，说明周丛生物中锰的积累量越大，周丛生物中 Ca 和 TP 含量越高。

六、讨论

红壤地区稻田的酸性环境和淹水条件意味着这些环境中的可溶性锰很容易达到较高水平，并且具有很高的迁移风险（Shao et al.，2017）。幸运的是，与周丛生物对营养物质和金属元素的积累作用相似（Wu et al.，2016，2018；Yang et al.，2016），稻田中普遍存在的周丛生物具有可观的锰积累能力。而周丛生物对锰的积累阻止了锰从土壤向邻近生态系统的迁移（图 9-1）（Reddy et al.，2013），从而改变了稻田中锰的生物地球化学循环过程。

以往的研究主要集中在实验室培养的单一细菌对锰形态的影响，如 *Pseudomonas putida* GB-1（Parikh and Chorover，2005）、*Chara braunii*（Amirnia et al.，2019）、*Acremonium*-like hyphomycete fungus KR21-2（Tani et al.，2004a）等。在本研究中，微生物聚集体在稻田锰循环中的作用得到了很好的证实。单个细菌通过促进锰氧化物的形成来调节锰的形态，而周丛生物通过锰积累的集体功能影响自然界中锰的生物地球化学循环。然而，周丛生物中的微生物是否像实验室培养的单一微生物一样调控锰循环，仍需进一步探讨。周丛生物是稻田中一种常见的微生物聚集体（Sun et al.，2018b；Wu et al.，2016），而微生物可以直接调控锰的循环过程（Henkel et al.，2019；Myers and Nealson，1988）。然而，在周丛生物中，只有假单胞菌属的细菌与锰的积累呈显著正相关，这可能是由于假单胞菌属的某些细菌（如恶臭假单胞菌 GB-1）是潜在的锰氧化细菌（Andy et al.，2013）。锰氧化细菌主要通过加速 Mn（Ⅱ）的氧化过程和促进锰氧化物的形成来影响 Mn 的形态（Parikh and Chorover，2005；Tani et al.，2004a）。由此产生的锰氧化物会在周丛生物中沉淀，导致锰在周丛生物中的富集。周丛生物中锰氧化物的形成具有更深层次的影响，即锰氧化物通过共沉淀和吸附反应影响其他元素的环境归宿（Nelson et al.，2002；Tani et al.，2004b）。与此相反，在周丛生物中，大多数非锰氧化细菌对锰的积累起着负作用。因此，微生物的总体作用不利于锰在周丛生物中的积累。

在排除了微生物促进锰积累的作用后，我们重点研究了 EPS 的作用以探索潜在的锰富集机制，因为 EPS 是周丛生物主要的非生物成分（Sun et al.，2018a）。回归分析和 PLS-PM 结果表明，EPS（尤其是蛋白质）主导的吸附作用可能是锰在周丛生物中积累的主要机制。这是因为 EPS 富含羧基和羰基等负电荷基团，这些官能团有助于负电荷 EPS 与正电荷的锰离子之间的络合反应（Sun et al.，2015，2016）。相比之下，气候因素对周丛生物中锰的积累有间接影响（图 9-4）。这是因为 EPS 主导的吸附作用是周丛生物对锰积累的主要机制，而 EPS 在微生物聚集体中的含量和组成对生境的气候因素（如光照和温度）则非常敏感（Wang et al.，2009）。另外，与 pH 对土壤锰含量的影响相似（Barber，1995），田面水的 pH 也影响 Mn 的形态和迁移能力（Brown et al.，2019），进而影响周丛生物对锰的富集。此外，周丛生物能够捕获钙与磷（Li et al.，2017；Liu et al.，2019），锰的积累促进了周丛生物对钙与磷的捕获（Peng et al.，2019）。这是由于微生物对锰的积累是锰氧化物形成的过程（Amirnia et al.，2019；Peng et al.，2019），锰氧化物可以为铀、镉、氢、砷等多种元素提供额外的结合位点（Parikh and Chorover，2005；Ren et al.，2020；Yu et al.，2013）。

综上所述，周丛生物富集锰的生物地球化学循环意义在于：可以开发基于周丛生物的稻田锰原位截留技术以防止锰从水稻土中迁移。根据我们对周丛生物富集锰的驱动力的研究结果，我们提出了基于以下两种方法的锰原位截留技术。

1）生物调控。我们已经证实，EPS 特别是其蛋白质组分是提高周丛生物锰含量的主要因素，因此可以开发相应的技术刺激周丛生物分泌富含蛋白质的 EPS；此外，研究发现，假单胞菌属的一些细菌对锰的积累有积极的促进作用，因此可以利用生物调控技术来提高周丛生物中有助于锰积累的微生物的丰度。

2）生物设计，即人工培养周丛生物。可以在人工培养周丛生物的过程中直接添加或刺激锰氧化菌和 EPS 产生菌，提高周丛生物中 EPS 的含量。例如，一些假单胞菌属的细菌不仅是 EPS 产生菌（Boyle et al.，2013；Cristina et al.，2002），还是潜在的锰氧化菌（Andy et al.，2013）。将人工培养的周丛生物应用于稻田，阻断土壤中锰向田面水中的迁移。总之，关于周丛生物富集锰的发现将为研究周丛生物在调节稻田锰的生物地球化学循环中的作用提供一个新的视角，并为开发基于周丛生物的稻田锰原位截留技术提供一个理论基础与理论框架。

第二节　周丛生物对铜（Cu）和镉（Cd）毒性的影响及其响应

一、引言

在过去的 50 年中，大约有 2.2 万 t 的铬（Cr）、9.39×10^5 t 的铜（Cu）、7.83×10^5 t 的铅（Pb）和 1.35×10^6 t 的锌（Zn）排放到全球环境中，其中大部分进入土壤，造成土壤重金属污染（宋伟等，2013）。重金属污染不仅能够引起土壤质地、结构的变化，还能抑制其上生长的农作物的光合作用以及生长，造成作物减产甚至绝收（Jiang et al.，2017；Xiao et al.，2017）。更为严重的是，重金属可以通过食物链迁移到动植物与人体内，危害人体健康。近年来，镉大米、砷中毒、血铅等重金属污染现象常见诸报道，土壤重金属污染已经成为土壤污染中广泛关注的问题之一，尤以铜、镉重金属污染为重。

二、周丛生物对 Cu 和 Cd 的去除

　　土壤淋洗过程中不同洗脱剂对土壤中铜、镉的提取率（ER，%）和周丛生物反应器对土壤渗滤液中铜、镉的去除率（RR，%）见图 9-7。去离子水和 Na_2EDTA 溶液（以下分别表示为水和 EDTA 溶液）对土壤中 Cu 的提取率分别为 21.8% 和 52.2%；去离子水和 Na_2EDTA 溶液对土壤中 Cd 的提取率分别为 40.7% 和 91.6%。周丛生物对以去离子水和 Na_2EDTA 溶液为洗脱剂淋洗土壤的渗滤液中 Cu 的去除率分别为 80.5% 和 68.4%；对镉而言，周丛生物对以去离子水和 Na_2EDTA 溶液为洗脱剂淋洗土壤的渗滤液中 Cd 的去除率分别为 57.1% 和 64.6%。结果表明，在含不同的洗脱剂土壤渗滤液中，周丛生物均能捕获渗滤液中的 Cu（Ⅱ）和 Cd（Ⅱ）。事实上，去离子水淋洗土壤的过程与真实农业生产过程（农业灌溉和自然降雨过程）相似，表明自然界 Cu（Ⅱ）、Cd（Ⅱ）在水稻田中会通过溶解和过滤的方式从土壤中溶出。而 Na_2EDTA 与重金属离子具有螯合作用，因此能从土壤中提取更多的 Cu（Ⅱ）和 Cd（Ⅱ）（González et al.，2011），其渗滤液中铜、镉含量更高。

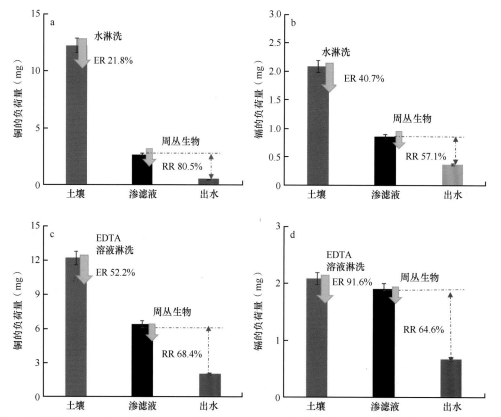

图 9-7　洗脱剂对土壤中铜、镉的提取率（ER）和周丛生物反应器对土壤渗滤液中铜、镉的去除率（RR）

三、土壤渗滤液中 Cu 和 Cd 形态变化

如表 9-1 所示，利用 Visual MINTEQ 软件模拟分析周丛生物净化土壤渗滤液中 Cu 和 Cd 离子的种类，在周丛生物－水淋洗－土壤渗滤液系统中，二价铜离子占总的铜形态的比例从 27.7% 增长至 69.8%，同时，铜的水合物如 $CuOH^+$、$Cu_2(OH)_2^{2+}$、$Cu_3(OH)_4^{2+}$、$Cu(OH)_2$ 的比例下降，但 Cd 的形态基本不变。在周丛生物 -Na_2EDTA 溶液淋洗 - 土壤渗滤液系统中，渗滤液中以化合物 $CuEDTA^{2-}$（93.6%）和 $CdEDTA^{2-}$（95.9%）为主要存在形态。经周丛生物反应器处理后，渗滤液中 93.7% 的铜主要以二价铜离子存在，100% 的镉主要以二价镉离子形式存在。

表 9-1　周丛生物净化之前和之后土壤渗滤液中 Cu、Cd 的形态分布百分比（%）

水淋洗			EDTA 溶液淋洗		
金属形态	净化前	净化后	金属形态	净化前	净化后
Cu^{2+}	27.7	69.8	Cu^{2+}	0	93.7
$Cu_2(OH)_2^{2+}$	5.9	0.3	$CuOH^+$	0	0.2
$Cu_3(OH)_4^{2+}$	1.5	0	$CuEDTA^{2-}$	93.6	5.8
$CuOH^+$	57.8	29.2	$CuHEDTA^-$	6.4	0.3
$Cu(OH)_3^-$	0	0			
$Cu(OH)_2$（aq）	7	0.7	Cd^{2+}	0	100
Cd^{2+}	99.5	99.9	$CdEDTA^{2-}$	95.9	0
$CdOH^+$	0.5	0.1	$CdHEDTA^-$	4.1	0

研究显示，在土壤渗滤中，铜、镉一般以离子形式存在或与 EDTA 螯合或与水化合（Sawai et al.，2016），以化合物的形态存在。但渗滤液经过周丛生物反应器中微生物的作用使其中重金属形态发生改变（Xu et al.，2016）。Cu 和 Cd 既可与周丛生物中的 EPS 结合（Sheng et al.，2010），也可与周丛生物表面基团螯合（Mejias Carpio et al.，2014），还能被吸附在周丛生物的空腔中。

四、铜镉土壤渗滤液对周丛生物的影响

图 9-8 表明，长期净化土壤渗滤液中周丛生物的游离蛋白质含量是对照组（未受土壤渗滤液胁迫）的 8.6 ～ 40.1 倍。蛋白质是 EPS 的主要成分（Sheng et al.，2010），说明 EPS 在周丛生物净化土壤渗滤液中起着重要的作用。以 Na_2EDTA 为洗脱剂的土壤渗滤液中，周丛生物的叶绿素 a 含量是对照组的 1.1 倍。而以去离子水为洗脱剂的土壤渗滤液中，周丛生物的叶绿素 a 含量是对照组的 0.57 倍。因藻类等自养生物含有叶绿素 a，故用叶绿素 a 含量间接代表自养微生物的数量。这些结果表明，周丛生物对 Na_2EDTA 有良好的适应性。EDTA 刺激周丛生物的光合作用系统，诱导叶绿素的合成，从而促进周丛生物系统内光合自养生物的生长（Wu et al.，2010）。

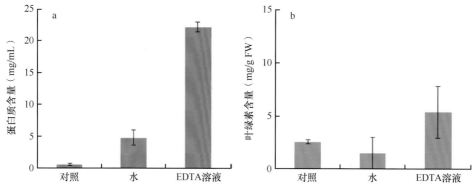

图 9-8　对照、以水为洗脱剂的土壤渗滤液和以 EDTA 为洗脱剂的土壤渗滤液中周丛生物
蛋白质（a）与叶绿素（b）含量对比

颜色平均变化率（average well color development，AWCD）是表征微生物利用碳源总体能力的一个重要指标，反映了微生物的碳源代谢活性，在一定程度上能够反映微生物群落数量和结构特征。结果显示：在 0 ～ 24h 内，周丛生物 AWCD 几乎为零，但随着培养时间的增加，AWCD 逐渐升高。与对照相比，Na_2EDTA 淋洗的土壤渗滤液中，其中周丛生物的 AWCD 增加了三倍，从 0.015 急剧增至 0.59（图 9-9）。但水淋洗的土壤渗滤液中，周丛生物的 AWCD 则增长缓慢，仅从 0.002 增长至 0.16。统计结果表明，Na_2EDTA 淋洗的土壤渗滤液中，周丛生物的碳代谢活性明显高于水淋洗的土壤渗滤液处理系统中的碳代谢活性（$P < 0.05$）。

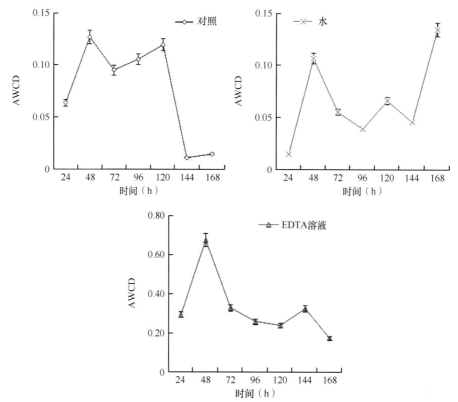

图 9-9　对照、以水为洗脱剂的土壤渗滤液和以 EDTA 为洗脱剂的土壤渗滤液中周丛生物 AWCD 变化

由于不同微生物利用碳源的方式不同，实验中采用主成分分析法（PCA）反映碳源多样性（图 9-10）。以 96h 作为代表，对不同处理下周丛生物的代谢碳源种类进行主成分分析。周丛生物代谢的不同表明周丛生物在不同土壤渗滤液环境驯化过程中，对不同碳源利用有明显的趋向性。在含 Na₂EDTA 的土壤渗滤液中，周丛生物易于利用腐胺和 α- 环糊精作为碳源。而在去离子水土壤渗滤液中，周丛生物优先利用糖原作为碳源。而对照组中，周丛生物主要利用 L- 精氨酸和亚甲基丁二酸生长（图 9-11）。此外，我们分析发现去离子水、Na₂EDTA 的土壤渗滤液以及对照组中周丛生物对 6 种主要碳源（碳水化合物、羧酸、多聚物、氨基酸、胺类和酚酸）的利用有着明显的差异（$P < 0.05$）（图 9-11）。

AWCD 的变化以及碳源利用实验说明，暴露在 Cu 和 Cd 渗滤液期间，周丛生物组分发生变化，周丛生物群落多样性也产生了变化，这与我们先前的研究结果一致（Yang et al.，2016）。因此，当环境条件变化时，如长期生长在含有各种铜离子和镉离子的渗滤液中，呈现出高度的适应性：周丛生物通过自身的反馈调节，优化了种群结构，填补了淘汰的物种留下的空白，这种填补在周丛生物碳代谢的实验结果以及物种组成测定中被证明（Yang et al.，2016）。Fechner 等（2014）对塞纳河流域 13 种周丛生物样品在相似领域的研究结果同样表明，微生物群落对重金属污染的耐受力与微生物本身群落结构相关。因为碳源代谢是反映周丛生物活性的指标（Booth et al.，2011），本研究结果显示周丛生物的群落组成已经发生改变，适应不同的土壤渗滤液环境，具有持续捕获一定浓度 Cu²⁺和 Cd²⁺ 等重金属离子的功能。

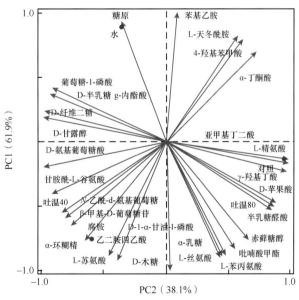

图 9-10　基于 PCA 分析，对照、以水为洗脱剂的土壤渗滤液和以 EDTA 为洗脱剂的土壤渗滤液中周丛生物碳源利用的变化情况

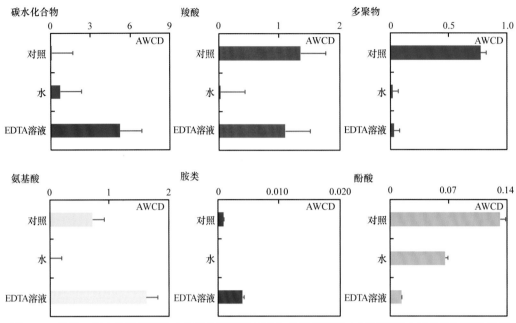

图 9-11　对照、以水为洗脱剂的土壤渗滤液和以 EDTA 为洗脱剂的土壤渗滤液中周丛生物碳源利用类型的变化

五、影响周丛生物去除铜、镉的因素

铜和镉的初始浓度均为 10mg/L 时，周丛生物净化渗滤液过程中，对铜的去除率在 39.2% ～ 68.8%、对镉的去除率在 22.5% ～ 49.9% 波动（图 9-12a）。相较于镉，铜更易被周丛生物富集。实验过程中，渗滤液的理化性质，尤其是 pH，随着周丛生物的成长而发生变化，并影响铜和镉在液相中的形态分布（Sweeney et al.，2015）。而铜、镉的形态影响细胞和环境间物质的运输（Wang et al.，2009）。铜、镉形态模拟结果显示，在实验开始的第 2 小时内，Cd_2OH^+、$Cu_2(OH)_2^{2+}$ 为铜和镉的主要形态，占总重金属的 19%（图 9-12b）。到第 18 小时，铜氢氧化物和镉氢氧化物总含量突然从 6.26% 下降至 0.58%，随后铜氢氧化物和镉氢氧化物含量保持稳定，第 102 小时，铜氢氧化物和镉氢氧化物含量上升至 2.9%。但仅在第 2 小时和第 102 小时检测到 $Cu_3(OH)_4^{2+}$ 和 $Cu_2(OH)_3^+$。

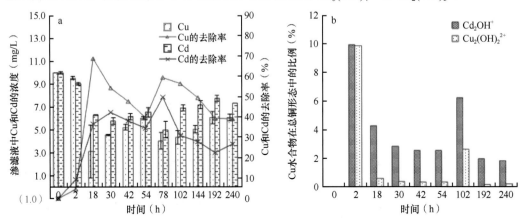

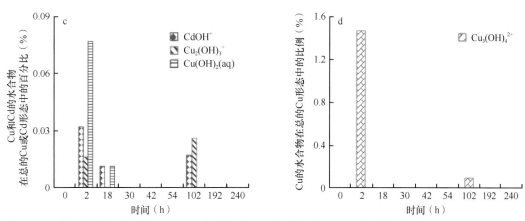

图 9-12 模拟土壤渗滤液中 Cu 和 Cd 浓度变化及周丛生物对 Cu、Cd 的去除率（a）以及 Cu、Cd 在周丛生物 - 土壤渗滤液系统中形态的变化（b ～ d）

CdOH⁺ 是我们观察到的镉氢氧化物的唯一形态，占 Cd²⁺ 总数的 0.03%（图 9-12b ～ d）。整个实验中，$Cu(OH)_2$ 含量非常低，第 2 小时，$Cu(OH)_2$ 的含量仅约占总 Cu（II）的 0.08%，第 18 小时，$Cu(OH)_2$ 的含量仅约占总 Cu（II）的 0.01%（图 9-12b ～ d）。

为解析周丛生物在不同土壤渗滤液中捕获 Cu 和 Cd 的机制，我们对不同土壤渗滤液中的 Cu 和 Cd 残留量、电导率（EC）、pH、DO 和周丛生物的 AWCD 值、蛋白质及叶绿素 a 含量进行 Pearson 分析（图 9-13）。结果表明，在周丛生物富集铜、镉过程中，Cu 和 Cd 含量存在正相关关系（$P < 0.05$）。渗滤液中 Cu 和 Cd 浓度同时减少，表明周丛生物

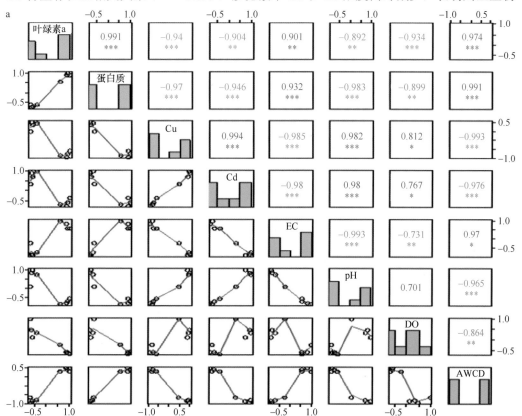

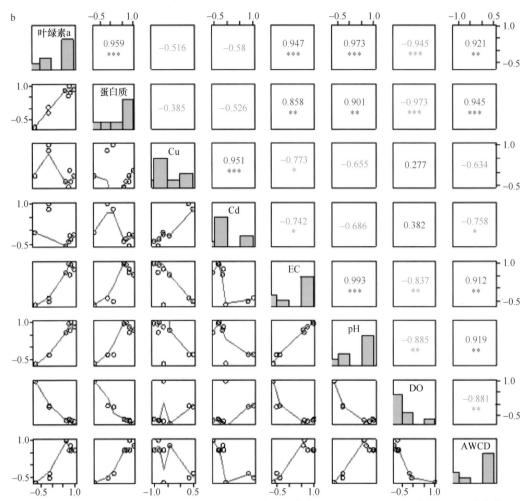

图 9-13　水为洗脱剂的土壤渗滤液（a）和 EDTA 为洗脱剂的土壤渗滤液（b）体系中，对周丛生物叶绿素 a、蛋白质、Cu（或 Cd）在渗滤液中的残留量、EC、pH，周丛生物 AWCD 之间的相关关系进行 Pearson 分析

* 显著性＜ 0.05；** 显著性在 0.01 ～ 0.05；*** ＜ 0.01 显著水平

富集 Cu 和 Cd 的过程同时发生。而周丛生物的 AWCD 值与 Cu（或 Cd）在渗滤液中的残留量负相关，表明周丛生物能够有效净化含有高浓度铜、镉的土壤渗滤液。尤其是在去离子水洗脱的土壤渗滤液中，周丛生物的蛋白质、叶绿素 a、EC 和 Cu^{2+}（或 Cd^{2+}）残留量之间的相关系数小于 −0.94，呈现负相关关系。但 DO 与 Cu^{2+}（或 Cd^{2+}）残留量呈正相关。

　　同时，除 DO 外，在 EDTA 洗脱的土壤渗滤液中，AWCD 与 pH、蛋白质与 pH、叶绿素与 pH、EC 与 pH 均呈正相关关系（$r > 0.9$）。Cu（或 Cd）残留量与周丛生物叶绿素 a 含量及渗滤液 EC 和 pH 之间的相关系数均大于 0.63。这些结果显示，在不同的土壤渗滤液环境中，周丛生物富集的 Cu 和 Cd 都与农业土壤渗滤液的 pH、EC、DO 值相关。换言之，无论是哪种洗脱剂产生的土壤渗滤液，周丛生物都有效地起到缓冲作用。

　　为了研究影响周丛生物对 Cu 和 Cd 富集的主要因素，我们对所有参数（叶绿素 a、AWCD、蛋白质、EC、pH、DO、Cu 和 Cd 残留量）进行方差分解分析（VPA）（图 9-14）。

结果显示，在这两种土壤渗滤液中，周丛生物的活性在捕获 Cu 和 Cd 过程中起到重要作用。在去离子水洗脱的土壤渗滤液中，周丛生物中蛋白质和 AWCD 的协同作用对该过程（$P < 0.05$）的贡献率可达 51%。在 EDTA 洗脱的土壤渗滤液中，溶解氧（DO）对该过程（$P < 0.05$）的贡献率可达 70%（$P < 0.05$）。

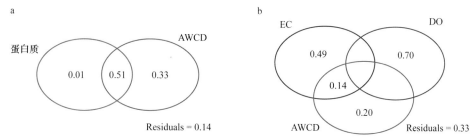

图 9-14　基于周丛生物叶绿素 a、蛋白质、Cu（或 Cd）在渗滤液中的残留量、EC、pH 和周丛生物 AWCD 的 VPA 分析

a. 水为洗脱剂的土壤渗滤液处理体系；b. EDTA 为洗脱剂的土壤渗滤液处理体系。

Residuals 为残差，小于 0 的因素在图中不显示

　　不同的土壤渗滤液中，周丛生物富集 Cu 和 Cd 的机制略有不同。在去离子水洗脱的土壤渗滤液中，Cu 和 Cd 可与水分子形成各种羟基化合物，通常是八配位体化合物。当在 EDTA 洗脱的土壤渗滤液中，Cu 和 Cd 会与 EDTA 反应，形成一个金属 – 螯合物，如 EDTA-Cu（或 EDTA-Cd）。

$$EDTA^{2-} + M^{2+}（aq）=［M（EDTA）］^{2-} + 2H^+$$

式中，$M^{2+} = Cu^{2+}$ 或 Cd^{2+}。

　　表面带负电的周丛生物可吸附铜和镉阳离子物质（Sheng et al.，2010；Wu et al.，2014），并进一步与其发生螯合、氧化还原等反应。周丛生物的空腔结构可吸附铜和镉离子，以保护细胞免受重金属毒性作用（González et al.，2010）。同时水相中的铜和镉阳离子通过螯合作用，与周丛生物细胞表面络合，或与周丛生物 EPS 中的肽聚糖、磷壁酸、蛋白质和脂蛋白等有机组分结合，从而被固定在周丛生物的细胞间隙内。

　　Cu、Cd、EDTA-Cu（Cd）阳离子复合物与周丛生物不断发生吸附、取代交换反应，产生一系列不同铜复合物、镉复合物，促使周丛生物富集铜、镉。本研究中，渗滤液中离子组成和光合自养微生物随着周丛生物的适应而变化，但相对稳定的 pH 为周丛生物的生长提供了有利条件。pH 被认为是影响微生物活动和组分的重要因素（Huang et al.，2014；Maspolim et al.，2015；Yu et al.，2014）。因此，周丛生物去除土壤淋洗液中的铜、镉最可能的机制为：周丛生物的存在缓冲了渗滤液的酸碱度，维持了铜离子、镉离子的形态，从而保证了周丛生物从去离子水或 Na$_2$EDTA 为洗脱剂的土壤渗滤液中捕获 Cu 和 Cd。

六、周丛生物对铜、镉的响应和机制

　　周丛生物通过表面吸附和细胞富集作用捕获铜、镉。周丛生物表面吸附主要借由 EPS 发生。EPS 表面有各种基团，通过螯合作用，能有效吸附渗滤液中的金属离子，是周丛生物抗性系统的第一道防御线（Chen et al.，2015；Pierre et al.，2014）。实验开始的

第 2 小时后，周丛生物表面吸附铜的含量在 145.20 ～ 342.42mg/kg 波动，而镉被周丛生物表面吸附的含量在 101.75 ～ 236.29mg/kg 波动。总而言之，相比镉，铜更易被周丛生物表面吸附。实验 2h 后，周丛生物细胞富集的镉含量在 42.93 ～ 174mg/kg，铜的含量在 50.01 ～ 150mg/kg，但第 54 小时、192 小时和 240 小时后，无法测到细胞内铜含量（图 9-15）。这些结果显示，相较于铜，周丛生物细胞更倾向于富集镉。

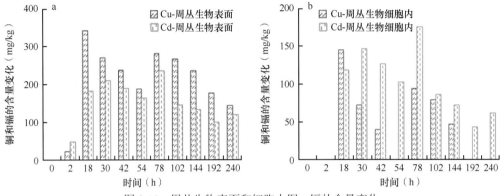

图 9-15　周丛生物表面和细胞内铜、镉的含量变化

纵观周丛生物净化重金属渗滤液整个过程，分析周丛生物表面和细胞内铜、镉含量之间的相关关系，方程如下：

$$Cd（mg/kg）= 0.5884 × Cu（mg/kg）+ 23.561 （r^2 = 0.80，P < 0.05）$$
$$Cd（mg/g）= 0.7809 × Cu（mg/g）+ 50.775 （r^2 = 0.47，P < 0.05）$$

周丛生物细胞内铜和镉之间的相关系数比周丛生物表面的铜和镉之间的相关系数低。这些结果表明，铜和镉能同时被周丛生物富集，但是镉的存在对周丛生物细胞富集铜有负面影响。

对照和渗滤液中周丛生物最大光合速率和叶绿素含量变化如图 9-16 所示。0 ～ 2h 内，渗滤液中周丛生物叶绿素含量无明显变化。2h 以后，叶绿素含量急剧下降，从实验开始时的 2.08mg/L 降至实验结束时的 0.13mg/L。相同时间，对照组的叶绿素含量从 2.77mg/L 增加至 5.61mg/L。结果显示，铜和镉的存在会抑制周丛生物的生长。但在实验中段（18 ～ 54h）和末段（78 ～ 240h）能观察到在铜、镉存在的条件下，叶绿素含量的轻微增长，暗示着周丛生物的自我调节。

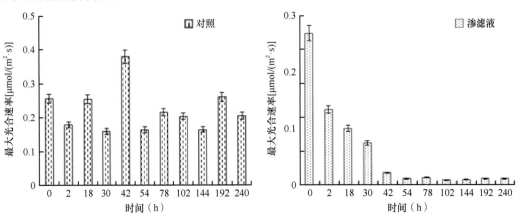

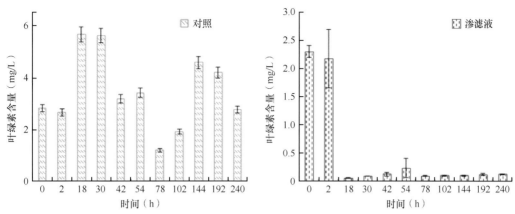

图9-16　对照与渗滤液中周丛生物最大光合速率变化和叶绿素含量变化

最大电子迁移速率（ETR$_{max}$）是表征周丛生物光合速率的一个关键性参数，从侧面展示周丛生物的生长状态（Wu et al.，2011）。图9-16结果显示，对照组的周丛生物ETR$_{max}$在0.205～0.379μmol/（m^2·s）波动。然而，渗滤液中的周丛生物ETR$_{max}$数据表明，在第102小时，ETR$_{max}$从最开始的约0.268μmol/（m^2·s）急剧下降至0.008μmol/（m^2·s）（图9-16）。有趣的是，在第102小时到第240小时期间，能观察到ETR$_{max}$从0.008μmol/（m^2·s）轻微上升至0.015μmol/（m^2·s），在第960小时，ETR$_{max}$上升至0.105μmol/（m^2·s）（数据没有在图9-16中显示），可能是周丛生物对重金属毒性胁迫的适应性调节而导致这些值的上升。

实验初始，藻类（如蓝细菌、硅藻属）、细菌（如放线菌和硝化细菌）、真菌（如丝状菌和念珠菌属）和原虫是周丛生物群落中的主要组分（图9-17）。暴露于渗滤液之后，藻类成为周丛生物群落的主要组成部分。

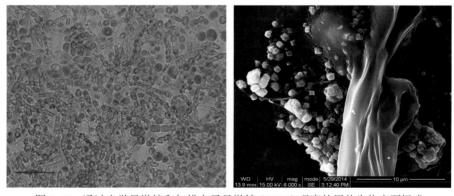

图9-17　通过光学显微镜和扫描电子显微镜（SEM）观察的周丛生物表面组成

周丛生物中的藻类主要分为蓝藻（蓝细菌）、绿藻和褐藻（图9-18a、b）。受到重金属毒性胁迫时，三种藻类的生物量随着时间的推移而快速减少，在实验后期（102～240h）褐藻成为周丛生物中的主要组成成分。对照组中，在第18小时后，绿藻和褐藻为周丛生物的主要组成成分。这些结果揭示尽管褐藻在一定程度上受到重金属胁迫被抑制，但依然顽强地存活下来，并逐渐适应。因周丛生物的衰老—再生转变的过程，对照周丛生物中异养生物的生物量也呈周期性波动。而在渗滤液中，周丛生物在第 2 小时后，异养生物的生物量从 8.23mg 急剧上升至 21.43mg（图 9-18c）。这些结果显示，主要周丛生物物种从自养生物（如藻类）转变为异养生物。而且相较于对照，渗滤液中周丛生物中微生物利用胺类和氨基酸的能力增强（图 9-18d），表明周丛生物中异养生物的比例逐步增加（Li et al.，2012）。

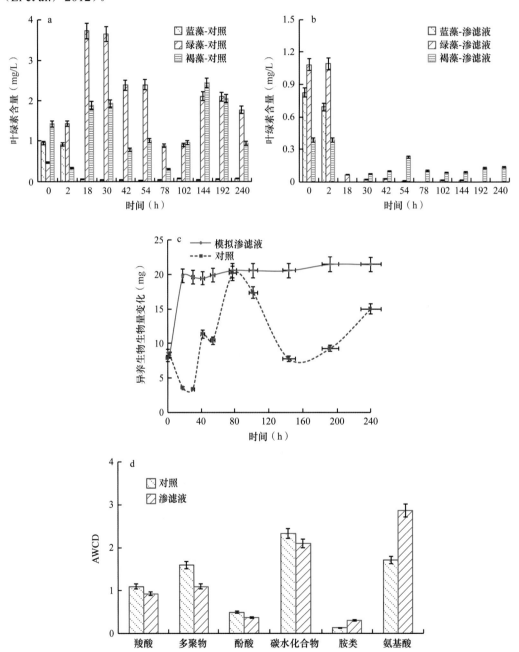

图 9-18　对照和土壤渗滤液中，周丛生物藻类的组成及含量变化（a、b）、周丛生物异养生物生物量变化（c）及周丛生物利用碳源种类变化（d）

渗滤液中，在实验的中段至末段，周丛生物的 AWCD 值呈上升趋势。AWCD 值与周丛生物中富集的铜和镉含量有如下线性关系：

$$AWCD = 0.0219 \times (Cu + Cd) + 0.0384 \quad (r^2 = 0.70, \ P < 0.05)$$

这些结果显示：铜、镉的存在增强了周丛生物利用碳的能力，也再次说明周丛生物在铜、镉毒性胁迫下，能够驯化自身，增加对胁迫的抗性。

基于 AWCD 值的多样性指数（Simpson、Shannon、McIntosh、Pielou）用来表征周丛生物群落的多样性（Rusznyák et al.，2008）。在铜和镉存在的条件下，渗滤液中周丛生物的 Shannon、Simpson 和 Pielou 指数下降，但 McIntosh 指数从实验开始的 1.98 上升至实验中段的 2.01（图 9-19）。这暗示，周丛生物已经历了自我调节期，使得周丛生物群落物种减少，趋向均一性。这个结果与前面的结果相似，都证明周丛生物的主要组成物种从光自养生物转变为异养生物。

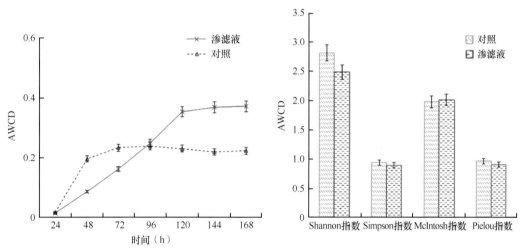

图 9-19　对照和模拟土壤渗滤液中，周丛生物 AWCD 变化及多样性指数的变化

七、小结与讨论

EPS 是周丛生物表面主要的化学组成成分（Wu et al.，2014），并且对重金属离子有很强的亲和力。EPS 中多分子有机物，如蛋白质和多糖可能改变铜、镉的吸附与解吸过程。另外，EPS 中阴离子基团如氨基、氨基化合物和羧基基团可能导致共存金属离子如 Cu^{2+} 和 Cd^{2+} 的竞争吸附（Covelo et al.，2007）。因此，周丛生物表面和细胞中富集的镉与铜的数量不同。

周丛生物富集重金属的能力比某些研究中重金属超累积生物的富集能力更强。例如，镉超富集植物 *Solatium nigrum* 的最大镉富集浓度为 124.6mg/kg（Wei et al.，2005），其富集镉的量比实验中周丛生物富集镉的含量低（Cd 含量相当于 174mg/kg）。而且，周丛生物能同时去除铜和镉，而特殊的重金属超富集植物仅能富集单一种类的重金属（Koptsik，2014；Wei et al.，2005）。

因为周丛生物多样化的组分，周丛生物形成了一个自调节微生态系统（Wu et al.，2014）。因为周丛生物的自调节能力，周丛生物具有可原位修复水 - 土界面中重金属污染的潜力。另外，周丛生物结构的复杂性有利于多种重金属的富集。本研究中，铜和镉先被周丛生物表面吸附，然后被细胞内吸收。与单一微生物群落，如藻类（Davis et al.，2003）、真菌（Xie et al.，2014）和细菌（Johansson et al.，2014）相比，周丛生物细胞内的重金属含量较低，实验中铜和镉的去除效率为 22.5% ~ 68.8%。

周丛生物能高效去除去离子水和 Na_2EDTA 洗脱的土壤渗滤液中的 Cu、Cd。周丛生物主要通过调节群落组成、碳源代谢活性以及维持稳定的 pH 环境，以稳定 Cu 和 Cd 的去除效率。周丛生物群落组成、碳源代谢变化，说明周丛生物能够适应含有高浓度 Cu 和 Cd 的土壤渗滤液环境。本研究为净化及修复含 Cu 和 Cd 的土壤渗滤液提供了一个经济、高效的方法，也为阐明重金属与周丛生物之间的相互关系提供了理论基础。

本研究中，用本土微生物聚集体（如周丛生物）捕获土壤渗滤液中的铜和镉是一种新方法。周丛生物能有效地从渗滤液中富集铜和镉，周丛生物对铜、镉的富集主要体现在表面吸附作用上，且周丛生物细胞内对镉的富集能力比对铜的富集能力强。尽管铜和镉的毒性影响着周丛生物的生长，但周丛生物通过改变其群落结构，展现出明显的可恢复性的潜能。本研究的发现提供了一个环保的新的原位修复土壤渗滤液中铜、镉污染的微生物方法，并为周丛生物对重金属污染的生态系统的适应能力研究提供了一些有用的借鉴。

第三节　周丛生物对砷（As）形态与通量的影响

一、引言

砷（As）是已知的人类致癌物质之一，稻田砷含量普遍偏高，是我国南方稻田土壤中典型的污染物，严重威胁着农产品安全、生态与人体健康。砷污染是一个全球性环境问题，水稻种植过程中砷进入籽粒，已成为人体摄入砷的一个重要来源，尤其在以稻米为主食的东南亚及其他亚洲地区。砷的环境行为、毒性与其化学形态密切相关。稻田干湿交替的环境有利于砷的还原，增加砷的移动性和毒性。砷的生物地球化学循环常与铁、碳、氮和硫的转化耦合，其转化过程与微生物有关，但目前有关稻田砷还原中周丛生物的作用机制了解甚少。

稻田土壤中砷的移动性和生物有效性在很大程度上取决于土壤中砷的形态，了解土壤中砷的形态转化和迁移过程对调控土壤砷污染具有重要意义。周丛生物广泛存在于稻田生态系统中，对营养物质和无机污染物的去除、有机污染物的降解等具有重要作用。特别是，在淹水的稻田土壤中，土 - 水界面作为一个关键而特殊的区域，具有不同的生物地球化学动力学，砷在水稻土 - 周丛生物 - 上覆水中的迁移分配规律如何，需要深入研究。

本节主要介绍利用改进的根箱装置模拟土 - 水界面不同土壤深度，分析周丛生物影响下土壤不同深度砷的分布特征，介绍周丛生物对土 - 水界面砷迁移和转化的影响及作用机制，分析周丛生物对土－水界面砷迁移和转化的影响及作用机制，从微生物的角度探讨了周丛生物影响土壤－水稻系统砷迁移转化的规律与机制。进一步介绍基于水稻盆栽实验体系的相关工作进展，对比探讨周丛生物对砷生物有效性与形态等的影响，从化学和微生物的角度探讨了周丛生物影响土壤－水稻系统砷迁移转化的规律与机制。

二、周丛生物对土－水界面砷迁移和转化的影响及机制

在淹水的稻田土壤中，土－水界面氧化还原条件的改变导致砷浓度和形态在毫米尺度上发生变化（Yuan et al.，2019）。此外，周期性的干湿循环、光照和施肥促进了土－水界面中周丛生物的形成与扩散（Su et al.，2017）。已有研究表明，周丛生物可以引起土壤 Eh 降低、增加五价砷的还原和释放（Shi et al.，2017）。然而，周丛生物对土壤中砷迁移转化的影响可能受多种因素如土壤深度、周丛生物生长状况、养分条件等的影响，是一个综合、复杂的过程。Guo 等（2021）以实际砷污染土为研究对象，利用改进的根箱装置模拟土－水界面不同土壤深度，采用传统分析方法结合高通量测序等手段分析了土壤不同深度砷的分布特征，研究了周丛生物对土－水界面砷迁移和转化的影响及作用机制，并探讨了磷对周丛生物介导的砷动力学的影响。

（一）周丛生物影响土－水界面砷释放和分配的过程与机制

周丛生物影响下不同深度土壤溶液中总砷含量的变化见图 9-20。稻田土壤表面周丛生物在 0～2mm 土层砷的释放和迁移中具有促进作用；对中间 2～12mm 土层土壤溶液中砷的含量没有显著影响；对下层 12～37mm 土层中砷的释放具有抑制作用。磷酸盐添加对周丛生物介导的砷迁移和释放没有显著影响。不同处理上覆水中总砷含量和形态的变化见图 9-21。在培养第 50 天，无论是否添加磷酸盐，周丛生物均显著增加了上覆水中总砷含量。无磷酸盐添加时，总砷含量增加 171.02%，而在磷酸盐添加条件下，总砷含量增加 275.53%（图 9-21）。

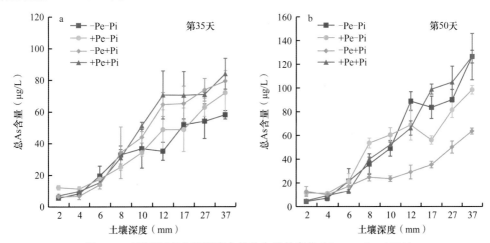

图 9-20　不同深度土壤溶液中总砷含量的变化（Guo et al.，2021）

+Pe 有周丛生物；-Pe 无周丛生物；+Pi 原土掺杂磷酸二氢钾；磷浓度为 40mg/kg；-Pi 原土不额外掺杂磷

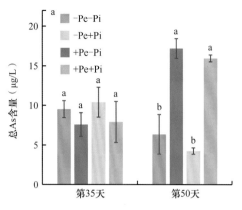

图 9-21　不同处理上覆水中总 As 含量

+Pe 有周丛生物；-Pe 无周丛生物；+Pi 原土掺杂磷酸二氢钾；磷浓度为 40mg/kg；-Pi 原土不额外掺杂磷

对土壤理化性质的分析发现，在不同的采样时间，周丛生物对土壤溶解性有机碳（dissolved organic carbon，DOC）的影响趋势具有一定规律性，即显著增加了 0 ～ 2mm 土壤中 DOC 含量。在培养第 50 天，周丛生物对促进表层土壤 DOC 释放的影响更为明显。在无磷酸盐添加和磷酸盐添加条件下，DOC 的增量分别高达 220.05mg/kg 和 240.90mg/kg。培养 50 天后，周丛生物使下层土壤剖面中铁含量呈降低趋势。添加磷酸盐时，周丛生物降低了 > 6mm 深度土壤溶液中铁浓度，表明磷酸盐添加对周丛生物降低土壤溶液中总铁含量具有正效应。周丛生物对土壤溶液中 Fe（Ⅱ）的影响主要体现在下层土壤剖面中，即降低了下层土壤剖面中 Fe（Ⅱ）的含量。

对土壤理化性质与土壤溶液中总砷含量的皮尔逊相关分析发现，土壤溶液中总砷与土壤 DOC 含量具有显著正相关关系。因此，0 ～ 2mm 土壤中 DOC 含量的增加可能促进了砷的释放和迁移。DOC 是水稻土中最为活跃、移动性最强、最易被微生物利用的有机质。DOC 对土壤中砷迁移转化的影响主要表现在 4 个方面：①水稻土中 DOC 不仅可以作为 Fe（Ⅲ）还原过程的电子供体，也可以作为 Fe（Ⅲ）还原过程中微生物与铁氧化物之间的电子穿梭体。因此 DOC 含量的增加可能会促进 Fe（Ⅲ）的还原，进而促进砷的释放；② Fe（Ⅲ）和 As（Ⅴ）还原细菌可以利用土壤 DOC，从而促进砷的还原和释放；③土壤中的 DOC 直接与砷竞争吸附位点而增强砷在土壤中的移动性；④ DOC 与砷形成二元或三元复合物减少砷吸附，提高砷在土壤溶液中的含量。通过对不同土壤深度理化性质的分析，发现周丛生物对 0 ～ 2mm 土层中总铁含量几乎没有显著影响；另外各处理间 Fe（Ⅱ）含量也没有显著差异，这表明 DOC 可能通过直接与砷竞争吸附位点或者与砷形成复合物的方式促进砷在土 - 水界面中的释放和迁移。

土 - 水界面砷释放和移动性的增加也受周丛生物砷富集 - 扩散过程的影响。周丛生物具有通过吸附和吸收过程固定重金属离子的强大能力（Ajao et al.，2020；Lu et al.，2020）。周丛生物富集的砷可以扩散进入 0 ～ 2mm 界面土壤溶液和上覆水中，周丛生物的固定作用不断促进生物对土壤溶液中砷的富集。此外，随着培养时间的增加，周丛生物脱落的细胞进入水体后，砷也可以被释放到上覆水中。因此，周丛生物通过周期性的富集-扩散过程释放富集的砷从而增加土-水界面的总砷含量。土壤溶液中总铁和Fe（Ⅱ）与砷具有显著正相关关系，12～37mm土层中总砷含量的降低可能与周丛生物对砷和铁的固定有关，在此土壤深度范围内，周丛生物对砷的富集作用大于扩散作用和DOC影响。

（二）周丛生物对土-水界面砷还原和甲基化的影响

对0～2mm表层土壤溶液中砷形态的分析发现，在培养第50天，不论是否添加磷酸盐，周丛生物均增加了土壤溶液中二甲基砷［DMA（Ⅴ）］和一甲基砷［MMA（Ⅴ）］的含量。在磷酸盐添加时，土壤溶液中亚砷酸［As（Ⅲ）］的含量从（2.30±0.60）μg/L增加到（4.58±1.10）μg/L，而As（Ⅴ）则无显著差异。对上覆水中砷形态进行分析发现，在第35天，周丛生物增加了上覆水中DMA（Ⅴ）的含量。无磷酸盐和磷酸盐添加时DMA（Ⅴ）的增量分别为1.00μg/L和0.74μg/L（图9-22）。在培养第50天时，周丛生物显著增加了上覆水中As（Ⅲ）和DMA（Ⅴ）的含量，MMA（Ⅴ）的含量略微降低，而As（Ⅴ）的含量变化不明显。上覆水和土壤溶液中As（Ⅲ）和甲基砷的增加可能来源于周丛生物本身的砷还原和甲基化。通过对0～2mm界面土壤中4个砷功能基因进行实时荧光定量多聚核苷酸链式反应分析发现，周丛生物处理下，砷呼吸还原基因 *arrA* 丰度显著增加，而砷解毒还原基因 *arsC* 和砷甲基化基因 *arsM* 相对丰度降低（图9-22），表明土壤中As（Ⅴ）呼吸还原潜力的增强和As（Ⅴ）解毒还原潜力与砷甲基化潜力的减弱。与As（Ⅴ）相比，As（Ⅲ）在水稻土壤中的移动性更高，对生物的毒性也更大。因此，由周丛生物引起的As（Ⅲ）释放的增加会提高砷的生物有效性，从而增加稻田土壤砷的生态风险。

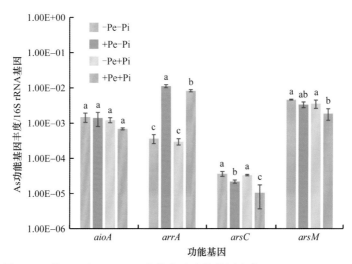

图9-22　第50天0～2mm土壤中砷功能基因丰度（Guo et al.，2021）

三、周丛生物对土壤-水稻系统中砷移动性和生物有效性的影响与作用机制

稻田土壤中的淹水厌氧条件可以促进砷的释放和迁移，和其他农作物相比，稻米中

往往会积累高浓度的砷。不同砷形态之间的毒性和生物地球化学循环差异很大。对于无机砷而言，亚砷酸盐 As（Ⅲ）的毒性远高于砷酸盐 As（Ⅴ）。通常来说，无机砷的毒性大于有机砷，五价甲基砷对动物和人类细胞的毒性低于无机砷，但三价甲基砷的毒性高于无机态的 As（Ⅲ）。砷的移动性和生物有效性在很大程度上取决于土壤中砷的形态。因此，了解土壤中砷的形态转化和迁移过程对调控土壤砷污染具有重要意义。周丛生物广泛存在于稻田土壤表面，稻田土壤中的周丛生物可以同时富集铜和镉，并降低水稻中铜和镉的积累（Yang et al.，2016）。周丛生物还可以通过提高土壤 pH 和降低土壤 Eh 降低镉的移动性，进而降低水稻幼苗中镉的积累（Shi et al.，2017）。与镉在土壤中的移动性不同，土壤 pH 的升高和 Eh 的降低能够促进土壤中砷的释放，从而增加砷的生态风险。然而，周丛生物在引起土壤 Eh 降低、增加五价砷的还原和释放的同时，也能够高效富集土壤和水溶液中的砷。以实际砷污染土进行水稻盆栽实验，通过调控周丛生物的生长，对比探讨了周丛生物对砷生物有效性与形态等的影响，从化学和微生物的角度探讨了周丛生物影响砷迁移转化的机制（Guo et al.，2020）。

（一）周丛生物对土壤中砷移动性和生物有效性的影响

对水稻分蘖期土壤理化性质的分析发现，在有无周丛生物的两种处理中，土壤 pH 和 Eh 的差异显著，且具有相反的趋势（表 9-2）。周丛生物的存在使土壤 pH 从 6.94 增加至 7.10。但是，周丛生物存在下，土壤 Eh 显著降低，土壤 Eh 从 -164.5mV 降至 -186.5mV。周丛生物的生长对土壤 DOC 含量没有显著影响。周丛生物处理中，土壤溶液砷含量显著降低。对土壤中 4 种砷化学形态的分析发现，土壤中砷以无机态的 As（Ⅲ）和 As（Ⅴ）为主，占土壤磷酸提取的砷总量的 70% 以上，此外，土壤中还含有少量的 MMA（Ⅴ）。周丛生物使土壤中磷酸提取的 As（Ⅲ）的含量显著增加 13.5%（图 9-23a）。改进的根箱装置提取将土壤中的砷分为 4 个提取形态，即酸提取态、可还原态、可氧化态和残渣态。水稻生长至分蘖期时，由于周丛生物的存在，土壤中酸提取态和可还原态砷含量略有增加，其中酸提取态砷增加 1.14%，可还原态砷增加 1.12%（图 9-23b）。对周丛生物影响下水稻各部位砷积累的分析发现，水稻根部的砷含量均高于茎和叶中的砷含量。周丛生物对水稻根系砷的积累具有显著影响，与无周丛生物的处理相比，周丛生物使水稻根部砷含量增加了 47.6%。然而，在两个处理中，水稻茎和叶砷积累并没有显著差异。尽管周丛生物对土壤中砷具有一定的富集作用，但是周丛生物的附着生长，也增加了土壤砷移动性和生物有效性，促进了水稻根部对砷的积累。因此，周丛生物主要通过提高土壤 pH 和降低土壤 Eh 来促进土壤中砷迁移与提高砷生物有效性，周丛生物引起的砷的还原和释放作用大于周丛生物对砷的富集作用。

表 9-2　不同处理中土壤理化性质（Guo et al.，2020）

处理	pH	Eh（mV）	DOC（mg/kg）	土壤溶液 As（μg/L）
无周丛生物	6.94±0.03b	-164.5±10.9b	499.1±50.0a	283.0±31.2a
存在周丛生物	7.10±0.08a	-186.5±1.7a	446.6±21.5a	173.5±16.0b

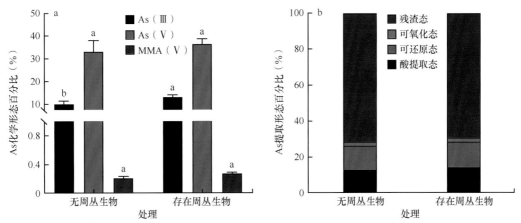

图 9-23　磷酸提取土壤中 As 的化学形态（a）和根箱装置提取态 As 的百分比（b）（Guo et al.，2020）

（二）周丛生物影响土壤砷迁移转化的微生物作用机制

为了分析周丛生物对土壤中砷功能微生物的影响,采用实时荧光定量 PCR 对 As（Ⅲ）氧化基因 *aioA*、As（Ⅴ）呼吸还原基因 *arrA*、As（Ⅴ）抗性还原基因 *arsC* 和砷甲基化基因 *arsM* 的丰度进行了定量。周丛生物生长显著降低了土壤中 *aioA* 的相对含量。与 *aioA* 的相对含量降低相反,周丛生物在一定程度上增加了土壤中 *arsC* 的相对含量,但未达到显著水平（图 9-24a）。土壤中 *arsC* 微生物主要分布在 Proteobacteria 的 51 个属中。用 STAMP 2.1.3 对两个处理中属水平上 *arsC* 微生物之间的差异进行分析（图 9-24b）发现,周丛生物生长的土壤中 *Cupriavidus* 和 *Afipia* 属的相对丰度高于无周丛生物土壤。微生物

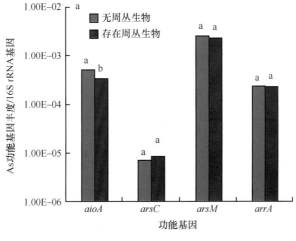

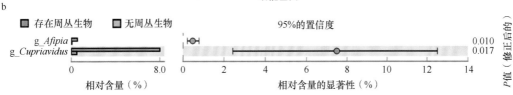

图 9-24　土壤中 As 功能基因丰度（a）、土壤中属水平具有显著差异的 *arsC* 微生物（b）
（Guo et al.，2020）

在稻田土壤砷的生物转化中起关键作用，这一结果解释了土壤中砷移动性和生物有效性增加的现象。因此，周丛生物通过降低土壤 Eh 影响 *aioA* 和 *arsC* 的表达，影响土壤中砷的迁移和转化。

综上所述，由于周丛生物的作用，土壤 pH 显著升高，Eh 显著降低，砷在土壤中的移动性和生物有效性增加。尽管周丛生物对砷的富集能够在一定程度上降低土壤溶液中砷浓度，但周丛生物引起的理化性质改变（pH 升高、Eh 降低）从而促进砷释放的效应高于其富集效应，并造成了水稻中砷的累积。微生物在稻田土壤砷的生物转化中起关键作用，周丛生物显著降低了土壤中 *aioA* 基因的含量，增加了 *arsC* 功能微生物中 *Cupriavidus* 和 *Afipia* 的相对丰度，周丛生物通过影响土壤中砷氧化和还原微生物的丰度，影响砷在土壤中的移动性和生物有效性，最终影响水稻砷吸收。周丛生物普遍存于稻田土壤表面，其促进土壤砷还原和释放的生态风险不容忽视。

四、小结与讨论

综上所述，由于周丛生物的固定与扩散作用，稻田土壤表面周丛生物在 0 ～ 2mm 土层砷的释放和迁移中具有促进作用，对下层 12 ～ 37mm 土层中的砷具有固定作用；无论磷酸盐添加与否，周丛生物均显著增加了砷在土 - 水界面的移动性，促进了砷从表层土壤向上覆水中的迁移；周丛生物显著增加了 0 ～ 2mm 土层中 DOC 的含量，DOC 可能通过直接与砷竞争吸附位点或者与砷形成复合物的方式促进砷在土 - 水界面中的释放和迁移。周丛生物的存在显著增加了表层土壤溶液和上覆水中 As（Ⅲ）、甲基砷的含量，促进了土 - 水界面砷还原和甲基化，促进了水稻根部对砷的吸收。周丛生物广泛存在于稻田土壤表面，在稻田土壤砷的迁移转化中起着不可忽视的作用，在研究土 - 水界面之间砷的迁移转化行为时，要充分考虑周丛生物促进土壤砷还原和释放的效应。

参 考 文 献

井晓欢，杨季芳，陈吉刚. 2015. 锰氧化细菌研究进展. 浙江万里学院学报，28(6): 61-68.

宋伟，陈百明，刘琳. 2013. 中国耕地土壤重金属污染概况. 水土保持研究，(2): 293-298.

王万能，王鹏，杨建发，等. 2010. 微生物在锰地球化学循环中的作用和机理. 重庆理工大学学报 (自然科学版)，24(7): 37-40, 85.

许丹丹，李金城，阙光龙，等. 2010. 酸性土壤锰毒及其防治方法. 环境科学与技术，33(S2): 472-475.

Ajao V, Nam K, Chatzopoulos P, et al. 2020. Regeneration and reuse of microbial extracellular polymers immobilised on a bed column for heavy metal recovery. Water Research, 171: 115472.

Amirnia S, Asaeda T, Takeuchi C, et al. 2019. Manganese-mediated immobilization of arsenic by calcifying macro-algae, *Chara braunii*. Science of the Total Environment, 646: 661-669.

Andy B, Valarie C, Julia D, et al. 2013. Manganese (Mn) oxidation increases intracellular Mn in *Pseudomonas putida* GB-1. PLoS One, 8(10): e77835.

Barber S A. 1995. Soil nutrient bioavailability, a mechanistic approach. Quart Rev Biol, 161(2): 140-141.

Bhattacharjee H, Rosen B P. 2007. Arsenic metabolism in prokaryotic and eukaryotic microbes. *In*: Nies H, Silver S. Molecular Microbiology of Heavy Metals. Berlin: Springer: pp. 371-406.

Bissen M, Frimmel F H. 2003. Arsenic—a review. Part I: occurrence, toxicity, speciation, mobility. Acta Hydroch Hydrob, 31(1): 9-18.

Booth S C, Workentine M L, Wen J, et al. 2011. Differences in metabolism between the biofilm and planktonic response to metal stress. Journal of Proteome Research, 10(7): 3190-3199.

Boyle K E, Heilmann S, van Ditmarsch D, et al. 2013. Exploiting social evolution in biofilms. Current Opinion in Microbiology, 16(2): 207-212.

Brown C J, Barlow J R B, Cravotta C A, et al. 2019. Factors affecting the occurrence of lead and manganese in untreated drinking water from Atlantic and Gulf Coastal Plain aquifers, eastern United States—Dissolved oxygen and pH framework for evaluating risk of elevated concentrations. Applied Geochemistry, 101: 88-102.

Chen H, Teng Y, Lu S, et al. 2015. Contamination features and health risk of soil heavy metals in China. Science of the Total Environment, 512-513: 143-153.

Covelo E F, Vega F A, Andrade M L. 2007. Competitive sorption and desorption of heavy metals by individual soil components. Journal of Hazardous Materials, 140(1-2): 308-315.

Cristina G S, Jos P, Borden A J, et al. 2002. Influence of extracellular polymeric substances on deposition and redeposition of *Pseudomonas aeruginosa* to surfaces. Microbiology, 148(4): 1161-1169.

Davis T A, Volesky B, Mucci A. 2003. A review of the biochemistry of heavy metal biosorption by brown algae. Water Research, 37(18): 4311-4330.

Fechner L C, Gourlay-Francé C, Tusseau-Vuillemin M H. 2014. Linking community tolerance and structure with low metallic contamination: A field study on 13 biofilms sampled across the Seine river basin. Water Research, 51: 152-162.

González A G, Shirokova L S, Pokrovsky O S, et al. 2010. Adsorption of copper on *Pseudomonas aureofaciens*: Protective role of surface exopolysaccharides. Journal of Colloid and Interface Science, 350(1): 305-314.

Guo T, Gustave W, Lu H, et al. 2021. Periphyton enhances arsenic release and methylation at the soil-water interface of paddy soils. Journal of Hazard Materials, 409(7): 124946.

Guo T, Zhou Y, Chen S, et al. 2020. The influence of periphyton on the migration and transformation of arsenic in the paddy soil: Rules and mechanisms. Environmental Pollution, 263(4): 114624.

Henkel J, Dellwig O, Pollehne F, et al. 2019. A bacterial isolate from the Black Sea oxidizes sulfide with manganese (Ⅳ) oxide. P Natl Acad Sci, 116(25): 12153-12155.

Huang B, Li Z, Huang J, et al. 2014. Adsorption characteristics of Cu and Zn onto various size fractions of aggregates from red paddy soil. Journal of Hazardous Materials, 264: 176-183.

Huang X, Shabala S, Shabala L, et al. 2015. Linking waterlogging tolerance with Mn^{2+} toxicity: a case study for barley. Plant Biology, 17(1): 26-33.

Jalali M, Hemati N. 2013. Chemical fractionation of seven heavy metals (Cd, Cu, Fe, Mn, Ni, Pb, and Zn) in selected paddy soils of Iran. Paddy Water Environment, 11(1): 299-309.

Jiang Y, Chao S, Liu J, et al. 2017. Source apportionment and health risk assessment of heavy metals in soil for a township in Jiangsu Province, China. Chemosphere, 168: 1658-1668.

Johansson C H, Janmar L, Backhaus T. 2014. Toxicity of ciprofloxacin and sulfamethoxazole to marine periphytic algae and bacteria. Aquatic Toxicology, 156: 248-258.

Li J Y, Deng K Y, Hesterberg D, et al. 2017. Mechanisms of enhanced inorganic phosphorus accumulation by periphyton in paddy fields as affected by calcium and ferrous ions. Science of the Total Environment, 609: 466-475.

Li T, Bo L, Yang F, et al. 2012. Comparison of the removal of COD by a hybrid bioreactor at low and room temperature and the associated microbial characteristics. Bioresource Technology, 108: 28-34.

Liu J Z, Sun P F, Sun R, et al. 2019. Carbon-nutrient stoichiometry drives phosphorus immobilization in phototrophic biofilms at the soil-water interface in paddy fields. Water Research, 167: 115129.

Lu H, Dong Y, Feng Y, et al. 2020. Paddy periphyton reduced cadmium accumulation in rice (*Oryza sativa*) by removing and immobilizing cadmium from the water-soil interface. Environmental Pollution, 261: 114103.

Maspolim Y, Zhou Y, Guo C, et al. 2015. The effect of pH on solubilization of organic matter and microbial community structures in sludge fermentation. Bioresource Technology, 190: 289-298.

Mejias Carpio I E, Machado-Santelli G, Kazumi Sakata S, et al. 2014. Copper removal using a heavy-metal resistant microbial consortium in a fixed-bed reactor. Water Research, 62: 156-166.

Myers C R, Nealson K H. 1988. Bacterial manganese reduction and growth with manganese oxide as the sole electron acceptor. Science, 240(4857): 1319-1321.

Nelson Y M, Lion L W, Shuler M L, et al. 2002. Effect of oxide formation mechanisms on lead adsorption by biogenic manganese (hydr) oxides, iron (hydr) oxides, and their mixtures. Environmental Science & Technology, 36(3): 421-425.

Parikh S J, Chorover J. 2005. FTIR spectroscopic study of biogenic Mn-oxide formation by *Pseudomonas putida* GB-1. Geomicrobiology Journal, 22(5): 207-218.

Peng L, Deng X, Song H, et al. 2019. Manganese enhances the immobilization of trace cadmium from irrigation water in biological soil crust. Ecotoxicology and Environmental Safety, 168: 369-377.

Pierre G, Zhao J M, Orvain F, et al. 2014. Seasonal dynamics of extracellular polymeric substances (EPS) in surface sediments of a diatom-dominated intertidal mudflat (Marennes-Oléron, France). Journal of Sea Research, 92: 26-35.

Reddy M V, Satpathy D, Dhiviya K S. 2013. Assessment of heavy metals (Cd and Pb) and micronutrients (Cu, Mn, and Zn) of paddy (*Oryza sativa* L.) field surface soil and water in a predominantly paddy-cultivated area at Puducherry (Pondicherry, India), and effects of the agricultural runoff on the elemental concentrations of a receiving rivulet. Environmental Monitoring and Assessment, 185(8): 6693-6704.

Ren Y, Bao H, Wu Q, et al. 2020. The physical chemistry of uranium(Ⅵ) immobilization on manganese oxides. Journal of Hazardous Materials, 391: 122207.

Sawai H, Rahman I M M, Fujita M, et al. 2016. Decontamination of metal-contaminated waste foundry sands using an EDTA-NaOH-NH$_3$ washing solution. Chemical Engineering Journal, 296: 199-208.

Shao J F, Yamaji N, Shen R F, et al. 2017. The key to Mn homeostasis in plants: regulation of Mn transporters. Trends in Plant Science, 22(3): 215-224.

Shi G L, Lu H Y, Liu J Z, et al. 2017. Periphyton growth reduces cadmium but enhances arsenic accumulation in rice (*Oryza sativa*) seedlings from contaminated soil. Plant & Soil, 421(1): 137-146.

Su J, Kang D, Xiang W, et al. 2017. Periphyton biofilm development and its role in nutrient cycling in paddy microcosms. Journal of Soil and Sediment, 17(3): 810-819.

Sun P, Gao M, Sun R, et al. 2021. Periphytic biofilms accumulate manganese, intercepting its emigration from paddy soil. Journal of Hazardous Materials, 411: 125172.

Sun P, Gao M, Wu Y. 2021. Microflora of surface layers in aquatic environments and its usage. *In*: Leal Filho W, Azul A M, Brandli L, et al. Clean Water and Sanitation. Cham: Springer International Publishing: pp. 1-9.

Sun P, Hui C, Wang S, et al. 2016. *Bacillus amyloliquefaciens* biofilm as a novel biosorbent for the removal of crystal violet from solution. Colloids Surf B Biointerfaces, 139(12): 164-170.

Sun P, Lin H, Wang G, et al. 2015. Preparation of a new-style composite containing a key bioflocculant produced by *Pseudomonas aeruginosa* ZJU1 and its flocculating effect on harmful algal blooms. Journal of Hazardous Materials, 284: 215-221.

Sun P, Zhang J, Esquivel-Elizondo S, et al. 2018a. Uncovering the flocculating potential of extracellular polymeric substances produced by periphytic biofilms. Bioresource Technology, 248(Pt B): 56-60.

Sun R, Sun P, Zhang J, et al. 2018b. Microorganisms-based methods for harmful algal blooms control: A review. Bioresource Technology, 248(Pt B): 12-20.

Sweeney A F, O'Brien J T, Williams E R, et al. 2015. Structural elucidation of hydrated $CuOH^+$ complexes using IR action spectroscopy and theoretical modeling. International Journal of Mass Spectrometry, 378: 270-280.

Tani Y, Miyata N, Ohashi M, et al. 2004a. Interaction of inorganic arsenic with biogenic manganese oxide produced by a Mn-oxidizing fungus, strain KR21-2. Environmental Science & Technology, 38(24): 6618-6624.

Tani Y, Ohashi M, Miyata N, et al. 2004b. Sorption of Co(II), Ni(II), and Zn(II) on biogenic manganese oxides produced by a Mn-oxidizing fungus, strain KR21-2. Journal of Environmental Science Health A: Toxic Hazardous Substance Environmental Engineering, 39(10): 2641-2660.

Wei S, Zhou Q, Wang X, et al. 2005. A newly-discovered Cd-hyperaccumulator *Solatium nigrum* L. Chinese Science Bulletin, 50(1): 33-38.

Wu Y, Liu J, Lu H, et al. 2016. Periphyton: an important regulator in optimizing soil phosphorus bioavailability in paddy fields. Environ Science and Pollution Research, 23(21): 21377-21384.

Wu Y, Liu J, Rene E. 2018. Periphytic biofilms: A promising nutrient utilization regulator in wetlands. Bioresource Technology, 248(Pt B): 44-48.

Xie Y, Luo H, Du Z, et al. 2014. Identification of cadmium-resistant fungi related to Cd transportation in bermudagrass [*Cynodon dactylon* (L.) Pers.]. Chemosphere, 117: 786-792.

Yang J, Tang C, Wang F, et al. 2016. Co-contamination of Cu and Cd in paddy fields: Using periphyton to entrap heavy metals. Journal of Hazardous Materials, 304: 150-158.

Yu H, Leadbetter J R. 2020. Bacterial chemolithoautotrophy via manganese oxidation. Nature, 583(7816): 453-458.

Yu Q, Sasaki K, Tanaka K, et al. 2013. Zinc sorption during bio-oxidation and precipitation of manganese modifies the layer stacking of biogenic birnessite. Geomicrobiology Journal, 30(9): 829-839.

Yuan Z F, Gustave W, Bridge J, et al. 2019. Tracing the dynamic changes of element profiles by novel soil porewater samplers with ultralow disturbance to soil-water interface. Environmental Science & Technology, 53(9): 5124-5132.

第十章　稻田周丛生物群落优化及其功能强化

第一节　上转换材料优化周丛生物群落与功能

一、概述

转换光致发光过程与下转换发光过程是相反的概念，大多数我们可能遇到的光致发光过程基本上都遵循下转换发光的原理，即斯托克斯定律。斯托克斯定律指物质受到高能量的光激发后，只能发出低能量的光，换句话说，就是波长短、频率高的只能激发出波长长、频率低的光。这是由于激发光的吸收过程中，一部分能量作为热能散失掉，发射出来的光子是波长比较长的且能量比较低的。例如，紫外线激发出可见光，或者蓝光激发出黄色光，或者可见光激发出红外线，能量呈现递减的趋势。但是，后来人们探索发现，有些材料可以实现与上述发光定律正好相反的发光效果，即波长长、频率低的可以激发出波长短、频率高的光，于是命名为反斯托克斯发光，又名上转换发光。

上转换过程主要分为 3 种：激发态吸收（ESA）、能量传递上转换（ETU）和光子雪崩（PA）。所有的这些过程都涉及两个或多个光子的吸收（图 10-1）（Wang and Liu，2009）。因此，上转换过程与多光子吸收的过程是完全不同的。

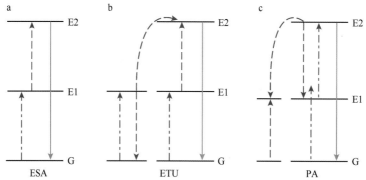

图 10-1　3 个主要的镧系晶体掺杂的上转换过程（激发态吸收、能量传递上转换和光子雪崩）
（Wang and Liu，2009）

G. 基态能级；E_1. 亚稳态能级；E_2. 高能级

上转换发光主要运用在光学成像方面。光学成像在生物学研究和临床研究方面是必不可少的技术，这是由于它可将组织中的形态学细节可视化。提高上转换发光的效率尤为重要，上转换发光可以通过光学材料以几种不同的方式来实现。其中包括电子二次谐波发生、两个光子的吸收和连续的激光束，前两种都需要高强度光的激发（Auzel，2004）。可是，在我们身边存在的基本上大都是太阳光或者周围环境的灯光，我们需要这些不连贯的低能量的激发但也需要提高上转换发光的效率。

上转换发光效率受诸多因素的影响，如基质特性、掺杂剂离子浓度、发光中心的能级结构和环境温度等。近年来有人通过提高离子的掺杂浓度而提高上转换发光的强度，但是 Lu_2O_3: Er^{3+} 掺杂的上转换材料本身的亮度很低，同时能级寿命变短，存在交叉弛豫的现象（贾明理等，2017）。过去也有研究 ZrO_2: Er^{3+} 通过控制包覆 SiO_2 壳层的厚度来提高上转换发光的强度，但是由于氧化物具有较高的声子能量，因此本身的发光强度也不高，而关于包覆壳层的报道同样表明发光强度比较低下（李杰，2012）。在 $NaYF_4$: Yb^{3+}, Ho^{3+} 掺杂的微米棱柱上转换材料中，研究者发现随着晶体颗粒尺寸的增大，材料中 Yb^{3+} 的浓度随之增加，从而致使上转换的发光性能也随之增强（郝秀利等，2012）。研究者对提高上转换材料的发光性能做了很多的试验，本节主要介绍的是镧系离子掺杂的以硅酸钇为主要晶体的上转换材料的发光性能。

镧系离子掺杂的上转换材料展现出独特的发冷光的性能，其中包括可以将近红外长波长的激发转换到低波长的可见光波段（Wang and Liu，2009），也可以将可见光转换成紫外波段（Cates et al.，2011），这个过程称为光子上转换。近年来镧系掺杂的上转换材料被贴上了发光光学标签，有机荧光图和量子点在生物测定与医学成像方面成为有前途的可替代的选择。

上转换材料经过稀有元素掺杂之后，在可见光的照射下可以将紫外辐射运用到微生物学中，我们可以发现它可以大面积地使单细胞微生物失去活性，如大肠杆菌菌落（Cates et al.，2011）。但是自然界中的微生物是一个复杂的微生物群落，以某种单细胞微生物单独出现的现象较为少见，探究稀有元素掺杂的转换材料能否对复杂的微生物聚集体产生失活或者毒害作用，值得我们深入研究。周丛生物在大自然中是一种典型的微生物聚集体，研究稀有元素掺杂的上转换材料是我们今后研究的一个主要方向。

二、微生物群落结构的磷脂脂肪酸分析

为了调查周丛生物经上转换材料刺激后微生物群落组成和结构是否发生改变，对周丛生物进行磷脂脂肪酸分析（朱燕，2018）。磷脂脂肪酸可以用多变量程序分析，以确定在不同的掺杂方式下不同类型的周丛生物膜结构和相对丰度在统计学上的限制变化（Boschker et al.，2005）。

镨-锂（Pr-Li）刺激的周丛生物中总的脂肪酸（PLFA$_{tot}$）含量和革兰氏阳性菌生物量（PLFA$_{pos}$）分别为 451.49nmol/g 和 181.16nmol/g，这两种脂肪酸的含量都明显高于对照组的含量，对照组的含量分别为 380.82nmol/g、151.99nmol/g（$P < 0.01$）。Pr-Li 刺激的周丛生物中革兰氏阴性菌和藻类的生物量（分别为 PLFA$_{neg}$、PLFA$_{alga}$）分别为 69.12nmol/g 和 367.72nmol/g，含量明显高于对照组（分别为 59.07nmol/g 和 307.38nmol/g）（表 10-1）。这些结果表明 Pr-Li 掺杂的硅酸钇晶体提高了周丛生物中藻类和细菌的生物量。Pr-Li 掺杂的硅酸钇晶体对真菌和原生动物的生物量（分别为 PLFA$_{fun}$、PLFA$_{pro}$）有轻微的消极影响，导致真菌和原生动物生物量的比例在 Pr-Li 掺杂的周丛生物中比例从 1.3% 降至 1.0%。

表 10-1　对照组和 Pr-Li 刺激的周丛生物中总的脂肪酸含量及原生动物、真菌、藻类、革兰氏阳性菌、革兰氏阴性菌的生物量

分类	PLFA$_{tot}$ （nmol/g）	PLFA$_{pro}$ （nmol/g）	PLFA$_{pos}$ （nmol/g）	PLFA$_{neg}$ （nmol/g）	PLFA$_{fun}$ （nmol/g）	PLFA$_{alga}$ （nmol/g）	Gram +ve/ Gram −ve
对照组	380.82±19.04	4.77±0.24	151.99±7.60	59.07±2.95	4.78±0.24	307.38±15.37	2.57±0.13
处理组	451.49±22.57	4.73±0.24	181.16±9.06	69.12±3.46	4.73±0.24	367.72±18.38	2.62±0.13

注：Gram +ve/Gram −ve 表示革兰氏阳性菌与革兰氏阴性菌的比例

17 ∶ 0、18 ∶ 0、15 ∶ 0 iso、20 ∶ 4 ω6c、16 ∶ 0 10-methyl 和 17 ∶ 0 iso 在对照组中存在，表明微生物群落主要由蓝藻 *M. aeruginosa*、细菌（如 *Bacillus stearothermophilus* 和 *Actinomycetes* sp.）和原生动物组成。14 ∶ 0、18 ∶ 1 ω9c、16 ∶ 0 和 18 ∶ 2 ω6c 在 Pr-Li 刺激的周丛生物中检测到，这表明藻类（如 *Microcystis flos-aquae*）、革兰氏阳性菌和真菌是 Pr-Li 刺激的周丛生物的主要成分。这些变化表明周丛生物的微生物群落结构在上转换材料的刺激下改变了。结果同样表明在 Pr-Li 刺激的周丛生物中减少、缺少的微生物（如 *M. aeruginosa*）在去除磷和铜中是周丛生物中的无效成分。

周丛生物具有丰富的微生物种类，对资源和生存空间具有竞争性（Hibbing et al.，2010）。微生物能够调控微型生态系统组分之间的相互关系并增加稳定性，最终的共生对所有参与的生物体有利（Foster and Bell，2012）。在上转换材料的刺激下，周丛生物之间复杂的微生物间的相互作用关系包括竞争和合作关系，优化了物种的多样性，导致群落稳定性提高（Coyte et al.，2015）。稳定的周丛生物具有较高的去除有机污染物能力。这是由于稳定的微生物群落具有较高的污染物（包括磷的无机物）去除效果（Miura et al.，2007），这样能够改善原水水质状况（Luo et al.，2013）。

三、周丛生物的碳源利用

六大主要碳源组和主成分 1（PC1）、主成分 2（PC2）之间的线性关系如表 10-2 所示（只选择了相关系数 ≥ 0.9 的部分）。PC1 解释了大部分的变量，占 79.5%。PC2 只解释了很少类型的碳源，如羧酸，占 20.5%。对于 PC1 而言，对照组有六大碳源，分别属于三大组，分别是碳水化合物、多聚物和羧酸。Pr-Li 掺杂的上转换材料组也有六大碳源，分别属于四大组，分别是碳水化合物、多聚物、羧酸和氨基酸。这表明 Pr-Li 掺杂的周丛生物组中微生物可以利用不同的碳源来维持自身的生长和代谢。这也表明 Pr-Li 掺杂的周丛生物已经适应了上转换材料的环境。

Pr-Li 掺杂的周丛生物的代谢能力通过 AWCD 来计算（Guo et al.，2010）。Pr-Li 刺激的周丛生物的碳源代谢能力相比对照组而言显著提高了（$P < 0.05$），如图 10-2 所示。

表 10-2 主要碳源组之间的相关系数及主成分 1 和主成分 2

类型		PC1	相关系数	类型		PC2	相关系数
对照组	碳水化合物	赤藓糖醇	0.90	对照组	碳水化合物	β-甲基-D-葡萄糖苷	0.93
		葡萄糖-1-磷酸	0.97			D-木糖	0.93
		α-乳糖	0.97		多聚物	失水山梨醇单油酸酯聚氧乙烯醚	0.96
		D-l-α-甘油-1-磷酸	0.91			糖原	0.93
	多聚物	聚氧乙烯山梨醇酐单棕榈酸酯	0.98		酚酸	2-羟基苯甲酸	1.00
	羧酸	丙酮酸甲酯	0.94	Pr-Li刺激的周丛生物组	碳水化合物	D-l-α-甘油-1-磷酸	0.94
Pr-Li刺激的周丛生物组	碳水化合物	α-乳糖	0.99		酚酸	4-羟基苯甲酸	0.91
	多聚物	α-环糊精	0.99		羧酸	D-氨基葡糖酸	0.98
	羧酸	丙酮酸甲酯	0.99				
	氨基酸	L-精氨酸	0.95				
		L-苯丙氨酸	1.00				
		L-苏氨酸	1.00				

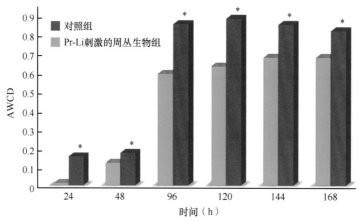

图 10-2　周丛生物的碳源代谢能力用平均颜色的变化量 AWCD 来表示
*表示对照组和处理组之间的显著差异关系（*t* 检验，*P* < 0.05）

四、周丛生物刺激后磷和铜的去除效果研究

Pr-Li 刺激的周丛生物的磷的去除效果是 61%，明显高于对照组磷的去除效果（*P* < 0.01）（图 10-3）。Pr-Li 刺激的周丛生物的铜的去除效果是 70%，也明显高于对照组的 61%（*P* < 0.01）。这些结果表明 Pr-Li 刺激的周丛生物可以提高磷和铜的去除效果。这是由于上转换材料掺杂锂元素后与内壳一起生长比非掺杂的上转换材料更具有竞争力，同时提高颗粒的结晶度和局部对称性失真使得上转换发光强度增强（Ding et al.，2015）。而能量传递上转换包括两个相邻的离子，上转换材料可以通过 Pr 掺杂的系统作为敏化剂、Li 元素作为激活剂从而产生有效的能量传递上转换，产生多光子的聚集（Chen et al.，2014）。

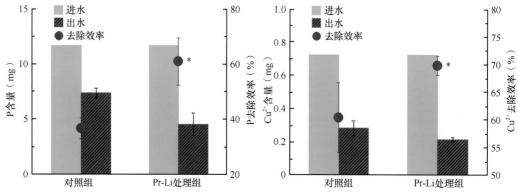

图 10-3　周丛生物经 Pr^{3+} 和 Li^+ 上转换材料刺激的去除效果和对照组对 P、Cu^{2+} 的去除效果
*指对照组和处理组之间的显著差异性分析（*t* 检验，*P* < 0.05）

五、藻类、细菌生物量和碳源代谢能力的相互协同作用

Pr-Li 掺杂的周丛生物具有较高的去除磷和铜的效果（朱燕，2018）。为了选择主要的参数解释磷的去除，方差分解分析（VPA）基于藻类的磷脂脂肪酸含量（$PLFA_{alga}$）、细菌的磷脂脂肪酸含量（$PLFA_{bac}$）和碳源代谢能力（AWCD），以及磷的去除速率进行分

析，如图 10-4 所示。与对照组的相关系数是 0.06，Pr-Li 掺杂的周丛生物藻类、细菌和 AWCD 之间的相互作用系数是 0.77，相比对照组提高了相互作用系数。Pr-Li 掺杂的周丛生物组在藻类和 AWCD 之间的贡献率在磷的去除方面相对对照（0.09）提高到 0.11（$P < 0.05$）。Pr-Li 掺杂的周丛生物组的碳源代谢能力也与磷的去除效率相关。这些结果表明藻类、细菌和碳源代谢能力的相互协同作用在提高 Pr-Li 掺杂的周丛生物去除磷方面扮演着重要的角色。

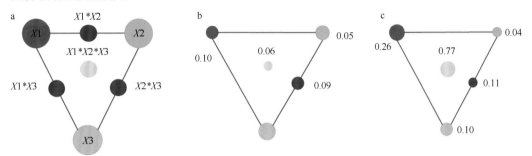

图 10-4　基于藻类的磷脂脂肪酸含量（$X1$）、细菌的磷脂脂肪酸含量（$X2$）和碳源代谢能力（$X3$）方差分解分析磷的去除效果

a. 每个图代表了划分为每个因素或因素组合的相对影响的生物变化差异，三角形的拐角表示由因素单独解释的变化，三角形的边代表了两个因素的相互作用关系，三角形中间的位置代表了 3 个因素的相互作用关系；b. 对照组；c. Pr-Li 刺激的周丛生物组（当值大约等于零或者小于零时不显示结果）

　　3 个参数的协同作用在 Pr-Li 掺杂的周丛生物去除铜的贡献率上有轻微的提升，从对照组的 0.20 提高到 0.21（图 10-4）。这个结果与 Pr-Li 掺杂的周丛生物组中铜的去除效果一致。这表明藻类、细菌的磷脂脂肪酸含量和碳源代谢能力变化提高了铜的去除效果。这三者间的相互协同作用对铜离子的去除没有明显的增强作用。据报道失活的或者死亡的生物量（如藻类、生物蕨类和海藻的生物量）可作为潜在的生物吸附剂去除水溶液中的重金属，从而作为一种创新的去除无机化合物的替代技术（Ahluwalia and Goyal，2007）。作为一种螯合剂，胞外聚合物可以与 Cu^{2+} 结合形成复合物，从而去除污水中的铜（Yang et al.，2016）。铜和胞外聚合物的结合可能会产生铜形态的变化，因此改变铜对微生物的毒性（Wu et al.，2017）。因此，铜的去除可能归结于失活和死亡细胞的生物量与胞外聚合物，但是后期还需要大量的实验证实。

　　在自然界中，周丛生物的群落组成比本实验中的样本更具多样性。物种的多样性为优化周丛生物的微生物结构提供了有效微生物源，这是由于不同的微生物对辐射有不同的敏感性（Wu et al.，2014）。例如，一些微生物，如 *Escherichia coli*、MS-2 和 T7（Bowker et al.，2011）在紫外辐射的条件下会失去活性，但是还有些微生物在紫外辐射的条件下依然生长良好，如放线菌（Actinobacteria）（Warnecke et al.，2005）、γ- 变形菌纲（Gammaproteobacteria）（Santos et al.，2012），生长速率取决于微生物的类型和生长的状况。这些自然多样性和适应性与研究的实验结果相关，表明周丛生物在自然条件下经 Pr-Li 掺杂的上转换材料的刺激是一个潜在的优化微生物结构的方法，导致周丛生物群落中无效的成员消失或失去活性，同时可以提高去除污水中磷和铜的效果。

六、周丛生物经上转换材料刺激后生物丰度的变化

无论是在对照组还是在上转换处理组中，原核生物主要以拟杆菌、蓝细菌和变形菌为微生物的优势群落（图10-5）。原核生物中以革兰氏阴性菌为主，三大优势种群分别占整个微生物组的96.3%、97.1%和96.2%。而 Pr 和 Pr-Li 的周丛生物处理组中蓝细菌的占比分别为38.6%和34.0%，高于对照组（29.9%）。这表明上转换处理后的周丛生物中蓝细菌比对照组更具有优势。

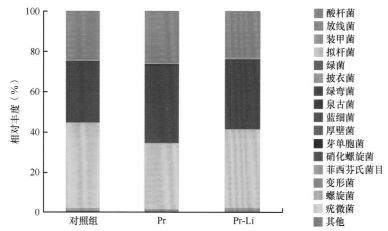

图 10-5　周丛生物经上转换材料刺激后在门水平上主要微生物的相对丰度分布

横坐标为不同的处理，纵坐标为相对丰度，即高通量测序 16S rRNA 中分到各个门中微生物的序列数占此处理组测定的序列总数的值

在真核生物中，对照组和两个处理组中的优势物种均以变形虫、太阳虫、后鞭毛生物和 SAR 超类群为主（图10-6）。其中，Pr 和 Pr-Li 掺杂的周丛生物的两个处理组中变形虫所占的比例分别是18.1%和14.7%，相比对照组所占的13.5%而言有所上升。其中定鞭藻在对照组中占有较小的比例，但是在上转换材料处理组中没有检测到，这说明定鞭藻对上转换材料具有敏感性，使得这部分生物失去活性。

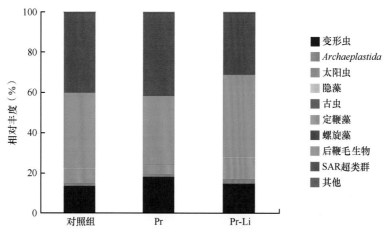

图 10-6　周丛生物经上转换材料刺激后主要真核生物的相对丰度的变化

横坐标为不同的处理，纵坐标为相对丰度，即高通量测序 18S rRNA 中分到各个门中微生物的序列数占此处理组测定的序列总数的值

七、利用磷脂脂肪酸数据分析周丛生物的微生物群落结构的变化

由于一些微生物如 *M. aeruginosa* 对 Y_2SiO_5: Pr^{3+}、Y_2SiO_5: Pr^{3+}, Li^+ 比较敏感，因此周丛生物的群落结构需要进一步研究。脂肪酸含量是反映生物量的指标（Frostegård et al.，2011）。基于 PLFA 分析，确定了周丛生物中原生动物、真菌、藻类和细菌（革兰氏阳性菌和革兰氏阴性菌）群体的总 PLFA 含量和其他脂肪酸的含量（朱燕，2018），如表 10-3 所示。Pr-Li 处理周丛生物总的磷脂脂肪酸含量为 451.49nmol/g，明显高于对照组的 380.82nmol/g（方差分析：$F = 231.29$，$P < 0.01$）。Pr-Li 处理周丛生物中革兰氏阳性菌的磷脂脂肪酸含量是 181.16nmol/g，明显高于对照组（151.99nmol/g）（$F = 298.16$, $P < 0.01$）。Pr-Li 处理周丛生物中革兰氏阴性菌的磷脂脂肪酸含量是 69.12nmol/g，明显高于对照组（59.07nmol/g）（$F = 101.17$，$P < 0.01$）。Pr-Li 处理周丛生物中藻类的磷脂脂肪酸含量 367.72nmol/g 高于对照组（307.38nmol/g）（$F = 281.51$，$P < 0.01$）。相反，Pr 处理周丛生物中总的磷脂脂肪酸含量及藻类、革兰氏阳性菌和革兰氏阴性菌的磷脂脂肪酸含量明显低于对照组。这些结果表明 Y_2SiO_5: Pr^{3+} 和 Y_2SiO_5: Pr^{3+}, Li^+ 对周丛生物的影响是不同的。

表 10-3　三个不同处理组的周丛生物中总的磷脂脂肪酸含量及原生动物、真菌、藻类、革兰氏阳性菌和革兰氏阴性菌磷脂脂肪酸含量及 Gram +ve/Gram –ve

类型	PLFA$_{tot}$（nmol/g）	PLFA$_{pro}$（nmol/g）	PLFA$_{pos}$（nmol/g）	PLFA$_{neg}$（nmol/g）	PLFA$_{fun}$（nmol/g）	PLFA$_{alga}$（nmol/g）	Gram+ve/Gram –ve
对照组	380.82±19.04	4.77±0.24	151.99±7.60	59.07±2.95	4.78±0.24	307.38±15.37	2.57±0.13
Pr	155.16±7.76	4.49±0.22	48.88±2.44	36.95±1.85	4.49±0.22	105.63±5.28	1.32±0.07
Pr-Li	451.49±22.57	4.73±0.24	181.16±9.06	69.12±3.46	4.73±0.24	367.72±18.38	2.62±0.13

尽管藻类和细菌在对照组与处理组之间都是主导的微生物菌落，但是具体的微生物群落的组成明显不同，正如图 10-7a 所示。特别的是，在对照组中发现了 17:0、18:0、15:0 iso、20:4ω6c、16:0 10-methyl 和 17:0 iso 这些脂肪酸，证明微生物的群落由蓝藻 *M. aeruginosa*、细菌（如 *Bacillus stearothermophilus* 和 *Actinomycetes* sp.）和附着的原生动物主导。在 Pr 处理的周丛生物中，检测到 17:1ω8c、16:4ω3c、16:1ω7c 和 18:1ω7c 等脂肪酸的存在，说明 Pr 处理的周丛生物组主要由蓝藻、细菌（如 *Thermocrinis rubber*）和绿藻组成。14:0、18:1ω9c、16:0 和 18:2ω6c 在 Pr-Li 处理的周丛生物中检测到，这些表明微生物主要由蓝藻（如 *Microcystis flos-aquae*）、革兰氏阳性菌和真菌组成。这些结果表明周丛生物的群落结构通过上转换发冷光 Y_2SiO_5: Pr^{3+} 和 Y_2SiO_5: Pr^{3+}, Li^+ 的激活改变了。

八、周丛生物的碳源代谢能力

上转换材料处理的周丛生物的碳源利用情况与对照组不同。对照组中的周丛生物偏爱于利用衣康酸（itaconic acid）、D- 苹果酸（D-malic acid）、4- 羟基苯甲酸（4-hydroxybenzoic acid）、D- 葡萄糖酸 -γ- 内酯（D-galactonic acid-γ-lactone）和 α- 酮丁酸（α-ketobutyric acid）。Pr 处理的周丛生物利用 β- 甲基 -D- 葡萄糖苷（β-methyl-D-glucoside）、L- 丝氨酸（L-serine）、半乳糖醛酸（galacturonic acid）和 L- 精氨酸（L-arginine）。Y$_2$SiO$_5$: Pr^{3+}, Li$^+$ 刺激后的周丛生物利用 N- 乙酰 -D- 氨基葡萄糖（N-acetyl-D-glucosamine）、D- 甘露醇（D-mannitol）和葡萄糖 -1- 磷酸（glucose-1-phosphate）（图 10-7b）。对照组和上转换材料处理组的主要碳源之间的相关系数 ≥ 0.9 的部分、PC1 和 PC2 部分都列在表 10-4 中。这表明对照组和上转换材料处理组在基于不同的碳源生长，更进一步表明周丛生物已经适应了激活剂 Y$_2$SiO$_5$: Pr^{3+} 和 Y$_2$SiO$_5$: Pr^{3+}, Li$^+$ 对其的影响。

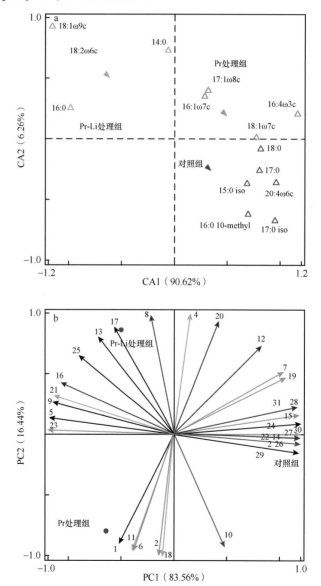

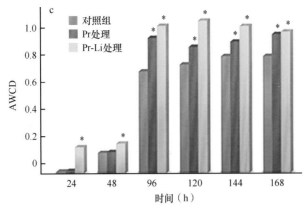

图10-7　周丛生物利用碳源及其磷脂脂肪酸代表的组成分析

a. 对周丛生物中的微生物群落进行典范分析；b. 对周丛生物中不同类型的碳源利用率进行主成分分析。不同颜色的箭头代表不同的碳源：黑色、紫色、红色、橙色、蓝色和绿色分别代表碳水化合物、多聚物、酚酸、羧酸、胺和氨基酸。数字1～31分别代表了不同的脂肪酸，分别是β-甲基-D-葡萄糖苷、D-葡萄糖酸-γ-内酯、L-精氨酸、丙酮酸甲酯、D-木糖、半乳糖醛酸、L-天冬酰胺、聚氧乙烯山梨醇酐单棕榈酸酯、赤藓糖醇、2-羟基苯甲酸、L-丝氨酸、失水山梨醇单油酸酯聚氧乙烯醚、D-甘露醇、4-羟基苯甲酸、L-苯丙氨酸、α-环糊精（α-cyclodextrin）、N-乙酰-D-氨基葡萄糖、γ-羟基丁酸、L-苏氨酸、糖原、D-氨基葡萄糖酸、衣康酸、甘氨酰-l-谷氨酰、D-纤维二糖、葡萄糖-1-磷酸、α-酮丁酸、苯乙胺、α-乳糖、D-l-α-甘油-1-磷酸、D-苹果酸和腐胺；c.AWCD代表碳源的代谢能力（*是指对照组和处理组之间的显著差异，$P < 0.05$）

　　六大主要碳源组和PC1和PC2的相关系数显示在表10-4中（仅展示碳源相关系数≥0.9的部分）。PC1解释了大部分的差异（79.5%），PC2解释的变异（20.5%）涉及几种类型的碳源，如羧酸。对PC1来说，对照组中有6种碳源，属于三大组，分别是碳水化合物、多聚物和羧酸。Pr处理的周丛生物组中有8个碳源，属于四大组，分别是碳水化合物、多聚物、酚酸、羧酸。Pr-Li处理的周丛生物组中有六大碳源，属于四大组，分别是碳水化合物、多聚物、羧酸、氨基酸。这些结果表明上转换材料处理的周丛生物中微生物利用不同的碳源维持自身的生长和代谢，表明通过掺杂Pr或Pr-Li共掺杂的上转换发光材料（UCP）处理的周丛生物可以适应新的环境条件。

　　周丛生物经上转换材料刺激后的代谢能力由AWCD值来计算。Y_2SiO_5: Pr^{3+}和Y_2SiO_5: Pr^{3+}, Li^+经周丛生物刺激后的碳源代谢能力见图10-7c，两个处理组与对照组相比都显著提高了碳源代谢能力（$P < 0.05$）。

九、周丛生物刺激后总氮的去除效果

　　Pr和Pr-Li处理的周丛生物在高浓度废水处理系统中总氮的平均去除率见图10-8，分别是50%和56%，比对照组（12%）高（$F = 60.53$，$P < 0.05$）。对于低浓度的玄武湖地表水，总氮在Pr和Pr-Li处理周丛生物中的平均去除率分别是95%和96%，显著高于对照组（86%）（$F = 57.18$，$P < 0.01$）。结果表明周丛生物经Y_2SiO_5: Pr^{3+}和Y_2SiO_5: Pr^{3+}, Li^+刺激后提高了氮的去除效果，无论是高浓度的污水还是低浓度的地表水。

表 10-4　对照组和处理组在主要碳源组和 PC1 或者 PC2 之间的相关系数

处理		主成分 1 (PC1)	相关系数	处理		主成分 2 (PC2)	相关系数
对照组	碳水化合物	赤藓糖醇	0.90	对照组	碳水化合物	β-甲基-D-葡萄糖苷	0.93
		葡萄糖-1-磷酸	0.97			D-木糖	0.93
		α-乳糖	0.97		聚合物	失水山梨醇单油酸酯聚氧乙烯醚	0.96
		D-l-α-甘油-1-磷酸	0.91			糖原	0.93
	聚合物	聚氧乙烯山梨醇酐单棕榈酸酯	0.98		酚酸	2-羟基苯甲酸	1.00
	羧酸	丙酮酸甲酯	0.94		碳水化合物	D-甘露醇	0.98
Pr 处理组	碳水化合物	β-甲基-D-葡萄糖苷	0.91	Pr 处理组	聚合物	聚氧乙烯山梨醇酐单棕榈酸酯	0.97
		D-木糖	0.96		碳水化合物	D-l-α-甘油-1-磷酸	0.94
		N-乙酰-D-氨基葡萄糖	1.00		酚酸	4-羟基苯甲酸	0.91
	聚合物	糖原	0.99		羧酸	D-氨基葡萄糖酸	0.98
	酚酸	2-羟基苯甲酸	0.91				
	羧酸	半乳糖醛酸	0.92				
		D-氨基葡萄糖酸	1.00				
		D-苹果酸	0.90				
Pr-Li 处理组	碳水化合物	α-乳糖	0.99				
	聚合物	α-环糊精	0.99				
	羧酸	丙酮酸甲酯	0.99				
	氨基酸	L-精氨酸	0.95				
		L-苯丙氨酸	1.00				
		L-苏氨酸	1.00				

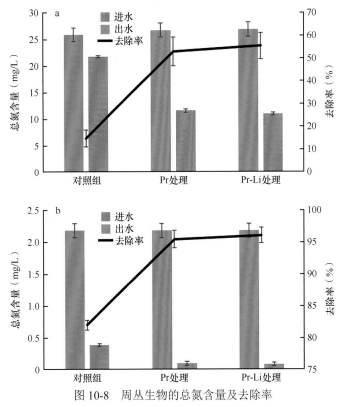

图 10-8　周丛生物的总氮含量及去除率

a. 高浓度的污水；b. 低浓度的地表水。进水和出水的 TN 浓度是运行 14 天的平均值

十、藻类、细菌和代谢能力的相互作用

为了选出影响总氮去除的主要因素，方差分解分析基于藻类的生物量、Gram+ve/Gram−ve 和碳源代谢能力解释总氮的去除率（图 10-9）。与对照组相比，Pr 处理的周丛生物对总氮的贡献率明显下降了，从 0.14 降至 0.06。Pr-Li 处理的周丛生物的贡献率相比对照组明显提高了，从 0.14 提高至 0.31。Gram+ve/Gram−ve 的贡献率无论是在 Pr 处理的周丛生物中，还是在 Pr-Li 处理的周丛生物中相比对照组 0.13，都明显提高了，分别提高到 0.20 和 0.32。对照组中没有计算到明显的 AWCD 的贡献率，Pr 和 Pr-Li 处理的周丛生物中 AWCD 的贡献率相对较高，分别约为 15% 和 20%。这些结果表明在上转换材料掺杂的周丛生物组中，藻类、Gram+ve/Gram−ve 和碳源代谢能力在去除总氮方面扮演着重要的角色。

值得注意的是，三者之间的相互协同作用在对照组中不是很明显（值小于 0），但是三者之间的相互作用在 Pr 和 Pr-Li 处理的周丛生物中是有积极影响的，数值分别是 0.42 和 0.84。在 Pr 和 Pr-Li 处理的周丛生物组中，三个参数的贡献率都明显高于单个参数的贡献率。这表明三个参数之间的相互协同作用在总氮的去除方面扮演着重要的角色。

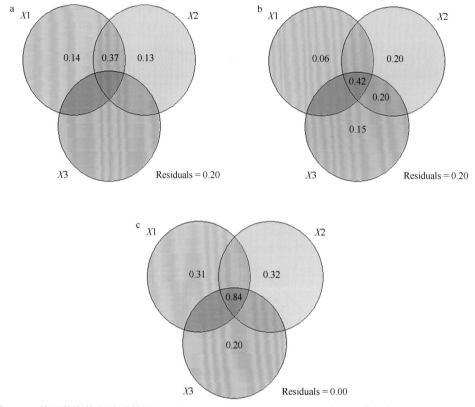

图 10-9　基于藻类的脂肪酸数据（$X1$）、Gram+ve/Gram–ve（$X2$）、碳源代谢能力（AWCD）（$X3$）和
总氮的去除

在对照组（a）、Pr 处理的周丛生物组（b）和 Pr-Li 处理的周丛生物组（c），
没有数据显示表明值小于 0。Residuals 为残差

十一、小结与讨论

与之前的研究相比，Pr^{3+} 掺杂的 Y_2SiO_5 材料有着相似的晶体结构和掺杂剂浓度，同时有较高的降解污水的性能（Yang et al.，2013）。Li^+ 掺杂对 Y_2SiO_5 晶体转变有着较大的影响，这导致较高的发冷光的强度和上转换效率（Yang et al.，2015b）。

与之前评估 UCP 对单一的细菌和病毒群落的影响一样，本次研究证明 UCPs 掺杂 Pr^{3+} 或者共掺杂 Pr^{3+} 和 Li^+ 对敏感性的单细胞（如 *M. aeruginosa*）有消极的影响，会损害单细胞结构（Cates，2015）。这些影响使周丛生物中无效的成分失去活性，导致 Pr 掺杂周丛生物中一些微生物（如 *Thermocrinis rubber*）和 Pr-Li 掺杂周丛生物中的微生物（如 *Microcystis flos-aquae*）激活了，这些变化改变了周丛生物的群落组成和结构。

无论是在污水处理中还是在低浓度的地表水中，Pr-Li 处理的周丛生物具有更高的微生物和藻类的生物量及总氮的去除率。这是由于上转换材料处理的周丛生物在 Li 的掺杂下长有更具竞争力的惰性外壳（Ding et al.，2015）。UCPs 在 Li 掺杂下明显提高上转换发光的强度（Bai et al.，2008），同时提高了群落的适应性。另外，单一 Pr^{3+} 掺杂的上转换材料可以直接吸收光源，所以当掺杂剂的离子浓度和光源需求高时，容易出现淬火现象

（Balda et al.，1999）。因此，Pr-Li 处理的周丛生物的光转换效率增强对微生物的显著影响，保持较高的藻类和细菌的比例。

Pr-Li 处理的周丛生物中藻类的生物量提高了，然而 Pr 处理的周丛生物中下降了。这些结果与藻类的贡献率对总氮的去除效果是相符的。在碳源代谢多样性方面，Y_2SiO_5: Pr^{3+} 和 Y_2SiO_5: Pr^{3+}, Li^+ 掺杂的周丛生物两个处理组都展示了良好的适应性。周丛生物碳源代谢能力的变化与 AWCD 的变化相吻合。结果进一步地表明藻类的生物量和碳源代谢能力在周丛生物去除氮方面发挥着重要的作用。

可以理解的是，在压力条件下，如细菌群落中大肠杆菌的微生物群体具有更强的可塑性和生存抗性，因此实现高活性（Davies and Davies，2010；Shade et al.，2012）。与本次研究相似，周丛生物暴露在 Y_2SiO_5: Pr^{3+} 和 Y_2SiO_5: Pr^{3+}, Li^+ 中创造了不利的条件，从而形成更强壮的具有高碳代谢能力的周丛生物。也许革兰氏阳性菌能够增强强度和抗压（Holzinger and Karsten，2013；Wang et al.，2011）。UCPs 不仅刺激了 Gram+ve/Gram-ve 的变化，而且 UCPs 的刺激使 Gram+ve 与 Gram-ve 的比率保持在正值水平。优化的 Gram+ve/Gram-ve 的贡献促进了经处理的周丛生物中总氮的去除。

正如上面所提到的，周丛生物是典型的微生物聚集体（Reszczyńska et al.，2016；Wu et al.，2017），总氮的去除功能与组成变化有关（Wu et al.，2011）。因此，诸多主要的参数如藻类的生物量、Gram+ve/Gram-ve 和 AWCD 值的相互协同作用需要被考虑到。周丛生物的贡献率具有较高的数值，代表了三个参数的协同作用，解释了总氮的去除效率。这表明经 Y_2SiO_5: Pr^{3+} 和 Y_2SiO_5: Pr^{3+}, Li^+ 刺激后可以促进周丛生物的相互协同作用。

总之，上转换材料用来使单细胞微生物失去活性。在这个实验中，通过 UCPs 的上转换发冷光调查优化的多群落周丛生物，将微生物灭活研究从单一物种灭活推进到多物种群落的研究。尽管 Y_2SiO_5: Pr^{3+}, Li^+ 和 Y_2SiO_5: Pr^{3+} 会对微生物群落产生消极的影响，但正如 *M. aeruginosa* 的细胞结构所示，变化的群落组成和活化的周丛生物结构促进了对于不同碳源利用与代谢能力增强的良好适应。结果显示，无论在污水系统还是在地表水中，经 Y_2SiO_5: Pr^{3+}, Li^+ 和 Y_2SiO_5: Pr^{3+} 刺激的周丛生物提高了总氮的去除率。本研究中提出的这一策略证明了使用上转换材料设计用于去除氮的复杂的微生物聚集体（即周丛生物）的可行性。从这项研究获得的不同结果也反驳了在评估这种上转换材料以灭活微生物时应该重新考虑使用哪种类型的微生物群落（单种或多种微生物聚集体）。

第二节　四环素对周丛生物群落及其功能的影响

一、引言

在人类和动物医药中滥用抗生素导致越来越多的四环素（TC）流入水体，严重危害人类健康和环境安全（Verma et al.，2007）。因此，对水体中四环素的污染问题及其高效降解技术的研究越来越受到研究者的广泛关注。由于四环素结构复杂，其降解难度较大，目前针对四环素的有效降解最有效的手段主要是通过基于化学法的相关技术。近来，由于 TiO_2 具有光催化性能好、效率高、材料易得等特点，基于 TiO_2 的光催化技术在难降解有机物的降解处理领域发挥越来越重要的作用（Kubacka et al.，2012；Wu et al.，2015）。尽管 TiO_2 光催化应用前景广泛，然而 TiO_2 只能在紫外线的照射下才能发挥光催化作用的特点限制了其发展。为此，研究者进行了大量研究来通过材料改性或复合从而优化 TiO_2，使其能够实现可见光下的光催化过程进而来降解污染物（Wang et al.，2019b；Zheng et al.，2018）。

实现半导体材料可见光催化的主要途径是通过使用具有足够低的禁带宽度（Eg）的材料来吸收这些光并使电子进入导带中，然而，较低的 Eg 通常意味着所得到的氧化还原电位较弱，使得获得的光催化能力也相应很弱（Cates et al.，2012）。为避免这一问题，将上转换材料应用于二氧化钛的光催化中是很好的选择。由上转换材料将可见光转化成可供二氧化钛利用的紫外光，负载在上转换材料的二氧化钛会被转化而来的紫外光激发产生自由基，最终实现复合材料在可见光驱动下的光催化过程。

为了降低化学法的成本，减少光催化材料对水体的污染，并在降解过程中实现对水体中多种污染物的同步净化，微生物光催化法受到的关注日益增多，相关的研究也越来越全面。例如，Yuan 等（2010）构建了 TiO_2- 微生物燃料电池，发现光催化材料（TiO_2）电极与微生物之间良好的协同作用可显著提高对废水中有机污染物的去除能力。Qian 等（2014）将纳米 Fe_2O_3 引入微生物燃料电池体系，发现纳米 Fe_2O_3 既可促进体系中电子传递效率，又能在光照条件下为体系中提供电子，从而增强了系统的产电效率。UCPs-TiO_2 作为一种新型、高效的光催化复合材料，能在可见光下对有机物进行高效降解，然而目前针对 UCPs-TiO_2 的研究主要集中在对材料的分析和污染的去除方面，还未涉及微生物光催化过程的机制（Yang et al.，2015b）。周丛生物是环境中广泛存在的微生物聚集体，具有较强的污染物去除能力，在水处理中得到大量应用，同时周丛生物的群落结构复杂，适应性强，能有效抵抗多种光催化材料的胁迫，并且其丰富的胞外聚合物能够作为光催化过程中的电子中间传递体（Wang et al.，2019c；Zhu et al.，2019），因此，周丛生物优良的特性决定其能够在生物光催化体系中发挥重要功能，开发基于 UCPs-TiO_2 和周丛生物的光催化体系对于提高对水体四环素的去除能力与推进生物光催化技术在污染物降解中的应用具有重要的理论及实用价值。

微生物结合光催化能有效提高对污染物的去除效果，然而生物光催化技术需考虑光催化材料与生物之间是否能有效共存，避免光催化材料对微生物聚集体产生胁迫甚至致死，进而保证生物光催化过程稳定长期有效运行（Qian et al.，2014；Rittmann，2018；Tang et al.，2015）。二氧化钛在适当波长的光照下价带电子跃迁进入导带，从而形成电子空穴对，进一步形成自由基，这种光生自由基同样会对微生物造成较为严重的氧化胁迫（Ganguly et al.，2018）。有研究表明光催化材料中价带能量差与它们产生氧化胁迫的能力具有相关性（Saleh et al.，2016；Zhang et al.，2012）：带隙的宽度与造成细胞毒性的能力成正比（Kaweeteerawat et al.，2015；Noventa et al.，2018）。针对光催化材料对细胞的毒性研究主要集中在光催化材料和纯种微生物之间，探索光催化材料对单一种类微生物或周丛生物，包括细菌（*E. coli*）（Zhang et al.，2010）、真菌（*Fusarium* sp.）（Polo-López et al.，2014）和藻类 *Microcystis aeruginosa*（Song et al.，2018）的毒性或胁迫机制。这些研究证实了光催化过程对单一物种微生物细胞造成毒性的主要机制。

而事实上，微生物在自然界和水体中的存在形式并不以种群为单位，而是以群落为单位参与到整个水环境生态系统中，所以更应当以群落为单位，在整个水环境背景下，关注光催化材料对微生物聚集体的影响（Gil-Allué et al.，2018；Maurer-Jones et al.，2013；Miao et al.，2018；Tang et al.，2017）。由于周丛生物具有复杂的群落和组成结构，其对光催化材料的环境行为的影响也同样复杂，包括材料在环境中的累积（Ferry et al.，2009）、生物体内的转化作用（Avellan et al.，2018）和食物链（网）中的迁移与累积等（Baudrimont et al.，2018）。和单一物种周丛生物相比，其对于纳米粒子的响应也更为复杂。例如，周丛生物可通过多种生理反应（光合作用、酶活性、EPS 的分泌）应对纳米材料（Ag、Fe_2O_3 和 CeO_2）或重金属离子（Cd^{2+}、As^{3+} 和 Pb^{2+}）入侵；周丛生物中丰富的 EPS 及其所黏附的矿物可以通过物理、化学吸附作用延滞毒性物质进入周丛生物内部（Stewart et al.，2015；Tang et al.，2017；Zhu et al.，2018）；周丛生物还存在复杂的群落结构和种间相互作用，因而还可以不断调整其种群结构，以增强对材料粒子的耐受性（Flemming and Wingender，2010；Roder et al.，2016；Tang et al.，2017）。

虽然周丛生物的结构复杂，具有较强的胁迫适应能力，但是目前对于其在生物光催化耦合体系中的适应性尚不清楚。虽然复合材料 UCPs-TiO$_2$ 在试验中含量低，不需要紫外线驱动，但是 UCPs 和 TiO$_2$ 都具有一定的抑菌活性，其仍然会产生自由基从而影响周丛生物的生理代谢，同时四环素作为毒性物质也能够影响周丛生物的结构。因此，研究复杂的微生物聚集体周丛生物在与 UCPs-TiO$_2$ 耦合体系去除 TC 过程中的生理生态响应，对于评价耦合体系的稳定性和评估其在应用中的潜力具有重要实用价值，也有助于深入地认识周丛生物在生物光催化过程中对胁迫的适应机制。

二、周丛生物 +UCPs-TiO$_2$ 对四环素的去除

复合系统周丛生物 +UCPs-TiO$_2$ 和周丛生物组（图 10-10）在 24h 后的 TC 去除率分别为 82.1% 和 46.9%，两组对 TC 的去除率都随着时间增加（汪瑜，2020），但是去除速率逐渐降低，并且周丛生物 +UCPs-TiO$_2$ 对 TC 的去除率始终高于周丛生物组。周丛生物与 UCPs-TiO$_2$ 结合对 TC 的去除率比周丛生物处理提高了 35.2%（$P < 0.05$），这表明 UCPs-TiO$_2$ 的光催化作用可以增强复合体系对四环素的降解能力。

对比一般周丛生物，周丛生物对 TC 的去除效果更加明显，这主要因为周丛生物的高生物量和稳定的层级结构，周丛生物 +UCPs-TiO$_2$ 对 TC 的去除效果更加明显，然而仍然比化学法的效果要差，这主要是因为周丛生物 +UCPs-TiO$_2$ 的光催化材料中二氧化钛浓度较低，光照为 20W 的可见光，反应条件较为温和。因此，UCPs-TiO$_2$ 与周丛生物的复合系统具有去除 TC 等难处理有机物的潜力。然而，为了优化生物光催化过程，需要研究结合 UCPs-TiO$_2$ 的周丛生物复合体系去除 TC 的机制。光催化和生物降解过程可能都有助于有效去除 TC，但关键点是通过研究周丛生物的影响而增强 UCPs-TiO$_2$ 的光催化作用。

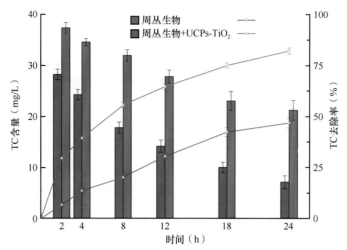

图 10-10　24h 内周丛生物 +UCPs-TiO₂ 和周丛生物对 TC 的去除率及 TC 含量

　　自由基是光催化过程中 TC 降解的关键原因（Pi et al.，2019；Zhong et al.，2020），因此进行了自由基测试，以验证在复合系统中周丛生物的存在是否能提高 UCPs-TiO₂ 在可见光下产生的自由基含量，从而增强对 TC 的去除。各个实验组的自由基测试强度信号结果如图 10-11 所示，自由基信号强度的大小为：周丛生物 +UCPs-TiO₂ > UCPs-TiO₂ >周丛生物，由图可知，复合系统周丛生物 +UCPs-TiO₂ 和 UCPs-TiO₂ 在可见光下产生的自由基

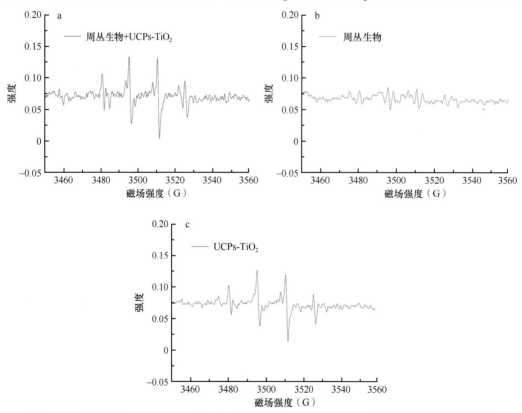

图 10-11　周丛生物 +UCPs-TiO₂（a）、周丛生物（b）、UCPs- TiO₂（c）的羟基自由基强度信号

主要是羟基自由基。对比周丛生物 +UCPs-TiO$_2$ 和 UCPs-TiO$_2$ 产生的信号强度，周丛生物的存在的确使 UCPs-TiO$_2$ 在可见光下产生自由基的能力增强（汪瑜，2020）。

另外，UCPs-TiO$_2$ 基团产生一定的羟基自由基信号，再次证明 UCPs-TiO$_2$ 可以将光转换成紫外光以刺激 TiO$_2$ 产生自由基。自由基是光催化过程中对污染物进行去除的关键因素，二氧化钛光催化降解 TC 的原理也是光生电子 - 空穴对在水中生成具有氧化活性的自由基，进而通过自由基的作用来达到降解污染物的目的。在本复合系统中，UCPs-TiO$_2$ 的作用就是在可见光下产生自由基，而周丛生物的功能则是将 UCPs-TiO$_2$ 产生的电子更好地转移到水中的污染物附近，让其更加有效地降解污染物。

三、周丛生物 +UCPs-TiO$_2$ 降解四环素的中间产物

每种产物的 LC-MS 测试表明，大多数能清晰检测到的中间产物主要为四环素物质，周丛生物 +UCPs-TiO$_2$ 的 TC 降解途径如图 10-12a 所示（汪瑜，2020）。鉴定出的主要产物见表 10-5，主要产物的质荷比（*m/e*）分别为：459.1398（产物 1）、427.1498（产物 2）、431.1443（产物 3）、417.1661（产物 4）。根据图 10-12b，427.1498/4.54（质荷比 / 保留时间）是脱水四环素（分子式为 $C_{22}H_{23}N_2O_7$），其毒性比四环素大得多，并且可以进一步形成更多毒性异构体的中间体（Kuhne et al.，2001）。对不同组的脱水四环素比较峰面积的分析表明，每组中都产生了脱水四环素，周丛生物 +UCPs-TiO$_2$ 组中的脱水四环素被降解，而周丛生物中的脱水四环素含量则比周丛生物 +UCPs-TiO$_2$ 组中的高得多。随着时间的推移，周丛生物组中的脱水四环素只会产生轻微的降解。脱水四环素的特点主要体现在脱水四环素（超过 10mg/L）比相同剂量的四环素显著增加小球藻中 ROS 的活性并破坏藻类细胞的结构（Xu et al.，2019a）。不仅如此，脱水四环素还会通过影响四环素抗性基因 *tetM* 从而降低微生物降解四环素和中间体的能力（Rudra et al.，2018）。单纯的生物法常常会使脱水四环素的浓度增加，不能将脱水四环素彻底降解，而周丛生物 +UCPs-TiO$_2$ 系统能在较为温和的反应条件下去除脱水四环素，并且较低浓度的脱水四环素能保证系统中的微生物不受到额外的胁迫，保证整个系统的稳定性。

表 10-5 周丛生物 +UCPs-TiO$_2$ 降解 TC 过程中产生的中间产物

保留时间（min）	*m/e*	分子式	相对分子质量	结构式
4.99	459.1398	$C_{22}H_{22}N_2O_9$	458.418	
4.41	431.1443	$C_{21}H_{22}N_2O_8$	430.408	

续表

保留时间（min）	*m/e*	分子式	相对分子质量	结构式
4.57	445.1601	$C_{22}H_{24}N_2O_8$	444.153	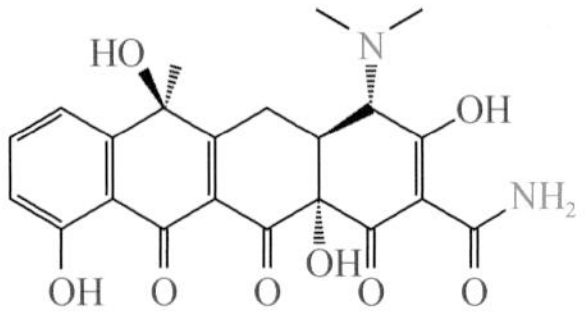
4.54	427.1498	$C_{22}H_{23}N_2O_7$	426.4193	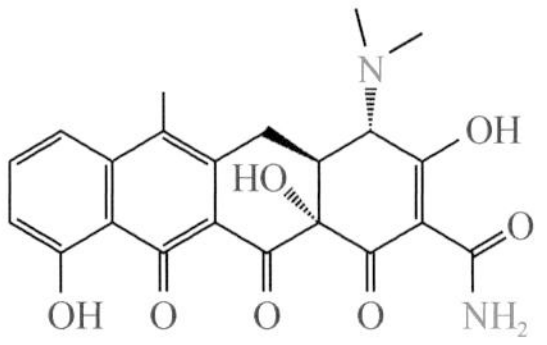
4.71	417.1661	$C_{21}H_{24}N_2O_7$	416.42446	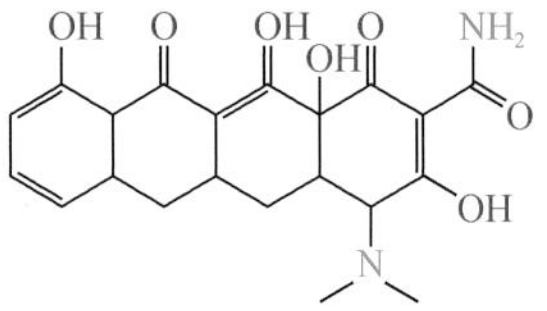

a

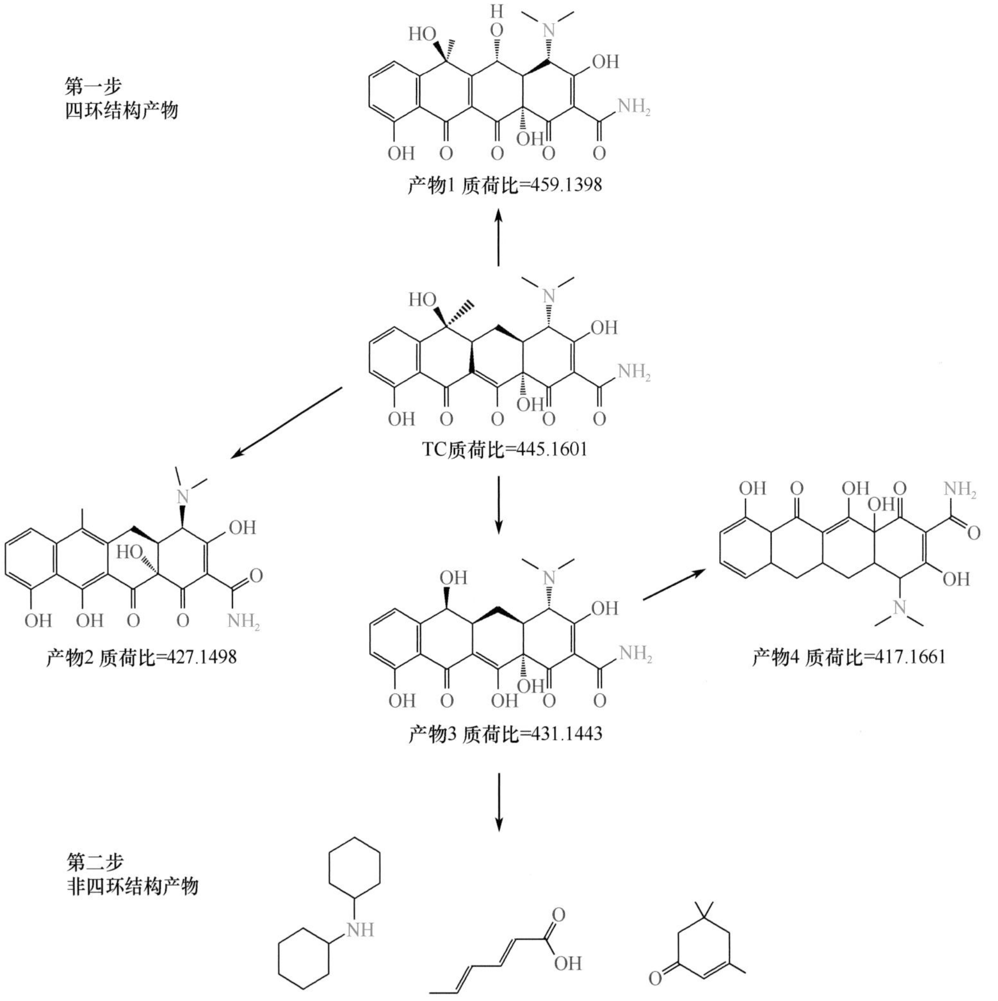

第一步
四环结构产物

产物1 质荷比=459.1398

TC质荷比=445.1601

产物2 质荷比=427.1498

产物3 质荷比=431.1443

产物4 质荷比=417.1661

第二步
非四环结构产物

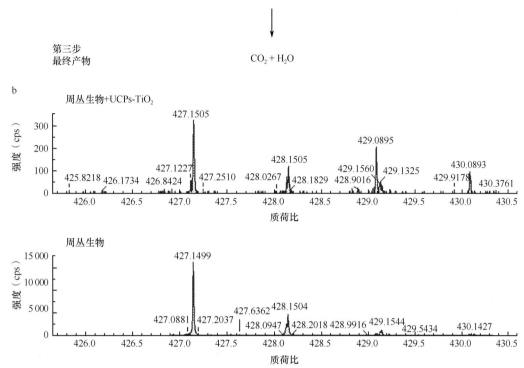

图 10-12 周丛生物 +UCPs- TiO₂ 降解 TC 的产物过程（a）以及周丛生物 +UCPs- TiO₂ 和周丛生物组产生的脱水四环素 MS/MS 图谱（b）

从以上结果可以看出，通过单独的生物法降解 TC 不仅效率不高，而且会有较高的风险使生物的结构受到破坏。例如，作为 TC 降解菌的克雷伯菌（*Klebsiella* sp.），需要 8 天才能实现 80% TC 降解（Shao et al.，2018）。与单独的生物法相比，周丛生物结合 UCPs-TiO₂ 具有较高的 TC 降解效率，能够在较短时间内（24h）对四环素达到比较彻底的去除（80% 以上）。此外，UCPs-TiO₂ 与周丛生物的耦合系统（周丛生物 +UCPs-TiO₂）可以显著降低脱水四环素的浓度，表明其对四环素的降解能力更强，中间产物降解得更加彻底，减少了毒性较高的中间产物的累积。

四、EPS 对周丛生物 +UCPs-TiO₂ 去除 TC 的影响

EPS 被认为是一种电子传递的中间介质，EPS 的存在使复合材料在可见光下产生的电子能通过 EPS 进行转移，更好地和目标污染物 TC 接触（Xiao et al.，2017）。这个过程同样也可能使电子 - 空穴对的复合效率降低，提高复合材料在可见光下的光生电子产生效率。然而，EPS 的成分和含量都有可能影响复合材料在可见光下产生自由基的效率。例如，EPS 中的重要组成部分蛋白质是一种自由基的目标物质，被认为会消耗自由基（Gorobets et al.，2019）。因此，研究不同浓度 EPS 在周丛生物联合 UCPs-TiO₂ 可见光下对 TC 的去除效果，以及 EPS 在整个体系中的变化对研究周丛生物联合 UCPs-TiO₂ 在可见光下对 TC 降解至关重要。

EPS 结合 UCPs-TiO₂ 对 TC 的去除效果如图 10-13 所示。结果说明，在 24h 的降解

实验中相比复合材料 UCPs-TiO$_2$ 在可见光下对 TC 的去除率，EPS（1mg EPS/mL）显著提升了 UCPs-TiO$_2$ 对 TC 的去除率（93.1%；$P < 0.05$），然而随着 EPS 浓度的增加，TC 的去除率随之降低（汪瑜，2020）。同样，对不同浓度 EPS 结合 UCPs-TiO$_2$ 体系的自由基信号强度进行分析（图 10-14），自由基信号强度的大小为：1mg/mL EPS-UCPs-TiO$_2$ > UCPs-TiO$_2$ > 8mg/mL UCPs-TiO$_2$。显然，低含量的 EPS 与 UCPs-TiO$_2$ 耦合确实通过增强羟基自由基的产生，促进了 TC 的去除。但是当增加 EPS 的含量时，UCPs-TiO$_2$ 产生的自由基被过量的 EPS 所消耗（Torreggiani et al.，2019）。

不难发现，周丛生物 +UCPs-TiO$_2$ 对 TC 降解的程度和周丛生物中 EPS 的含量有着密不可分的关系。EPS 是电子的转移载体，能够促进光催化过程在一定时间内产生更多的自由基（Tang et al.，2015）。过多的 EPS 降低自由基产生的原因可能是 EPS 的组成中类似蛋白质的物质将光催化过程中产生的电子消耗掉（Tang et al.，2015；Torreggiani et al.，2019）。因此，在未来的研究中，利用 UCPs-TiO$_2$ 和周丛生物耦合体系去除难降解污染物时，可通过优化 EPS 的组成和含量，提高降解效率。

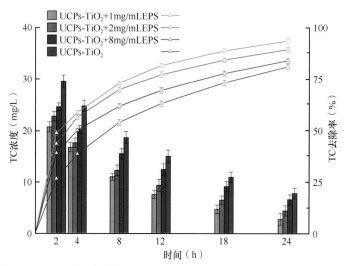

图 10-13　TC（初始浓度 40mg/L）在 UCPs- TiO$_2$ 耦合不同含量的 EPS（1mg/mL、2mg/mL、8mg/mL）组中的去除率和剩余浓度

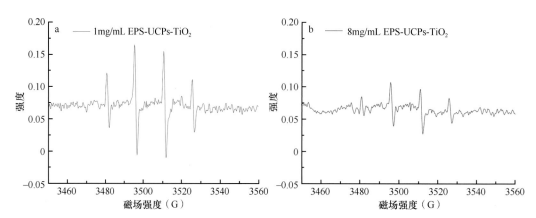

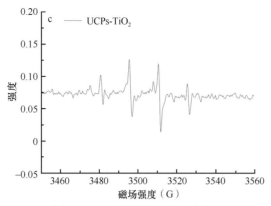

图 10-14　1mg/mL EPS-UCPs-TiO$_2$（a）、8mg/mL EPS-UCPs-TiO$_2$（b）、UCPs-TiO$_2$（c）的羟基自由基产率

周丛生物中的 EPS 是影响耦合体系（周丛生物 +UCPs-TiO$_2$）性能的关键因素，它可以有效地提高可见光下 UCPs-TiO$_2$ 的羟基自由基的产率，但是过多的 EPS 会在整个去除过程中消耗羟基自由基。该方法通过将 UCPs-TiO$_2$ 直接添加到基于周丛生物的已建立的周丛生物反应器中，有助于降低抗生素含量，提高反应器对抗生素的降解能力。但是，应进一步研究对去除抗生素适宜的 EPS 的合适含量和组成，以实现复合体系高效、稳定地去除抗生素。

五、周丛生物 EPS 的变化

已有研究证明，周丛生物对 UCPs 或 TiO$_2$ 具有较强的抵抗力，并且通过 UCPs 优化后具有增强的氮或磷去除能力，但在 UCPs-TiO$_2$ 和 TC 存在下，对于周丛生物的反应还不清楚。因此，通过检测 EPS、F_0 值、SOD 和抗生素抗性基因（ARG）的变化来探究周丛生物对 TC-UCPs-TiO$_2$ 的响应（汪瑜，2020）。

本部分首先研究了在复合材料和四环素的胁迫下周丛生物 EPS 产生的变化规律。图 10-15 显示了 24h 后周丛生物在各个组中的 EPS 含量（EPS 表示为多糖和蛋白质总和）变化。对照组、TC-UCPs-TiO$_2$ 和 TC 处理组中 EPS 含量分别为（1.40±0.10）mg/g、（0.88±0.11）mg/g 和（1.24±0.09）mg/g。总体上看，TC-UCPs-TiO$_2$ 的 EPS 含量显著低于其他两组（$P < 0.05$）。TC-UCPs-TiO$_2$ 和 TC 处理组中的多糖含量没有显著差异（$P > 0.05$）。然而，TC-UCPs-TiO$_2$ 的蛋白质含量显著低于 TC 处理组（$P < 0.05$）。TC-UCPs-TiO$_2$ 下蛋白质的减少主要是由于可见光下复合系统（TC-UCPs-TiO$_2$）中产生的自由基被消耗（Gorobets et al.，2019）。由于多糖的抗氧化能力，所有组别之间的多糖含量并无明显变化（多糖只有一个单糖单元异头碳）（Meneses et al.，2017；Yang et al.，2015a）。

可以得出，复合系统中的 EPS 变化主要集中在易被自由基清除的蛋白质上。复合系统中 EPS 含量的变化有利于降低 EPS 在复合系统中的浓度，从而加强产生自由基的能力。

六、周丛生物的响应过程与机制

叶绿素荧光参数能反映光合微生物的活性，常用于植物和微生物光合活性等相关参数的表征，其中 F_0 值能反映光合微生物的光合作用潜力（Jin et al.，2019）。根据图 10-16，各个组的 F_0 值大小为：对照 < TC < TC-UCPs-TiO$_2$，对照组的 F_0 值在反应过程中趋于稳定，TC、TC-UCPs-TiO$_2$ 组的 F_0 值随着时间有增加的趋势（汪瑜，2020）。然而，研究表明，在 0.8 ~ 35mg/L TC 暴露下，铜绿微囊藻（*Microcystis aeruginosa*）的叶绿素荧光会明显下降，而在 5 ~ 30mg/L TC 存在下，小球藻（*Dictyosphaerium pulchellum*）和微芒藻（*Micractinium pusillum*）的量子产率下降（Bashir and Cho，2016；Jiang et al.，2010）。与纯菌株相比，周丛生物对 TC 具有很强的抵抗力，并且在低 TC 含量的刺激下显示出包膜现象（Shade et al.，2012）。F_0 的测量结果表明，在适应 TC 和 UCPs-TiO$_2$ 及其中间体的胁迫后，周丛生物中光合微生物的光合作用能力得到了提升。周丛生物的良好生长状况反过来又可以提高耦合系统的 TC 去除能力，并维持系统的长期、稳定运行。

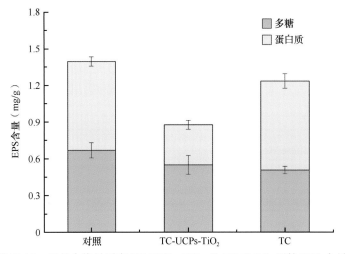

图 10-15　周丛生物暴露在 TC-UCPs- TiO$_2$ 及 TC 下 24h 后的 EPS 含量

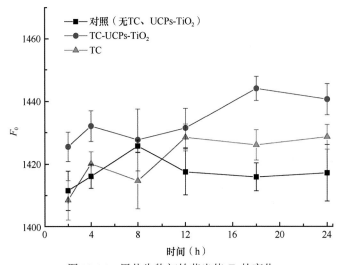

图 10-16　周丛生物初始荧光值 F_0 的变化

超氧化物歧化酶（SOD）是微生物抵抗自由基的关键抗氧化体系，也是指示微生物承受胁迫压力的重要指标。SOD 的高活性表明微生物具有很强的抗氧化性，反之微生物会承受更高的压力（Kim et al.，2019；Nantapong et al.，2019；Wang et al.，2019a）。SOD 的活性如图 10-17 所示。

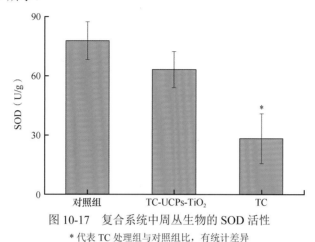

图 10-17　复合系统中周丛生物的 SOD 活性
*代表 TC 处理组与对照组比，有统计差异

在 TC-UCPs-TiO$_2$ 存在下，SOD 的活性与对照组相比略有下降，但下降幅度不显著（$P > 0.05$），与 TC-UCPs-TiO$_2$ 和对照组相比（图 10-17），TC 存在下周丛生物的 SOD 明显降低。结果表明，存在于仅有 TC 环境下的周丛生物遭受了一定程度的氧化破坏。反观复合系统中降低的 TC 含量不足以完全破坏周丛生物的结构。这些结果表明，复合系统（周丛生物 +UCPs-TiO$_2$）在存在 UCPs-TiO$_2$ 的情况下保持了良好的光合活性和抗氧化应激能力，对 TC 应力具有优良、可观的适应性，并具有长期降解污染物的潜力。

抗生素抗性基因（ARG）是微生物抵抗各种抗生素胁迫和降解抗生素的重要手段。四环素的 ARG 主要分为三类：外排泵基因、核糖体保护基因和四环素失活基因（Roberts，2005；Xu et al.，2015；Zhang and Zhang，2011）。外排泵基因通过细胞中与膜运输休戚相关的蛋白质将四环素排出细胞外部，这种行为会直接减少四环素在细胞体内的浓度并保护胞内的核糖体；四环素与核糖体结合，会改变核糖体的构象状态，从而破坏了延伸周期，蛋白质合成停止（Zeichner，1998）。核糖体保护蛋白被证实能与核糖体中 h34 蛋白的碱基相互作用，导致主要四环素结合位点的变构破坏，四环素分子从核糖体中释放出来。核糖体恢复到其标准构象状态，使蛋白质的合成能力恢复到原本的正常水平（Shams et al.，2015）；*tetX* 基因编码需要 NADPH 的基因氧化还原酶，可在氧气和 NADPH 存在的环境中使四环素失活，但仅在严格的不包括氧气的厌氧细菌拟杆菌中发现（Chopra and Roberts，2001）。

试验所测试的三类五种典型的抗生素基因（*tetA*、*tetC*、*tetM*、*tetO* 和 *tetX*）的分析如图 10-18 所示。试验结果表明，在试验和对照组别中均没有 *tetA*、*tetC* 和 *tetO*。*tetM* 可以在复合系统（周丛生物 +UCPs-TiO$_2$）中检测到，而 *tetM* 和 *tetX* 可以在存在 TC 的周丛生物中检测到。此外，仅具有 TC 的周丛生物中 *tetM* 的含量显著高于复合系统（周丛生物 +UCPs-TiO$_2$）中的周丛生物（汪瑜，2020）。在周丛生物中检测 *tetX*，结果表明，周丛生物具有降解四环素的潜力，因为 *tetX* 可以促进周丛生物中加氧酶的表达，从而改变四环素的结构并抑制四环素的破坏（Yang et al.，2004）。抗生素抗性基因是对水体环境中微生物的一把"双刃剑"，ARG 的表达使微生物可以抵抗四环素的破坏。但是，抗生素基因会发生水平转移，这会导致耐药基因的传播并降低抗生素在医药和畜牧水产等方面的效果（Ogawara，2019；Xu et al.，2019b）。考虑到污水处理厂中的生物处理单元是ARG 的主要来源（Liu et al.，2019），复合系统（周丛生物 +UCPs-TiO$_2$）有效地控制了抗性基因的表达，在废水处理单元中去除 TC 以及控制抗性基因过量表达具有优良的应用潜力。

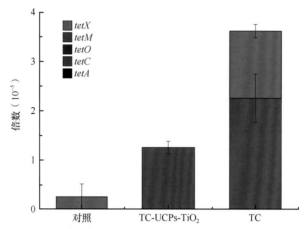

图 10-18　周丛生物在复合系统中的抗生素抗性基因（*tetA*、*tetC*、*tetM*、*tetO* 和 *tetX*）表达

各组之间周丛生物的 16S rRNA 和 18S rRNA 之间的结构差异与相似性由前 20 个属的丰度直方图表示（图 10-19，图 10-20）。对周丛生物 16S rRNA 的分析表明，不论在 TC-UCPs-TiO$_2$ 存在的环境中，还是 TC 环境中，常丝藻（*Tychonema*）CCAP 1459-11B 和亚栖热菌（*Meiothermus*）的相对丰度都明显高于对照组（正常生长的周丛生物）；而对照组中红杆菌（*Rhodobacter*）和弯钩菌（*Curvibacter*）的相对丰度明显高于 TC-UCPs-TiO$_2$ 存在的环境中及 TC 环境中周丛生物的相对丰度。相对于正常生长的周丛生物中的群落组成，TC-UCPs-TiO$_2$ 存在的环境中，周丛生物中变化最大的主要物种是常丝藻 CCAP 1459-11B，物种丰度在属水平从 5.64% 上升到 11.56%；弯钩菌的相对丰度从 5.47% 下降到 2.83%；红杆菌的相对丰度从 4.01% 下降到 0.26%；而亚栖热菌的相对丰度从 0.96% 上升到 2.82%。在TC 环境中常丝藻 CCAP 1459-11B 仍然是物种相对丰度最高的可鉴别微生物，TC 环境中的常丝藻 CCAP 1459-11B 物种相对丰度相对于其在 TC-UCPs-TiO$_2$ 存在环境中的物种丰度下降了 0.2%，为 11.36%，仍然显著高于其在对照组中的相对丰度；相对于弯钩菌的相对丰度在 TC-UCPs-TiO$_2$ 环境中的下降，TC 环境中弯钩菌的相对丰度下降更为显著，其丰度为 2.40%；红杆菌的相对丰度从 4.01% 下降到 0.12%；TC 环境中亚栖热菌的相对丰度（1.99%）虽然也有显著增加，但是增加的没有 TC-UCPs-TiO$_2$ 环境中的高。由此可见，无论是在 TC 环境中还是复合体系 TC-UCPs-TiO$_2$ 中，周丛生物中的微生物在属水平上与对照组发生了显著的变化。其中常丝藻 CCAP 1459-11B 是物种丰度最高且变化明显的微生物。常丝藻 CCAP 1459-11B 作为藻类，是周丛生物中重要的组成部分，为其他微生物提供氧气，必要时作为营养来源。但是常丝藻是一种在水环境中广泛存在、能产生藻毒素从而影响环

境的一种微生物（Shams et al.，2015）。它在四环素存在的条件下展现出了高于其他微生物的适应能力，在关于常丝藻去除抗生素或者四环素的检索中，相关文献几乎没有，而本研究发现其在去除四环素这类对微生物有灭杀作用且难以降解的污染物方面具有相当的潜力。

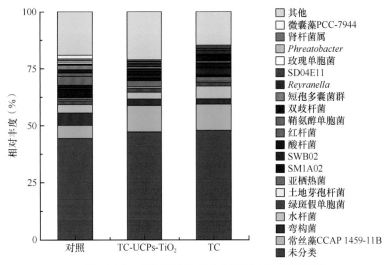

图 10-19　复合系统中周丛生物的 16S 相对丰度

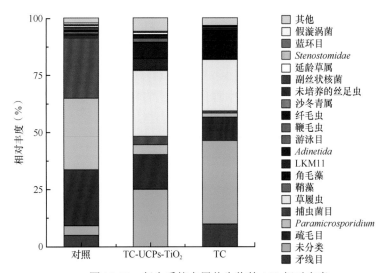

图 10-20　复合系统中周丛生物的 18S 相对丰度

对 18S rRNA 的分析发现，相比对照中微生物相对丰度在 TC-UCPs-TiO₂ 环境下的周丛生物和在 TC 环境下的周丛生物有显著差异，首先在对照中疏毛目（Araeolaimida）、*Paramicrosporidium*、捕虫菌目（Zoopagales）三种微生物的相对丰度分别为 24.50%、31.06% 和 26.32%，占超过 80% 的微生物丰度。而在 TC-UCPs-TiO₂ 环境中，疏毛目、*Paramicrosporidium*、捕虫菌目三种微生物的相对丰度下降十分明显，分别为 15.14%、4.26%、3.80%。TC 环境下的周丛生物相对丰度也出现了类似的情况，上述三种微生物的相对丰度分别为 10.23%、1.73%、0.96%，甚至均比 TC-UCPs-TiO₂ 环境中的相对丰度要低。

对比对照组中的微生物相对丰度，在 TC-UCPs-TiO$_2$ 环境下的周丛生物中微生物丰度发生了很大变化，草履虫（*Paramecium*）的相对丰度相比对照组的 0.10% 增加到 28.6%，成为主要属水平微生物；LKM11 和 *Adinetida* 的相对丰度分别从 0.96% 和 0.00% 升高到 4.85% 和 6.86%；疏毛目、*Paramicrosporidium* 的相对丰度虽然下降严重，但是仍然占比较高（15.14%、4.25%）。能够在低 TC 浓度下生活的草履虫、角毛藻（*Chaetoceros*）和疏毛目是在 TC 环境下周丛生物的主要菌，相对丰度分别为 22.38%、12.23%、10.23%，并且在对照组中有 5.08% 相对丰度的矛线目（*Dorylaimida*）在 TC 环境下有 9.96% 的相对丰度。在微生物相对丰度的变化中，真核生物的变化远远高于原核生物，进一步说明原核生物的群落结构更加不易受到环境的干扰（汪瑜，2020）。

七、小结与讨论

四环素和 UCPs-TiO$_2$ 造成的环境胁迫影响着周丛生物的生理结构特性。①周丛生物能在 TC 环境中分泌 EPS 用以抵御 TC，但是 UCPs-TiO$_2$ 在可见光下产生的自由基会使 EPS 中蛋白质含量减少；②TC-UCPs-TiO$_2$ 中周丛生物的光合活性、超氧化物歧化酶分泌能力都优于 TC 环境中的周丛生物，周丛生物在 TC-UCPs-TiO$_2$ 复合作用下能够保持较好的生理活性，从而有利于周丛生物 +UCPs-TiO$_2$ 耦合体系对 TC 的持续和稳定去除；③在 TC-UCPs-TiO$_2$ 中，周丛生物为了适应环境，其群落结构也发生调整，形成的新的群落对 TC-UCPs-TiO$_2$ 胁迫的适应能力更强；④TC-UCPs-TiO$_2$ 中周丛生物的抗性基因结果显示周丛生物 +UCPs-TiO$_2$ 体系中四环素抗性基因表达水平较低，能在有效降低水体中四环素含量的同时抑制抗性基因的表达，减少抗性基因转移的风险。因此，在与 UCPs-TiO$_2$ 耦合去除 TC 过程中，周丛生物通过其生理生态水平的响应，能够较好地适应胁迫，维持耦合体系的稳定、持续运行。

参 考 文 献

郝秀利，陈永生，陈喜平，等. 2012. Yb^{3+}、Ho^{3+} 掺杂浓度及晶粒尺寸对 NaYF$_4$:Yb^{3+}, Ho^{3+} 上转换材料发光的影响. 功能材料，43(17): 2286-2290.

贾明理，郭建利，张家骅. 2017. 掺杂浓度对 Lu$_2$O$_3$: Er^{3+} 纳米晶上转换发光的影响. 运城学院学报，35(3): 21-24.

李杰. 2012. 稀土掺杂 NaYF$_4$ 纳米晶上转换发光强度的调节. 大连：大连理工大学硕士学位论文.

汪瑜. 2020. 周丛生物联合 UCPs-TiO$_2$ 去除水体中四环素的研究. 南昌：南昌大学硕士学位论文.

朱燕. 2018. 周丛生物对错锂掺杂的上转换材料的适应性研究. 北京：中国科学院大学硕士学位论文.

Ahluwalia S S, Goyal D. 2007. Microbial and plant derived biomass for removal of heavy metals from wastewater. Bioresource Technology, 98(12): 2243-2257.

Auzel F O. 2004. Upconversion and anti-Stokes processes with f and d ions in solids. Chemical Reviews, 104(1): 139-173.

Avellan A, Simonin M, McGivney E, et al. 2018. Gold nanoparticle biodissolution by a freshwater macrophyte and its associated microbiome. Nature Nanotechnology, 13(11): 1072-1077.

Bai Y, Wang Y, Yang K, et al. 2008. The effect of Li on the spectrum of Er^{3+} in Li- and Er-codoped ZnO nanocrystals. Journal of Physical Chemistry C, 5: 12259-12263.

Balda R, Fernández J, Pablos A D, et al. 1999. Spectroscopic properties of Pr^{3+} ions in lead germanate glass. Journal of Physics Condensed Matter, 11: 7411-7421.

Bashir K M I, Cho M G. 2016. The effect of kanamycin and tetracycline on growth and photosynthetic activity of two chlorophyte algae. BioMed Research International, 8.

Baudrimont M, Andrei J, Mornet S, et al. 2018. Trophic transfer and effects of gold nanoparticles (AuNPs) in *Gammarus fossarum* from contaminated periphytic biofilm. Environmental Science and Pollution Research, 25(12): 11181-11191.

Boschker H T S, Kromkamp J C, Middelburg J J. 2005. Biomarker and carbon isotopic constraints on bacterial and algal community structure and functioning in a turbid, tidal estuary. Limnology & Oceanography, 50(1): 70-80.

Bowker C, Sain A, Shatalov M, et al. 2011. Microbial UV fluence-response assessment using a novel UV-LED collimated beam system. Water Research, 45(5): 2011-2019.

Cates E L, Chinnapongse S L, Kim J H, et al. 2012. Engineering light: advances in wavelength conversion materials for energy and environmental technologies. Environmental Science & Technology, 46(22): 12316-12328.

Cates E L, Cho M, Kim J H. 2011. Converting visible light into UVC: microbial inactivation by Pr(3+)-activated upconversion materials. Environmental Science & Technology, 45(8): 3680-3686.

Cates S. 2015. Materials Modification Strategies to Improve Praseodymium-Doped Visible-to-Ultraviolet Upconversion Systems for Environmental Applications. Atlanta: Georgia Institute of Technology.

Chen G, Qiu H, Prasad P N, et al. 2014. Upconversion nanoparticles: design, nanochemistry, and applications in theranostics. Chemical Reviews, 114(10): 5161-5214.

Chopra I, Roberts M. 2001. Tetracycline antibiotics: Mode of action, applications, molecular biology, and epidemiology of bacterial resistance. Microbiology and Molecular Biology Reviews, 65(2): 232-260.

Coyte K, Schluter J, Foster K. 2015. The ecology of the microbiome: Networks, competition, and stability. Science, 350(6261): 663-666.

Davies J, Davies D. 2010. Origins and evolution of antibiotic resistance. Microbiol Mol Biol Rev, 74(3): 417-433.

Ding M, Ni Y, Song Y, et al. 2015. Li^+ ions doping core-shell nanostructures: An approach to significantly enhance upconversion luminescence of lanthanide-doped nanocrystals. Journal of Alloys and Compounds, 623: 42-48.

Ferry J L, Craig P, Hexel C, et al. 2009. Transfer of gold nanoparticles from the water column to the estuarine food web. Nature Nanotechnology, 4(7): 441-444.

Flemming H C, Wingender J. 2010. The biofilm matrix. Nature Reviews Microbiology, 8(9): 623-633.

Foster K R, Bell T. 2012. Competition, not cooperation, dominates interactions among culturable microbial species. Current Biology, 22(19): 1845-1850.

Frostegård Å, Tunlid A, Bååth E. 2011. Use and misuse of PLFA measurements in soils. Soil Biology and Biochemistry, 43(8): 1621-1625.

Ganguly P, Byrne C, Breen A, et al. 2018. Antimicrobial activity of photocatalysts: Fundamentals, mechanisms, kinetics and recent advances. Applied Catalysis B: Environmental, 225: 51-75.

Gil-Allué C, Tlili A, Schirmer K, et al. 2018. Long-term exposure to silver nanoparticles affects periphyton community structure and function. Environmental Science: Nano, 5(6): 1397-1407.

Gorobets M G, Wasserman L A, Bychkova A V, et al. 2019. Thermodynamic features of bovine and human serum albumins under ozone and hydrogen peroxide induced oxidation studied by differential scanning calorimetry. Chemical Physics, 523: 34-41.

Guo J, Wang J, Cui D, et al. 2010. Application of bioaugmentation in the rapid start-up and stable operation of biological processes for municipal wastewater treatment at low temperatures. Bioresource Technology, 101(17): 6622-6629.

Hibbing M E, Fuqua C, Parsek M R, et al. 2010. Bacterial competition: surviving and thriving in the microbial jungle. Nature Reviews Microbiology, 8(1): 15-25.

Holzinger A, Karsten U. 2013. Desiccation stress and tolerance in green algae: consequences for ultrastructure, physiological and molecular mechanisms. Fronters in Plant Science, 4: 327.

Jiang L, Chen S, Yin D. 2010. Effects of tetracycline on photosynthesis and antioxidant enzymes of *Microcystis aeruginosa*. Journal of Ecology and Rural Environment, 26(6): 564-567.

Jin M K, Wang H, Li Z, et al. 2019. Physiological responses of *Chlorella pyrenoidosa* to 1-hexyl-3-methyl chloride ionic liquids with different cations. Science of the Total Environment, 685: 315-323.

Kaweeteerawat C, Ivask A, Liu R, et al. 2015. Toxicity of metal oxide nanoparticles in *Escherichia coli* correlates with conduction band and hydration energies. Environmental Science & Technology, 49(2): 1105-1112.

Kim S H, Lim J W, Kim H. 2019. Astaxanthin prevents decreases in superoxide dismutase 2 level and superoxide dismutase activity in *Helicobacter* pylori-infected gastric epithelial cells. Journal of Cancer Prevention, 24(1): 54-58.

Kubacka A, Fernández-García M, Colón G. 2012. Advanced nanoarchitectures for solar photocatalytic applications. Chemical Reviews, 112(3): 1555-1614.

Kuhne M, Hamscher G, Korner U, et al. 2001. Formation of anhydrotetracycline during a high-temperature treatment of animal-derived feed contaminated with tetracycline. Food Chemistry, 75(4): 423-429.

Liu H, Sun H, Zhang M, et al. 2019. Dynamics of microbial community and tetracycline resistance genes in biological nutrient removal process. Journal of Environmental Management, 238: 84-91.

Luo J, Liang H, Yan L, et al. 2013. Microbial community structures in a closed raw water distribution system biofilm as revealed by 454-pyrosequencing analysis and the effect of microbial biofilm communities on raw water quality. Bioresource Technology, 148: 189-195.

Maurer-Jones M A, Gunsolus I L, Murphy C J, et al. 2013. Toxicity of engineered nanoparticles in the environment. Analytical Chemistry, 85(6): 3036-3049.

Meneses C, Goncalves T, Alqueres S, et al. 2017. Gluconacetobacter diazotrophicus exopolysaccharide protects bacterial cells against oxidative stress *in vitro* and during rice plant colonization. Plant & Soil, 416(1-2): 133-147.

Miao L, Wang P, Wang C, et al. 2018. Effect of TiO_2 and CeO_2 nanoparticles on the metabolic activity of surficial sediment microbial communities based on oxygen microelectrodes and high-throughput sequencing. Water Research, 129: 287-296.

Miura Y, Hiraiwa M N, Ito T, et al. 2007. Bacterial community structures in MBRs treating municipal wastewater: relationship between community stability and reactor performance. Water Research, 41(3): 627-637.

Nantapong N, Murata R, Trakulnaleamsai S, et al. 2019. The effect of reactive oxygen species (ROS) and ROS-scavenging enzymes, superoxide dismutase and catalase, on the thermotolerant ability of *Corynebacterium glutamicum*. Applied Microbiology and Biotechnology, 103(13): 5355-5366.

Noventa S, Hacker C, Rowe D, et al. 2018. Dissolution and bandgap paradigms for predicting the toxicity of metal oxide nanoparticles in the marine environment: an *in vivo* study with oyster embryos. Nanotoxicology, 12(1): 63-78.

Ogawara H. 2019. Comparison of antibiotic resistance mechanisms in antibiotic-producing and pathogenic bacteria. Molecules (Basel, Switzerland), 24(19): 3430.

Pi Z J, Li X M, Wang D B, et al. 2019. Persulfate activation by oxidation biochar supported magnetite particles for tetracycline removal: Performance and degradation pathway. Journal of Cleaner Production, 235: 1103-1115.

Polo-López M I, Castro-Alférez M, Oller I, et al. 2014. Assessment of solar photo-Fenton, photocatalysis, and H_2O_2 for removal of phytopathogen fungi spores in synthetic and real effluents of urban wastewater. Chemical Engineering Journal, 257: 122-130.

Qian F, Wang H, Ling Y, et al. 2014. Photoenhanced electrochemical interaction between *Shewanella* and a hematite nanowire photoanode. Nano Letters, 14(6): 3688-3693.

Reszczyńska J, Grzyb T, Wei Z, et al. 2016. Photocatalytic activity and luminescence properties of RE^{3+}-TiO_2 nanocrystals prepared by sol-gel and hydrothermal methods. Applied Catalysis B: Environmental, 181: 825-837.

Rittmann B E. 2018. Biofilms, active substrata, and me. Water Research, 132: 135-145.

Roberts M C. 2005. Update on acquired tetracycline resistance genes. FEMS Microbiology Letters, 245(2): 195-203.

Roder H L, Sorensen S J, Burmolle M. 2016. Studying bacterial multispecies biofilms: Where to start? Trends in Microbiology, 24(6): 503-513.

Rudra P, Hurst-Hess K, Lappierre P, et al. 2018. High levels of intrinsic tetracycline resistance in *Mycobacterium abscessus* are conferred by a tetracycline-modifying monooxygenase. Antimicrob Agents Chemother, 62(6): 14.

Saleh N B, Milliron D J, Aich N, et al. 2016. Importance of doping, dopant distribution, and defects on electronic band structure alteration of metal oxide nanoparticles: Implications for reactive oxygen species. Science of the Total Environment, 568: 926-932.

Santos A L, Oliveira V, Baptista I, et al. 2012. Effects of UV-B radiation on the structural and physiological diversity of bacterioneuston and bacterioplankton. Applied and Environmental Microbiology, 78(6): 2066-2069.

Shade A, Peter H, Allison S D, et al. 2012. Fundamentals of microbial community resistance and resilience. Frontiers in Microbiology, 3: 417.

Shams S, Capelli C, Cerasino L, et al. 2015. Anatoxin-a producing *Tychonema* (Cyanobacteria) in European waterbodies. Water Research, 69: 68-79.

Shao S, Hu Y, Cheng C, et al. 2018. Simultaneous degradation of tetracycline and denitrification by a novel bacterium, *Klebsiella* sp. SQY5. Chemosphere, 209: 35-43.

Song J, Wang X, Ma J, et al. 2018. Removal of *Microcystis aeruginosa* and microcystin-LR using a graphitic-

C$_3$N$_4$/TiO$_2$ floating photocatalyst under visible light irradiation. Chemical Engineering Journal, 348: 380-388.

Stewart T J, Behra R, Sigg L. 2015. Impact of chronic lead exposure on metal distribution and biological effects to periphyton. Environmental Science & Technology, 49(8): 5044-5051.

Tang J, Zhu N, Zhu Y, et al. 2017. Responses of periphyton to Fe$_2$O$_3$ nanoparticles: a physiological and ecological basis for defending nanotoxicity. Environmental Science & Technology, 51(18): 10797-10805.

Tang Y, Zhang Y, Yan N, et al. 2015. The role of electron donors generated from UV photolysis for accelerating pyridine biodegradation. Biotechnology and Bioengineering, 112(9): 1792-1800.

Torreggiani A, Tinti A, Jurasekova Z, et al. 2019. Structural lesions of proteins connected to lipid membrane damages caused by radical stress: Assessment by biomimetic systems and raman spectroscopy. Biomolecules, 9(12): 794.

Verma B, Headley J V, Robarts R D. 2007. Behaviour and fate of tetracycline in river and wetland waters on the Canadian Northern Great Plains. Journal of Environmental Science and Health Part a-Toxic/Hazardous Substances & Environmental Engineering, 42(2): 109-117.

Wang F, Liu X. 2009. Recent advances in the chemistry of lanthanide-doped upconversion nanocrystals. Chemical Society Reviews, 38(4): 976-989.

Wang H, Abassi S, Ki J S. 2019a. Origin and roles of a novel copper-zinc superoxide dismutase (CuZnSOD) gene from the harmful dinoflagellate *Prorocentrum minimum*. Gene, 683: 113-122.

Wang W, Han Q, Zhu Z J, et al. 2019b. Enhanced photocatalytic degradation performance of organic contaminants by heterojunction photocatalyst BiVO$_4$/TiO$_2$/RGO and its compatibility on four different tetracycline antibiotics. Advanced Powder Technology, 30(9): 1882-1896.

Wang Y, Zhu Y, Sun P, et al. 2019c. Augmenting nitrogen removal by periphytic biofilm strengthened via upconversion phosphors (UCPs). Bioresource Technology, 274: 105-112.

Wang Z Y, Li J, Zhao J, et al. 2011. Toxicity and internalization of CuO nanoparticles to prokaryotic alga *Microcystis aeruginosa* as affected by dissolved organic matter. Environmental Science & Technology, 45(14): 6032-6040.

Warnecke F, Sommaruga R, Sekar R, et al. 2005. Abundances, identity, and growth state of Actinobacteria in mountain lakes of different UV transparency. Applied and Environmental Microbiology, 71(9): 5551-5559.

Wu W, Jiang C Z, Roy V A L. 2015. Recent progress in magnetic iron oxide-semiconductor composite nanomaterials as promising photocatalysts. Nanoscale, 7(1): 38-58.

Wu Y, Hu Z, Yang L, et al. 2011. The removal of nutrients from non-point source wastewater by a hybrid bioreactor. Bioresource Technology, 102(3): 2419-2426.

Wu Y, Xia L, Yu Z, et al. 2014. *In situ* bioremediation of surface waters by periphytons. Bioresource Technology, 151: 367-372.

Wu Y, Yang J, Tang J, et al. 2017. The remediation of extremely acidic and moderate pH soil leachates containing Cu (II) and Cd (II) by native periphytic biofilm. Journal of Cleaner Production, 162: 846-855.

Wu Y. 2017. Periphyton: functions and application in environmental remediation presents a systematic overview of a wide variety of periphyton functions and applications.

Xiao Y, Zhang E, Zhang J, et al. 2017. Extracellular polymeric substances are transient media for microbial extracellular electron transfer. Science Advances, 3(7): e1700623.

Xu D M, Xiao Y P, Pan H, et al. 2019a. Toxic effects of tetracycline and its degradation products on freshwater green algae. Ecotoxicology and Environmental Safety, 174: 43-47.

Xu J, Xu Y, Wang H, et al. 2015. Occurrence of antibiotics and antibiotic resistance genes in a sewage treatment plant and its effluent-receiving river. Chemosphere, 119: 1379-1385.

Xu K, Wang J, Gong H, et al. 2019b. Occurrence of antibiotics and their associations with antibiotic resistance genes and bacterial communities in Guangdong coastal areas. Ecotoxicology and Environmental Safety, 186: 109796.

Yang H X, Deng J J, Yuan Y, et al. 2015a. Two novel exopolysaccharides from *Bacillus amyloliquefaciens* C-1: antioxidation and effect on oxidative stress. Current Microbiology, 70(2): 298-306.

Yang J, Liu J, Wu C, et al. 2016. Bioremediation of agricultural solid waste leachates with diverse species of Cu (II) and Cd (II) by periphyton. Bioresource Technology, 221: 214-221.

Yang W R, Moore I F, Koteva K P, et al. 2004. TetX is a flavin-dependent monooxygenase conferring resistance to tetracycline antibiotics. Journal of Biological Chemistry, 279(50): 52346-52352.

Yang Y, Liu C, Mao P, et al. 2013. Upconversion luminescence and photodegradation performances of Pr doped Y_2SiO_5 nanomaterials. Journal of Nanomaterials, (6): 1-6.

Yang Y, Xia G Z, Liu C, et al. 2015b. Effect of Li(I) and TiO_2 on the upconversion luminance of Pr: Y_2SiO_5 and its photodegradation on nitrobenzene wastewater. Journal of Chemistry, (3): 1-7.

Yuan S J, Sheng G P, Li W W, et al. 2010. Degradation of organic pollutants in a photoelectrocatalytic system enhanced by a microbial fuel cell. Environmental Science & Technology, 44(14): 5575-5580.

Zeichner S L. 1998. Tetracycline update. Pediatrics in Review, 19(1): 32.

Zhang H Y, Ji Z X, Xia T, et al. 2012. Use of metal oxide nanoparticle band gap to develop a predictive paradigm for oxidative stress and acute pulmonary inflammation. ACS Nano, 6(5): 4349-4368.

Zhang L S, Wong K H, Yip H Y, et al. 2010. Effective photocatalytic disinfection of *E. coli* K-12 using AgBr-Ag-Bi_2WO_6 nanojunction system irradiated by visible light: The role of diffusing hydroxyl radicals. Environmental Science & Technology, 44(4): 1392-1398.

Zhang X X, Zhang T. 2011. Occurrence, abundance, and diversity of tetracycline resistance genes in 15 sewage treatment plants across China and other global locations. Environmental Science & Technology, 45(7): 2598-2604.

Zheng X G, Fu W D, Kang F Y, et al. 2018. Enhanced photo-Fenton degradation of tetracycline using TiO_2-coated alpha-Fe_2O_3 core-shell heterojunction. Journal of Industrial and Engineering Chemistry, 68: 14-23.

Zhong Q F, Lin Q T, Huang R L, et al. 2020. Oxidative degradation of tetracycline using persulfate activated by N and Cu codoped biochar. Chemical Engineering Journal, 380: 122608.

Zhu N, Wang S, Cilai T, et al. 2019. Protection mechanisms of periphytic biofilm to photocatalytic nanoparticles (PNPs) exposure. Environmental Science & Technology, 53(3): 1585-1594.

Zhu N, Zhang J, Tang J, et al. 2018. Arsenic removal by periphytic biofilm and its application combined with biochar. Bioresource Technology, 248 (Part B): 49-55.

第十一章 盐碱地稻田周丛生物特征及其对氮磷的调控作用

第一节 盐碱地稻田周丛生物群落特征与功能

一、引言

在沿海地区，盐渍化土壤中以 NaCl 和 KCl 为主。据报道，蓝藻（蓝细菌）是改良盐影响土壤的有效微生物，也被称为蓝绿藻，几乎分布在所有的土壤－水界面，已被证明在盐碱地上生长良好且广泛存在（Ishida et al.，2009；Qiao et al.，2015）。它们是机会主义微生物，也可以被视为各个群落的重要初级生产者（Singh and Dhar，2010）。许多研究证明，蓝藻不但能够在极端 pH、高温、高盐度等条件下生存，而且能够茁壮成长，表明蓝藻对极端环境具有较高的耐受性（Borovec et al.，2010；Qiao et al.，2015）。在沿海地区，特别是复垦沼泽或稻田，土壤或沉积物表面都覆盖着一层蓝藻群落。许多研究表明，蓝藻的应用对于盐渍化土壤改良有着积极作用，包括对土壤团聚体、导水率、pH、电导率和钠离子（Na^+）下降等土壤质地的改善，以及对氮、磷等土壤养分的改善效果（Apte and Thomas，1997；Singh and Dhar，2010）。

我们前期的研究表明，蓝藻是周丛生物群落的主要组成，在周丛生物群落中占主导地位，形成了周丛生物的基本基质，为其他细菌、真菌和原生动物提供了栖息场所（Lu et al.，2016a；Wu et al.，2016）。因此，研究土壤周丛生物，特别是盐碱地围垦稻田中的周丛生物，对盐碱地农业利用和发展具有重要的现实意义。总的来说，周丛生物可以通过改善土壤结构，同化和吸收氯化钠等盐分，抑制盐分在土壤表层的积累，对盐碱地围垦水稻生态系统的盐分、养分迁移具有显著影响，可用于盐碱地围垦稻田的盐分和养分管理，在盐碱地土壤改良和肥力提升与控制沿海地区的非点源农业污染方面具有巨大的应用潜力（图 11-1）。

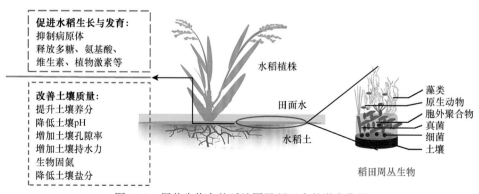

图 11-1 周丛生物在盐碱地围垦稻田中的潜在作用

水稻种植正成为沿海围垦盐碱地的一项重要农业活动。研究表明，利用附着藻类技术监测、调控和管理盐碱地围垦稻田生态系统中的养分和盐分将是未来研究的热点。因此，稻田周丛生物的收获、运输、稳定性、生物肥料技术以及周围植物对水稻养分的利用比例等问题有待进一步研究。此外，稻田周丛生物是一种包含藻类、细菌、真菌和原生动物等多种生物的生物聚集体。然而，目前尚不清楚各物种对盐和养分迁移的影响及其贡献。此外，如何人工调控稻田周丛生物的组成、结构和生长仍是一个挑战。周丛生物在水稻生态系统中的组成相对稳定，无法发挥其对盐和养分调控与管理的积极作用。因此，为了更好地发挥水稻周丛生物在生态系统中的作用，应进一步研究周丛生物生长和组成的调控方法。稻田周丛生物是一种很有前景的调节水稻生态系统土壤－水表面盐和营养行为的生物材料。周丛生物的优势特性如强大的生存能力、耐盐性、固定养分（C、N和P）、易调节和环保性对改善盐碱地土壤，改善土壤结构、吸收盐和抑制土壤耕层盐分积累有巨大潜力。在养分管理方面，周丛生物（在盐碱地围垦稻田生态系统中的作用）可以视作一种改善养分状况的缓释生物肥料，一种去除过量养分的储存器，一种养分转移的中介器以及养分监测的指示器。

由于水稻种植前的洗盐过程，盐碱地复垦土壤的养分含量相对较低。稻田生态系统大规模施用化肥，非点源污染突出（Fernández et al.，2010）。稻田水营养状况的监测与控制是农业面源污染防治的重要手段。周丛生物分布在水稻生态系统中是其自身对养分快速响应的基础，因此周丛生物是可行的，可以用于监测和评估水稻生态系统的养分状况（Reavie et al.，2010）。周丛生物的形态、结构、生物量、颜色等诸多特征使其成为反映水稻水体营养状况的可靠指标。例如，周丛生物组织中的总磷含量由于其重复性好而可靠，可以很好地反映水系统中磷负荷历史（Gaiser，2009）。许多先前的研究表明周丛生物（颜色、物种组成和形态）与水体的营养状况之间存在很强的相关性（Biggs，2006）。水体养分利用率对周丛生物的种类组成、形态、生产力和生物量也有显著影响。据报道，随着养分利用率的增大，植物的分类组成和生物量（密度和厚度）发生了显著变化（Borduqui and Ferragut，2012）。我们前期的研究表明，随着水体养分的增加，周丛生物的形态由球状向丝状转变，在营养水平较高的地区，周丛生物的物种丰富度和多样性降低（Lu et al.，2016a）。在营养浓度较高的地区，优势生物为颤藻目，而在营养浓度相对较低的地区，席藻科占优势（Douterelo et al.，2004）。较高的水营养水平会导致浮游植物生物量的增加，但浮游植物的增加会造成水透明度较低，这对周丛生物的生长有负面影响（Vadeboncoeur et al.，2014）。

二、围垦稻田周丛生物形态特征

从图 11-2 可以看出，稻田周丛生物主要由藻类（蓝细菌）组成，它们相互重叠，构成了周丛生物的基质。与此同时，通过光学显微镜还可以观察到硅藻类、细菌类和原生动物类生物栖息在周丛生物表层。此外，可以发现稻田周丛生物具有大量的微孔结构，这些微孔主要由相互缠绕的藻类物种构成。研究表明，周丛生物结构是异质性的，具有极高的复杂性，包括孔隙、通道、腔和丝状细胞复杂地簇拥在一起。本研究通过激光共聚焦显微镜观察发现类似现象，周丛生物具有大量的微孔结构，这些结构很可能对营养物质和水分在周丛生物内的传递中起重要的作用，因为这些微孔结构可以吸附、截留或者过滤周丛生物内的营养物质。

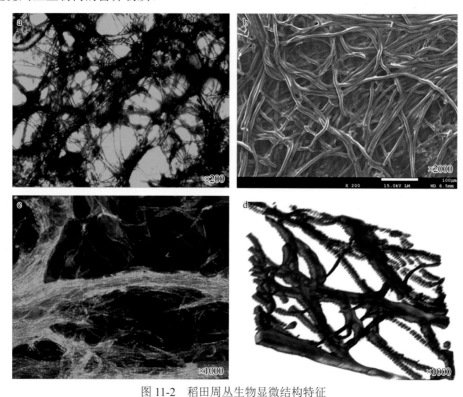

图 11-2　稻田周丛生物显微结构特征

a. 光学显微镜下的周丛生物；b. 电子显微镜下的周丛生物；c. 激光共聚焦显微镜下的周丛生物；d. 稻田周丛生物三维显微结构图

　　稻田周丛生物的形成过程一般分为三个阶段。第一阶段：初级定殖阶段，细菌开始在土壤表面定居并产生胞外聚合物（EPS），导致周丛生物位置的形成。EPS 是后期物种在周丛生物聚集体中定殖的重要前提，周围植物聚集体主要由多糖和蛋白质组成，还包括核酸、脂质和腐殖质；第二阶段：快速定殖阶段，真核多细胞生物，如微藻，开始附着在表面 EPS 上；第三阶段：最终定殖阶段，在这一阶段，一些丝状藻类开始生长，其他一些微生物，如浮游动物（如轮虫）和原生动物（如草履虫）也开始在表面定殖，形成稳定的长链状或丝状的微生物群落结构。周丛生物中的细菌是周丛生物演替初始阶段的一个关键因素。例如，细菌产生 EPS 和黏液，以形成骨架，供随后的其他有机体附着。此外，细菌分泌胞外酶以利用溶解的有机物。此后，周丛生物最显著的演替过程就完成了。附生藻类如球藻、舟形藻等生长形成了附生藻类的基本结构。最后，一些绿藻（如 *Stigeoclonium* sp.）或红藻（如 *Batrachospermum* sp.）出现在微生物聚集体的表面（图 11-3）。

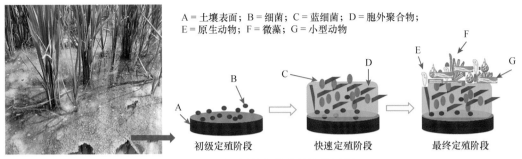

A＝土壤表面；B＝细菌；C＝蓝细菌；D＝胞外聚合物；
E＝原生动物；F＝微藻；G＝小型动物

初级定殖阶段　　　快速定殖阶段　　　最终定殖阶段

图 11-3　稻田周丛生物自然演替过程

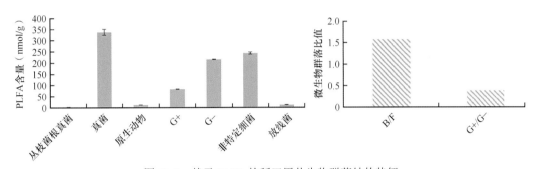

图 11-4　基于 PLFA 的稻田周丛生物群落结构特征

G+ 为革兰氏阳性菌；G– 为革兰氏阴性菌；B/F 为细菌与真菌的比值；G+/G– 为革兰氏阳性菌 / 革兰氏阴性菌

三、围垦稻田周丛生物组成结构特征

由图 11-4 可以看出，基于 PLFA 的稻田周丛生物总微生物含量约为 906nmol/g，包括真菌、革兰氏阳性菌、革兰氏阴性菌、放线菌和原生动物等，其中以细菌占主导，B/F 约为 1.6，细菌中革兰氏阴性菌所占比例最大，G+/G– 约为 0.4。

对周丛生物进行高通量测序发现（图 11-5），稻田周丛生物原核微生物群落主要由蓝细菌门（Cyanobacteria）、变形菌门（Proteobacteria）、拟杆菌门（Bacteroidetes）、绿弯菌门（Chloroflexi）四类微生物组成，占总数的 90% 左右。进一步对其细菌进化图分析，发现蓝细菌门主要可以分为产氧光细菌目（Oxyphotobacteria）、念珠藻目（Nostocales）和 Leptolyngbyales 目三个分支。变形菌门主要分为 α- 变形菌纲（Alphaproteobacteria）、γ- 变形菌纲（Gammaproteobacteria）和 δ- 变形菌纲（Deltaproteobacteria）三个分支。

稻田周丛生物真核微生物群落（18S）主要由子囊菌门（Ascomycota）、壶菌门（Chytridiomycota）、毛霉门（Mucoromycota）、担子菌门（Basidiomycota）组成，占总数的 85% 左右。真菌微生物进化分支如图 11-6 所示，不再详述。

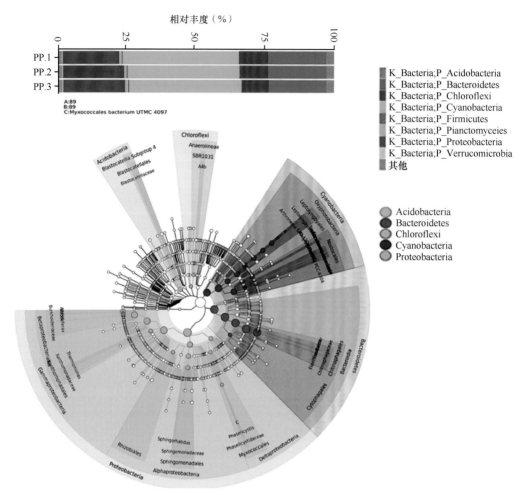

图 11-5　稻田周丛生物原核细菌群落（16S）组成特征（PP 代表稻田周丛生物）

由图 11-7 可以发现，稻田周丛生物具有极高的微生物多样性（香农指数大于 5），且其真核微生物多样性小于原核微生物多样性。

四、周丛生物对盐碱地土壤的改良

（一）周丛生物对土壤物理结构的影响

在盐渍土表面培养周丛生物可以直接或间接地改变土壤的理化性质。周丛生物分泌的胞外聚合物（EPS）能够结合土壤颗粒，从而提高土壤表面的稳定性，保护土壤免受侵蚀（Singh and Dhar，2010）。EPS 主要由多糖和蛋白质组成，占周丛生物有机质总量的 50% ～ 90%，这有利于土壤物理特性的改良（Donlan，2002）。由于 EPS 中多糖的吸湿性，也可以储存 / 积累水分（Sheng et al.，2010）。此外，周丛生物中的一些物种，如蓝藻，可以分泌出一些黏液，这些黏液对土壤水分的储存和土壤团聚体的形成都有帮助（Sheng et al.，2010）。已有研究证明，施用蓝藻可以改善土壤的渗透系数等物理性质，这有助于根系的渗透和盐碱地的养分获取（Issa et al.，2001；Valiente et al.，2000）。

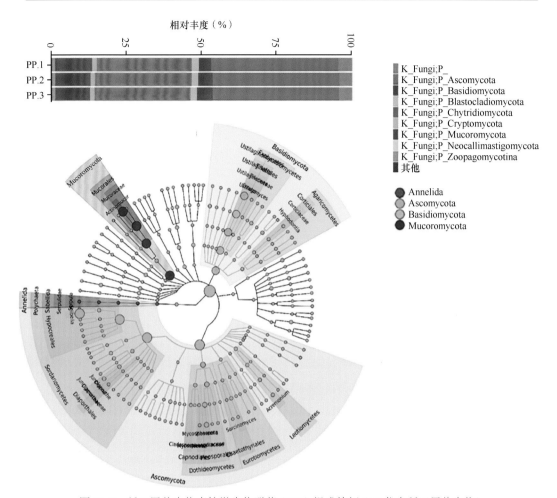

图 11-6 稻田周丛生物真核微生物群落（18S）组成特征（PP 代表稻田周丛生物）

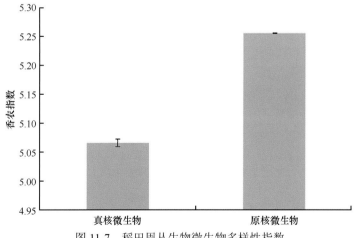

图 11-7 稻田周丛生物微生物多样性指数

（二）土壤 pH 降低

沿海围垦区土壤具有较高的pH和Na⁺含量。这种条件有利于重氮营养型蓝藻的生长，特别是在水稻生态系统中（Pandey et al.，2005）。有报道称，重氮营养型蓝藻在水稻土表面的生长可以使土壤pH从9.2降低到7.5（Singh and Dhar，2010）。同样，蓝藻如拟惠氏藻的生长可以使土壤pH从8.05降低到7.71，蓝藻生长导致pH降低的原因可能与土壤淋溶增加和有机酸释放到土壤中有关（Prabu and Udayasoorian，2007）。随着土壤淋失量的增加，土壤碱饱和度和酸度均增加。

（三）周丛生物对土壤盐含量的影响

我们发现，当土壤EC大于8mS/cm时，周丛生物能够在受盐影响的土壤表面良好地生长（图11-8）。此外，我们还测定了含有周丛生物和不含有周丛生物条件下土壤电导率的变化，结果证明：盐渍土壤中周丛生物的生长显著降低了表层土壤（0～20cm）的盐分含量。这与前期的研究结果类似，在盐渍土壤中施用蓝藻可降低土壤EC。Zhu等（2021）的研究同样证实了周丛生物的存在可以有效降低土壤表层的含盐量。研究进一步表明，蓝藻在受盐影响地区的应用降低了土壤交换性钠和EC，这表明蓝藻对钠的吸收可以达到0.8mg/mg干重。周丛生物的耐盐性可能涉及多种机制，包括渗透压调节、Na⁺/K⁺调节系统、pH调节以及结合氮增强耐盐性（Singh and Dhar，2010）。

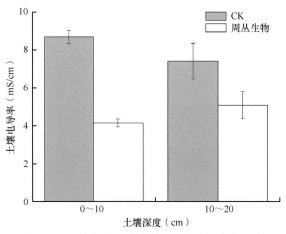

图 11-8　周丛生物对滩涂围垦土壤电导率的影响

我们通过扫描电镜观察发现，许多晶体（如氯化钠）在周丛生物的微表面积累（图11-9）。一个可能的原因是，周丛生物中的耐盐菌株分泌的EPS可以与一些有毒的阳离子（如Na⁺）结合或螯合。此外，蓝藻可以释放一些有机酸和酶，有利于土壤中CaCO₃的增溶。这使得Ca²⁺可以替代土壤复合体中的Na⁺（Singh and Dhar，2010）。

此外，周丛生物覆盖度可以有效控制土壤水分的流失，降低表层土壤的蒸发强度。因此，带水的盐会被阻挡在土壤的表层并积累。众所周知，幼苗对盐分的敏感性是导致植物在盐碱地难以生长的重要原因之一。周丛生物的存在就像土壤表面的绿色地毯，可以有效提高植物幼苗的成活率，从而提高植物幼苗在盐碱地的成活率，这为非耐盐植物在盐渍土壤中生存创造了有利条件。

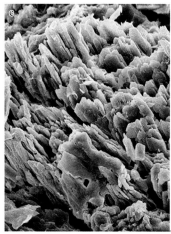

图 11-9　野外滩涂土壤周丛生物及其微观形态

（四）周丛生物对滩涂土壤养分的提升

周丛生物可以从环境中捕获与富集大量营养元素和微量营养元素（Lu et al.，2016b，2014）。由于周丛生物内存在光合微生物，养分（特别是碳、氮和磷）易被周丛生物吸收（Larned et al.，2004）。例如，周丛生物作为水生态系统的生产者，具有较高的光合作用能力。通过这个过程，二氧化碳被转化为有机化合物，如储存在周丛生物中的葡萄糖（Azim，2009）。周丛生物还能产生固氮酶，固氮酶能显著提高土壤肥力（Inglett et al.，2004；Issa et al.，2001；Singh and Dhar，2010）。周丛生物藻类中的无机氮同化过程如下：NO_3^-（+ 硝酸还原酶）→ NO_2^- → NH_4^+（Young et al.，2007）。此外，周丛生物可以从水中吸收大量的磷（Drake et al.，2012）。之前的研究表明，周丛生物中的磷浓度是周围水域的几千倍，为 1～2mg/g 干重（Drake et al.，2012；Matheson et al.，2012；McCormick et al.，2006）。从这一角度来看，周丛生物可与现代有机肥媲美（或优于现代有机肥），在改善滩涂围垦稻田生态系统土壤养分方面具有巨大潜力。

在盐碱地，人们可以采取周丛生物定殖如接种蓝藻的方法来提高土壤有机质含量（Apte and Thomas，1997；Rogers and Burns，1994）。一些研究表明，蓝藻接种土壤后，有机质含量的增加可以提高土壤有效氮和有效磷的含量，90 天的培养后含量达到了未接种土壤的 4 倍（Prabu and Udayasoorian，2007；Rogers and Burns，1994；Singh and Dhar，2010）。从这个角度来看，周丛生物是解决土壤中缺磷缺氮问题的一种很有前景的工具。此外，我们之前的研究表明，水稻生态系统中周丛生物的生长有助于提高土壤磷的生物有效性（Wu et al.，2016）。也有报道称，周丛生物中的一些微生物物种，如 *Tolypothrix tenuis*，能够溶解某些岩石（矿物）释放磷酸盐（Singh and Dhar，2010）。这些结果表明周丛生物可以作为一种生物肥料来改善滩涂围垦稻田生态系统的养分含量。

第二节　盐碱地周丛生物对氮磷的调控

一、周丛生物光合和固氮能力

如图 11-10 所示，在水分含量较高的滩涂盐障碍土壤中普遍分布着周丛生物，呈现绿色膜状，表面充斥着大量气泡，表明其具有较强的光合作用能力，可以固定周围的 CO_2。我们将其采集回实验室自然阴干后复水，由图 11-11 可知，滩涂土壤周丛生物具有较强的耐旱能力，在失水 6 个月后，约 50h 后就可以恢复其光合能力，净光合速率平均为 3.1μmol/（$m^2 \cdot s$）。

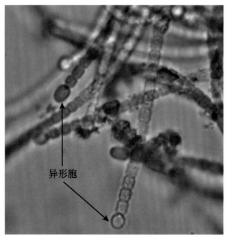

图 11-10　滩涂盐障碍土壤周丛生物及其固氮细菌细胞显微结构

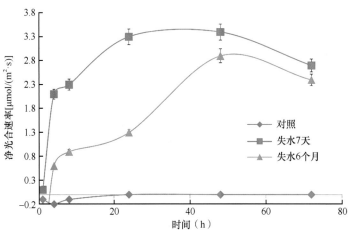

图 11-11　滩涂盐障碍土壤周丛生物的净光合速率

前人研究表明，周丛生物中的某些蓝藻物种还能产生固氮酶，对氮气进行固定（Singh and Dhar，2010）。我们的研究也发现周丛生物具有特殊的形态结构（图 11-2），异形胞（heterocyst）是蓝细菌中某些种类特有的一种能固定氮的细胞，它是由藻丝细胞中的一些营养细胞转化而来的，它的存在是固氮蓝细菌的一种生物标志物，异形胞能够直接固定

大气中的 N_2（分子态），形成可被植物利用的氮素化合物。Inglett 等（2004）研究美国佛罗里达 Everglades 湿地中周丛生物的固氮能力，发现周丛生物可以释放固氮酶，估算出周丛生物可以对湿地系统做贡献 [10g N/（$m^2 \cdot a$）]。

二、周丛生物对土壤氮含量的影响

如图 11-12 所示，覆盖周丛生物的滩涂盐土土壤表层总氮含量显著提高，与对照相比，土壤总氮含量提升了约 50%。土壤有机质含量在有周丛生物处理下也显著上升，与对照相比，平均提升了约 60%。这与其他学者的研究结果相似，如 Zhu 等（2021）研究表明，覆盖周丛生物的土壤酶活性和有机质含量要显著高于未生长周丛生物的土壤，周丛生物可以为滩涂盐碱地水稻的生长提供有利的生长环境（Zhu et al.，2021）。

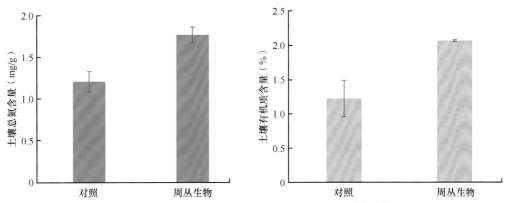

图 11-12　周丛生物覆盖后对土壤表层总氮和有机质含量的影响

三、周丛生物磷含量及其调控潜力

通过野外大田采样，对周丛生物体内总磷进行分析，结果如图 11-13 所示。可以看出，围垦稻田周丛生物含磷量显著大于围垦湿地中的周丛生物，这很可能是因为稻田施加肥料。稻田水体高电导率（EC=4.98）条件下，周丛生物总磷含量高，平均约为 2800mg/kg，低电导率（EC=1.16）条件下，周丛生物总磷含量低。这说明在一定水体含盐量范围内，盐分对稻田周丛生物总磷含量的影响显著。

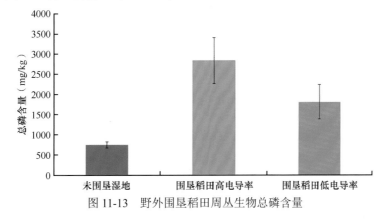

图 11-13　野外围垦稻田周丛生物总磷含量

由图 11-14 可以看出，不同类型周丛生物磷含量不同，且差异显著。相比于土壤周丛生物（1.3mg/g），秸秆周丛生物总磷含量更高，约为 1.6mg/g，生物炭周丛生物总磷含量更小，约为 0.7mg/g。具体来说，土壤周丛生物 Labile-P 显著高于秸秆和生物炭周丛生物，约为 0.075mg/g。对于 Fe/Mn-P 而言，生物炭周丛生物显著小于秸秆和土壤周丛生物。秸秆周丛生物具有较高的 Al-P，高达 0.8mg/g，土壤和生物炭周丛生物显著较低，约为 0.1mg/g。土壤周丛生物具有较高的 Ca-P，显著高于秸秆和生物炭周丛生物，约为 0.7mg/g。

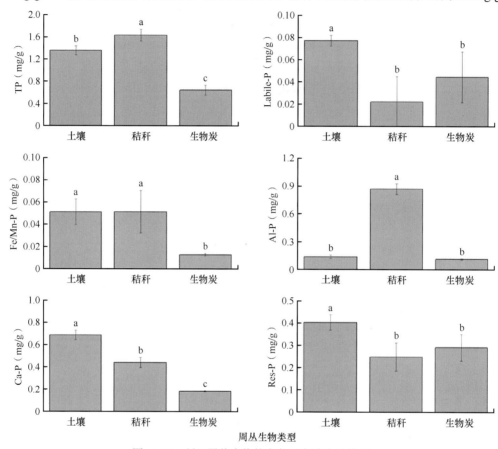

图 11-14　稻田周丛生物体内各形态磷含量特征

Labile-P、Fe/Mn-P、Al-P、Ca-P 及 Res-P 分别代表弱吸附态磷、铁/锰结合态磷、铝结合态磷、钙结合态磷及残渣磷

如图 11-15 所示，不同类型周丛生物磷形态所占的比例不同，土壤周丛生物以 Ca-P 占主导，占总磷的 50%；秸秆周丛生物以 Al-P 为主，占总磷的 53%；生物炭周丛生物则以 Res-P 为主，占总磷的 45%。

四、围垦稻田周丛生物磷调控机制探索

由图 11-16 可知，相比未围垦自然滩涂中周丛生物，围垦稻田周丛生物具有较好的弱吸附态磷（Labile-P）、铁/锰结合态磷（BD-P）及铝结合态磷（NaOH-P），其含量分别为 577mg/kg、1146mg/kg 及 299mg/kg。这说明围垦稻田周丛生物增加的磷都是可交换态磷，可能主要来源于施肥。与自然湿地相比，稻田周丛生物可交换态磷占主导，占总磷

的 60% ～ 75%。与此相反，自然湿地周丛生物可交换态磷只占不到 20%，以 HCl-P 和 Res-P 为主。

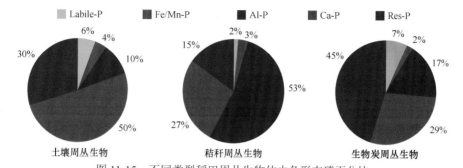

图 11-15　不同类型稻田周丛生物体内各形态磷百分比

Labile-P、Fe/Mn-P、Al-P、Ca-P 及 Res-P 分别代表弱吸附态磷、铁 / 锰结合态磷、铝结合态磷、钙结合态磷及残渣磷

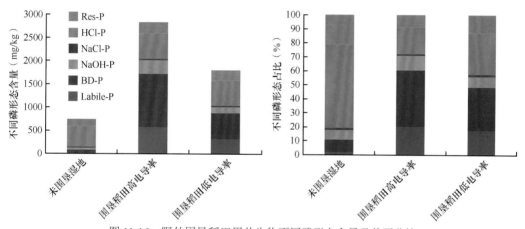

图 11-16　野外围垦稻田周丛生物不同磷形态含量及其百分比

进一步对围垦稻田周丛生物进行固体 ^{31}P 核磁共振测定，结果如表 11-1 所示，可以发现，周丛生物以无机磷形态为主，包括铝磷（$AlPO_4 \cdot nH_2O$）、钙磷（$Ca_2P_2O_7 \cdot nH_2O$、$CaHPO_4$）、钠磷（$Na_5P_3O_{10}$）及钾磷（$K_4P_2O_7$）等形态，有机磷则主要以 Mg_6IP_6 形态存在。因此，关于野外周丛生物中磷的形态研究进一步印证了室内培养的结果，表明周丛生物具有缓存磷的作用和提高磷利用率的潜力。

表 11-1　野外围垦稻田周丛生物 ^{31}P 核磁共振参数

	化学位移	强度	宽度	磷形态
1	−22.87	825.6	72.09	$AlPO_4 \cdot nH_2O$
2	−18.21	1187.2	113.31	$AlPO_4 \cdot nH_2O$
3	−11.61	2403.9	627.11	$AlPO_4 \cdot nH_2O$
4	−9.74	3439.2	332.92	$AlPO_4 \cdot nH_2O$
5	−7.71	5519.4	498.03	$AlPO_4 \cdot nH_2O$
6	−6.84	7246.6	332.92	$Ca_2P_2O_7 \cdot nH_2O$
7	−4.73	7383.7	208.07	$Na_5P_3O_{10}$
8	−2.57	8686	249.69	$Na_5P_3O_{10}$

续表

	化学位移	强度	宽度	磷形态
9	−1.54	8471.1	208.07	$CaHPO_4$
10	−0.5	8018.9	332.92	$K_4P_2O_7$
11	1.35	6755.5	249.69	$Na_5P_3O_{10}$
12	2.43	6245.7	490.2	Mg_6IP_6（有机磷）

由图 11-17 可以看出，周丛生物解吸溶液中的磷酸盐浓度随时间变化呈对数上升，60min 时溶液中磷酸盐浓度最高，接近 0.02mg/L，随后溶液中磷酸盐浓度又开始降低，这说明周丛生物对溶液中的正磷酸盐进行吸附，溶液浓度达到一个相对的平衡状态，测定此时周丛生物中的总磷含量和解吸实验前周丛生物中的总磷含量。

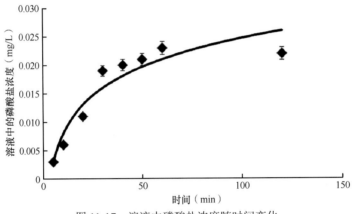

图 11-17　溶液中磷酸盐浓度随时间变化

由表 11-2 可知，实验后周丛生物各元素组成中，其中碳、氢、氧占周丛生物的绝大部分，在无机磷和有机磷条件下分别约占 95% 和 98%。具体而言，有机磷处理下周丛生物 C 百分比较无机磷高，约高出 12%。对于磷百分比而言，两者无显著区别，占 0.16% ~ 0.19%。对于金属元素而言，有机磷处理条件下各元素百分比均高于无机磷条件。在有机磷富集实验下，周丛生物金属元素百分比从高到低依次为 Si（1.34%）、Na（0.97%）、Ca（0.87%）、Al（0.51%）、Fe（0.46%）、Mg（0.22%）；而在无机磷富集实验条件下，周丛生物金属元素百分比从高到低依次为 Na（0.80%）、Ca（0.32%）、Si（0.31%）、Fe（0.25%）、Mg（0.19%）、Al（0.12%）。

表 11-2　基于能谱分析的稻田周丛生物中元素含量变化

百分比（%）	C	H	O	Na	Mg	Al
有机磷	49.16±1.49	8.75±0.74	37.06±0.29	0.97±0.20	0.22±0.02	0.51±0.07
无机磷	37.31±1.00	21.03±0.12	39.22±0.71	0.80±0.47	0.19±0.01	0.12±0.06

百分比（%）	Si	P	S	Ca	Fe
有机磷	1.34±0.13	0.16±0.01	0.29±0.01	0.87±0.19	0.46±0.10
无机磷	0.31±0.22	0.19±0.05	0.28±0.00	0.32±0.12	0.25±0.06

大量研究表明,周丛生物对磷具有天然的亲和力。周丛生物的总磷含量为1~60mg/g,这比周围的水域和植物中高得多(Ellwood et al.,2012;Guzzon et al.,2008;Lu et al.,2016b;Scinto and Reddy,2003)。在本研究中,添加秸秆处理的周丛生物磷浓度最高(1.6mg/g),而不做任何处理的土壤和添加生物炭的土壤中周丛生物磷浓度分别为1.3mg/g和0.6mg/g。我们之前的研究表明,周丛生物对磷的去除有50%是由于磷在金属盐上的吸附,如碳酸钙,而40%是由于磷与金属阳离子的结合,如Ca^{2+}(Lu et al.,2016b)。这一现象在水稻周丛生物中磷的形态上有所不同,进一步说明基质类型对周丛生物磷的种类有重要影响。然而,大多数周丛生物中P的形态对植物或作物具有潜在的可交换性和可用性。

在这种背景下,周丛生物可被认为是一种缓释磷肥。一些磷在周丛生物中可以被植物吸收,如不稳定磷。因此,与磷的积累和释放有关的稻田周丛生物的生长和消亡调控应进一步研究。目前,控制农业径流,特别是稻田径流对地表水的过量输入是一个紧迫的问题(Ulén et al.,2010)。在我们的研究中,周丛生物能够在其生物量中保留来自稻田的过量磷,从而降低了大量磷排放到周围水体的风险。这些结果表明,周丛生物可以显著影响土水界面磷的迁移转化(陆海鹰等,2014),周丛生物的动态变化不仅对水稻土磷肥管理有重要意义,对农业废水的源头控制也有重要意义。

然而,基于周丛生物的技术在稻田中的应用还不成熟。在过去的几十年里,周丛生物被广泛应用于废水处理,包括去除汞、铅、镉等重金属和有机污染物如除草剂、药物、抗生素和类固醇激素(Dong et al.,2002;Thompson et al.,2002;Wu et al.,2012,2014;孙晨敏等,2020)。因此,周丛生物作为一种磷生物肥料,必须考虑其安全性。此外,周丛生物的组成、结构和功能受到光照、土壤扰动、水流、温度与养分水平等环境因素的影响(Larned,2010)。近年来,研究者进一步就如何调控周丛生物群落组成,进而提高其对磷的吸附能力开展了相关研究(马兰,2019)。然而,对周丛生物在稻田磷调控中的实际应用进行评价还有待进一步研究。

参 考 文 献

陆海鹰,陈建贞,李运东,等.2014.磷在"沉积物-周丛生物-上覆水"三相体系中的迁移转化.湖泊科学,26(4):497-504.

马兰.2019.吲哚乙酸(IAA)作用下周丛生物的响应及其对水体中氮磷的去除效果.南京:南京林业大学硕士学位论文.

孙晨敏,邵继海,匡晓琳.2020.牛粪中溶解性有机质对周丛生物吸附Cu(Ⅱ)特性的影响.农业环境科学学报,39(3):648-655.

Apte S K, Thomas J. 1997. Possible amelioration of coastal soil salinity using halotolerant nitrogen-fixing cyanobacteria. Plant & Soil, 189(2): 205-211.

Azim M E. 2009. Photosynthetic periphyton and surfaces. *In*: Likens G E. Encyclopedia of Inland Waters. Oxford: Academic Press: pp. 184-191.

Biederman L A, Harpole W S. 2013. Biochar and its effects on plant productivity and nutrient cycling: a meta-analysis. Global Change Biology Bioenergy, 5(2): 202-214.

Biggs B. 2006. The contribution of flood disturbance, catchment geology and land use to the habitat template of periphyton in stream ecosystems. Freshwater Biology, 33(3): 419-438.

Borduqui M, Ferragut C. 2012. Factors determining periphytic algae succession in a tropical hypereutrophic reservoir. Hydrobiologia, 683(1): 109-122.

Borling K, Barberis E, Otabbong E. 2004. Impact of long-term inorganic phosphorus fertilization on accumulation, sorption and release of phosphorus in five Swedish soil profiles. Nutrient Cycling in Agroecosystems, 69(1): 11-21.

Borovec J, Sirová D, Monerová P, et al. 2010. Spatial and temporal changes in phosphorus partitioning within a freshwater cyanobacterial mat community. Biogeochemistry, 101(1): 323-333.

Christel W, Zhu K, Hoefer C, et al. 2016. Spatiotemporal dynamics of phosphorus release, oxygen consumption and greenhouse gas emissions after localised soil amendment with organic fertilisers. Science of the Total Environment, 554-555: 119-129.

Dodds W K. 2003. The role of periphyton in phosphorus retention in shallow freshwater aquatic systems. Journal of Phycology, 39(5): 840-849.

Dong D, Hua X, Li Y, et al. 2002. Lead adsorption to metal oxides and organic material of freshwater surface coatings determined using a novel selective extraction method. Environmental Pollution, 119(3): 317-321.

Donlan R M. 2002. Biofilms: microbial life on surfaces. Emerg Infect Dis, 8(9): 881-890.

Douterelo I, Perona E, Mateo P. 2004. Use of cyanobacteria to assess water quality in running waters. Environmental Pollution, 127(3): 377-384.

Drake W, Scott J T, Evans-White M, et al. 2012. The effect of periphyton stoichiometry and light on biological phosphorus immobilization and release in streams. Limnology, 13(1): 97-106.

Ellwood N T W, Di Pippo F, Albertano P. 2012. Phosphatase activities of cultured phototrophic biofilms. Water Research, 46(2): 378-386.

Erich M S, Fitzgerald C B, Porter G A. 2002. The effect of organic amendments on phosphorus chemistry in a potato cropping system. Agriculture Ecosystems & Environment, 88(1): 79-88.

Fernández S, Santín C, Marquínez J, et al. 2010. Saltmarsh soil evolution after land reclamation in Atlantic estuaries (Bay of Biscay, North coast of Spain). Geomorphology, 114(4): 497-507.

Gaiser E. 2009. Periphyton as an indicator of restoration in the Florida Everglades. Ecological Indicators, 9(6): S37-S45.

Guo B, Liang Y, Li Z, et al. 2009. Phosphorus adsorption and bioavailability in a paddy soil amended with pig manure compost and decaying rice straw. Communications in Soil Science and Plant Analysis, 40(13-14): 2185-2199.

Guzzon A, Bohn A, Diociaiut M, et al. 2008. Cultured phototrophic biofilms for phosphorus removal in wastewater treatment. Water Research, 42(16): 4357-4367.

Hesterberg D. 2010. Macroscale chemical properties and X-ray absorption spectroscopy of soil phosphorus. Developments in Soil Science, 34: 313-356.

Huang L M, Thompson A, Zhang G L. 2014. Long-term paddy cultivation significantly alters topsoil phosphorus transformation and degrades phosphorus sorption capacity. Soil & Tillage Research, 142(1): 32-41.

Inglett P, Reddy K, McCormick P. 2004. Periphyton chemistry and nitrogenase activity in a northern everglades ecosystem. Biogeochemistry, 67(2): 213-233.

Ishida T A, Nara K, Ma S, et al. 2009. Ectomycorrhizal fungal community in alkaline-saline soil in northeastern China. Mycorrhiza, 19(5): 329-335.

Issa O, Stal L, Défarge C, et al. 2001. Nitrogen fixation by microbial crusts from desiccated Sahelian soils (Niger). Soil Biology & Biochemistry, 33(10): 1425-1428.

Larned S T, Nikora V I, Biggs B J. 2004. Mass-transfer-limited nitrogen and phosphorus uptake by stream periphyton: A conceptual model and experimental evidence. Limnology and Oceanography, 49(6): 1992-2000.

Larned S T. 2010. A prospectus for periphyton: recent and future ecological research. Journal of the North American Benthological Society, 29(1): 182-206.

Lu H, Feng Y, Wang J, et al. 2016a. Responses of periphyton morphology, structure, and function to extreme nutrient loading. Environmental Pollution, 214: 878-884.

Lu H, Feng Y, Wu Y, et al. 2016b. Phototrophic periphyton techniques combine phosphorous removal and recovery for sustainable salt-soil zone. Science of the Total Environment, 568: 838-844.

Lu H, Yang L, Shabbir S, et al. 2014. The adsorption process during inorganic phosphorus removal by cultured periphyton. Environmental Science and Pollution Research, 21(14): 8782-8791.

Marks E A N, Alcañiz J M, Domene X. 2014. Unintended effects of biochars on short-term plant growth in a calcareous soil. Plant & Soil, 385(1-2): 87-105.

Matheson F, Quinn J, Martin M. 2012. Effects of irradiance on diel and seasonal patterns of nutrient uptake by stream periphyton. Freshwater Biology, 57: 1617-1630.

McCormick P V, Shuford III R B, Chimney M J. 2006. Periphyton as a potential phosphorus sink in the Everglades Nutrient Removal Project. Ecological Engineering, 27(4): 279-289.

Oehmen A, Lemos P C, Carvalho G, et al. 2007. Advances in enhanced biological phosphorus removal: from micro to macro scale. Water Research, 41(11): 2271-2300.

Palmer-Felgate E J, Bowes M J, Stratford C, et al. 2011. Phosphorus release from sediments in a treatment wetland: Contrast between DET and EPC_0 methodologies. Ecological Engineering, 37(6): 826-832.

Pandey K D, Shukla P N, Giri D D, et al. 2005. Cyanobacteria in alkaline soil and the effect of Cyanobacteria inoculation with pyrite amendments on their reclamation. Biology & Fertility of Soils, 41: 451-457.

Prabu P, Udayasoorian C. 2007. Native cyanobacteria *Westiellopsis* (TL-2) sp. for reclaming paper mill effluent polluted saline sodic soil habitat of India. Electronic Journal of Environmental Agricultural & Food Chemistry, 6(2).

Qiao K, Takano T, Liu S. 2015. Discovery of two novel highly tolerant $NaHCO_3$ trebouxiophytes: Identification and characterization of microalgae from extreme saline-alkali soil. Algal Research, 9: 245-253.

Reavie E, Jicha T, Angradi T, et al. 2010. Algal assemblages for large river monitoring: Comparison among biovolume, absolute and relative abundance metrics. Ecological Indicators, 10: 167-177.

Richards I R, Dawson C J. 2008. Phosphorus imports, exports, fluxes and sinks in Europe.

Rogers S, Burns R. 1994. Changes in aggregate stability, nutrient status, indigenous microbial populations, and seedling emergence, following inoculation of soil with *Nostoc muscorum*. Biology and Fertility of Soils, 18(3): 209-215.

Schröder J J, Smit A L, Cordell D, et al. 2011. Improved phosphorus use efficiency in agriculture: A key requirement for its sustainable use. Chemosphere, 84(6): 822-831.

Scinto L J, Reddy K R. 2003. Biotic and abiotic uptake of phosphorus by periphyton in a subtropical freshwater wetland. Aquatic Botany, 77(3): 203-222.

Sheng G P, Yu H Q, Li X Y. 2010. Extracellular polymeric substances (EPS) of microbial aggregates in biological wastewater treatment systems: A review. Biotechnology Advances, 28(6): 882-894.

Singh A K, Singh P P, Tripathi V, et al. 2018. Distribution of cyanobacteria and their interactions with pesticides in paddy field: A comprehensive review. Journal of Environmental Management, 224: 361-375.

Singh N K, Dhar D W. 2010. Cyanobacterial reclamation of salt-affected soil. Genetic Engineering, Biofertilisation, Soil Quality and Organic Farming, 4: 243-275.

Sun J, He F, Shao H, et al. 2016. Effects of biochar application on *Suaeda salsa* growth and saline soil properties. Environmental Earth Sciences, 75(8): 1-6.

Thompson F L, Abreu P C, Wasielesky W. 2002. Importance of biofilm for water quality and nourishment in intensive shrimp culture. Aquaculture, 203(3): 263-278.

Ulén B, Aronsson H, Bechmann M, et al. 2010. Soil tillage methods to control phosphorus loss and potential side-effects: a Scandinavian review. Soil Use & Management, 26(2): 94-107.

Vadeboncoeur Y, Devlin S P, McIntyre P B, et al. 2014. Is there light after depth? Distribution of periphyton chlorophyll and productivity in lake littoral zones. Freshwater Science, 33(2): 524-536.

Valiente E, Ucha A, Quesada A, et al. 2000. Contribution of N_2 fixing cyanobacteria to rice production: availability of nitrogen from ^{15}N-labelled cyanobacteria and ammonium sulphate to rice. Plant & Soil, 221: 107-112.

Wu Y, Li T, Yang L. 2012. Mechanisms of removing pollutants from aqueous solutions by microorganisms and their aggregates: A review. Bioresource Technology, 107: 10-18.

Wu Y, Liu J, Lu H, et al. 2016. Periphyton: an important regulator in optimizing soil phosphorus bioavailability in paddy fields. Environmental Science & Pollution Research, 23(21): 1-8.

Wu Y, Xia L, Yu Z, et al. 2014. *In situ* bioremediation of surface waters by periphytons. Bioresource Technology, 151: 367-372.

Wu Y. 2016. Periphyton: Functions and Application in Environmental Remediation. New York: Elsevier.

Xu G, Sun J N, Shao H B, et al. 2014. Biochar had effects on phosphorus sorption and desorption in three soils with differing acidity. Ecological Engineering, 62(1): 54-60.

Yagi S, Fukushi K. 2011. Phosphate sorption on monohydrocalcite. Journal of Mineralogical & Petrological Sciences, 106(2): 109-113.

Yan Z, Liu P, Li Y, et al. 2013. Phosphorus in China's intensive vegetable production systems: overfertilization, soil enrichment, and environmental implications. Journal of Environmental Quality, 42(4): 982-989.

Young E, Dring M, Savidge G, et al. 2007. Seasonal variations in nitrate reductase activity and internal N pools in intertidal brown algae are correlated with ambient nitrate concentrations. Plant Cell & Environment, 30(6): 764-774.

Zhai L, Caiji Z, Liu J, et al. 2015. Short-term effects of maize residue biochar on phosphorus availability in two soils with different phosphorus sorption capacities. Biology & Fertility of Soils, 51(1): 113-122.

Zhu Y, Shao T, Zhou Y, et al. 2021. Periphyton improves soil conditions and offers a suitable environment for rice growth in coastal saline alkali soil. Land Degradation and Development, 32(9): 2775-2788.

Zou P, Fu J, Cao Z. 2011. Chronosequence of paddy soils and phosphorus sorption-desorption properties. Journal of Soils & Sediments, 11(2): 249-259.

第十二章　周丛生物对稻田温室气体排放的影响及调控措施

第一节　周丛生物对稻田 CO_2 和 CH_4 排放的影响

一、引言

稻田是全球重要的 CO_2 汇和 CH_4 源，在土壤－大气界面有高水平的碳交换（Runkle et al.，2019；Saito et al.，2005）。稻田年 CH_4 排放量为 20～100Tg，占全球人为活动造成的 CH_4 排放量的 5%～20%（Change，1997；IPCC，2013）。然而，稻田中 CO_2 固定和 CH_4 排放的估量仍然存在许多不确定性（Bridgham et al.，2013）。原因之一便是低估了微生物聚集体对这些碳通量的贡献。对于 CH_4 排放的估算和模拟，一般认为生产甲烷的底物只来自土壤微生物、水稻植物和有机肥添加（Fumoto et al.，2008；Huang et al.，1998；Yan et al.，2009）。土壤表面的微生物聚集体所产生的有机碳一直被忽略。

我们前期研究结果发现：周丛生物能够影响稻田土－水界面的 Eh、提高土壤碳源的可利用性、改变微生物组成和代谢，可能会促进稻田土壤呼吸和甲烷排放。并且周丛生物中存在产甲烷菌和甲烷氧化菌，可能会参与稻田甲烷生产与氧化过程。周丛生物会释放胞外聚合物，堵塞土水界面的孔隙形成屏障（Leopold et al.，2013），限制气体向大气的转移，并促进其与周丛生物基质中的矿物质和竞争性离子的反应。但是区分稻田周丛生物与土壤微生物引起的 CO_2 和 CH_4 排放的难度较大，周丛生物对稻田碳通量的贡献一直未得到适当的评估（Oertel et al.，2016）。

尽管目前一些研究调查了周丛生物或浮游植物对水生生态系统中碳通量的影响（West et al.，2012；Bogard et al.，2014；Liang et al.，2015；Iguchi et al.，2019），但它们往往侧重于河流和湖泊中单一品种藻类的观测。稻田比河流和湖泊浅得多，田面水流速也比河流低得多，除影响沉积物（土壤）和上覆水环境外，也导致 CO_2 和 CH_4 由沉积物向上覆水的运输过程产生差异。与单一微生物种群相比，周丛生物具有更复杂的微生物组成和结构特征（Tang et al.，2018b）。物种间的演替过程和多种代谢产物的存在会动态地影响土壤与水的性质，进而对碳通量产生相关影响。

为了研究周丛生物对稻田碳通量的影响，在本章中，通过培养实验探索了周丛生物自身的甲烷生产和氧化能力，并在我国热带、亚热带和温带水稻种植区分别开展田间实验，量化了周丛生物在整个水稻生长季中对 CO_2 固定和 CH_4 排放的贡献。为了解释不同区域周丛生物对碳排放影响的差异，利用微生态系统实验模拟了不同区域周丛生物对碳排放相关的物理、化学和生物指标的影响。我们的研究结果为周丛生物对 CO_2 固定和 CH_4 排放的贡献提供了理论依据，同时为通过调控周丛生物的生长来减少 CH_4 排放提供了坚实的基础。

二、主要实验过程

采用培养实验来研究周丛生物产生和氧化 CH_4 的过程。在周丛生物的生长阶段（淹水后的第 15 天），从亚热带实验田中分别采集表层土壤（0 ～ 20cm）和附着的周丛生物，4℃储存，并在 4h 内运到实验室。为了混合周丛生物并使其适应培养环境，收集的周丛生物立即被转移至实验室配制的 Woods Hole 培养液中，预培养 5 天。预培养后，收获的周丛生物将用于以下实验。

为了测试周丛生物是否产生 CH_4，将 40mL 的 Woods Hole 培养液（三个重复）导入150mL 的锥形瓶后，分别装入（i）1g 周丛生物（鲜重）、（ii）1g 周丛生物和乙酸钠（终浓度为 10mmol/L）、（iii）1g 周丛生物和 20g 新鲜土壤（干重），或（iv）20g 新鲜土壤。密封烧瓶，摇动并用 N_2（高纯 N_2，Specialty Gases Co. Ltd.，南京，中国）冲洗，以除去培养基和顶空中的 O_2 与残留的 CH_4，在黑暗中于（25±1）℃下进行厌氧培养 10 天。按照以前研究中使用的方法，每两天测量一次顶空中的 CH_4 浓度（Zhang et al.，2010）。具体来说，手持瓶身摇动混匀后，从顶空收集 5mL 的气体；用 5mL 的纯氮气来代替被移除的气体样品。

为了测试周丛生物的 CH_4 氧化能力，我们将 0g、1g 或 2g 周丛生物分别添加到500mL 玻璃瓶中（三个重复），瓶内均装满了 200mL 的 Woods Hole 培养液；随后，瓶子被密封，用 N_2 冲洗。用纯 CH_4（高纯 CH_4，Specialty Gases Co. Ltd.，南京，中国）取代顶空中的 3mL N_2，CH_4 的初始浓度约为 6530μg CH_4/L；然后将瓶子在 25℃和 12h/12h 的光照 / 黑暗（2800lx）条件下培养 5 天，并以 150r/min 摇动，使气体溶解于水相。每天通过对剧烈摇晃后的顶空气体进行取样来测量瓶中 CH_4 的浓度（Zhang et al.，2016），并使用纯氮气来替代被移除的气体。所有的实验均设置三个平行。

在我国温带、亚热带、热带水稻分布区开展了田间实验来研究周丛生物对 CH_4 和 CO_2排放的影响。实验稻田分别位于辽宁省沈阳市、江苏省句容市和海南省乐东市，稻田的位置、气候及土壤理化性质和种植管理制度详见表 12-1，实验期间的日平均气温变化见图 12-1。

表 12-1　热带、亚热带和温带实验稻田的位置、气候、土壤理化性质和种植管理制度信息

	热带	亚热带	温带
位置	海南省乐东县	江苏省句容市	辽宁省沈阳市
经度	108°53′E	119°21′E	123°24′E
纬度	18°28′N	31°58′N	41°31′N
年均温度（℃）	25.3	15.2	7.5
年均降雨量（mm）	1347.5	1058.8	659.6
土壤质地	壤砂土	粉质壤土	壤土
土壤 pH	5.7	7.2	6.2

续表

	热带	亚热带	温带
土壤理化指标（mg/g 土壤）	TOC：16.2	TOC：21.3	TOC：17.2
	TN：1.06	TN：2.21	TN：1.57
	TP：0.46	TP：0.60	TP：0.67
	Fe：28.0	Fe：22.9	Fe：16.6
	Mn：0.62	Mn：0.29	Mn：0.31
	Al：65.3	Al：52.5	Al：61.1
种植制度	一年三季	稻麦轮作	单季稻
移栽时间	3 月 17 日	7 月 2 日	6 月 4 日
收割时间	6 月 3 日	10 月 30 日	10 月 2 日
施肥（kg N/hm²）	3 月 16 日：34.5	7 月 2 日：150	6 月 3 日：269.1
	3 月 28 日：106	7 月 15 日：75	7 月 18 日：69
	5 月 1 日：34.5	8 月 12 日：75	
灌溉	连续灌溉	连续灌溉	连续灌溉
观测期	3 月 25 日至 5 月 28 日	7 月 4 日至 10 月 28 日	6 月 6 日至 9 月 30 日

注：TOC. 总有机碳；TN. 总氮；TP. 总磷

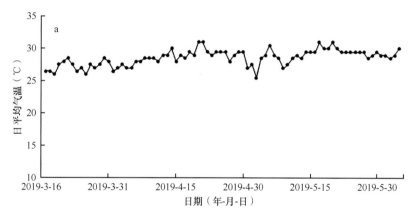

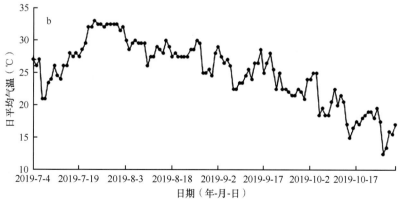

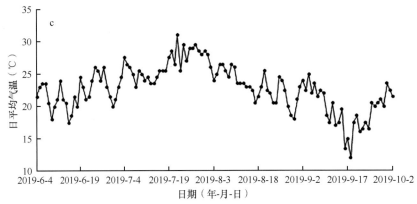

图 12-1　田间实验期间热带（a）、亚热带（b）和温带（c）实验稻田的日平均气温变化

　　田间 CH_4 和 CO_2 通量使用图 12-2 所示的透明封闭式静态箱来测量，在稻季开始前进行田间装置的布设。整地、施基肥后将静态箱底座（50cm×50cm）安装在田间，使底座底面刚好与稻田田面齐平，而底座的水槽完全淹没在田面水中。之后进行稻田淹水、水稻（*Oryza sativa*）幼苗移植，每个底座内移栽 4 株水稻幼苗。在对照组中，在水层以上的位置固定遮阳网以阻挡阳光和抑制周丛生物的生长，幼苗所在的位置开孔使幼苗能够穿过遮阳网正常生长；而在周丛生物存在的处理中，不固定遮阳网以便周丛生物的定殖和生长过程可以不受干扰地正常进行。对照组和处理组分别埋设三个静态箱底座，在水稻的整个生长季底座始终固定在稻田中；而静态箱只在进行气体收集的时候固定在底座上，以减少对水稻生长的干扰。稻田的种植管理制度均按照当地的传统方式进行。

图 12-2　田间实验中用于测量气体通量的透明的封闭式静态箱（左）及其底座（右）的图片
底座是 50cm 长 ×50cm 宽，水槽深 5cm；箱体底是 50cm 长 ×50cm 宽，高是 70cm，由亚克力制成

　　CH_4 和 CO_2 通量的测量方法参考之前的研究（Ma et al., 2009）。每隔 5 天，在上午 9:00至 11:00 之间安装和封闭静态箱的盖子 45min，此时的气温相当于日平均值（Zhou et al.,2017）。静态箱内配备了记录温度的电子温度计及电动风扇（用于混匀箱内气体）。每个静态箱都连接了气袋（最大容积为 1L）用于平衡气压。在集气持续的 45min 内，用注射器每隔 15min 收集一个顶空气体样品（即样品收集时间为密封后的第 0 分钟、第 15 分钟、第 30 分钟、第 45 分钟），每个气体样品的体积为 20mL，收集的气体用于 CH_4 和 CO_2 的浓度测定。

三、周丛生物的 CH₄ 生产和氧化

如图 12-3a 所示，在厌氧条件下，周丛生物处理组中检测不到 CH_4 排放，而向周丛生物处理组中添加 CH_4 生产的底物乙酸（$CH_3COOH \rightarrow CH_4 + CO_2$）（Malyan et al.，2016），也没有增加 CH_4 排放；相反，在厌氧土壤处理组中观察到 CH_4 排放，并且在土壤中添加周丛生物的处理组 CH_4 排放通量在最初 2 天超过了仅包含土壤的处理组的 CH_4 排放通量。

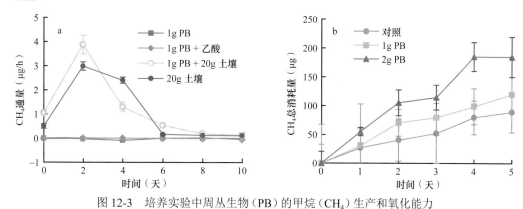

图 12-3　培养实验中周丛生物（PB）的甲烷（CH_4）生产和氧化能力
a. 厌氧培养下周丛生物和土壤的 CH_4 排放；b. 添加不同生物量的周丛生物，其培养瓶顶空中 CH_4 的消耗情况。误差棒为 3 个重复的标准偏差

如图 12-3b 所示，处理中的 CH_4 都随着培养时间的推移而减少，包括没有周丛生物的对照组。然而添加周丛生物的处理组中 CH_4 的消耗速度更快，并且 CH_4 的消耗速度随着周丛生物生物量的增加而加快。培养结束时，添加 2g 周丛生物的处理组中，CH_4 的消耗量显著大于没有周丛生物的对照组（$P < 0.05$）。

周丛生物的甲烷氧化潜力为我们提供了一个思路：如果能够提高周丛生物旺盛生长期的光合作用和 O_2 排放效率，在水土界面形成一个局部有氧区，或许能够在不增加 N_2O 排放的基础上促进 CH_4 的有氧氧化，减缓稻田温室气体的排放。

四、田间 CO₂ 和 CH₄ 的通量

在热带、亚热带和温带实验稻田中，对有、无周丛生物存在的稻田在整个水稻生长季的 CO_2 和 CH_4 通量进行了测定。如图 12-4 所示，在水稻生长的前 10 天，CO_2 通量随着水稻的生长而减少，从淹水后的第 5 天起到达负值，即稻田成为 CO_2 的汇。有周丛生物存在的情况下，热带、亚热带和温带稻田的日间累计 CO_2 固定量分别为 626kg/hm²、1680kg/hm² 和 1655kg/hm²。周丛生物的存在促进了 CO_2 的吸收：在热带、亚热带和温带稻田中，周丛生物对 CO_2 的固定量分别为 79kg/hm²、211kg/hm² 和 118kg/hm²，分别占 CO_2 总固定量的 12.7%、12.5% 和 7.2%。周丛生物对 CO_2 的固定主要发生在水稻生长季的前半段。

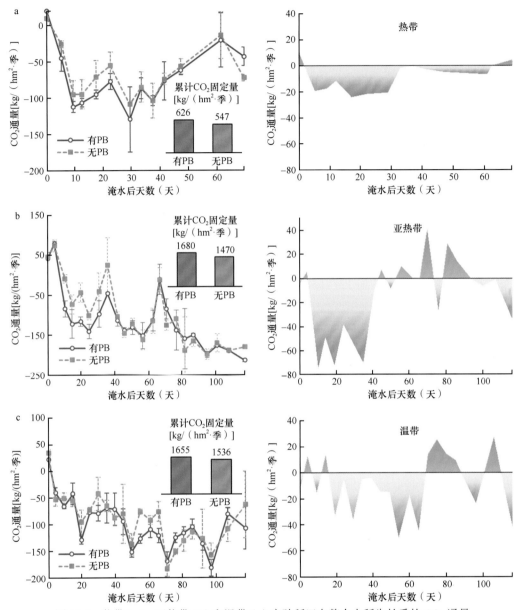

图 12-4　热带（a）、亚热带（b）和温带（c）实验稻田在整个水稻生长季的 CO_2 通量

左侧一列为有、无周丛生物（PB）条件下的 CO_2 通量，折线图中的误差棒表示 3 个平行中 CO_2 通量的标准偏差，柱状图为整个水稻生长季的累计 CO_2 固定量。右侧一列为周丛生物引起的 CO_2 通量，正值表示周丛生物处理组的 CO_2 通量大于对照组，负值则相反

　　周丛生物促进 CO_2 固定，可能归因于周丛生物中存在的自养微生物。在施肥和淹水之后，由于有利的光照和营养条件，周丛生物在土壤表面迅速定殖（Li et al.，2020）。周丛生物中的微藻和其他自养生物通过光合作用固定大气中的 CO_2（Mori et al.，2018；Wu et al.，2016）；CO_2 通量随时间波动，与每日天气（温度和光照）变化相一致（Yan et al.，2021）。经过初期生长阶段，水稻冠层的覆盖率不断增加，造成水土界面光照和养分可利用性下降，周丛生物开始衰退、死亡（Li et al.，2020），CO_2 固定效率下降。

热带、亚热带、温带实验稻田在整个水稻生长季的 CH_4 排放通量见图 12-5。随着淹水时间的延长，CH_4 排放通量显著增加。亚热带和温带的稻田在水稻生长中期进行曝气，CH_4 通量快速下降到 0 左右；第 80 天，稻田开始排水晒田为水稻收获做准备，CH_4 排放也基本停止。有周丛生物存在的情况下，热带、亚热带和温带实验稻田的 CH_4 累计排放量分别为 68.2kg/hm²、262.4kg/hm² 和 41.2kg/hm²。周丛生物的存在增加了稻田 CH_4 的排放：在热带、亚热带和温带稻田的一个水稻生长季节中，由周丛生物造成的 CH_4 累计排放量分别为 4.8kg/hm²、101kg/hm² 和 4.3kg/hm²，分别占稻田 CH_4 总排放量的 7.1%、38.5% 和 10.4%。周丛生物导致的稻田 CH_4 排放统一集中在水稻生长季的前期。

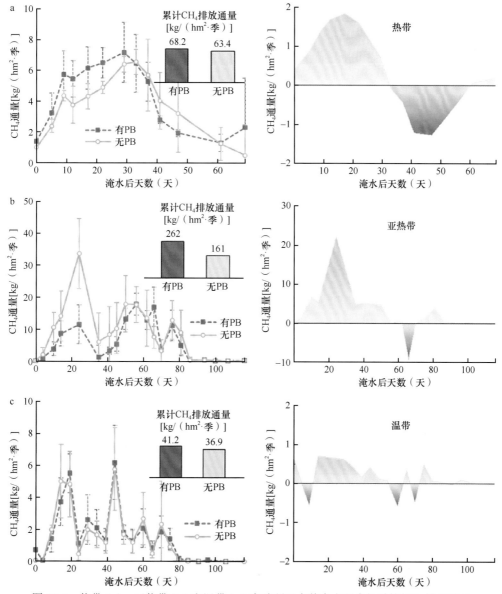

图 12-5　热带（a）、亚热带（b）和温带（c）实验稻田在整个水稻生长季的 CH_4 排放通量

左侧一列为有、无周丛生物条件下的 CH_4 排放通量，折线图中的误差棒表示 3 个平行中 CH_4 排放通量的标准偏差，柱状图为整个水稻生长季的累计 CH_4 排放通量；右侧一列为周丛生物引起的 CH_4 排放通量，正值表示周丛生物处理组的 CH_4 排放通量大于对照组，负值则相反

根据培养实验的结果，周丛生物不能生产 CH_4，并能在一定程度上促进 CH_4 的有氧氧化。出人意料的是，在田间实验中周丛生物加剧了稻田 CH_4 的排放，并且这种现象在三个气候带的稻田中都出现了。这可能是由于周丛生物影响了 CH_4 生产相关的土壤环境和土壤微生物组成，从而导致了 CH_4 生产增加。

五、周丛生物对碳通量的贡献

据估算，全球水稻田的 CH_4 排放通量为 $1.19kg/（hm^2 \cdot d）$（$4.96mg/（m^2 \cdot h）$）（Wang et al.，2018），中国的季节性平均 CH_4 通量为 $9.02mg/（m^2 \cdot h）$（Sun et al.，2018）。在本研究中，热带、亚热带和温带稻田的季节性 CH_4 通量在有周丛生物的情况下分别为 $4.12mg/（m^2 \cdot h）$、$9.42mg/（m^2 \cdot h）$ 和 $1.48mg/（m^2 \cdot h）$，在没有周丛生物的情况下分别为 $3.82mg/（m^2 \cdot h）$、$5.57mg/（m^2 \cdot h）$ 和 $1.32mg/（m^2 \cdot h）$，这与其他相关研究的稻田 CH_4 通量处在同一数量级。

在热带、亚热带和温带实验稻田中，周丛生物促进了 CO_2 固定，并增加了 CH_4 排放。我们利用有、无周丛生物的稻田中的碳排放量（表 12-2，表 12-3）计算出了周丛生物引起的 CO_2 和 CH_4 通量，并将该通量与田间的总通量进行对比，量化了周丛生物对稻田碳通量的贡献。周丛生物对热带、亚热带和温带实验稻田中 CO_2 固定的贡献分别为 12.4%、12.5% 和 7.2%，对 CH_4 排放的贡献分别为 7.1%、38.5% 和 10.4%。

表 12-2　在有周丛生物存在的稻田中，CH_4 和 CO_2 在整个水稻季的累计排放量以及全球增温潜势（GWP）

气候带	排放量 [kg/（hm² · 季）]		GWP[kg CO_2 eq/（hm² · 季）]		
	CH_4	CO_2	CH_4	CO_2	总计
热带	68.2	−625.7	1704	−626	1078
亚热带	262.4	−1680.3	6560	−1680	4880
温带	41.2	−1654.6	1029	−1655	−626

表 12-3　在无周丛生物存在的稻田中，CH_4 和 CO_2 在整个水稻季的累计排放量以及全球增温潜势

气候带	排放量 [kg/（hm² · 季）]		GWP[kg CO_2 eq/（hm² · 季）]		
	CH_4	CO_2	CH_4	CO_2	总计
热带	63.4	−546.5	1584	−547	1037
亚热带	161.2	−1469.8	4031	−1470	2561
温带	36.9	−1536.3	923	−1536	−613

周丛生物的 CO_2 固定量是 CH_4 排放量的 2.1～57.3 倍，表明周丛生物作为一种稻田碳汇促进碳从大气汇入稻田。然而，与 CO_2 相比，CH_4 是一种强效的温室气体，在百年尺度上，其全球增温潜势（GWP）是 CO_2 的 25 倍（Jiang et al.，2018）。如果将周丛生物引起的 CH_4 排放量换算为 CO_2 当量，那么在温带、亚热带和热带的稻田中，周丛生物的存在使稻田 CO_2 排放当量分别增加了 −11.8kg CO_2 eq/（hm² · 季）、2317.9kg CO_2 eq/（hm² · 季）和 40.8kg CO_2 eq/（hm² · 季）（表 12-4）。而这些 CO_2 排放当量分别占温带、亚热带和热

带稻田总 CO_2 排放当量的 3.8%、47.5% 和 1.9%（表 12-5）。

表 12-4　不同气候区实验稻田中周丛生物引起的 CH_4 和 CO_2 稻季累计排放量和全球增温潜势

气候带	排放量 [kg/（hm²·季）]		GWP[kg CO_2 eq/（hm²·季）]		
	CH_4	CO_2	CH_4	CO_2	总计
热带	4.8	−79.2	120.0	−79.2	40.8
亚热带	101.1	−210.6	2528.5	−210.6	2317.9
温带	4.23	−118.3	106.5	−118.3	−11.8

表 12-5　不同气候区实验稻田中周丛生物引起的 CH_4 和 CO_2 的稻季累计排放量和全球增温潜势占比

气候带	排放量占比（%）		GWP（%）
	CH_4	CO_2	
热带	7.1	12.4	3.8
亚热带	38.5	12.5	47.5
温带	10.4	7.2	1.9

尽管不同气候区的周丛生物对碳通量的贡献不同，但热带、亚热带和温带稻田周丛生物都通过对 CO_2 的固定和碳释放、增加 SOC 可利用性、改变 Eh 和土壤微生物群落结构等增加 CH_4 的排放，因此可以认为周丛生物作为一个生物转换器，将大气中的 CO_2 转变成了 CH_4。

六、不同气候区周丛生物对稻田碳排放影响不同的原因

不同气候区周丛生物对稻田碳排放的贡献存在显著差异：亚热带稻田中 CH_4 排放量显著大于其他两个地区，周丛生物引起的 CH_4 排放量占稻田 CH_4 总排放量的比例达到 38.5%，CO_2 排放当量的比例达到 47.5%；温带稻田的 CH_4 排放量较低，周丛生物引起的 CH_4 排放量仅为 4.23kg/（hm²·季），而周丛生物的 CO_2 固定量为 −118.3kg/（hm²·季）（最大），因此周丛生物的 CO_2 排放当量为负值，即周丛生物表现为 CH_4 和 CO_2 的净汇。为了解释不同区域周丛生物对碳排放影响的差异，利用微生态系统实验模拟了不同区域周丛生物对碳排放相关的物理、化学和生物指标的影响。

如图 12-6 所示，无周丛生物的对照组土 - 水界面的 F_0 值在 1227 ~ 1323 波动；而附着周丛生物的热带、亚热带和温带土壤，其 F_0 分别达到 1414、1523 和 1356。周丛生物处理组的 F_0 在前 10 天内迅速增加。在培养的第 10 天，温带和热带稻田土壤 F_0 达到峰值，亚热带土壤 F_0 在第 20 天达到峰值。最高的 F_0 出现在亚热带稻田土壤组，说明该土壤中的周丛生物藻类生物量高于其他两组土壤（Tang et al., 2018b）。培养 20 天后，F_0 随时间延长下降，第 30 天后周丛生物组与对照组 F_0 没有显著差异。

土壤 DOC 含量如图 12-7 所示，土壤孔隙水中的 DOC 含量随着培养时间延长而变化。第二次测量之后，有周丛生物存在的稻田土壤中 DOC 含量持续增加，而没有周丛生物的亚热带和温带土壤中 DOC 含量则呈下降趋势。在培养的第 30 天和第 40 天，有周丛

生物附着的土壤都呈现出比对照组更高的 DOC 含量，超过对照组 11.3 ～ 26.5mg/L。热带稻田中有周丛生物的土壤 DOC 含量始终高于对照组。无论处理组还是对照组，亚热带稻田土壤的 DOC 含量最高，这可能与其本身较高的背景 TOC 含量有关（表 12-1）；其次为热带稻田土壤，温带稻田土壤的 DOC 含量最低，并且周丛生物对 DOC 含量的增加作用也最小。

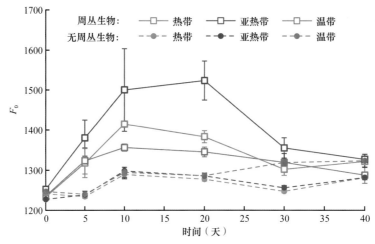

图 12-6　微生态系统实验中培养期间稻田土水界面的叶绿素荧光值（F_0）

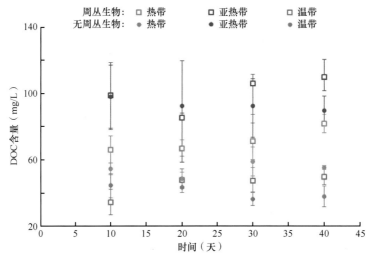

图 12-7　微生态系统实验中培养期间土壤孔隙水中的溶解有机碳（DOC）含量

亚热带稻田土壤的 TOC 和 TN 含量也比热带和温带稻田土壤高（图 12-8）。微生态系统实验结束后，有周丛生物附着的热带、亚热带稻田土水界面土壤（0 ～ 1cm 土层）的 TOC 和 TN 含量显著高于对照组（$P < 0.05$），而周丛生物未对温带稻田土壤产生显著影响。除靠近周丛生物的界面土壤外，中层（1 ～ 5cm）和下层（5 ～ 20cm）土壤的 TOC 与 TN 含量并未由于周丛生物的存在产生显著变化。

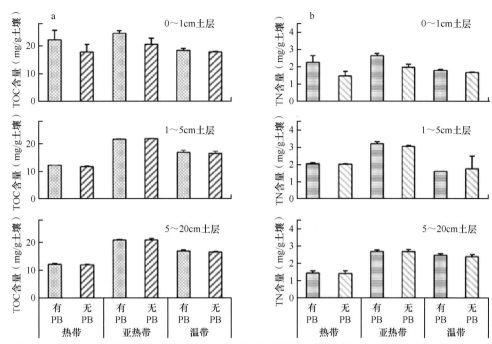

图 12-8 微生态系统实验结束后热带、亚热带和温带稻田土壤的总有机碳（a）和总氮（b）含量

　　周丛生物影响下，稻田土壤中的 Fe（II）、Fe（III）、SO_4^{2-}、NO_3^- 和 NH_4^+ 含量也有所不同。如图 12-9a 所示，亚热带稻田土壤含有丰富的铁，其总的可提取态铁含量约为 15mg/g，而热带稻田土壤的可提取态铁含量最低，约为 10mg/g。周丛生物处理组中更多的可提取态铁被转化为 Fe（II）。对于没有周丛生物附着的浅层土壤（0～1cm 土层），Fe（II）只占总可提取态铁的 11.2%～28.6%，而在周丛生物的影响下，Fe（II）的比例高达 66.0%～70.8%。对于中层和深层土壤，虽然处理组和对照组之间的差异没有达到统计上的显著水平，但与对照组相比，周丛生物存在的土壤中 Fe（II）平均含量均较高，Fe（III）平均含量较低。

　　热带稻田土壤中的 SO_4^{2-} 浓度明显高于其他两种土壤（图 12-9b），这主要是由于本研究中的热带稻田位于海南乐东县的沿海区域，土壤盐分含量高。周丛生物降低了土壤 SO_4^{2-} 含量，界面土壤的 SO_4^{2-} 受周丛生物的影响更大。热带稻田土壤的 SO_4^{2-} 浓度从 141.7mg/kg 下降到 115.0mg/kg，亚热带和温带稻田土壤的 SO_4^{2-} 浓度分别下降了 11.9mg/kg 和 7.8mg/kg。

　　表层土壤的 NO_3^- 含量较高，而表层土壤的 NH_4^+ 含量低于中层和深层（图 12-9c、d）。周丛生物的存在降低了 NO_3^- 浓度，增加了水土界面土壤层的 NH_4^+ 浓度，促进了硝酸盐向铵盐的转化。在中层和深层土壤中，出现了相反的现象。没有周丛生物的土壤呈现出较低的 NO_3^- 含量和较高的 NH_4^+ 含量，大部分无机氮在中层和深层土壤中以铵盐的形式存在。

　　土壤中 Fe（III）、SO_4^{2-}、NO_3^- 的还原与甲烷生产都是得电子的过程，会竞争土壤中的电子供体如 H_2、乙酸或脂肪酸等（Achtnich et al.，1995）。按照饱和土壤热力学控制的氧化还原作用的典型模型，Fe（III）、SO_4^{2-}、NO_3^- 的还原往往在甲烷生产之前发生（Arndt et al.，2013），因此会抑制 CH_4 的生产和排放。热带稻田土壤的 SO_4^{2-} 含量是亚热带稻田土壤的两倍以上，这可能是热带稻田土壤 CH_4 排放低于亚热带稻田土壤的原因之一。周丛生物的存在减少了界面土壤中的 $Fe（III）$、SO_4^{2-} 和 NO_3^- 含量，可能是由于其分泌物和生物碎屑为土壤提供了更多的电子供体。

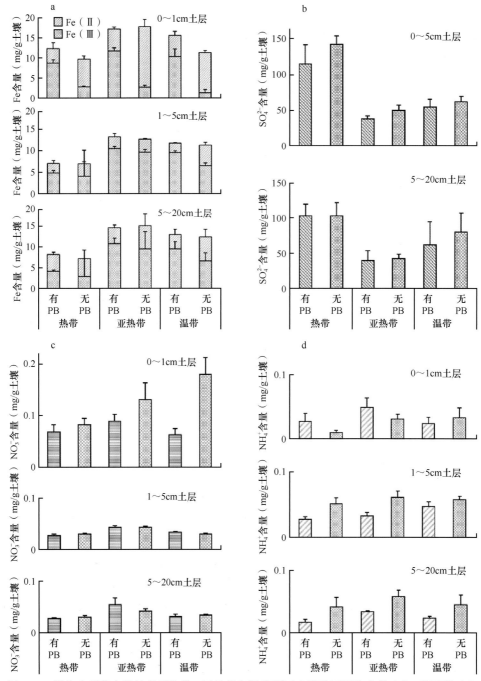

图 12-9　微生态系统实验结束后热带、亚热带和温带稻田土壤的可提取态铁（a）、硫酸根（b）、硝酸盐（c）和铵盐（d）含量

微生态系统实验结束后，表层土壤和下层土壤中的产甲烷菌与甲烷氧化菌基因丰度见表 12-6。总的来说，表层土壤的 *mcrA* 和 *pmoA* 基因丰度都比下层土壤中高。在周丛生物的影响下，表层土壤中 *mcrA* 基因的拷贝数增加，而 *pmoA* 基因的拷贝数减少，表层周丛生物增加了表层土壤的 CH_4 排放潜力；而在下层土壤中，两组之间没有明显差异，表明 PB 对深层土壤的影响不大。

表 12-6　微生态系统实验结束后热带、亚热带和温带稻田土壤中 *mcrA* 和 *pmoA* 基因的拷贝数

		表层 0 ~ 1cm 土壤		下层 5 ~ 20cm 土壤	
		有周丛生物	无周丛生物	有周丛生物	无周丛生物
mcrA	热带	8.9×10^8	1.9×10^8	1.7×10^8	1.8×10^8
	亚热带	9.0×10^8	6.3×10^8	3.6×10^8	4.1×10^8
	温带	2.6×10^8	6.3×10^7	4.0×10^7	5.6×10^7
pmoA	热带	4.9×10^9	5.7×10^9	1.2×10^8	1.8×10^8
	亚热带	2.9×10^9	4.7×10^9	1.9×10^8	1.9×10^8
	温带	1.8×10^6	4.4×10^5	2.1×10^5	3.3×10^5

温带稻田土壤中 *mcrA* 和 *pmoA* 基因丰度显著低于热带和亚热带稻田土壤，说明甲烷生产和氧化都不活跃。与其他土壤不同的是，周丛生物的存在同时提高了表层土壤中 *mcrA* 和 *pmoA* 的基因丰度。根据图 12-7，温带土壤的 DOC 含量都显著低于其他两种土壤，因此推测可利用碳源的缺乏限制了温带稻田中的甲烷生产及氧化。周丛生物分泌物和生物碎屑的提供增加了土壤可利用碳源，促进了甲烷生产和随之而来的氧化过程。

通过主成分分析方法将不同土壤、不同土层的产甲烷菌和甲烷氧化菌按照群落组成进行了聚类。如图 12-10 所示，同一土壤其表层、深层和周丛生物样点聚集在一起，说明产甲烷菌的群落组成由区域土壤条件决定，表层、深层和周丛生物中的产甲烷菌组成相近；甲烷氧化菌群落组成由微环境决定，有周丛生物的表层土壤、无周丛生物的表层土壤、深层土壤和周丛生物样品分别聚集成一类，区域土壤条件对其影响较小。

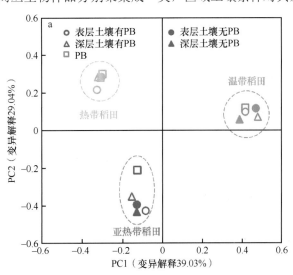

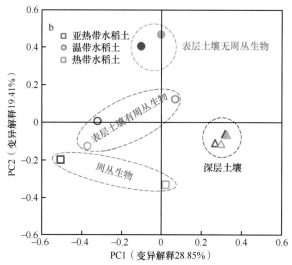

图 12-10　微生态系统实验结束后土壤与周丛生物中产甲烷菌（a）和甲烷氧化菌（b）
群落组成的主成分分析

综上所述，亚热带稻田中的周丛生物中藻类生物量、CO_2 通量，以及土壤 TOC、TN、DOC 含量都比热带和温带稻田高，表明亚热带稻田的周丛生物对 CO_2 的吸收固定最多。周丛生物导致 CH_4 排放增加，主要归因于周丛生物引起的有机物输入。亚热带稻田中最高的周丛生物生物量导致了 DOC 的高累积和产甲烷菌群的扩大，因此，周丛生物引起的 CH_4 排放也最活跃。热带稻田中丰富的 SO_4^{2-} 含量抑制了 CH_4 的生产和排放，使其 CH_4 排放量远低于亚热带稻田。温带稻田的土壤 TOC 含量最低，周丛生物生长受到抑制，藻类生物量远低于亚热带稻田。虽然周丛生物来源的有机物在一定程度上增加了土壤的 TOC、TN 和 DOC 含量和产甲烷菌丰度，但其对温带稻田的 CH_4 生产激发作用有限。影响周丛生物生物量的因素（如土壤和气候）并定量地解释 CH_4 和 CO_2 通量的变化，仍然需要进一步研究。

七、小结

周丛生物能够固定 CO_2，使不同气候带的实验稻田中 CO_2 固定量增加了 7.2% ～ 12.7%。周丛生物几乎没有生产 CH_4 的能力，但通过提供可利用碳源、改变稻田环境增加了水稻生长季 7.1% ～ 38.5% 的 CH_4 排放。周丛生物作为一个生物转换器，将大气中的 CO_2 转变成了 CH_4。在温带、亚热带和热带稻田中，周丛生物的存在使稻田 CO_2 排放当量分别增加了 –11.8kg/（$hm^2 \cdot$ 季）、2317.9kg/（$hm^2 \cdot$ 季）和 40.8kg/（$hm^2 \cdot$ 季）。

周丛生物导致 CH_4 排放增加，主要归因于周丛生物固碳引起的有机物输入。亚热带稻田的土壤养分含量高，周丛生物藻类生物量大，导致其与热带和温带实验稻田相比，周丛生物引起的 CO_2 固定和 CH_4 排放大大增加。

在世界范围内，周丛生物对温室气体排放的作用还没有得到认识，研究表明，通过调控周丛生物的生长、组成和结构，可为减轻稻田温室气体排放提供可能。我们的结果表明，土壤表面的周丛生物在稻田的碳生物地球化学循环中起着关键作用，在开发和优化全球碳通量的预测模型时，应该将它们纳入考虑。

第二节　吲哚乙酸调控周丛生物实现稻田 CH₄ 减排

一、引言

　　植物生长调节剂吲哚乙酸（IAA）是植物中最丰富的天然生长调节剂之一（Bartel，1997），能够促进种子萌发、根茎伸长、性别分化等（Mól et al.，2004；Shweta and Sanjeev，2016；Abts et al.，2017）。然而，过量的 IAA 会对植物生长起抑制作用，呈现明显的"浓度依赖"效应（Yang et al.，2021）。

　　尽管 IAA 最初发现于植物中，但 IAA 对微生物的生长、代谢和信号转导的影响也呈现一定的浓度效应（Spaepen et al.，2007；Renella et al.，2011；Wang et al.，2011；Salama et al.，2014）。针对单一物种的研究表明，较低浓度的 IAA 对单微生物呈"积极"影响，如加速绿藻 *Codium fragile* 细胞的扩张和增殖（Tarakhovskaya et al.，2007），提高了根瘤菌 *Sinorhizobium meliloti* 对环境压力的耐受性（Bianco et al.，2006；Duca et al.，2014）。然而随着浓度的增加，IAA 会成为微生物生长的抑制剂：浓度为 0.1μmol/L（0.0175mg/L）的 IAA 促进微藻 *Chlorella vulgaris* 的生长，而在浓度达到 0.1μmol/L（17.5mg/L）时抑制其生长（Piotrowska-Niczyporuk and Bajguz，2014）。造成这种浓度效应的原因可能是 IAA 对细胞的扩张作用：IAA 产生的活性氧自由基（ROS）会作用于细胞壁，造成细胞壁松动，促进细胞扩张（Kawano，2003）。作用完成后，IAA 被转化为降解产物和其他非活性代谢物（Cooke et al.，2002）。但是当 IAA 浓度太高而无法代谢时，它可能会导致膜损伤（Hạc-Wydro and Flasiński，2015）。

　　鉴于 IAA 的浓度效应，我们设想利用一定浓度的 IAA 来控制周丛生物生长，从而调节稻田的温室气体排放。第四、五章的研究表明，周丛生物中的藻类能同化大气中的二氧化碳，并将其转化为有机碳释放到土壤中，通过增加产甲烷底物促进了甲烷排放。淹水后第 20～40 天是稻田土壤 CH₄ 排放潜力最大的时期，正好与周丛生物的衰退死亡阶段重合，因此周丛生物的分泌物和生物碎屑为 CH₄ 的产生提供了丰富的有机碳源。如果能利用 IAA 控制周丛生物中的藻类生长，或许可以减缓稻田甲烷排放。同时适宜浓度的 IAA 还能促进水稻生长，增加水稻产量（Susilowati et al.，2018）。然而，目前针对 IAA 的微生物效应研究主要针对单一物种（Klämbt et al.，1992；Jin et al.，2008），而包括周丛生物在内的水生微生物大多以多物种微生物聚集体的形式存在（Celik et al.，2006），即由细菌、藻类、真菌、原生动物和后生动物等多种微生物成分组成（Wu，2016）。与单物种微生物相比，周丛生物能够调整其群落组成和物理结构，更有能力抵抗不利的环境变化，具体表现为耐受力强的微生物丰度增加，释放更多的胞外聚合物并形成致密的表面结构以抵抗和缓解环境压力（Vu et al.，2009；Tang et al.，2018a；Zhu et al.，2018）。同时，研究发现，一些微生物能够分解和利用 IAA（Duca et al.，2014），如假单胞菌属、伯克霍尔德菌属、鞘氨醇单胞菌属和红球菌属的一些细菌能够完全矿化并以 IAA 为碳源进行繁殖（Leveau and Gerards，2008；Leveau and Lindow，2005；Scott et al.，2013）。那么，周丛生物能否利用和降解 IAA？ IAA 能否对周丛生物的生长起作用？ IAA 对周丛生物的作用是否遵从浓度效应？如果存在，何种浓度会抑制周丛生物的生长？这些问题还有待研究。

　　因此在本节中，我们研究了周丛生物对不同浓度 IAA 的响应，测定了 IAA 的浓度变化以及不同浓度下周丛生物的生长速率、群落结构、生理活性和抗氧化防御，并在此基础上研究了不同浓度 IAA 对模拟稻田体系下水稻生长和温室气体排放的影响，探索了利用 IAA 调控稻田温室气体排放的可能性。

二、不同浓度 IAA 对周丛生物生长和生理活性的影响

　　各处理的周丛生物生物量随培养时间的增加而增加（图 12-11）。在前 6 天周丛生物生长缓慢，生物量从 0.07g（干重）增加到 0.10 ～ 0.12g。与对照相比（0mg/L），低浓度 IAA（5mg/L 和 10mg/L）在初期促进周丛生物生物量积累增加，但在第 6 ～ 10 天抑制其生长。高浓度 IAA 处理中（50mg/L 和 100mg/L），周丛生物的生长较对照缓慢，甚至在前两天生物量下降，这可能是由于周丛生物需要适应高浓度 IAA 的培养体系。但在第 6 ～ 10 天，它们的生长速度迅速加快，生物量超过了对照和低浓度 IAA 处理。培养 10 天后，IAA 浓度为 0mg/L、5mg/L、10mg/L、50mg/L 和 100mg/L 时，周丛生物生物量分别为 0.24g、0.16g、0.20g、0.28g 和 0.32g。总体来说，低浓度 IAA（≤ 10mg/L）抑制了周丛生物的生长，而高浓度 IAA（≥ 50mg/L）促进了周丛生物的生长，IAA 对周丛生物生长的影响具有浓度依赖性。

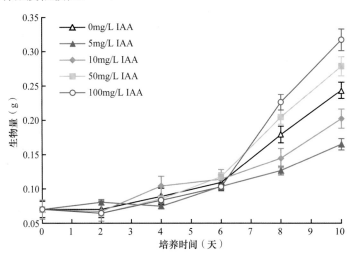

图 12-11　不同吲哚乙酸（IAA）浓度处理下周丛生物生物量（干重）的变化

　　化合物对生物体生长的影响通常呈现一定的浓度依赖性。以抑制生物过程为主要作用的一些化合物，在低浓度下已经具有抑制作用，并且随着浓度的增加，它们的抑制作用变得更加明显（Li et al.，2019）。而其他一些化合物在低浓度下具有积极作用，在高浓度下会对生物体产生损害（Tack，2014）。 IAA 对于单一物种微生物的效应即遵循这一原则：低浓度促进生物体生长，高浓度抑制生物体生长（Hạc-Wydro and Flasiński，2015；

Piotrowska-Niczyporuk and Bajguz，2014）。

　　在本研究中，IAA 对周丛生物这一多物种微生物聚集体表现出一种意料之外的浓度依赖模式：当浓度达到 10mg/L 时，它可以抑制周丛生物的生长（图 12-11）。然而，就像生态学中存在的"临界点"（Fischer，2016；Moore，2018），IAA 对周丛生物的作用存在一个"临界浓度"，即当 IAA 浓度增加到 50mg/L 甚至 100mg/L 时，IAA 对生物量形成的影响变为正的，这种正的影响还随着浓度的增加而增强。

　　这可能是因为 IAA 对微生物的影响因物种而异。作为典型的多物种微生物聚集体，周丛生物对 IAA 的响应表现为 IAA 对所有微生物的联合作用。例如，研究表明 1.75mg/L IAA 能在最大程度上促进斜生栅藻（*Scenedesmus obliquus*）生长（Salama et al.，2014），但是这一浓度会抑制小球藻（*Chlorella vulgaris*）的生长（Piotrowska-Niczyporuk and Bajguz，2014）。与微藻相比，细菌通常能适应更高的 IAA 浓度。外源 IAA 的浓度为 100mg/L 时对分枝杆菌（*Mycobacterium*）和鞘氨醇单胞菌（*Sphingomonas*）生长的促进效果最强，与对照相比分别增加了 1.5 倍和 1.3 倍（Tsavkelova et al.，2007）。我们推测，在本研究中，当 IAA 浓度在 10mg/L 以下时，其对周丛生物中某些物种的抑制作用占优势，而在浓度达到 50mg/L 以上时，IAA 对其他物种有明显的促进作用，这些物种可以分解和 / 或利用 IAA，利用外源 IAA 迅速增殖。随着 IAA 浓度的增加，其对周丛生物生长的抑制作用转变为促进作用，呈现出与单一物种群落不同的"浓度依赖效应"。

　　同时，我们测定了不同 IAA 浓度下培养体系的溶解氧（DO）含量变化（图 12-12a）。在培养开始的前两天，周丛生物的转移可能导致其光合系统受损，各 IAA 浓度体系中的 DO 含量均降到最低。从第 2 天后，不同 IAA 浓度组的生长趋势不同：对照组（0mg/L）DO 浓度从第 2 天开始升高，第 8 天达到"正常"水平（约为 8mg/L）；低浓度 IAA 组（5mg/L 和 10mg/L）的 DO 分别在第 2 天、第 3 天开始增加，并最终高于对照组（均为 14mg/L）；高浓度 IAA 组（50mg/L 和 100mg/L）DO 浓度始终呈下降趋势，从第 2 天开始均低于对照（约 1.5mg/L）。

　　光合藻类和其他好氧微生物在周丛生物中共存。在特定的培养体系中，呼吸作用会同化光合作用产生的 O_2，减少 O_2 的积累（Smith et al.，2015）。因此，培养体系中的 DO 受藻类光合产氧和其他好氧微生物呼吸耗氧的共同影响，前者倾向于增加 DO，后者倾向于减少 DO。因此，DO 反映了周丛生物中自养藻类与异养微生物的相对生理活性。本研究中，低浓度 IAA 条件下溶液中的 DO 增加，而高浓度 IAA 下 DO 含量降低。这说明低浓度 IAA（≤ 10mg/L）提高了周丛生物中藻类的相对生理活性；而当浓度 ≥ 50mg/L 时，相对于藻类，IAA 提高了其他好氧微生物的生理活性。

　　为了进一步探究周丛生物中异养微生物的呼吸作用，我们测定了培养结束后周丛生物的碳源利用能力（图 12-12b）。随着碳源被利用，AWCD 逐渐增加，并在 144h 后趋于稳定，各处理的 AWCD 在 72h 时均达到最大值。低浓度 IAA（5mg/L 和 10mg/L）处理的周丛生物 AWCD 低于对照，高浓度 IAA（50mg/L 和 100mg/L）处理的周丛生物 AWCD 高于对照。这些结果表明，低浓度 IAA 可抑制异养微生物在周丛生物中的代谢活性，而高浓度 IAA 可促进异养微生物的代谢活性。IAA 处理也改变了周丛生物的碳源利用模式（图 12-12c）。在碳代谢最有效的第 72 小时，高浓度 IAA 处理（≥ 50mg/L）对羧酸的利用能力超过对照，低浓度 IAA 处理（≤10mg/L）对羧酸的利用能力低于对照（$P < 0.05$）。IAA 本身是一种羧酸，碳源利用模式的变化表明，高浓度 IAA 增强了周丛生物对 IAA 的利用能力。

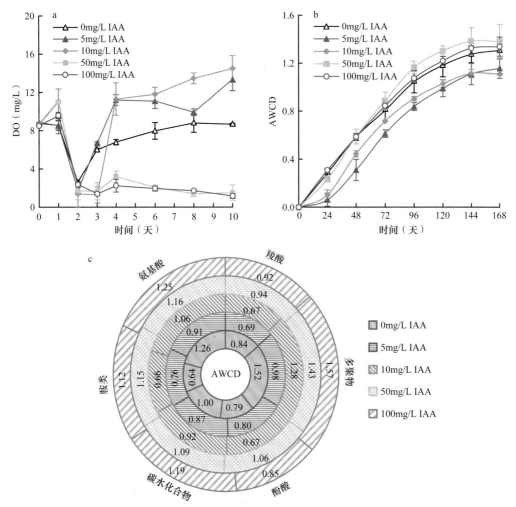

图 12-12　不同吲哚乙酸（IAA）浓度下溶解氧（DO）及周丛生物碳源利用情况的变化

a. 不同浓度 IAA 培养体系中 DO 含量随时间的变化；b. 不同浓度 IAA 处理后周丛生物利用碳源的微孔平均颜色变化率（AWCD）随时间的变化；c. 不同碳源在 72h 时的 AWCD

综上所述，IAA 对自养藻类和异养微生物生理活性的影响不同。低浓度 IAA 提高了周丛生物中藻类的相对生理活性，但降低了异养微生物的生理活性；高浓度 IAA 对异养微生物有激发作用，但降低了自养藻类的相对生理活性。在旺盛生长过程中，一定体积的培养系统中微生物的呼吸活动与生物量成正比。低浓度 IAA（5mg/L 和 10mg/L）处理的周丛生物生长受到抑制，且在低 IAA 浓度下，藻类的活性更高。这些表明相比于异养微生物（消耗 DO），低浓度 IAA 更能刺激藻类生长（包括光合作用和增加 DO）。与之相反的是，高浓度 IAA 处理下，随着周丛生物生物量的增加，异养微生物的活性提高，而藻类的相对活性降低，因此高浓度 IAA 对异养微生物的生长刺激作用强于藻类，即高浓度 IAA 作用下周丛生物生物量的增加可归因于异养微生物种群的增加。

三、不同浓度 IAA 对周丛生物群落组成的影响

经过 IAA 处理后，周丛生物的群落组成也发生了变化。IAA 对周丛生物的物种丰富度和多样性的影响也表现出浓度依赖效应（图 12-13）。5mg/L IAA 处理组的周丛生物中原核生物的 Chao 1 和 Shannon-Wiener 指数与对照组（0mg/L）无显著差异，但 100mg/L IAA 处理组中原核生物的 Chao 1 和 Shannon-Wiener 指数显著降低（图 12-13a）。这说明低浓度 IAA 对原核生物没有显著影响，而 100mg/L IAA 显著降低了原核生物的物种丰富度和多样性。

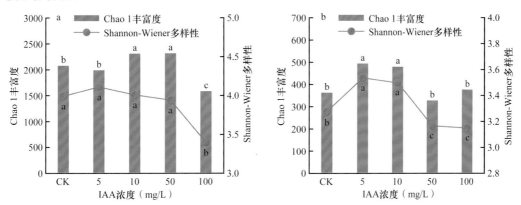

图 12-13　不同浓度吲哚乙酸（IAA）处理后周丛生物中原核生物（a）和真核生物（b）的丰富度与多样性

对于真核生物而言，低浓度 IAA 组（5mg/L 和 10mg/L）的 Chao 1 和 Shannon-Wiener 指数显著升高（图 12-13b），表明低浓度 IAA 有助于多种真核生物适应并共存于周丛生物中。但当浓度 ≥ 50mg/L 时，真核生物的丰富度和多样性均低于对照，说明高浓度 IAA 处理后，部分适应性物种增殖，部分敏感物种受到抑制，导致丰富度和多样性降低。

四、周丛生物对不同浓度 IAA 的去除

在所有处理中，IAA 浓度均随时间延长而下降，在第 10 天降至 0mg/L 左右（图 12-14a）。5mg/L 的 IAA 溶液浓度下降最快，到第 2 天去除率达到 92.70%。10mg/L 的 IAA 溶液在前 2 天也迅速下降，第 10 天去除率约为 100%（图 12-14b）。初始浓度为 5mg/L 和 10mg/L 的 IAA 溶液浓度分别在第 4 天和第 6 天略有升高。这可能是由于一些细菌合成 IAA 并释放到溶液中。以往的研究表明某些细菌可以向环境释放 IAA（Spaepen et al.，2007），其 IAA 产量可达 10.1mg/L（Tsavkelova et al.，2007）。50 ～ 100mg/L 的 IAA 溶液前 6 天去除较慢，到第 6 天去除率不到 40%。但第 6 ～ 8 天 IAA 浓度迅速下降，最终浓度均低于 5mg/L（图 12-14a）。这些结果表明，高浓度 IAA 处理 6 天后，周丛生物去除 IAA 的能力有所提高。

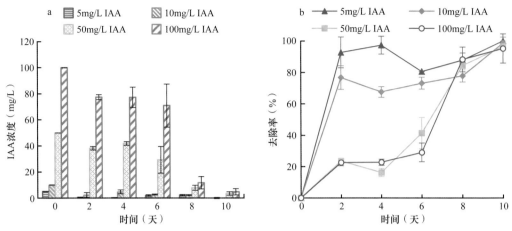

图 12-14　周丛生物存在条件下吲哚乙酸（IAA）浓度（a）和去除率（b）随时间的变化

图 12-11 显示，高浓度 IAA 处理组中，周丛生物的生物量在第 6 天开始迅速增加，且超过对照组和低浓度组。有趣的是，高浓度 IAA 在第 6 天后被迅速去除（图 12-14）。这些结果表明，周丛生物中存在能够利用和降解 IAA 的物种，高浓度的 IAA 选择了这些物种，并大大促进了它们的生长和代谢，从而加速了 IAA 的生物去除。

周丛生物是多物种微生物聚集体，其中的微生物对 IAA 的耐受性因物种而异。在我们的研究中，高浓度 IAA 暴露对异养微生物具有促进作用，但藻类的活性和相对丰度均受到抑制。虽然周丛生物的生长速度最高，但藻类的生长速度有所下降。这些结果表明，藻类对高浓度 IAA 的适应能力通常低于异养微生物。

而单物种藻类对 IAA 的耐受性比周丛生物中的藻类要差得多。有研究报道水环境中的 IAA 浓度对于微藻生长存在一个阈值：微藻生物量增加率随着 IAA 浓度增加而增加，但当 IAA 浓度高于 1.75mg/L 时，生物量增加会逐渐减缓（Salama et al.，2014）。类似的研究表明 IAA 浓度超过 1.6mg/L 时，对藻类的生长呈现抑制作用（Lin and Stekoll，2007）。而 5mg/L IAA 和 10mg/L 的 IAA 会促进周丛生物中藻类的生长，提高其生理活性，说明周丛生物中的藻类对 IAA 表现出更强的耐受能力。这可能是由于周丛生物中的微生物通过调节其群落结构来协同抵抗 IAA 胁迫。一方面，蓝藻和轮藻等自养藻类的种群数量减少；另一方面，异养微生物如变形菌门能利用 IAA 迅速繁殖，从而降低了外源 IAA 的浓度（图 12-14），减弱了对其他物种的胁迫。

五、IAA 对水稻生长的影响

在移栽的水稻缓苗返青后，我们在水稻盆栽中添加了高浓度 IAA（100mg/L 和 200mg/L），并对不同 IAA 处理组的水稻生长情况进行监测（图 12-15）。添加 IAA 的处理组，其水稻植株高度在第 6 ～ 18 天及第 22 ～ 48 天略低于对照组，但株高的差异未达到显著性水平（$P > 0.05$）。对照组中水稻的分蘖数也在第 15 天后大于 IAA 处理组，但在第 25 ～ 35 天进行烤田之后，IAA 处理组的分蘖数超过对照组。分蘖数的差异在各处理间未达到显著性水平。研究表明 IAA 的添加对于水稻的株高和分蘖未产生显著性的影响。

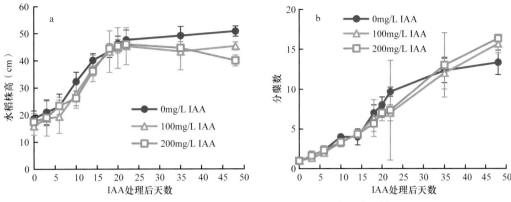

图 12-15 不同浓度吲哚乙酸（IAA）添加后水稻生长情况

a. 水稻株高随时间的变化；b. 水稻分蘖数随时间的变化

六、IAA 对稻田土壤温室气体排放的影响

为了验证能否利用 IAA 调节周丛生物来减缓 CH_4 排放，在水稻移栽后周丛生物的旺盛生长期，我们在水稻盆栽的上覆水中添加了不同浓度的 IAA。IAA 添加后，200mg/L 的处理组中叶绿素荧光值（F_0）开始下降，说明 PB 中藻类生物量开始降低。而添加 100mg/L IAA 的处理组和对照组（0mg/L）F_0 在第 3 天开始降低（图 12-16a）。前 15 天，IAA 添加后（100mg/L 和 200mg/L IAA）藻类生物量显著低于对照，说明 100～200mg/L 的 IAA 对模拟稻田环境中的藻类生长有一定的抑制作用。15 天后，各处理组的 F_0 降到 1500 左右并保持不变，说明周丛生物已死亡解体。

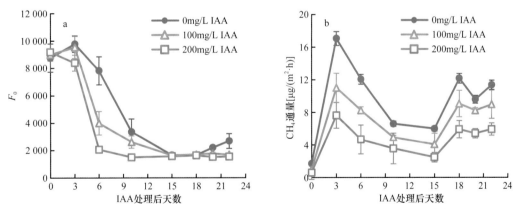

图 12-16 不同浓度吲哚乙酸（IAA）添加后藻类 F_0 和甲烷（CH_4）通量的变化

a. 不同浓度 IAA 处理 PB 后的叶绿素荧光值（F_0）；b. 添加不同浓度 IAA 后，PB 对水稻土 CH_4 通量的影响

IAA 添加也造成了 CH_4 排放通量的变化。IAA 浓度与 CH_4 通量呈负相关：在测定 CH_4 通量的 22 天中，对照组 CH_4 通量始终最高；而最高的 IAA 浓度（200mg/L）对藻类生长的抑制作用最大，对 CH_4 通量的抑制作用也最大（图 12-16b）。第 15 天后，虽然处理组的周丛生物均已死亡，但微生物降解产生的有机碳输入土壤，大大促进了 CH_4 排放。由于添加 IAA 的盆栽中藻类生物量较小，因此 CH_4 排放也较对照组少。

高浓度 IAA 添加后，周丛生物中的藻类生长和光合作用受到抑制，降低了 CO_2 同化量和随后的有机碳输入量，从而降低了 CH_4 排放。我们的研究表明，在模拟稻田环境中，IAA 能抑制周丛生物中的藻类生长，从而减缓稻田甲烷排放。

参 考 文 献

Abts W, Vandenbussche B, De Proft M P, et al. 2017. The role of auxin-ethylene crosstalk in orchestrating primary root elongation in sugar beet. Frontiers in Plant Science, 8: 444.

Achtnich C, Bak F, Conrad R. 1995. Competition for electron-donors among nitrate reducers, ferric iron reducers, sulfate reducers, and methanogens in anoxic paddy soil. Biology and Fertility of Soils, 19(1): 65-72.

Arndt S, Jørgensen B B, LaRowe D E, et al. 2013. Quantifying the degradation of organic matter in marine sediments: A review and synthesis. Earth-Science Reviews, 123: 53-86.

Bartel B. 1997. Auxin biosynthesis. Annual Review of Plant Physiology and Plant Molecular Biology, 48(1): 51-66.

Bianco C, Imperlini E, Calogero R, et al. 2006. Indole-3-acetic acid improves *Escherichia coli*'s defences to stress. Archives of Microbiology, 185(5): 373-382.

Bogard M J, del Giorgio P A, Boutet L, et al. 2014. Oxic water column methanogenesis as a major component of aquatic CH_4 fluxes. Nature Communications, 5: 5350.

Bridgham S D, Cadillo-Quiroz H, Keller J K, et al. 2013. Methane emissions from wetlands: biogeochemical, microbial, and modeling perspectives from local to global scales. Global Change Biology, 19(5): 1325-1346.

Celik I, Tuluce Y, Turker M. 2006. Antioxidant and immune potential marker enzymes assessment in the various tissues of rats exposed to indoleacetic acid and kinetin: A drinking water study. Pesticide Biochemistry and Physiology, 86(3): 180-185.

Change I P O C. 1997. Revised 1996 IPCC Guidelines for National Greenhouse Gas Inventories: Reference Manual, Bracknell, UK.

Cooke T J, Poli D, Sztein A E, et al. 2002. Evolutionary patterns in auxin action. *In*: Perrot-Rechenmann C, Hagen G. Auxin Molecular Biology. Dordrecht: Springer Netherlands: 319-338.

Duca D, Lorv J, Patten C L, et al. 2014. Indole-3-acetic acid in plant-microbe interactions. Antonie van Leeuwenhoek, 106(1): 85-125.

Fischer J. 2016. Managing research environments: Heterarchies in academia (A response to cumming). Trends in Ecology & Evolution, 31(12): 900-902.

Fumoto T, Kobayashi K, Li C, et al. 2008. Revising a process-based biogeochemistry model (DNDC) to simulate methane emission from rice paddy fields under various residue management and fertilizer regimes. Global Change Biology, 14(2): 382-402.

Hąc-Wydro K, Flasiński M. 2015. The studies on the toxicity mechanism of environmentally hazardous natural (IAA) and synthetic (NAA) auxin—The experiments on model *Arabidopsis thaliana* and rat liver plasma membranes. Colloids and Surfaces B: Biointerfaces, 130: 53-60.

Huang Y, Sass R L, Fisher J, et al. 1998. A semi-empirical model of methane emission from flooded rice paddy soils. Global Change Biology, 4(3): 247-268.

Iguchi H, Umeda R, Taga H, et al. 2019. Community composition and methane oxidation activity of methanotrophs associated with duckweeds in a fresh water lake. Journal of Biosciene and Bioengineering, 128(4): 450-455.

IPCC. 2013. Climate change 2013: The physical science basis. *In*: Working Group Ⅰ Contribution to the Fifth Assessment Report of the Intergovernmental Panel on Climate Change. Cambridge: Cambridge University Press.

Jiang Y, Liao P, van Gestel N, et al. 2018. Lime application lowers the global warming potential of a double rice cropping system. Geoderma, 325: 1-8.

Jin Q, Scherp P, Heimann K, et al. 2008. Auxin and cytoskeletal organization in algae. Cell Biology International, 32(5): 542-545.

Kawano T. 2003. Roles of the reactive oxygen species-generating peroxidase reactions in plant defense and growth induction. Plant Cell Reports, 21(9): 829-837.

Klämbt D, Knauth B, Dittmann I. 1992. Auxin dependent growth of rhizoids of *Chara globularis*. Physiologia Plantarum, 85(3): 537-540.

Leopold A, Marchand C, Deborde J, et al. 2013. Influence of mangrove zonation on CO_2 fluxes at the sediment-air interface (New Caledonia). Geoderma, 202-203：62-70.

Leveau J H, Gerards S. 2008. Discovery of a bacterial gene cluster for catabolism of the plant hormone indole 3-acetic acid. FEMS Microbiology Ecology, 65(2): 238-250.

Leveau J H J, Lindow S E. 2005. Utilization of the plant hormone indole-3-acetic acid for growth by *Pseudomonas putida* strain 1290. Applied and Environmental Microbiology, 71(5): 2365-2371.

Li J Y, Deng K Y, Cai S J, et al. 2020. Periphyton has the potential to increase phosphorus use efficiency in paddy fields. Science of the Total Environment, 720: 137711.

Li M, Yang Y, Xie J, et al. 2019. *In-vivo* and *in-vitro* tests to assess toxic mechanisms of nano ZnO to earthworms. Science of the Total Environment, 687: 71-76.

Liang X, Zhang X, Sun Q, et al. 2015. The role of filamentous algae *Spirogyra* spp. in methane production and emissions in streams. Aquatic Sciences, 78(2): 227-239.

Lin R, Stekoll M S. 2007. Effects of plant growth substances on the conchocelis phase of Alaskan *Porphyra* (Bangiales, Rhodophyta) species in conjunction with environmental variables1. Journal of Phycology, 43(5): 1094-1103.

Mól R, Filek M, Machackova I, et al. 2004. Ethylene synthesis and auxin augmentation in pistil tissues are important for egg cell differentiation after pollination in maize. Plant and Cell Physiology, 45(10): 1396-1405.

Ma J, Ma E, Xu H, et al. 2009. Wheat straw management affects CH_4 and N_2O emissions from rice fields. Soil Biology and Biochemistry, 41(5): 1022-1028.

Malyan S K, Bhatia A, Kumar A, et al. 2016. Methane production, oxidation and mitigation: A mechanistic understanding and comprehensive evaluation of influencing factors. Science of the Total Environment, 572: 874-896.

Moore J C. 2018. Predicting tipping points in complex environmental systems. Proceedings of the National Academy of Sciences of the United States of America, 115(4): 635-636.

Mori T, Miyagawa Y, Onoda Y, et al. 2018. Flow-velocity-dependent effects of turbid water on periphyton structure and function in flowing water. Aquatic Sciences, 80(1).

Oertel C, Matschullat J, Zurba K, et al. 2016. Greenhouse gas emissions from soils—A review. Geochemistry, 76(3): 327-352.

Piotrowska-Niczyporuk A, Bajguz A. 2014. The effect of natural and synthetic auxins on the growth, metabolite content and antioxidant response of green alga *Chlorella vulgaris* (Trebouxiophyceae). Plant Growth Regulation, 73(1): 57-66.

Renella G, Landi L, Garcia Mina J M, et al. 2011. Microbial and hydrolase activity after release of indoleacetic acid and ethylene-polyamine precursors by a model root surface. Applied Soil Ecology, 47(2): 106-110.

Runkle B R K, Suvocarev K, Reba M L, et al. 2019. Methane emission reductions from the alternate wetting and drying of rice fields detected using the eddy covariance method. Environmental Science & Technology, 53(2): 671-681.

Saito M, Miyata A, Nagai H, et al. 2005. Seasonal variation of carbon dioxide exchange in rice paddy field in Japan. Agricultural and Forest Meteorology, 135(1-4): 93-109.

Salama E S, Kabra A N, Ji M K, et al. 2014. Enhancement of microalgae growth and fatty acid content under the influence of phytohormones. Bioresource Technology, 172: 97-103.

Scott J C, Greenhut I V, Leveau J H. 2013. Functional characterization of the bacterial iac genes for degradation of the plant hormone indole-3-acetic acid. Journal of Chemical Ecology, 39(7): 942-951.

Shweta T, Sanjeev K. 2016. Exogenous supply of IAA, GA and cytokinin to salinity stressed seeds of chickpea improve the seed germination and seedling growth. International Journal of Plant Sciences, 11(1): 88-92.

Smith R T, Bangert K, Wilkinson S J, et al. 2015. Synergistic carbon metabolism in a fast growing mixotrophic freshwater microalgal species *Micractinium inermum*. Biomass and Bioenergy, 82: 73-86.

Spaepen S, Vanderleyden J, Remans R. 2007. Indole-3-acetic acid in microbial and microorganism-plant signaling. FEMS Microbiology Reviews, 31(4): 425-448.

Sun M M, Zhang H Z, Dong J Q, et al. 2018. A comparison of CH_4 emissions from coastal and inland rice paddy soils in China. Catena, 170: 365-373.

Susilowati D N, Riyanti E I, Setyowati M, et al. 2018. Indole-3-acetic acid producing bacteria and its application on the growth of rice. Proceedings of the 5th International Conference on Biological Science, 2002: 020016.

Tack F M. 2014. Trace elements in potato. Potato Research, 57(3-4): 311-325.

Tang J, Wu Y, Esquivel-Elizondo S, et al. 2018a. How microbial aggregates protect against nanoparticle toxicity. Trends in Biotechnology, 36(11): 1171-1182.

Tang J, Zhu N, Zhu Y, et al. 2018b. Sustainable pollutant removal by periphytic biofilm via microbial composition shifts induced by uneven distribution of CeO_2 nanoparticles. Bioresource Technology, 248(Pt B): 75-81.

Tarakhovskaya E R, Maslov Y I, Shishova M F. 2007. Phytohormones in algae. Russian Journal of Plant Physiology, 54(2): 163-170.

Tsavkelova E A, Cherdyntseva T A, Klimova S Y, et al. 2007. Orchid-associated bacteria produce indole-3-acetic acid, promote seed germination, and increase their microbial yield in response to exogenous auxin.

Archives of Microbiology, 188(6): 655-664.

Vu B, Chen M, Crawford R J, et al. 2009. Bacterial extracellular polysaccharides involved in biofilm formation. Molecules, 14(7): 2535-2554.

Wang J, Akiyama H, Yagi K, et al. 2018. Controlling variables and emission factors of methane from global rice fields. Atmospheric Chemistry and Physics, 18(14): 10419-10431.

Wang K S, Lu C Y, Chang S H. 2011. Evaluation of acute toxicity and teratogenic effects of plant growth regulators by *Daphnia magna* embryo assay. Journal of Hazardous Materials, 190(1): 520-528.

West W E, Coloso J J, Jones S E. 2012. Effects of algal and terrestrial carbon on methane production rates and methanogen community structure in a temperate lake sediment. Freshwater Biology, 57(5): 949-955.

Wu Y. 2016. Periphyton: functions and application in environmental remediation. New York: Elsevier.

Wu Y, Liu J, Lu H, et al. 2016. Periphyton: an important regulator in optimizing soil phosphorus bioavailability in paddy fields. Environmental Science and Pollution Research, 23(21): 21377-21384.

Yan X Y, Akiyama H, Yagi K, et al. 2009. Global estimations of the inventory and mitigation potential of methane emissions from rice cultivation conducted using the 2006 Intergovernmental Panel on Climate Change Guidelines. Global Biogeochemical Cycles, 23: 15.

Yan Z, Shen T, Li W, et al. 2021. Contribution of microalgae to carbon sequestration in a natural karst wetland aquatic ecosystem: An *in-situ* mesocosm study. Science of the Total Environment, 768: 144387.

Yang L, You J, Li J, et al. 2021. Melatonin promotes *Arabidopsis* primary root growth in an IAA-dependent manner. Journal of Experimental Botany, 72(15): 5599-5611.

Zhang G, Yu H, Fan X, et al. 2016. Carbon isotope fractionation reveals distinct process of CH_4 emission from different compartments of paddy ecosystem. Scientific Reports, 6: 27065.

Zhang G, Zhang X, Ma J, et al. 2010. Effect of drainage in the fallow season on reduction of CH_4 production and emission from permanently flooded rice fields. Nutrient Cycling in Agroecosystems, 89(1): 81-91.

Zhou M, Zhu B, Wang X, et al. 2017. Long-term field measurements of annual methane and nitrous oxide emissions from a Chinese subtropical wheat-rice rotation system. Soil Biology and Biochemistry, 115: 21-34.

Zhu N, Tang J, Tang C, et al. 2018. Combined CdS nanoparticles-assisted photocatalysis and periphytic biological processes for nitrate removal. Chemical Engineering Journal, 353: 237-245.